大學基礎一般數學

金 柄 茂 著

도서
출판 신 성

머 리 말

매 학기가 끝날 때마다 교재의 내용이 가르치는데 적절하였고 만족스러운 결과를 학생들에게 주었는가를 검토하면서 늘 반성을 하곤 하였다. 제대로 교재를 집필하고 가르쳤나를 되돌아보는 일은 보람보다는 마음 한 구석에 부족함을 쌓이게 했다. 이런 부담을 덜어보기 위해 다시 원점에서 생각하고 대학 수학 수업에 대해 두려움을 갖고 접근을 어려워하는 학생들을 위한 교재를 다시 쓰게 되었다. 물론 교육 경험이 풍부하고 열성적인 여러 교수님들의 의견을 종합하여 반영하는 것은 어려우나 최대공약수를 찾아 최선의 노력을 기울인 책을 만들려고 한다.

쉽고 풍부하고 예제, 연습문제 풀이 검토를 위한 해답, 한 학기에 소화시키기에 충분한 양으로 일반수학을 공부하는데 필요한 내용을 수록하였다. 특히 1부는 수학 학습에 어려움이 있거나 기초가 부족한 학생을 위해 중학교 수준의 기초적인 내용과 기초수학 배경 지식을 공부할 수 있도록 배려하였다.

일반적으로 수학시험에서 성공하는데 필요한 세 가지 일이 있다. 첫째, 문제의 이해, 둘째, 문제의 풀이, 셋째, 문제의 풀이가 올바른지 확인하는 것이다. 효율적인 수학 학습을 위한 안내를 하면 다음과 같다. 더 많은 좋은 말이 필요하지만 여기 제시한 안내만 따라도 도움을 받을 수 있으니 좋은 학습 성취를 이루기 위해 최선을 다해 지켜주기 바란다.

1. 가능하면 마지막 순간의 벼락공부를 피한다. 그것은 비효율적이다.
2. 기본적이고 중요한, 시험에 나올 가능성이 있는 문제들에 집중한다.
3. 시험전이 아니라 평소에 늘 규칙적으로 강의에서 배운 것을 복습한다.
4. 교수가 풀지 않은 문제를 보는 것으로는 충분하지 않으므로 숙제를 통해 규칙적으로 풀도록 한다.

5. 문제풀이는 연필 끝에서 이루어짐을 명심한다.
6. 진정으로 협동 학습을 할 그룹을 만들어 서로 도움을 주면서 공부한다.

이 책은 기본적인 내용을 통해 기초 일반수학에 접근하는 내용으로 구성되었고, 수학에 대한 어려움과 불안감을 갖고 있는 학생들을 도와주기 위해 쉬운 내용으로 구성하였지만 본인 스스로 연필을 들고 풀면서 머리로 생각하지 않으면 진도를 따라가기가 쉽지 않다. 여러분의 노력이 더 높은 곳에 이르게 할 것이며 기초를 단단히 하는 것이 매사에 근본임을 이 책을 통해 확인하기 바라며 각 장마다 주어진 Homework는 해답이 주어지지 않아 협동학습을 통해 답을 서로 맞추어 보는 것이 효과적일 것이다. 끝으로 이 책이 만들어지기까지 도움을 준 신성출판사 신동수사장과 편집부 직원들께 감사를 드린다.

저자

목 차
(제 I 부)

목 차
(제 II 부)

머 리 말

제1장 복소수

제2장 행렬과 행렬식

제3장 벡터

제4장 수열과 수학적 귀납법

제5장 주기함수

제6장 도형과 방정식

제1부 기초 수학능력 기르기

제 01 장

제1장 수와 식

수의 사칙연산

지금까지 배운 수(실수)의 사칙연산에 대해 알아보자. 교환법칙, 결합법칙, 분배법칙이 계산에 도움이 되면 이용하여라.

[문제 1] 다음 계산을 하여라.

1) $\frac{3}{5} + \frac{5}{7}$

2) $-\frac{2}{3} - \frac{3}{4}$

3) $\frac{1}{3} - \frac{2}{5}$

4) $-4\frac{3}{5} + 5\frac{3}{4}$

5) $-5 + 2 - 7 + 4 + 3$

6) $6 - 2.5 + 3.7 - 4.3$

7) $-\frac{2}{3} + 30 - 17 - \frac{1}{3}$

8) $\frac{1}{3} - \frac{1}{2} + \frac{3}{4} - \frac{2}{5}$

9) $-2.5 + 3 - \frac{2}{3} + \frac{1}{2}$

10) $8 - 13 - 5 - (-16)$

11) $-3.5 - 6.5 -(-3) + 10$

12) $-5 -(-3) - (-\frac{1}{2}) - \frac{1}{5}$

13) $-2 - 5 - 6 - 9$

14) $-\frac{2}{3} - (-\frac{1}{2}) - \frac{3}{4} + \frac{1}{5}$

15) $-6 - 7 - 3 - 8$

16) $-3 - (-4.3) - 2.7 - 3.5$

17) $\frac{2}{5} - (-\frac{1}{5}) - \frac{4}{5} + \frac{7}{5}$

18) $2.8 - 3.2 + 6.4 - 4.7$

19) $5 - 7 + 8 - 4 - 3$

20) $5 - 2 - 6 - 4 + 7 - 3 - 6$

21) $3.4 - 6.6 + 2.7 - 3.9 - (-4.3)$

22) $0.9 - 1.7 - 0.6 + 1.7 - 3.2$

23) $\frac{2}{3} - (-\frac{2}{5}) + \frac{3}{4} - \frac{2}{7} + \frac{1}{3}$

24) $1 - \frac{1}{3} + \frac{1}{5} - \frac{1}{4} + \frac{1}{6}$

25) $-2 + 1 + 3 - 1 - 5 - 4 + \frac{2}{3}$

26) $(-4) \times (-2) \times (-3) \times (-5)$

27) $(-4) \times (-3.5) \times (-0.6) \times (-\frac{1}{2})$

28) $3 \times (-0.6) \times (-2) \times (-0.7)$

29) $\frac{1}{3} \times (-6) \times 2.5 \times (-4)$

30) $9 \times (-3\frac{2}{3}) \times \frac{3}{7} \times (-\frac{4}{3})$

31) $62 \times 3.14 - 52 \times 3.14$

32) $(-5) \times 3.7 - 5 \times 2.5 + (-5) \times (-3.4)$

33) $-2 \times \{(-3+4)\} + (-2)\times(-3) + (-2) \times 4$

34) $(-6) \div (-\frac{3}{5}) \times (-\frac{3}{4}) \div (-3)$

35) $4 \div (-8) \div (-\frac{2}{5}) \div (-4)$

36) $(-\frac{2}{3}) \div (-\frac{3}{4}) \div (-5) \div (\frac{1}{5})$

37) $12 \div (-\frac{4}{5}) \div (-\frac{1}{2}) \div \frac{2}{3}$

38) $(-4) \div (-3) \times 6 \div (-2)$

39) $(-\frac{2}{3}) \times (-\frac{15}{2}) \div (-8) \times 4$

40) $(-2) \div (-5) \div (-10) \div 6$

41) $0.5 \times (-6) \div 5 \div (-\frac{2}{3})$

42) $(-\frac{2}{15}) \div (-\frac{1}{3}) \times \frac{3}{4} \div (-\frac{5}{2})$

43) $2 \div (-3) \times (-1) \div (-\frac{2}{5})$

44) $2 + 4 \times 2 \div (-2) - 3$

45) $10 - \frac{2}{3} \div (\frac{5}{6}\times\frac{1}{2}) \div \frac{2}{3} - 5$

46) $2 \times (-5) - (-5) - 8 - 4 \div 2$

47) $-\frac{1}{4} - \frac{2}{3} \times (-\frac{3}{5}) \div (-\frac{1}{2}) + \frac{2}{3}$

48) $7 - [5-2\times\{(-2)\times4+(-32)\div(-2)\}]$

49) $(-8) \times [-\frac{2}{3}-\{\frac{3}{4}\div(-\frac{6}{5})+\frac{1}{2}\}]$

50) $-3 + [2-\{(-4)\times3-2\}]$

51) $(-15) \div [\{(-3)\times5-2\times(-2)\}\times4]$

52) $\{(\frac{2}{3}-\frac{1}{2}\div\frac{3}{4})\times\frac{2}{3}-2\} \times (-4)$

53) $2 \times [\{(-\frac{1}{2})\div(\frac{5}{3}-\frac{5}{6})\}-4] - \frac{3}{5}$

답 : 1) $\frac{46}{35}$, 2) $-\frac{17}{12}$, 3) $-\frac{1}{15}$, 4) $1\frac{3}{20}$, 5) -3, 6) 2.9, 7) 12, 8) $\frac{11}{60}$, 9) $2\frac{1}{3}$, 10) 6, 11) 3, 12) $-\frac{17}{10}$, 13) -22, 14) $-\frac{43}{60}$, 15) -24, 16)

-4.9, 17) $\frac{6}{5}$, 18) 1.3, 19) -1, 20) -9, 21) -0.1, 22) -2.9, 23) $1\frac{121}{140}$, 24) $\frac{47}{60}$, 25) $-7\frac{1}{3}$, 26) 120, 27) 4.2, 28) -2.52, 29) 20, 30) $\frac{132}{7}$, 31) 31.4, 32) -14, 33) -4, 34) $\frac{5}{2}$, 35) $-\frac{5}{16}$, 36) $-\frac{8}{9}$, 37) 45, 38) -4, 39) $-\frac{5}{2}$, 40)$-\frac{1}{150}$, 41) $\frac{9}{10}$, 42) $-\frac{3}{25}$, 43) $-\frac{5}{3}$, 44) -5, 45) $\frac{13}{5}$ 46) -15, 47) $-\frac{65}{36}$, 48) 18, 49) $\frac{13}{3}$, 50) 13, 51) $\frac{15}{44}$, 52) 8, 53) $-\frac{49}{5}$.

[문제 2] 지금까지 계산하는데 도움이 되는 내용을 요약하면 다음과 같다. (　　)에 알맞은 것을 써넣어라.

1) 같은 부호를 가진 두 수의 합은 그 수들의 절대값의 (　　)에 (　　)인 부호를 붙인 것과 같다.

2) 서로 다른 부호를 가진 두 수의 합은 그 수들의 절대값의 차에 절대값이 (　　) 수의 부호를 붙인 것과 같다.

3) 두 수의 뺄셈은 빼는 수의 (　　)를 바꾸어 덧셈을 한다.

4) 같은 부호를 가진 두 수의 곱은 그들의 절대값의 곱에 (　　)의 부호를 붙인다.

5) 서로 다른 부호를 가진 두 수의 곱은 그들의 절대값의 곱에 (　　)의 부호를 붙인다.

6) 같은 부호를 가진 두 수의 나눗셈의 몫은 그들의 (　　)의 나눗셈의 몫에 양의 부호를 붙인다.

7) 서로 다른 부호를 가진 두 수의 나눗셈의 몫은 그들의 절대값의 나눗

셈의 ( )에 음의 부호를 붙인다.

8) 두 수의 곱이 1이 될 때, 한쪽 수를 다른 쪽 수의 ( )라고 한다.

9) 다음 계산 법칙의 이름을 ( ) 안에 써넣어라.

(1) $a+b=b+a$ ( ) (2) $(a+b)+c=a+(b+c)$ ( )

(3) $a\times b=b\times a$ ( ) (4) $(a\times b)\times c=a\times(b\times c)$ ( )

(5) $a\times(b+c)=a\times b+a\times c$ ( )

답 : 1) 합, 공통, 2) 큰, 3) 부호, 4) 양, 5) 음, 6) 절대값, 7) 몫, 8) 역수, 9) (1) 교환, (2) 결합, (3) 교환, (4) 결합, (5) 분배.

문자와 식

문자를 사용하여 식을 나타내어 보자.

[문제 3] 다음 수량을 사용한 식으로 나타내어라.

1) 한 변의 길이가 x㎝인 정사각형의 둘레의 길이.
2) 밑변의 길이가 10㎝, 높이가 h㎝인 삼각형의 넓이.
3) 한 권에 a원인 공책 3권을 1,000원을 내고 살 때의 거스름 돈.
4) x원인 우표 4장과 y원인 우표 6장의 값의 합.
5) 매시 v㎞의 속력으로 t시간 갈 때의 간 거리.
6) n명인 학급에서 m명이 결석했을 때 출석한 학생 수.
7) 십의 자리의 숫자가 a, 일의 자리의 숫자가 b인 자연수.

답 : 1) 4xcm, 2) 5hcm^2, 3) (1000-3a)원, 4) (4x+6y)원, 5) tvkm, 6) (n-m)명, 7) 10a+b.

문자를 사용한 식에서는 곱셈기호를 생략하고, 나눗셈 기호를 분수의 꼴로 나타낸다.

[문제 4] 다음 식을 기호 ×와 ÷를 생략하여 나타내어라.

1) $6\times a\div x\times(-5)$ 2) $b\times(-5)\times c\div 3a\div 4b$

3) $y\times(-0.01)\times z\div m\div \frac{1}{2}y$ 4) $4\times x\times y\times\div a\div 2\times b\div 3$

5) $m\times 2\times m-\frac{3}{2}m\times n$ 6) $a\times(-1)\times a+1\times a\div 1$

7) $a\div 2+b\div 3+(a+b)\div 5$ 8) $3\times a\div(-4)\div b\times 7\div 2$

답 : 1) $-\frac{30a}{x}$, 2) $-\frac{5c}{12a}$, 3) $-\frac{0.02z}{m}$, 4) $\frac{2bxy}{3a}$, 5) $2m^2-\frac{3}{2}mn$, 6) $-a^3$, 7) $\frac{21a+16b}{30}$, 8) $-\frac{21a}{8b}$.

주어진 식의 문자에 수를 넣어 그 식의 값을 구하여 보자.

[문제 5] $x=\frac{1}{3}$, $y=-4$일 때, 다음의 식의 값을 구하여라.

1) $-2x^2$ 2) $(-y)^3$ 3) $-y^3$

4) $-6x^2+8y$ 5) $-4xy+3y^2$ 6) $8x^2+xy$

7) x^2-xy 8) $5y^2-3x^2$ 9) $-y^2+3x^3-1$

답 : 1) $-\frac{2}{9}$, 2) 64, 3) 64, 4) $-\frac{8}{3}$, 5) $\frac{160}{3}$, **6)** $-\frac{4}{9}$, 7) $\frac{17}{9}$, 8) $\frac{239}{3}$, 9) $-\frac{152}{9}$.

식의 덧셈과 뺄셈은 동류항은 동류항 끼리 모으고, 상수항은 상수항 끼리 모아서 계산한다.

[문제 6] 다음 계산을 하여라.

1) $5x-2y-7x-3y-2x-5y$　　2) $3a+5b+2a-4b-3a-b-a-2b$

3) $(2x-3)+(3x+1)+(3x+2)-(4x-5)$

4) $(-3a+1)+(-3-2a)+(2a-3)-(-5a-6)$

5) $5x+(x+2)-4x+(6x+9)$

6) $(-x+4)-(-2x-5)+(5-2x)-(-3-4x)$

7) $(\frac{2}{3}y-2)+(\frac{4}{3}y-5)+(0.7y-5)+(-1.5y+2)$

8) $(2x-5)-(-3x-4)-2x-(3x+4)$

9) $-x-(3x-4)+(7x+3)-(3x-2)$

10) $2y-1-(-y-3)+(2y-3)-(-5y-2)$

답 : 1) $-4x-10y$, 2) a, 3) $4x+5$, 4) $2a+1$, 5) $8x+11$, 6) $3x+17$, 7) $1.2y-10$, 8) $4x-5$, 9) 9, 10) $10y+1$.

식과 수와의 곱셈이나 나눗셈은 수에서와 마찬가지로 교환법칙, 결합법칙, 분배법칙을 사용하여 계산하면 된다.

[문제 7] 다음 계산을 하여라.

1) $5x\times(-3)+12x\div 3$　　2) $4x\times 5+(-2x)\times 5$

3) $6\times(-4x)-4x\div 2$　　4) $(-3x)\div 4+(-2x)\div(-3)$

5) $3(4a-2)+(2a-1)\div(-3)$　　6) $-(2x-3)+(-4)\times(-2-x)$

7) $5(2y-6)+(-4)\times\frac{2y+5}{2}$　　8) $(6x-12)\div(-3)+(-2+3x)\div(-3)$

9) $2(4x-5)-5(3x-1)$　　10) $\frac{1}{2}(-2a+8)-\frac{1}{3}(9a-6)$

11) $3(-2x-3)-2(4x-3)$　　12) $-(x+5)-3(2-x)$

13) $2(-3y+2)-5(-y+2)$　　14) $4(3-2x)-3(1-3x)$

15) $\frac{1}{2}(2x-4)-(-x-7)$　　16) $x+\frac{x-1}{2}\times(-6)$

17) $\frac{1}{4}(16x-12)+\frac{1}{3}(-3+6x)$ 18) $-\frac{1}{5}(3x-2)-\frac{1}{4}(3x-2)$

답 : 1) $-11x$, 2) $10x$, 3) $-26x$, 4) $-\frac{1}{12}x$, 5) $\frac{17(2a-1)}{3}$, 6) $2x+11$, 7)

7) -40, 8) $-3x+\frac{14}{3}$, 9) $-7x-5$, 10) $2a+6$, 11) $-14x-3$, 12) $2x-11$,

13) $-y-6$, 14) $x+9$, 15) $2x+5$, 16) $-2x+3$, 17) $6x-4$, 18) $\frac{-27x+18}{20}$.

[문제 8] 지금까지 알아본 문자와 식에 관한 내용을 확인하면 다음과 같다. ( )에 알맞은 것을 써넣어라.

1) 수와 문자, 문자와 문자 사이에 있는 곱셈 기호 ( )는 생략하며, 숫자는 ( ) 앞에 쓴다.

2) 1 또는 -1과 문자와의 곱에서 ( )은 쓰지 않으며, 같은 문자의 곱은 ( )를 사용하여 ( )의 꼴로 나타낸다.

3) 식에 들어있는 문자 대신에 수를 넣는 것을 그 문자에 수를 ( ) 한다고 하며, 대입하여 계산한 결과의 값을 그 ( )이라고 한다.

4) $2x+(-3y)+(-4)$에서 $2x, -3y, -4$를 ( ) 이라고 하고, 특히 -4를 ( ) 이라고 한다. 또, 항의 합으로 이루어진 식을 ( )이라 하고, 하나의 항으로 이루어진 식을 ( )이라고 한다.

5) 곱해진 문자의 개수가 한 개인 항을 ( )이라고 하며 일차항 또는 일차항과 상수항의 합으로 된 식을 ( )이라고 한다.

6) 어떤 항에서 그 항을 이루는 곱해진 문자의 개수를 그 항의 ( )라고 하며, 다항식에서는 차수가 가장 큰 항의 차수를 그 ( )라고 한다.

7) $3a+5b+2a-4b$에서 $3a$와 $2a$, $5b$와 $-4b$처럼 문자 부분이 서로 똑같은

항을 (   )이라고 한다.

답 : 1) ×, 문자, 2) 1, 지수, 거듭제곱, 3) 대입, 식의 값, 4) 항, 상수항, 다항식, 단항식, 5) 일차항, 일차식, 6) 차수, 다항식의 차수, 7) 동류항.

지수 계산

[지수법칙]

$a \neq 0$ 이고 m, n 이 자연수 일때

1) $a^m \times a^n = a^{m+n}$ 2) $(a^m)^n = a^{mn}$ 3) $a^m \div a^n = a^{m-n}$

4) $a^{-n} = \dfrac{1}{a^n}$ 5) $(ab)^n = a^n b^n$ 6) $(\dfrac{a}{b})^n = \dfrac{a^n}{b^n} (b \neq 0)$

[문제 9] 다음 식을 간단히 하여라.

1) $2 \times 2^5 \times x \times x^2 \times x^3$ 2) $3^2 \times 3^3 \times a^2 \times b^4 \times a^3 \times b^3$

3) $4^5 \times 4^3 \times b^3 \times b \times b^6$ 4) $(-1)^3 \times (-1)^4 \times a^3 \times b^2 \times a^5 \times b^6$

5) $5^2 \times 5^4 \times x \times y \times x^3 \times y^5$ 6) $6 \times 6^4 \times x^3 \times y^3 \times y^5 \times x^7$

7) $(x^2)^3 \times (5^3)^4$ 8) $(a^4)^2 \times (a^2)^3 \times (3^2)^4$

9) $(7^2)^5 \times (z^2)^4 \times (z^3)^3$ 10) $(9^3)^2 \times (m^3)^5 \times (m^5)^2$

11) $x^7 \div x^5 \div x^3$ 12) $(x^2)^3 \div (x^3)^2 \div x^5 \times (x^5)^2$

13) $x^9 \div x^6 \times (x^3)^3 \div x^7$ 14) $(y^3)^4 \div (y^4)^5 \times (y^2)^4$

15) $(a^5)^2 \div (a^2)^5 \div a^8 \times a^2$ 16) $(b^2)^{10} \div (b^3)^5 \times (b^4)^3$

17) $a^7 \div a^3 \div a^2 \times a^4$

18) $(a^2)^3 \div (a^3)^2 \div (a^4)^4 \times (a^5)^3$

19) $(ab^2)^3 \times (a^3b^3)^4$

20) $(\frac{x^2}{y^3})^5 \times (\frac{x}{y})^{10}$

21) $(ab)^5 \times (a^2b^3)^4 \times (a^2b)^3$

22) $(x^2y)^3 \times (xy)^{10} \times (x^4y^2)^2$

23) $(x^3y)^6 \times (x^2y^4)^2 \div (x^3y)^3$

24) $(\frac{ab^2}{3^2})^3 \times (a^3b)^3 \times (a^3b)^3 \div (3a^4b^5)^2$

답 : 1) 2^6x^6, 2) $3^5a^5b^7$, 3) 4^8b^{10}, 4) $-a^8b^8$, 5) $5^6x^4y^6$, 6) $6^5x^{10}y^8$, 7) $5^{12}x^6$, 8) 3^8a^{14}, 9) $7^{10}z^{17}$, 10) 9^6m^{25}, 11) x^{-1}, 12) x^5, 13) x^5, 14) 1, 15) a^{-6}, 16) b^{17}, 17) a^8, 18) a^{-1}, 19) $a^{15}b^{18}$, 20) $x^{20}y^{-25}$, 21) $a^{19}b^{20}$, 22) $x^{24}y^{17}$, 23) $x^{13}y^{11}$, 24) $a^{13}b^2 3^{-8}$.

단항식의 곱셈과 나눗셈

단항식끼리의 곱셈은 결합법칙이나 교환법칙을 사용하여 계수는 계수끼리, 문자는 문자끼리 곱하여 계산하고, 단항식끼리의 나눗셈도, 수로 나눌 때와 같은 방법으로 나눗셈을 곱셈으로 바꾸거나 나눗셈을 분수로 바꾸어 계산한다.

[문제 10] 다음 식을 간단히 하여라.

1) $2x \times (-5y^2) \times (2x^2)^3 \times (-3xy^2)^2$

2) $(-2x^3) \times (-3x^4) \times x^2y^3 \times (4xy^2)^2$

3) $(3a^3)^2 \times 2a^3 \times (-2a^3)^2 \times (-3ab)^2$

4) $(-2a^2b)^3 \times (3ab^2)^2 \times (a^3b)^4$

5) $(-2ab^3)^3 \div (3a^2b)^2 \times 12ab \div 6b$

6) $8x^2y \div 4xy^2 \times (-9y) \div 3y$

7) $3x \div (-6x) \times (-24abc) \div 8ab$

8) $(4a^5b^4)\div(-2a^2b)^2\times\left(-\dfrac{3}{2}a^2b\right)^2\times(\dfrac{3}{4}a^3b^4)$

9) $(-5x^3)^2\div(x^2y)^3\times(-3xy^3)^3\div(-3x^4y^2)^2$

10) $(3x^2)^3\div(6x)^2\div(-x)^3\times\left(\dfrac{2}{3}x\right)^2$ 11) $12x^2y\div(3x^4y^3)^2\times 2x\div\dfrac{3x^2y^3}{4}$

12) $2a^3\div 4a^2b^3\div\left(\dfrac{4}{3}a^2b\right)^2$ 13) $(2x^2y^3)\div(-x^2y)^4\div(x^2y)^2$

14) $(3x^2y)^2\div(6xy^4)^3\times(2x^2y^3)^3$ 15) $(-4ab^2)^2\times 3a\div(-2ab)^3$

16) $(-12a^3b)\times(3ab)^3\div(-a^2b^3)^2\div 8a^4b^3$

답 : 1) $-720x^9y^6$, 2) $96x^{11}y^7$, 3) $648a^{17}b^2$, 4) $-72a^{20}b^{11}$, 5) $-\dfrac{16}{9}b^7$, 6) $-\dfrac{6x}{y}$, 7) $\dfrac{3c}{2}$, 8) $\dfrac{27}{16}a^8b^4$, 9) $-\dfrac{75y^2}{x^5}$, 10) $\dfrac{x^3}{3}$, 11) $\dfrac{32}{9x^7y^8}$, 12) $\dfrac{9}{32a^3b^5}$, 13) $\dfrac{2}{x^{10}y^3}$, 14) $\dfrac{x^7}{3y}$, 15) $-6b$, 16) $-\dfrac{81}{2a^2b^5}$.

다항식의 덧셈과 뺄셈

다항식의 덧셈과 뺄셈은 문자의 종류가 많아지고 차수가 높아져도 괄호를 풀고, 동류항끼리 모아서 간단히 하면 된다.

[문제 11] 다음을 간단히 하여라.

1) $(2a+3b)-(3a-b)+(3b-2a)$ 2) $(5x+3y)-(2x-6y)-(x-3y)$

3) $(3a-c)-(a-4b)-(2b+3c)$ 4) $(-2x+7y)+(5x-3y-4)-(2x-3)$

5) $(4x-3y)-(2x-5y+3)+(2x-3y-4)$

6) $(5x-2y+3z)-(2x-4y-6z)-(2x-7y-3z)$

7) $(2x^2-6x+7)-(5x^2-4x-3)+(x^2-2x+5)$

8) $(5x^2-4x-3)-(-2x^2-7x+6)-(1-5x-3x^2)$

9) $(6x^2-2xy-y^2)+(3x^2-3xy-2y^2)$

10) $(y^2-7y-6)-(3y^2-5)-(4y^2-3y-7)$

11) $5x-\{2y+(3x-4y)\}+4x+\{3x-(x-5y)\}$

12) $2x^2-\{4x^2+3x-(6x+1)\}-(5x^2-3x-7)$

13) $3x^2-3+\{(4x^2-7x-3)-(-2x^2-5x+7)\}$

14) $-13x+14y-[9y-\{(4x-7y)-(-2x-3y)\}-15x]-10x$

답 : 1) $-3a+7b$, 2) $2x+12y$, 3) $2a+2b-4c$, 4) $x+4y-1$, 5) $8x-y-7$, 6) $x+9y+12z$, 7) $-2x^2-4x+15$, 8) $10x^2+8x$, 9) $9x^2-5xy-3y^2$, 10) $-6y^2-4y+6$, 11) $8x+7y$, 12) $-7x^2+6x+8$, 13) $9x^2-2x-13$, 14) $-2x+9y$.

단항식과 다항식의 곱셈과 나눗셈

단항식과 다항식의 곱셈은 다항식에 수를 곱하는 것과 같은 방법으로 분배법칙을 사용하여 계산하면 된다. 이와 같이 계산하는 것을 전개한다고 하고 얻은 식을 전개식이라고 한다.

[문제 12] 다음 식을 전개하여라.

1) $-3x(4x-5)+2x(7x-5)$ 2) $-2a(a-4b+3)+4a(3a-2b)$

3) $-2x(x+3y-1)-4x(2x-y+2)$

4) $ab(7a-3c)+b(ac-3ab)$

5) $-\frac{x}{2}(4x-2y-6)+\frac{x}{3}(3x+6y-3)$

6) $x(3x-2)-3x(2x-1)$

7) $3x(2x-5)+5x(3-4x)$

8) $2a(b-3c-1)-4b(2a-3c+5)$

답 : 1) $2x^2+5x$, 2) $10a^2-6a$, 3) $-10x^2-2xy-6x$, 4) $7a^2b-2abc-3ab^2$, 5) $-x^2+3xy+2x$, 6) $-3x^2+x$, 7) $-14x^2$, 8) $-6ab-6ac+12bc-2a-20b$.

다항식을 단항식으로 나누려면 나눗셈을 곱셈으로 고치고, 곱셈을 분배법칙을 써서 계산하여 그 결과를 간단히 한다.

[문제 13] 다음 식을 간단히 하여라.

1) $(6a^2b-4ab^2)\div 2ab$

2) $(x^2-4x)\div \frac{1}{3}x$

3) $(12a^2-6a)\div 3a$

4) $(-15a^2+9ab)\div 3a$

5) $(4a^2b-8ab-4b)\div(-2b)+(a^2x-ax)\div\frac{1}{2}x$

6) $(2a^2-2ab+4ab^2)\div 2a-(4b^2-4ab-10b)\div(-2b)$

7) $(15x^2-20xy)\div(-5x)+(-24xy-30y^2)\div(-6y)$

8) $(2xy^2+12y)\div\frac{1}{2}y-(-2x^3-4x^2+6x)\div(-2x)$

답 : 1) $3a-2b$, 2) $3(x-4)$, 3) $4a-2$, 4) $-5a+3b$, 5) $2a^2+2$, 6) $-a+b+2b^2-5$, 7) $x+9y$, 8) $4xy-x^2-2x+27$.

무리수와 실수

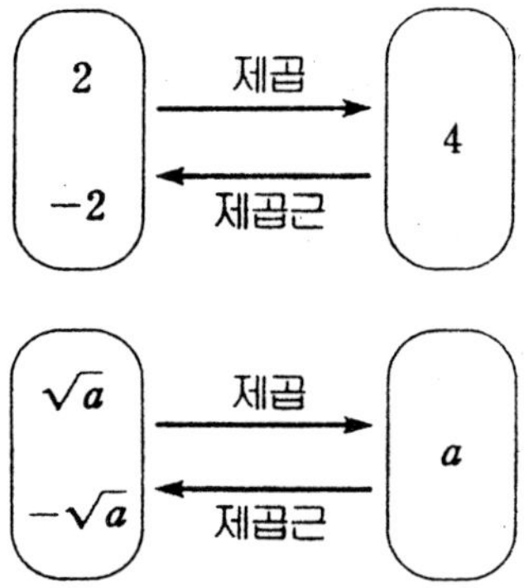

어떤 수 x를 제곱하여 a가 될 때, 곧

$$x^2 = a$$

일 때, x를 a의 **제곱근** 이라고 한다.
이를테면.
2와 -2는 4의 제곱근이다.

양수 a의 제곱근에는 반드시 양수와 음수 2개가 있고, 그 절대값은 같다.
이때, 양수 a의 두 제곱근은 기호 $\sqrt{\ }$를 사용하여

양수인 것을 $\sqrt{a}$

음수인 것을 $-\sqrt{a}$

로 나타낸다. 여기서 $\sqrt{\ }$를 **근호** 라고 하며 $\sqrt{a}$를 「제곱근 a」 또는 「루트a」 라고 읽는다.

또, $\sqrt{a}$와 $-\sqrt{a}$를 함께 $\pm\sqrt{a}$로 나타내기도 하며, 이것을 「플러스 마이너스 루트 a」 라고 읽는다.

제곱근

1) 양수 a의 제곱근은 $\sqrt{a}$와 $-\sqrt{a}$
2) 0의 제곱근은 $\sqrt{a} = 0$
3) $a > 0$일 때, $(\sqrt{a})^2 = a$, $(-\sqrt{a})^2 = a$

$$\sqrt{a^2} = a, \quad \sqrt{(-a)^2} = a$$

[문제 14] 다음 값을 구하여라.

1) $\sqrt{12^2}$ 2) $\sqrt{0.04}$ 3) $\sqrt{\frac{16}{25}}$ 4) $-\sqrt{(-0.2)^2}$

5) $-\sqrt{(-\frac{5}{4})^2}$ 6) $-\sqrt{(13)^2}$ 7) $-\sqrt{(-8)^2}$ 8) $-\sqrt{(\frac{3}{4})^2}$

9) $\sqrt{0.25}$ 10) $\sqrt{1.44}$ 11) $(\sqrt{5})^2 + (-\sqrt{8})^2$

12) $(-\sqrt{3^2})-(-\sqrt{5})^2$

13) $(\sqrt{5})^2\times(-\sqrt{\frac{1}{25}})^2$

14) $\sqrt{9^2}+\sqrt{(-7)^2}$

15) $\sqrt{(-5)^2}+\sqrt{(-11)^2}$

16) $\sqrt{14^2}+\sqrt{(-7)^2}$

답 : 1) 12, 2) 0.2, 3) $\frac{4}{5}$, 4) -0.2, 5) $-\frac{5}{4}$, 6) -13, 7) -8, 8) $-\frac{3}{4}$, 9) 0.5, 10) 1.2, 11) 13, 12) -8, 13) $\frac{1}{5}$, 14) 16, 15) 16, 16) 21.

제곱근의 대소 관계

$a>0$, $b>0$ 일 때.
1) $a<b$ 이면 $\sqrt{a}<\sqrt{b}$
2) $\sqrt{a}<\sqrt{b}$ 이면 $a<b$

[문제 15] 다음 수의 대소를 비교하여라.

1) $\sqrt{7}$, 3 2) $\sqrt{\frac{1}{3}}$, $\sqrt{\frac{1}{4}}$ 3) $\sqrt{121}$, 11.2

4) $\sqrt{0.01}$, $\sqrt{0.02}$ 5) 9 , $\sqrt{82}$ 6) $\sqrt{2}$, 1.4

7) $\sqrt{3}$, 1.8 8) $\sqrt{2.25}$, $\frac{5}{3}$ 9) $\sqrt{3.61}$, 1.91

10) $\sqrt{15}+1$, 4.1 11) 3+ $\sqrt{5}$, $\sqrt{25}-1.5$ 12) $\sqrt{5}-1$, $\sqrt{3}+1$

답 : 큰 수를 쓰면, 1) 3 , 2) $\sqrt{\frac{1}{3}}$, 3) 11.2, 4) $\sqrt{0.02}$, 5) $\sqrt{82}$, 6) $\sqrt{2}$, 7) 1.8, 8) $\frac{5}{3}$, 9) 1.91, 10) $\sqrt{15}+1$, 11) 3+ $\sqrt{5}$, 12) $\sqrt{3}+1$.

[문제 16] 각 문제의 ( ) 안에 알맞은 것을 써 넣어라.

1) 어떤 수 x를 제곱하여 a가 될 때, 곧 $x^2=a$일 때, x를 a의 ( ) 이라고 한다.

2) 양수 a의 두 제곱근은 기호 $\sqrt{\ }$를 사용하여 양수인 것을 ( ), 음수인 것을 ( )로 나타낸다.

3) 기호 $\sqrt{\ }$ 를 ( )라고 하며 $\sqrt{a}$를 제곱근 a 또는 ( )라고 읽는다.

4) $a>0$ 일 때, $(\sqrt{a})^2=a$, $(-\sqrt{a})^2$ = ( )

$\sqrt{a^2}=a$, $\sqrt{(-a)^2}$ = ( )

5) $a>0$, $b>0$ 일 때, $a<b$ 이면 $\sqrt{a}$( )$\sqrt{b}$,

$\sqrt{a}<\sqrt{b}$ 이면 a( )b

6) 순환하지 않는 무한소수로 나타내어지는 수를 ( )라고 한다.

7) 유리수와 무리수를 통틀어 ( )라고 한다.

8) 수직선 위의 점 전체의 집합과 실수 전체의 집합 사이에는 일대일의 대응이 이루어짐도 알려져 있다. 이것은 바로 수직선이 ( )를 나타내는 직선이라는 것을 말하고 있다.

답 : 1) 제곱근, 2) $\sqrt{a}$, $-\sqrt{a}$, 3) 근호, 루트a, 4) a, a, 5) $<$, $<$, 6) 무리수, 7) 실수, 8) 실수.

근호를 포함한 식의 계산

제곱근의 곱셈, 나눗셈에는 다음 성질이 성립한다.

제곱근의 곱셈, 나눗셈

$a \geqq 0$, $b \geqq 0$ 일 때.

$\sqrt{a}\sqrt{b} = \sqrt{ab}$ $\quad \dfrac{\sqrt{a}}{\sqrt{b}} = \sqrt{\dfrac{a}{b}}$ (단, $b \neq 0$)

$a \geqq 0$ 일 때, $\sqrt{a^2} = a$ 이므로 다음이 성립한다.

$a \geqq 0$, $b \geqq 0$ 일 때, $a\sqrt{b} = \sqrt{a^2 b}$

분모에서 근호를 없애고, 유리수로 고치는 것을 **분모의 유리화**라고 한다.

[문제 17] 다음 식을 간단히 하여라.

1) $\sqrt{4}\sqrt{8}$ 2) $\sqrt{8}\sqrt{24}$ 3) $\sqrt{3}\sqrt{6}\sqrt{8}$

4) $\sqrt{18}\sqrt{27}$ 5) $\sqrt{24} \div \sqrt{6}$ 6) $\sqrt{44} \div \sqrt{11}$

7) $\sqrt{35} \div \sqrt{7}$ 8) $2\sqrt{15} \div (-\sqrt{3})$ 9) $3\sqrt{6} \times 2\sqrt{6}$

10) $4\sqrt{6} \div \sqrt{24}$ 11) $\sqrt{3} \times (-5\sqrt{27})$ 12) $4\sqrt{12} \div 2\sqrt{6}$

13) $\sqrt{27} + 2\sqrt{3}$ 14) $5\sqrt{18} - 4\sqrt{8} - 3\sqrt{2}$ 15) $\sqrt{20} - 3\sqrt{45} - 9\sqrt{5}$

16) $-4\sqrt{63} - \sqrt{28} + 4\sqrt{7}$ 17) $\sqrt{96} - 4\sqrt{12} + 3\sqrt{75}$

18) $7\sqrt{20} - \sqrt{32} - \sqrt{5} - 3\sqrt{18}$ 19) $\sqrt{2}(\sqrt{32} - 3)$

20) $(\sqrt{24} - \sqrt{15}) \div \sqrt{3}$ 21) $\sqrt{3}(3 - \sqrt{3})$

22) $3\sqrt{5}(3\sqrt{10} - 2\sqrt{5})$ 23) $(\sqrt{42} + \sqrt{36}) \div \sqrt{6}$

24) $(6\sqrt{15} + \sqrt{6}) \div (-\sqrt{3})$ 25) $2\sqrt{5} \times \dfrac{3}{\sqrt{15}}$

26) $-6\sqrt{2}\times\frac{4}{\sqrt{8}}$ 27) $4\sqrt{6}\times\frac{2}{\sqrt{3}}$

28) $\frac{3}{\sqrt{18}}\times\sqrt{\frac{3}{2}}$ 29) $3\sqrt{\frac{4}{5}}\times\sqrt{\frac{2}{27}}$

30) $-3\sqrt{\frac{2}{3}}\times\frac{\sqrt{5}}{\sqrt{6}}$ 31) $\sqrt{48}-\frac{5}{\sqrt{3}}$

32) $\frac{2}{\sqrt{2}}-\frac{5}{\sqrt{8}}$ 33) $\sqrt{8}-\frac{2}{2\sqrt{2}}$

34) $\sqrt{75}-\frac{3}{\sqrt{3}}$ 35) $\frac{\sqrt{2}}{\sqrt{3}}-2\sqrt{6}+\frac{4\sqrt{3}}{\sqrt{2}}$

답 : 1) $4\sqrt{2}$, 2) $8\sqrt{3}$, 3) 12, 4) 18, 5) 2, 6) 2, 7) $\sqrt{5}$, 8) $-2\sqrt{5}$, 9) 36, 10) 2, 11) -45, 12) $2\sqrt{2}$, 13) $5\sqrt{3}$, 14) 0, 15) $-13\sqrt{5}$, 16) $-10\sqrt{7}$, 17) $4\sqrt{6}+7\sqrt{3}$, 18) $13\sqrt{5}-13\sqrt{2}$, 19) $8-3\sqrt{2}$, 20) $2\sqrt{2}-\sqrt{5}$, 21) $3\sqrt{3}-3$, 22) $45\sqrt{2}-30$, 23) $\sqrt{7}+\sqrt{6}$, 24) $-6\sqrt{5}-\sqrt{2}$, 25) $2\sqrt{3}$, 26) -12, 27) $8\sqrt{2}$, 28) $\frac{\sqrt{3}}{2}$, 29) $\frac{2\sqrt{6}}{3}$, 30) $-\sqrt{5}$, 31) $\frac{7\sqrt{3}}{3}$, 32) $-\frac{\sqrt{2}}{4}$, 33) $\frac{3}{2}\sqrt{2}$, 34) $4\sqrt{3}$, 35) $\frac{\sqrt{6}}{3}$.

[문제 18] 각 문제의 ( ) 안에 알맞은 것을 써 넣어라.

1) $a\geq 0$, $b\geq 0$ 일 때,

$\sqrt{a}\ \sqrt{b}=\sqrt{(\quad)}$ $\frac{\sqrt{a}}{\sqrt{b}}=\sqrt{(\quad)}$ (단, $b\neq 0$)

2) $a\geq 0$, $b\geq 0$ 일 때, $a\sqrt{b}=\sqrt{(\quad)}$

3) $\frac{\sqrt{2}}{\sqrt{3}}=\frac{\sqrt{2}\times\sqrt{3}}{\sqrt{3}\times\sqrt{3}}=\frac{\sqrt{6}}{3}$과 같이 분모에서 근호를 없애고 유리수로 고치는 것을 분모의 ( )라고 한다.

4) 근호 부분이 같은 것을 다항식의 ( )과 같이 생각하여 덧셈, 뺄셈의 계산을 한다.

답 : 1) ab, $\frac{a}{b}$, 2) a^2b, 3) 유리화, 4) 동류항.

다항식의 곱셈

$(a+b)(c+d)$ 의 계산에서는 $c+d$를 하나의 수로 보고 $c+d=$ M 이라고 놓으면,

$$(a+b)(c+d)=(a+b)\mathrm{M}$$
$$=a\mathrm{M}+b\mathrm{M}$$

M을 $c+d$로 다시 돌려놓으면,

$$(a+b)(c+d)=a(c+d)+b(c+d)$$
$$=ac+ad+bc+bd$$

곧, 다음과 같이 전개할 수 있다.

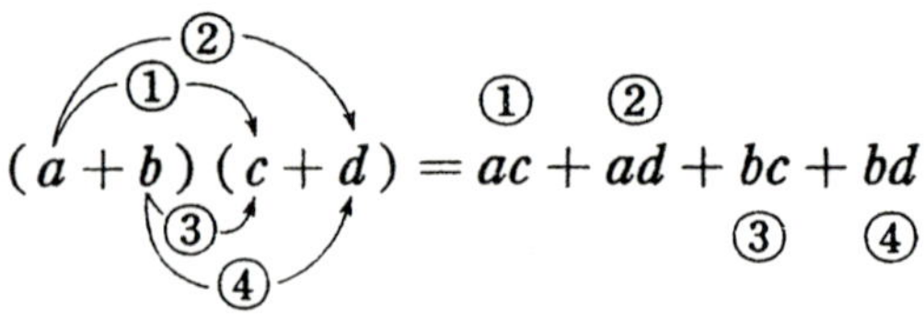

[문제 19] 다음 식을 전개 하여라.

1) $(2a+4)(b-3)$ 2) $(2x+5)(3x-2)$ 3) $(a+2b)(3x-2y)$

4) $(x-3y)(4x-y)$ 5) $(-3p-2q)(-7p+8q)$ 6) $(x-y)(x+2y-2)$

7) $(x-2y-3)(2x-y)$ 8) $(2m+n)(m-n-3)$ 9) $(2p-q)(4-3p-q)$

답 : 1) $2ab-6a+4b-12$, 2) $6x^2+11x-10$, 3) $3ax+6bx-2ay-4by$,
4) $4x^2-11xy+3y^2$, 5) $21p^2-10pq-16q^2$, 6) $x^2+xy-2y^2-2x+2y$,
7) $2x^2-5xy+2y^2-6x+3y$, 8) $2m^2-mn-n^2-6m+3n$,
9) $-6p^2+pq+q^2+8p-4q$.

곱셈 공식

$(a+b)^2$은 $(a+b)\times(a+b)$로 바꾸어 계산한다.

$$(a+b)^2 = (a+b)(a+b)$$
$$= a^2+ab+ba+b^2$$
$$= a^2+2ab+b^2$$

$$\begin{array}{r} a+b \\ \times)\underline{\ a+b\ } \\ a^2+ab\qquad \\ \underline{\qquad ab+b^2} \\ a^2+2ab+b^2 \end{array}$$

같은 방법으로

곧, 다음과 같은 곱셈 공식을 얻는다.

곱셈 공식

1) $(a+b)^2 = a^2+2ab+b^2$ 2) $(a-b)^2 = a^2-2ab+b^2$

[문제 20] 다음 식을 전개 하여라.

1) $(3x+y)^2$ 2) $(2x-5)^2$ 3) $(-2x-3y)^2$

4) $(3x-4)^2$ 5) $(2x+5y)^2$ 6) $(-3x+y)^2$

답 : 1) $9x^2+6xy+y^2$, 2) $4x^2-10x+25$, 3) $4x^2+12xy+9y^2$,
4) $9x^2-24x+16$, 5) $4x^2+20xy+25y^2$, 6) $9x^2-6xy+y^2$.

$(a+b)(a-b)$를 전개하면,

$$(a+b)(a-b) = a^2-ab+ab-b^2$$
$$= a^2-b^2$$

$$\begin{array}{r} a+b \\ \times)\underline{\ a-b\ } \\ a^2+ab\qquad \\ \underline{\qquad -ab-b^2} \\ a^2\qquad\quad -b^2 \end{array}$$

$(x+a)(x+b)$를 전개하면

$$= x^2+xb+ax+ab$$
$$= x^2+(a+b)x+ab$$

$$\begin{array}{r} x+a \\ \times)\ \underline{x+b} \\ x^2+ax \quad\quad \\ \underline{\quad\quad bx+ab} \\ x^2+(a+b)x+ab \end{array}$$

$(ax+b)(cx+d)$를 전개하면

$$(ax+b)(cx+d)$$
$$= ax(cx+d)+b(cx+d)$$
$$= acx^2+adx+bcx+bd$$
$$= acx^2+(ad+bc)x+bd$$

$$\begin{array}{r} ax+b \\ \times)\ \underline{cx+d} \\ acx^2+bcx \quad\quad \\ \underline{\quad\quad adx+bd} \\ acx^2+(ad+bc)x+bd \end{array}$$

곧, 다음 공식을 얻는다.

곱셈 공식

3) $(a+b)(a-b)=a^2-b^2$

4) $(x+a)(x+b)=x^2+(a+b)x+ab$

5) $(ax+b)(cx+d)=acx^2+(ad+bc)x+bd$

[문제 21] 다음 식을 전개 하여라.

1) $(x-\frac{1}{2})(x+\frac{1}{2})$　2) $(9-x)(9+x)$　3) $(x+2y)(x-2y)$

4) $(4p-q)(4p+q)$　5) $(2x+\frac{1}{5}y)(2x-\frac{1}{5}y)$　6) $(4y-x)(4y+x)$

7) $(x+6)(x+7)$　8) $(x+\frac{1}{3})(x+\frac{1}{4})$　9) $(y-5)(y-6)$

10) $(2x-3)(4x+5)$　11) $(-3x-4y)(2x+5y)$　12) $(4x-y)(2x+3y)$

13) $(\sqrt{2}-\sqrt{3})^2$　14) $(3\sqrt{5}-\sqrt{7})(2\sqrt{5}+\sqrt{7})$

15) $3(x-2)^2-(x-3)(3x+1)$　16) $(x-y+3)(x-y-2)$

17) $2x(x+3)-(x-2)^2$ 18) $(3x-1)(3x+1)-(2x-1)(3x+5)$

19) $(2x-3y-3)(2x+3y-2)$ 20) $(3x-y+2)^2$

21) $(2a-b+1)(2a-b-3)$

답 : 1) $x^2-\frac{1}{4}$, 2) $81-x^2$, 3) x^2-4y^2, 4) $16p^2-q^2$, 5) $4x^2-\frac{1}{25}y^2$,
6) $16y^2-x^2$, 7) $x^2+13x+42$, 8) $x^2+\frac{7}{12}x+\frac{1}{12}$, 9) $y^2-11y+30$,
10) $8x^2-2x-15$, 11) $-6x^2-23xy-20y^2$, 12) $8x^2+10xy-3y^2$,
13) $5-2\sqrt{6}$, 14) $23+\sqrt{35}$, 15) $-4x+15$, 16) $x^2-2xy+y^2+x-y+6$,
17) $x^2+10x-4$, 18) $3x^2-7x+4$, 19) $4x^2-9y^2-10x-3y+6$,
20) $9x^2+y^2-6xy+12x-4y+4$, 21) $4a^2-4ab+b^2-4a+2b-3$.

[문제 22] 다음 식을 전개 하여라.

1) $\frac{5}{3+\sqrt{2}}$ 2) $\frac{4\sqrt{3}}{3-\sqrt{3}}$

3) $\frac{2\sqrt{2}}{\sqrt{3}+\sqrt{2}}$ 4) $\frac{-2-\sqrt{3}}{-2+\sqrt{2}}$

답 : 1) $\frac{5(3-\sqrt{2})}{7}$, 2) $2\sqrt{3}+2$, 3) $2\sqrt{6}-4$, 4) $2+\sqrt{3}-\sqrt{2}+\frac{\sqrt{6}}{2}$.

한 다항식을 2개 이상의 인수의 곱의 꼴로 나타내는 것을 그 다항식을 **인수분해** 한다고 한다.

인수분해

$$a^2-b^2 \;\longrightarrow\; (a+b)(a-b)$$
$$a^2-b^2 \;\longleftarrow\; (a+b)(a-b)$$

전 개

인수분해 공식

1) $ma+mb=m(a+b)$

2) $a^2+2ab+b^2=(a+b)^2$

3) $a^2-2ab+b^2=(a-b)^2$

4) $a^2-b^2=(a+b)(a-b)$

5) $x^2+(a+b)x+ab=(x+a)(x+b)$

6) $acx^2+(ad+bc)x+bd=(ax+b)(cx+d)$

[문제 23] 다음 식을 인수분해 하여라.

1) m^2-2m 2) x^2y+xy^2 3) $x^3y+xy^2-2x^2y$

4) $x^2-16x+64$ 5) $m^2+14m+49$ 6) $9a^2-12ab+4b^2$

7) $49a^2+28ab+4b^2$ 8) $4x^2-9y^2$ 9) $98m^2-8n^2$

10) $c^2-8c+12$ 11) $y^2-4y-12$ 12) $x^2-11x+24$

13) $3x^2-10x+8$ 14) $14x^2-31x+15$ 15) $15x^2-26x+8$

16) $21x^2+xy-2y^2$ 17) $6-x-2x^2$ 18) $6x^2-25x+14$

19) $(x-3)^2-7(x-3)+12$ 20) $4(a-5)^2-20$

21) $(x-1)^2-3(x-1)-4$ 22) $(x+y)^2-6(x+y)+9$

23) $(3a-1)^2-(4a+1)^2$ 24) $9(2x+3y)^2-4(2x-3y)^2$

25) $ab-a-b+1$ 26) $x^2-2xy+4y-2x$

답 : 1) $m(m-2)$, 2) $xy(x+y)$, 3) $xy(x^2+y-2x)$, 4) $(x-8)^2$, 5) $(m+7)^2$, 6) $(3a-2b)^2$, 7) $(7a+2b)^2$, 8) $(2x+3y)(2x-3y)$,

9) $2(7m+2n)(7m-2n)$. 10) $(c-2)(c-6)$, 11) $(y-6(y+2)$,
12) $(x-3)(x-8)$, 13) $(3x-4)(x-2)$, 14) $(7x-5)(2x-3)$,
15) $(3x-4)(5x-2)$, 16) $(7x-2y)(3x+y)$, 17) $(3-2x)(2+x)$,
18) $(3x-2)(2x-7)$, 19) $(x-7)(x-6)$, 20) $4(a^2-10a+20)$,
21) $x(x-5)$, 22) $(x+y-3)^2$, 23) $-7a(a+2)$, 24) $(10x+3y)(2x+15y)$,
25) $(a-1)(b-1)$, 26) $(x-2y)(x-2)$.

제1장 Homework

1. 다음 계산하여라.

1) $(-3)+11-5-(-6)-(-4)+\frac{1}{2}$

2) $5-(-\frac{3}{4})-(-0.6)-(-0.4)-(-\frac{1}{2})-(-\frac{2}{3})$

3) $-3+5-6-1-(-3)-6-5$

4) $3-7.8-(-1.5)-0.2+0.7-0.4$

5) $\frac{1}{5}-\frac{3}{4}-(-\frac{3}{5})-(-\frac{1}{4})+\frac{2}{3}$

6) $\frac{1}{3}-\frac{1}{2}+\frac{1}{5}-\frac{1}{4}-1-\frac{1}{3}+\frac{1}{2}-\frac{3}{5}$

7) $5\times(-4)\times(-2)\times(-4)\times(-\frac{1}{2})\times\frac{2}{3}$

8) $6\div(-\frac{3}{4})\div(-\frac{2}{3})\div(-\frac{4}{3})\times(-\frac{2}{7})$

9) $(-2)\times(-3)\times4\times(-6)\times(-6)\div(-2)\times\frac{1}{4}$

10) $(-\frac{1}{2})\times(-8)\div(-3)\times\frac{1}{3}\times(-5)\div10\div(-\frac{5}{2})$

11) $15-3\times\{5-(-4)\}$

12) $-\frac{2}{3}+(-\frac{5}{6})\div(-\frac{4}{3})\times2\div(-\frac{2}{5})$

13) $-2\div\{(-3)+(-2)\times3\}\times(-\frac{1}{3})$

14) $\frac{1}{4}-\frac{1}{2}\times\frac{1}{5}+\frac{1}{5}\times(-5)\div3$

15) $3-6\times2-18\div3$

16) $(4-5)\times(-3)+(-24)\div(-3)$

17) $(-4)\times(-5)+(-3)\times(-2)$

18) $(-2)-14\div(-7)-3+7\times(2-3)$

19) $13+6\times(-2)+3\times(-4)-3\times\{(-2)-6\}$

20) $-2\times5-3\times5-4\times5+5\times5$

2. 다음 계산하여라.

1) $2x+5x-3x+x$

2) $6x-1+2x-3-4x+(-3x-2)$

3) $2x-(3x-1)+(5x-3)$

4) $(-2x+3)-(-2x-3)-(3x-2)$

5) $2(x-2)-3(3x-2)$

6) $-(x+2)-3(-x+2)$

7) $x+1-(2x-1)-2(1-x)$

8) $6y-\{7-2(y-4)+3(2-3y)\}$

9) $-\frac{1}{2}(4x-6)+\frac{1}{3}(6x-9)$

10) $\frac{6x-1}{2}-\frac{6x-2}{3}+\frac{3x-2}{4}$

11) $7x-3(-5x-2)-\frac{1}{2}(6x-4)+\frac{2}{3}(6x-3)$

12) $3x-5-\{5-(4-x)\}+\{3-(6x-9)\}\times\frac{1}{3}$

13) $-x-\{-(2-x)-3(4-3x)\}-7x-2$

14) $3\{2x-5-(3x-2)\}+(2x-1)-(3x-3)\div 3$

15) $2(x+6)+(x-5)-5(x-3)-(x-7)$

3. $x=-3,\ y=-2,\ z=-4$**일 때, 다음 식의 값을 구하여라.**

1) $xy+yz-zx$

2) $\frac{4x-3y+2z}{yz}$

3) $\frac{x}{y}-\frac{yz-3x}{x}$

4) $7x-6y-4z$

5) $-5(x-y)-(y-z)+3(xy-yz+zx)$

6) $4x(x-3y)-z(3x^2-2xy)$

7) $\frac{xy^2-2x^2y}{xy}+\frac{x^2y^2-2y^3z}{y}$

4. 다음 계산하여라.

1) $2^3\times5^3\times c^2\times c^5$

2) $3^2\times3^5\times r^2\times r^3\times r^5$

3) $(3^2)^3\times(a^4)^2$

4) $(3\times5)^4\times(y^5)^2\times(y^4)^3$

5) $3^4\div3^4\times(x^2)^4\div(x^2)^3$

6) $(2\times10^4)^3\times(x^2y^3)^2$

7) $(a^2bc^3)^4\times2^4\times2^5\times2$

8) $(\frac{c^2}{d})^3\times(\frac{ab^3}{c^2})^4$

9) $(4x^2y^2)^2\times(-2x^2)^4$

10) $(2x^2)^3\times(3xy^2)^2\times(-xy)^4$

11) $(x^2y^3)^2\times(-2xy)\div\frac{1}{2}(x^2y)^3$

5. 다음 식을 간단히 하여라.

1) $3(a-b)+5(a-2b)+(6a^2-4ab)\div(-2a)$

2) $\frac{1}{2}x(x+y)-\frac{1}{3}x(x-y)+5x(3x-y)+4x(x-2y)$

3) $2a(3a-b)-3b(-4a+b)+(\frac{2}{3}a^2+\frac{ab}{2}-\frac{a}{6})\div\frac{1}{6}a$

4) $-ab^2(5a^2+2ab-3b^2)-ab^2(2a^2-ab-5b^2)$

5) $m+2n-\frac{3m-1}{4}+\frac{m-n-3}{3}$

6) $\frac{2}{3}x(x-3y)+(\frac{2}{3}x^2+\frac{xy}{2})\div\frac{1}{3}x-2x(3x-y)$

7) $(x^2y-2xy^2)\div\frac{1}{2}xy^2\times(x^2y^2)^3$

8) $(a^2-3a)\div(-\frac{1}{2}a)\div(3a)^2$

6. 다음 등식을 【 】안의 문자에 대해 풀어라.

1) $F=\frac{9}{5}C+32$ 【 C 】

2) $S=vt+c$ 【 t 】

3) $L=2(R+2\pi r)$ 【 r 】

4) $S=\frac{1}{2}(LR-lr)$ 【 R 】

5) $P=\frac{4}{3}\pi(r^3-S)$ 【 S 】

7. 다음 식을 간단히 하여라.

1) $\sqrt{27}-2\sqrt{2}$

2) $\sqrt{20}+5\sqrt{5}-\sqrt{125}$

3) $\sqrt{54}-\sqrt{6}+5\sqrt{24}$

4) $\sqrt{48}-2\sqrt{3}+3\sqrt{27}$

5) $\sqrt{5}(\sqrt{3}-\sqrt{15})$

6) $(\sqrt{18}+\sqrt{3})\div\sqrt{3}$

7) $4\sqrt{24}-2\sqrt{96}+3\sqrt{54}$

8) $\sqrt{6}(2\sqrt{24}-3\sqrt{6})$

9) $(-5\sqrt{24}) \div \sqrt{27} \times \sqrt{3}$
10) $\dfrac{2\sqrt{18}}{3} + \dfrac{2\sqrt{6}}{\sqrt{3}} - 2\sqrt{32}$

11) $\dfrac{\sqrt{2}}{2} + \dfrac{2}{\sqrt{2}}$
12) $\dfrac{\sqrt{3}}{\sqrt{2}} + \dfrac{\sqrt{8}}{\sqrt{3}} - 2\sqrt{6}$

8. 다음 수의 분모를 유리화 하여라.

1) $\dfrac{\sqrt{50} - \sqrt{8}}{\sqrt{2}}$
2) $\dfrac{\sqrt{8}}{\sqrt{3}\sqrt{5}}$
3) $\dfrac{\sqrt{24} - \sqrt{51}}{2\sqrt{3}}$

4) $\dfrac{2\sqrt{5}}{3 - \sqrt{5}}$
5) $\dfrac{\sqrt{2}}{\sqrt{3} - 2}$
6) $\dfrac{\sqrt{3}}{2 - \sqrt{2}}$

7) $\dfrac{\sqrt{7} + \sqrt{5}}{\sqrt{7} - \sqrt{5}}$
8) $\dfrac{2\sqrt{5} + \sqrt{6}}{2\sqrt{5} - \sqrt{6}}$

9. 다음 식을 전개 하여라.

1) $(4x-3)^2$
2) $(-5+4x)^2$
3) $(-5+b)(-5-b)$

4) $(3x-5)(-5x+1)$
5) $(x-6)(x+9)$
6) $(-4x+5y)(3x-7y)$

7) $(a+3b-5)(a+3b+4)$
8) $(5x-2y-3)^2$

9) $(x-4)^2-(x-4)(x+4)$
10) $(x-y+3)(x+y-2)$

11) $(x-y-z)^2$
12) $(3x+2y)^2-(3x-2y)^2$

10. 다음 식을 인수분해 하여라.

1) $5a^2-15ab$
2) $9x^2-6x+1$

3) $30x^2-9x-3$
4) $x^2-\dfrac{1}{6}x-\dfrac{1}{6}$

5) x^2-4y^2+x-2y
6) $2ax-3by-6ay+bx$

7) $2(x^2-y^2)+(x+3y)(x-y)$ 8) $16-x^2+4xy-4y^2$

9) $(x-2y)^2-2(x-2y)-24$ 10) $(4a-b)(4a-b-3)-10$

11) $4x^2y-a^2y$ 12) a^2-b^2-2b-1

제2장 방정식과 부등식

일차 방정식

[문제 1] 등식의 성질과 방정식의 풀이에 대해 다음 내용을 확인하여 보자.
( )안에 알맞은 것을 써넣어라.

1) $x+3=7$과 같이 등호를 사용하여 두 수 또는 식이 같음을 나타낸 것을 ( )이라고 하며, 이 때 등호의 왼쪽 부분을 ( ), 오른쪽 부분을 ( )이라 하고, 양쪽을 통틀어 ( )이라고 한다.

2) $x+3=7$과 같이 x의 값에 따라 참이 되기도 하고, 거짓이 되기도 하는 등식을 ( )이라고 하며, 이 때 x를 ( )라고 한다.

3) 방정식이 참이 되게 하는 미지수의 값을 그 방정식의 ( ) 또는 ( )라고 하며, 방정식의 해를 구하는 것을 ( )라고 한다.

4) $x+2x=3x$와 같이 미지수 x에 어떤 값을 대입해도 항상 참이 되는 등식을 ( )이라고 한다.

5) $a=b$이면 다음이 성립한다.

(1) $a+c=$ (　　)　　　　(2) $a-c=$ (　　)

(3) $ac=$ (　　)　　　　(4) $\frac{a}{c}=$ (　　) (단, $c\neq 0$)

6) 미지수가 x인 방정식을 풀 때에는 (　　)을 사용하여 $x=$ (　　)의 꼴을 이끌어 내어 해를 구하면 된다.

답 : 1) 등식, 좌변, 우변, 양변, 2) 방정식, 미지수, 3) 근, 해, 방정식을 푼다, 4) 항등식, 5) $b+c$, $b-c$, bc, $\frac{b}{c}$, 6) 등식, 수.

[문제 2] 다음 방정식을 풀어라.

1) $6x-5=4x-5$　　2) $x+3=-3x-9$

3) $5x+3=7x-12$　　4) $3x-6=5x-5$

5) $7x+2=3x-18$　　6) $2x-16=-7-3x$

7) $1-x=-3x-5$　　8) $6x-7=-x+9$

9) $5(x-3)=3(x-4)$　　10) $3(2x-5)=4(x-10)$

11) $2(3x-2)=-4(3-2x)$　　12) $7x-3=-3(x-2)$

13) $5-3(6x-2)=-2(2x-3)$　　14) $\frac{1}{2}(x-\frac{3}{4})=\frac{2}{3}(x-1)$

15) $\frac{2}{3}(x-\frac{7}{6})=\frac{5}{4}(x-3)$　　16) $\frac{3}{4}(2-3x)=\frac{1}{2}(x-3)$

17) $\frac{3}{4}(x-\frac{2}{3})=-\frac{5}{2}(x-3)$　　18) $\frac{2}{3}(x-1)=\frac{1}{2}(x+3)-2$

19) $\frac{x-2}{3}=\frac{x-3}{2}+1$　　20) $\frac{1}{5}(2x-3)+\frac{1}{2}(x-4)=-3$

21) $0.5(x-1.2)=0.2(x+0.3)$ 22) $0.1(x+0.8)=0.4(x-0.2)$

23) $0.3(x-0.1)=0.5(x+1.7)$ 24) $3(x-2.8)=0.8(x-1.2)$

25) $1.2(x-2)=1.5(x+1)$ 26) $0.3(x-3)=0.5(x-4)$

답 : 1) 0, 2) -3, 3) 7.5, 4) -0.5, 5) -5, 6) $\frac{9}{5}$, 7) -3, 8) $\frac{16}{7}$, 9) $\frac{3}{2}$, 10) $-\frac{25}{2}$, 11) 8, 12) $\frac{9}{10}$, 13) $\frac{5}{14}$, 14) $\frac{7}{4}$, 15) $\frac{107}{21}$, 16) $\frac{12}{11}$, 17) $\frac{32}{13}$, 18) 1, 19) -1, 20) $-\frac{4}{9}$, 21) 2.2, 22) $\frac{8}{15}$, 23) -4.4, 24) $\frac{186}{55}$, 25) -13, 26) $\frac{11}{2}$.

일차방정식을 이용하여 여러 가지 응용문제를 풀어보자.

[문제 3] 다음 문제를 풀어라.

1) 현재 아버지의 나이는 46세, 아들의 나이는 10세이다. 아버지의 나이가 아들의 나이의 4배가 되는 것은 언제인가?

2) 매 1분마다 5개씩의 자동차 부품을 만드는 기계 A, B가 있다. 지금까지 A에서 96개, B에서 12개의 부품이 만들어졌다면, A의 생산량이 B의 생산량의 3배가 되는 것은 몇 분 후인가?

3) 1개에 400원인 사과와 1개에 600원인 배를 합하여 15개를 400원짜리 상자에 넣어 전체의 값이 8,000원이 되도록 포장하려고 한다. 사과를 몇 개 넣으면 되는가?

4) 둘레의 길이가 34m이고, 가로의 길이가 세로의 길이의 2배보다 10m 짧은 직사각형 모양의 밭을 만들려고 한다. 가로의 길이를 몇 m로

하면 되는가?

5) 동생이 집을 나선지 8분 후에 형이 동생을 따라 나섰다. 동생은 매분 60*m*의 속력으로 걷고, 형은 매분 220*m*의 속력으로 따라 갔다. 형은 몇 분 후에 동생을 만나게 되는가?

6) 20%의 소금물 450g이 있다. 이것에 몇 g의 물을 넣으면 10%의 소금물이 되겠는가?

7) 두 지점 A, B 사이를 자동차로 왕복하는데, 갈 때에는 시속 60㎞로 가고, 올 때에는 시속 40㎞로 와서 왕복 3시간이 걸렸다. A, B 사이의 거리는 몇 ㎞로 인가?

8) A 지점에서, B 지점까지 가는데 자전거로 시속 12㎞로 가면 시속 4㎞로 걸어서 가는 것보다 한 시간 빨리 도착한다고 한다. A, B 사이의 거리는 몇 ㎞인가?

9) 9%의 소금물 280*g*이 있다. 이것에서 몇 g의 물을 증발시키면 14%의 소금물이 되겠는가?

10) 10%의 소금물 500*g*이 있다. 여기에 몇 *g*의 소금을 더 넣으면 12%의 소금물이 되겠는가?

11) 원가가 100원인 물건이 있다. 이 물건을 정가의 20%를 할인해서 팔아도 5%의 이익이 남게 하기 위하여 원가에 몇 %의 이익을 붙여 정가를 정해야 하는가?

답 : 1) 2년후, 2) 6분후, 3) 7개, 4) 8*m*, 5) 3분, 6) 450*g*, 7) 72*km*, 8) 6*km*, 9) 100*g*, 10) $\frac{125}{11}g$, 11) 31.25%.

연립일차방정식

미지수가 2개인 두 일차방정식을 한 쌍으로 한 것을 미지수가 2개인 **연립일차방적식** 또는 간단히 **연립방정식**이라고 한다.

이들 두 일차방정식을 동시에 성립시키는 x, y의 값 또는 그 순서쌍을 주어진 **연립방정식의 해**라고 하며, 이 해를 구하는 것을 연립방정식을 푼다고 한다.

[문제 4] 다음 연립방정식의 해를 구하여라.

1) $\begin{cases} -x+2y=5 \\ 3x-y=3 \end{cases}$ 2) $\begin{cases} 3x+y=5 \\ -2x-y=3 \end{cases}$

3) $\begin{cases} 3a-2b=13 \\ 5a+4b=30 \end{cases}$ 4) $\begin{cases} 2x-3y=11 \\ 3x+y=-9 \end{cases}$

5) $\begin{cases} 5a-b=8 \\ -4a+2b=2 \end{cases}$ 6) $\begin{cases} 4x-7y=9 \\ 2x+3y=-7 \end{cases}$

7) $\begin{cases} x-y=4 \\ 3x-4y=15 \end{cases}$ 8) $\begin{cases} 2x=1-3y \\ 3x+3y=7 \end{cases}$

9) $\begin{cases} 5a-2b=1 \\ a-3b=4 \end{cases}$

답 : 1) $(\frac{11}{5},\frac{18}{5})$, 2) $(8,-19)$, 3) $(\frac{56}{11},\frac{25}{22})$, 4) $(-\frac{16}{11},-\frac{51}{11})$, 5) $(3,7)$, 6) $(11,5)$, 7) $(1,-3)$, 8) $(6,-\frac{11}{3})$, 9) $(\frac{109}{13},-\frac{19}{13})$.

[문제 5] 다음 연립방정식을 풀어라.

1) $\begin{cases} 3x-4(x-2y)=7 \\ 2(x+y)=3-4y \end{cases}$ 2) $\begin{cases} 3(x-3y)+5=2x-7 \\ 2y-3x=3(2y+x)-4 \end{cases}$

3) $\begin{cases} 0.2(x+y)-0.3y=1.8 \\ \frac{2}{3}x+\frac{3}{4}y=7 \end{cases}$ 4) $\begin{cases} 0.3x+0.1y=0.4 \\ 2x-5y=3 \end{cases}$

5) $\begin{cases} 0.5x+0.6y=2.7 \\ \dfrac{1}{2}x+\dfrac{1}{3}y=2 \end{cases}$

6) $\begin{cases} \dfrac{m-1}{3}=\dfrac{n-3}{4} \\ m-\dfrac{n}{2}=-3 \end{cases}$

7) $\begin{cases} \dfrac{2x-y}{4}-3=0 \\ 4x-2y=5x+y+4 \end{cases}$

8) $\begin{cases} 2(x-y)=3(x-2y)-5 \\ 3(x+2y)=5(x-y+5) \end{cases}$

9) $2x+y=3x-y=7$

10) $2x-y=4x+6=x+y-5$

11) $x+y-2=3x+y+2=4x+2y+1$

12) $3x+2y=x-y+5=15$

답 : 1) $(-\frac{9}{11},\frac{17}{22})$, 2) $(-\frac{6}{29},\frac{38}{29})$, 3) $(\frac{123}{13},\frac{12}{13})$, 4) $(\frac{23}{17},-\frac{1}{17})$, 5) $(9,-\frac{15}{2})$, 6) $(-\frac{13}{2},-7)$, 7) $(-\frac{88}{7},-\frac{20}{7})$, 8) $(\frac{155}{3},\frac{35}{3})$, 9) $(\frac{14}{5},\frac{7}{5})$, 10) $(-\frac{17}{5},\frac{4}{5})$, 11) $(-2,3)$, 12) $(7,-3)$.

[문제 6] 연립방정식을 이용하여 다음 문제를 풀어라.

1) 갑이 갖고 있는 돈의 3배와 을이 갖고 있는 돈의 2배의 합은, 갑이 갖고 있는 돈보다 5,000원이 많고, 을이 갖고 있는 돈보다는 3,000원이 많다고 한다. 갑, 을이 갖고 있는 돈은 각각 얼마씩인가?

2) 형과 동생의 나이의 합은 42살이고, 형은 동생보다 6살 위이다. 형과 동생의 나이는 각각 몇 살인가?

3) 어떤 사람이 14㎞의 거리를 가는데 처음에는 시속 4㎞로 걷다가, 중간에서 오르막길이 되어 시속 3㎞로 걸어서 모두 4시간이 걸렸다고 한다. 오르막이 되기 전까지의 거리와 오르막길의 거리를 구하여라.

4) 길이가 180m인 화물열차가 어느 다리를 지나가는데 50초가 걸렸고, 길이가 120m인 특급열차가 이 다리를 화물열차의 2배의 속도로 23초만에 통과하였다. 다리의 길이는 얼마인가?

5) 공원 안에 둘레가 1.5㎞ 되는 저수지가 있다. 같은 지점에서 갑, 을 두 사람이 반대 방향으로 출발하면 15분 만에 만나고, 같은 방향으로 가면 50분 만에 갑이 을을 따라가 만난다. 갑, 을 두 사람의 분속은 각각 얼마인가?

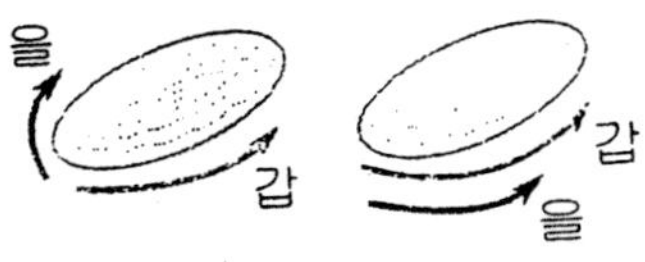

6) 10%인 소금물과 6%인 소금물을 섞어서 7%인 소금물 300g을 만들었다. 이 때, 각각의 소금물은 몇 g씩 섞었겠는가?

7) 6%인 소금물과 2%인 소금물을 섞어서 5%인 소금물 300g을 만들려고 한다. 각각 몇 g씩 섞으면 되는가?

8) 어느 학교의 작년도 학생 수는 모두 1000명이었다. 금년에는 남학생이 4%, 여학생이 6%로 증가하여 전체로는 49명이 증가하였다. 금년의 남, 여학생의 수를 각각 구하여라.

9) 두 종류의 합금 A, B가 있어, A는 구리를 40%, 아연을 20% 포함한 합금이고, B는 구리를 10%, 아연을 30% 포함한 합금이다. 이 두 종류의 합금을 합하여 구리를 6kg, 아연을 5kg을 포함하는 합금을 만들려고 한다. A, B는 각각 몇 kg씩 필요한가?

답 : 1) (250원,2250원), 2) (24,18), 3) (8,6), 4) 570m, 5) (65m,35m), 6) (75g,225g), 7) (225g,75g), 8) (572,477), 9) (13kg,8kg).

[문제 7] 앞에서 푼 문제들을 생각하면서 다음 내용을 확인해보자. 각 문제의 (　　) 안에 알맞은 것을 써 넣어라.

1) 연립방정식에서 어떤 한 미지수를 포함하지 않은 방정식을 만들 때, 그 미지수를 (　　)고 한다.

2) 등식의 성질을 이용하여 두 방정식을 변끼리 더하거나 빼어서 한 미지수를 소거하여 연립방정식의 해를 구하는 방법을 (　　)이라고 한다.

3) 연립방정식에서 한 방정식을 다른 방정식에 대입하여 해를 구하는 방법을 (　　)이라고 한다.

4) 방정식이 A=B=C인 꼴로 주어지면, A=B, B=C, A=C와 같으므로 이 가운데 어느 것이나 (　　)개를 선택하여 연립방정식을 풀면 된다.

5) 연립방정식을 사용하여 문제를 풀 때에는, 먼저 무엇을 (　　)로 나타낼 것인가를 정하고, 문제의 뜻에 맞게 (　　)을 세워서 푼 다음, 구한 해가 문제의 뜻에 맞는가를 조사하고, 문제의 뜻에 맞는 것만을 답으로 한다.

답 : 1) 소거한다, 2) 가감법, 3) 대입법, 4) 두, 5) (x,y), 연립방정식.

부 등 식

부등호를 사용하여 수량 사이의 대소 관계를 나타낸 식을 **부등식**이라고 한다. 부등식에서도 등식에서와 같이, 부등호의 왼쪽 부분을 좌변, 오른쪽 부분을 우변이라고 하며, 좌변과 우변을 통틀어 양변이라고 한다.

부등식

$$2x+3<9$$

↑ 좌변　　↑ 우변

양변

미지수 x를 포함하는 부등식이 주어질 때, 이 부등식을 참이 되게 하는 x의 값을 그 부등식의 해라고 하며, 부등식의 해 전체를 구하 것을 **부등식을 푼다**고 한다.

부등식의 성질을 정리하면 다음과 같다.

부등식의 성질

1) $a<b$ 일 때, $a+c<b+c$, $a-c<b-c$

2) $a<b$, $c>0$ 일 때, $ac<bc$, $\frac{a}{c}<\frac{b}{c}$

3) $a<b$, $c<0$ 일 때, $ac>bc$, $\frac{a}{c}>\frac{b}{c}$

부등식의 모든 항을 좌변으로 이항하여 정리하였을 때, 좌변이 x에 관한 일차적인 부등식, 곧

$$ax+b>0, \quad ax+b<0$$
$$ax+b\geqq 0, \quad ax+b\leqq 0$$

의 어느 한 모양으로 변형되면, 그 부등식을 x에 관한 **일차부등식**이라고 한다.

일차부등식을 푸는 순서

1) 계수에 분수나 소수가 있으면, 적당한 수를 양변에 곱하여 계수를 정수로 고친다.
2) 괄호가 있으면 괄호를 푼다.
3) 미지수 x를 포함한 항은 모두 좌변으로, 상수항은 모두 우변으로 이항한다.
4) 양변을 간단히 하여

   $ax>b$, $ax\geqq b$
   $ax<b$, $ax\leqq b(a\neq 0)$

   의 어느 한 꼴로 고친다.
5) 양변을x의 계수로 나눈다.
   이 때, 계수가 음수이면 부등호의 방향이 바꾼다.

$$\frac{1}{3}x<\frac{x+1}{2}+2$$
⬇ ①
$$2x<3(x+1)+12$$
⬇ ②
$$2x<3x+3+12$$
⬇ ③
$$2x-3x<3+12$$
⬇ ④
$$-x<15$$
⬇ ⑤
$$x>-15$$

[문제 8] 다음 부등식을 풀어라.

1) $2x-3<4x-5$ 2) $3x-2 \geqq 5x-6$

3) $4x-1 \leqq 7x-5$ 4) $2(3-x)-3x \leqq 9+3x$

5) $3(x-2)<2(x-8)$ 6) $2x-5(x-4)>7$

7) $3(2x-8) \geqq 5-3(x-2)$ 8) $5-2(x+3) \geqq 3(2x-1)$

9) $0.5x+1.4 \leqq 0.2x$ 10) $\frac{2}{3}x-\frac{3}{2} \geqq \frac{3}{4}x$

11) $0.5-0.25x>0.05x$ 12) $0.9y-2.7 \geqq 1.2+0.3y$

13) $5(x+1)-2(2x-3)<-3x$ 14) $\frac{3y-2}{4} \leqq \frac{7y-3}{3}+\frac{y-5}{2}$

15) $\frac{2-3x}{4} \geqq \frac{x}{4}-1$ 16) $0.3x-\frac{1}{3}x>1.5-\frac{2}{3}x$

17) $0.5(2y-5) \geqq \frac{1}{3}(y-2)$ 18) $\frac{5}{2}+\frac{x-3}{4}>2x$

19) $3(2x-3) \leqq 5(3x-2)$ 20) $\frac{x-3}{5}+\frac{x+2}{4}+\frac{-x-2}{3}<2$

답 : 1) $x>1$, 2) $x \leq 2$, 3) $x \geq \frac{4}{3}$, 4) $x \geq -\frac{3}{8}$, 5) $x<-10$, 6) $x<\frac{13}{3}$, 7) $x \geq \frac{35}{9}$, 8) $x \leq \frac{1}{4}$, 9) $x \leq -\frac{14}{3}$, 10) $x \leq -18$, 11) $x<\frac{5}{3}$, 12) $y \geq \frac{13}{2}$, 13) $x<-\frac{11}{4}$, 14) $y \geq \frac{13}{2}$, 15) $x \leq \frac{3}{2}$, 16) $x>\frac{45}{19}$, 17) $y \geq \frac{11}{4}$, 18) $x<\frac{2}{3}$, 19) $x \geq \frac{1}{9}$, 20) $x<\frac{166}{7}$.

[문제 9] 다음 관계를 부등식으로 나타내어라.

1) x에서 3을 빼면 5보다 작다.

2) x의 3배에 15를 더하면 x의 5배보다 크다.

3) 한 개에 500원인 배 x개와 한 개에 400원인 사과 5개를 샀을 때, 그 금액은 5,000원 이하이다.

4) 무게가 0.5kg인 상자에 0.4kg인 물건 x개를 넣었더니 전체의 무게가 13kg 이상이다.

답 : 1) $x-3<5$, 2) $3x+15>5x$, 3) $500x+2000 \leq 5000$, 4) $0.5x+0.4 \geq 13$.

두 개 이상의 일차부등식을 한 쌍으로 한 것을 **연립부등식**이라고 하며, 이들 부등식을 동시에 만족시키는 미지수의 값을 그 연립부등식의 해라고 한다. 또, 해 전체를 구하는 것을 연립부등식을 푼다고 한다.

연립부등식의 풀이는 보통 각 부등식의 해를 한 수직선 위에 함께 나타내어, 그 공통부분을 찾아서 해를 구하면 된다.

[문제 10] 다음 연립부등식을 풀어라.

1) $\begin{cases} 3x+8 \geqq -2 \\ 7-4x > 1+2x \end{cases}$
2) $\begin{cases} 6x-2 > 3x-7 \\ 6x+1 < 2x-3 \end{cases}$

3) $\begin{cases} 3x-2 > 2x-3 \\ 5x \geqq 2x+6 \end{cases}$
4) $\begin{cases} 2-2x \leqq 3x-4 \\ 3x-1 < x+7 \end{cases}$

5) $\begin{cases} 3x+5 < 4 \\ 2x-7 \geqq 3x-8 \end{cases}$
6) $\begin{cases} x-4 < 3x+4 \\ 4x-1 < x+5 \end{cases}$

7) $\begin{cases} 2x+3 > x+5 \\ 5x \leqq 3x-2 \end{cases}$
8) $\begin{cases} 3x+2 \leqq 2x-2 \\ x+3 > 1 \end{cases}$

9) $\begin{cases} 4x-4 \leqq 2x-7 \\ 2x+3 \geqq x+4 \end{cases}$
10) $2x-1 < x+1 \leqq 3x+5$

11) $-1 \leqq 3x-5 < 7$
12) $5x+7 < 3x+5 \leqq 4x+9$

답 : 1) $-\frac{10}{3} \le x < 1$, 2) $-\frac{5}{3} < x < -1$, 3) $x \ge 2$, 4) $\frac{6}{5} \le x < 4$, 5) $x < -\frac{1}{3}$,

6) $-4 < x < 2$, 7) $\varnothing$, 8) $\varnothing$, 9) $\varnothing$, 10) $x < 2$, 11) $\frac{4}{3} < x < 4$,

12) $-4 \le x < -1$.

부등식을 이용하여 여러 가지 문제를 풀어보자.

[문제 11] 일차부등식을 이용하여 다음 문제를 풀어라.

1) 한 송이에 200원인 꽃과 300원인 꽃 25송이를 섞어서 꽃다발을 만들려고 한다. 값은 6,000원 이하로 하되 될 수 있는 대로 300원인 꽃을 많이 넣으려고 할 때, 몇 개까지 넣을 수 있는가?

2) 집 근처의 상점에서 1,500원인 물건이 도매시장에서는 1,300원이라고 한다. 그런데 도매시장에 다녀오기 위해서는 1,300원의 교통비가 든다고 한다. 이 물건을 몇 개 이상 사는 경우에 도매시장에 가는 것이 유리한가?

3) 증명사진 4장에 2,000원이고 더 뽑을 때는 한 장에 200원씩 한다고 한다. 사진 한 장에 300원 이하가 되게 하려면 전부 몇 장을 뽑으면 되는가?

4) A지점에서 13㎞ 떨어져 있는 B지점까지 가는데, 처음에는 시속 5㎞로 걷다가 도중에서 시속 4㎞로 걸어서 3시간 이내에 B지점에 도착하려고 한다. A지점으로부터 몇 ㎞ 이상을 시속 5㎞로 걸어야 하는가?

5) 등산을 하는데 올라갈 때에는 시속 3㎞, 내려올 때에는 시속 4㎞로 걸어서 전체 걸리는 시간을 3시간 이내로 하려고 한다. 몇 ㎞까지 오르고 내려오면 되는가?

6) 150원인 과자와 200원인 과자를 합하여 25개를 사는데, 금액은 4,500원 이하로 하고 200원짜리를 150원짜리보다 많게 하려고 한다. 200원짜리는 몇 개를 사면되는가?

7) 한 개에 200원인 사과와 한 개에 100원인 귤을 섞어서 15개를 한 봉지로 하여, 그 값은 2,500원 이하가 되게 하려고 한다. 사과의 개수를 귤의 개수보다 많이 넣는다면 사과는 몇 개를 넣을 수 있는가?

8) 학생들에게 사과를 나누어 주려고 한다. 한 학생에게 4개씩 주면 13개가 남고, 6개씩 주면 맨 끝의 학생은 1개 이상 6개 미만의 개수를 받는다고 한다. 학생 수는 얼마인가?

9) 가로의 길이가 12㎝인 직사각형을 만드는데 둘레의 길이가 140㎝ 이상 170㎝ 이하로 하려고 한다. 세로의 길이는 얼마로 하면 되겠는가?

10) 34권의 공책을 학생들에게 나누어 주려고 한다. 한 사람에게 4권씩 나누어 주면 공책이 남고, 5권씩 나누어 주면 공책이 부족하다고 한다. 학생들은 몇 명인가?

답 : 1) 불가능, 2) 7개, 3) 12장, 4) 5km, 5) $\frac{36}{7}km$, 6) 13, 14, 15개, 7) 8, 9, 10개, 8) 7, 8, 9명, 9) 58cm이상 72cm이하, 10) 7, 8명.

앞에서 배운 내용을 확인해 보자.

[문제 12] 각 문제의 ( ) 안에 알맞은 것을 써 넣어라.

1) 두 개 이상의 일차부등식을 한 쌍으로 한 것을 ( ) 또는 ( )이라고 하며, 이들 부등식을 동시에 만족시키는 미지수의 값을 그 연립부등식의 ( )라고 한다. 또, 해 전체를 구하는 것을 ( )고 한다.

2) 연립부등식이 풀이는 각 부등식의 해를 한 수직선 위에 함께 나타내어 그 ( ) 부분을 찾아서 해를 구하면 된다.

3) 부등식 $A<B<C$의 풀이는 연립부등식 $\begin{cases} A<B \\ (\quad) \end{cases}$ 를 풀면 된다.

답 : 1) 연립부등식, 연립일차부등식, 해, 연립부등식을 푼다, 2) 공통, 3) $B<C$.

이 차 방 정 식

x에 관한 이차방정식은 $ax^2+bx+c=0(a\neq 0)$의 꼴로 나타낼 수 있다.

이차방정식 $ax^2+bx+c=0$을 참이 되게 하는 미지수 x의 값을 이 이차방정식의 근 또는 해라고 한다.

또, 이차방정식의 해를 모두 구하는 것, 곧 해 전체의 집합을 구하는 것을 이차방정식을 푼다고 한다.

이차방정식의 근의 공식

이차방정식 $ax^2+bx+c=0$의 근은

$$x=\frac{-b\pm\sqrt{b^2-4ac}}{2a} \quad (\text{단, } b^2-4ac\geq 0)$$

[문제 13] 다음 이차방정식을 풀어라.

1) $x^2+4x=0$

2) $x^2+x-20=0$

3) $x^2-5x-6=0$

4) $(x+3)^2-3(x+3)-4=0$

5) $(3x-5)^2+4(3x-5)-5=0$

6) $x^2-16x+64=0$

7) $9x^2-6=0$

8) $x^2-3x-3=0$

9) $x^2-5x-5=0$　　　10) $6x^2-x-2=0$

11) $3x^2-4x-4=0$　　　12) $\frac{1}{2}x^2-\frac{3}{4}x-\frac{1}{6}=0$

13) $\frac{1}{3}x^2-\frac{1}{2}x-2=0$　　　14) $\frac{x(x+1)}{3}=\frac{(x+1)(x+3)}{2}$

답 : 1) $-4,0$, 2) $-5,4$, 3) $-1,6$, 4) $-4,1$, 5) $0,2$, 6) 8, 7) $\pm\frac{\sqrt{6}}{3}$, 8) $\frac{3\pm\sqrt{21}}{2}$, 9) $\frac{5\pm3\sqrt{5}}{2}$, 10) $-\frac{1}{2},\frac{2}{3}$, 11) $-\frac{2}{3},2$, 12) $\frac{9\pm\sqrt{129}}{12}$, 13) $\frac{3\pm\sqrt{105}}{4}$, 14) $-9,-1$.

이차방정식을 이용하는 응용문제를 풀 때에는 다음과 같은 순서로 하면 편리하다.

응용 문제를 푸는 순서

1) 문제의 뜻에 맞는 수량 관계를 파악한다.
2) 구하는 것을 미지수 x라고 놓아 방정식을 세운다.
3) 이 방정식을 푼다.
4) 구한 근 중에서 문제의 뜻에 맞는 것만을 답으로 택한다.

[문제 14] 다음 문제를 이차방정식을 이용하여 풀어라.

1) 지면으로부터 초속 $60m$로 곧 바로 위로 쏘아올린 물체의 t초 후의 높이를 hm라고 하면 대략 $h=60t-5t^2$인 관계가 성립한다. 높이가 $160m$일 때에는 쏘아 올린 지 몇 초 후인가?

2) 가로의 길이가 세로의 길이보다 3㎝가 더 긴 직사각형인 종이가 있다. 네 모퉁이에서 한 변의 길이가 2㎝인 정사각형을 잘라내어 직육면체의 그릇을 만들었더니 그 부피가 56㎤가 되었다. 처음 직사각형인 종이의 세로의 길이는 얼마인가?

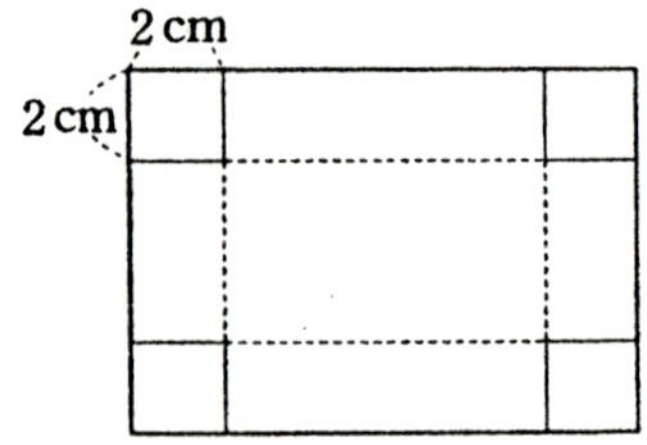

3) 오른쪽 그림과 같은 $\triangle ABC$ 에서 $\angle BAC = 90°$, $\angle ADC = 90°$이다. $BD = 4$㎝이고, AB의 길이보다 1㎝가 더 길 때, DC 의 길이를 구하여라.

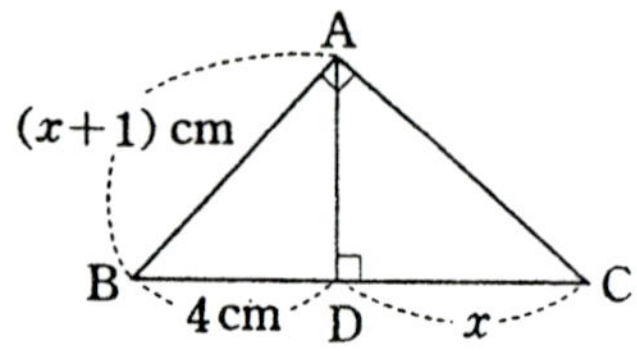

4) 지면으로부터 120m 되는 높이에서 초속 50m로 곧바로 위로 쏘아 올린 물체의 t초 후의 높이를 hm라 하면 대략 $h = -5t^2 + 50t + 120$인 관계식이 성립한다. 이 물체의 지면으로부터의 높이가 240m일 때에는 쏘아 올린 지 몇 초 후인가? 이 물체가 지면에 떨어지는 것은 몇 초 후인가?

5) 오른쪽 그림과 같이 $AB = 10$㎝, $BC = 15$㎝인 직사각형 $ABCD$가 있다. 점 P는 변 AB 위를 A로부터 B까지 매초 1㎝의 속력으로 움직이고, 점 Q는 변 BC 위를 B로부터 C까지 매초 2㎝의 속력으로 움직이고 있다. P, Q가 동시에 출발할 때, 몇 초 후에 $\triangle PBQ$의 넓이가 21㎠가 되는가?

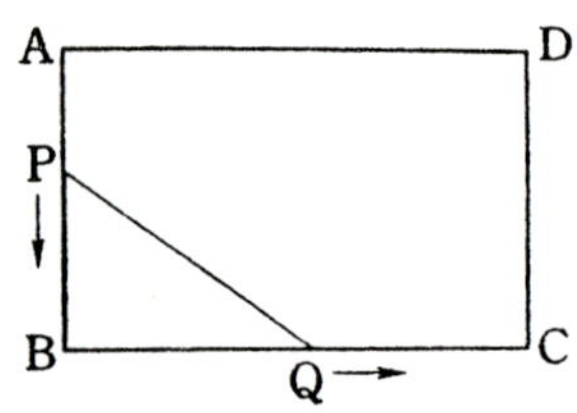

6) 연속된 두 정수의 각각의 제곱의 합이 61일 때, 이 정수들을 구하여라.

7) 어떤 수를 제곱해야 할 것을 잘못하여 2배로 하였더니 제곱한 것보다 35가 작게 되었다고 한다. 원래의 수를 구하여라.

답 : 1) 4, 8초, 2) 8*cm*, 3) 5*cm*, 4) 4, 6초, 5) 3, 7초, 6) (−6,−5),(5,6), 7) 7, -5.

제2장 Homework

1. 각 문제의 ( ) 안에 알맞은 것을 써 넣어라.

1) 등식의 성질을 사용하면, 등식이 한쪽 변에 있는 항을 그 부호를 바꾸어 다른 쪽 변으로 이동할 수 있다. 이와 같이 항을 이동하는 것을 ( )이라고 한다.

2) 방정식의 모든 항을 좌변으로 이항하여 정리한 식이 ( ) = 0의 모형으로 변형되는 방정식을 ( )이라고 한다.

3) 일차방정식을 푸는 방법을 정리하면 다음과 같다.
   (1) 계수에 분수나 소수가 있으면 양변에 알맞은 수를 곱하여 계수를 ( )로 고친다.
   (2) 괄호가 있으면 ( )를 풀고 정리한다.
   (3) 미지수 x를 포함하는 항은 ( )으로, 상수항은 ( )으로 이항한다.
   (4) 양변을 간단히 하여 ( )의 꼴로 만든다.
   (5) x의 ( )로 양변을 나눈다.

4) $\therefore$는 ( ) 또는 ( )를 뜻하는 기호이다.

5) 방정식을 사용하여 문제를 풀 때에는, 구하려고 하는 것을 미지수 x로 놓고, 등식 관계가 되는 수량을 찾아 ( )을 세워서 풀고, 그 ( )가 문제의 답을 맞는지를 확인한다.

2. 다음 방정식을 풀어라.

1) $x-8=3(7x-21)$

2) $2(6-2x)=-9(3x-3)$

3) $-\frac{1}{3}(x-5)=\frac{1}{5}(x-7)$ 4) $4(6-x)=3(x-16)$

5) $0.3(x-2)=0.15(x-1)$ 6) $7x-(9-4x)=3x-11$

7) $-\frac{1}{3}(9x-6)-4x=-2(x-4)$ 8) $\frac{2}{3}(x-4)=\frac{1}{2}(x-5)$

9) $\frac{2}{5}(x-1)-\frac{1}{10}(x-7)=-3$ 10) $x-2=6(3x-36)$

11) $5(3+x)=\frac{2}{3}(x-4)$ 12) $7(x-2)=4(x-14)$

13) $8(1-6x)=-2(x-23)$ 14) $3(x+1)=5(x-7)$

15) $0.8(x-4.2)=0.4(x-1.8)$ 16) $\frac{2}{3}(x-\frac{5}{6})=\frac{1}{2}(x-\frac{2}{3})$

17) $6x-2(4-5x)=3(x-7)$ 18) $\frac{1}{2}(x-4)-\frac{1}{3}(x-1)=7(x-2)$

19) $2(x-3)+3(4-2x)=2(-x+2)$

20) $0.3(x-2)-0.4(x-3)=1.5(x-1)$

21) $\frac{1}{7}(3x-2)-\frac{1}{5}(3x-5)=x-4$

22) $\frac{2}{3}(4x-3)-9(x-\frac{1}{2})=\frac{3}{4}(x-\frac{13}{6})$

23) $7-x=3x-\{2-5(2x-4)\}$

24) $15+x=6x-\{4-\frac{2}{7}(21x-35)\}$

3. 다음 문제를 풀어라.

1) 학생들에게 연필을 3자루씩 나누어 주면 12자루가 남고, 4자루씩 나누어 주면 8자루가 모자란다고 한다. 학생은 모두 몇 명이 있는가?

2) 아랫변의 길이가 12㎝, 높이가 8㎝, 넓이가 80cm^2인 사다리꼴이 있다. 이 사다리꼴의 윗변의 길이는 얼마인가.

3) 등산을 하는데 올라갈 때에는 시속 3㎞로, 내려갈 때에는 다른 길을 택하여 시속 5㎞로 걸었다. 5㎞인 거리를 올라가고 내려오는데 1시간 16분이 걸렸다면, 올라간 거리와 내려온 거리는 각각 얼마인가?

4) 10%의 소금물이 300g이 있다. 이것에 몇 g의 물을 넣으면 8%의 소금물이 되겠는가?

5) 두 자리의 정수가 있다. 이 정수의 일의 자리 수는 6이고, 이 정수의 각 자리 수의 합의 4배와 같다. 이 정수를 구하여라.

6) 형이 매분 60m로 1㎞ 떨어진 학교를 향해 떠난 15분 후에 동생이 자전거로 매분 240m로 형을 따라갔다. 동생은 형이 학교에 도착하기 전에 만날 수 있을까?

7) 10%의 소금물 100g이 있다. 이것에서 몇 g의 물을 증발시키면 15%의 소금물을 얻을 수 있는가?

8) 공기 중에서 기온이 t℃일 때 소리의 속도를 vm/초라고 하면, $v=331+0.6t$인 관계식이 성립한다. 소리의 속도가 340m/초일 때, 기온은 몇 도인가?

9) 세 개의 수가 있어 두 번째 수는 첫 번째의 수의 4배보다 5가 작고, 세 번째의 수는 첫 번째의 수의 2배보다 9가 작다고 한다. 또, 세 번째 수의 4배에서 첫 번째의 수를 빼면 6이 된다고 한다. 이들 세 수를 구하여라.

10) 10%의 소금물과 15%의 소금물을 합하여 12%인 소금물 100g을 만들려고 한다. 10%인 소금물, 15%인 소금물을 각각 얼마씩 섞어야만 하는가?

4. 각 문제의 (　　) 안에 알맞은 것을 써 넣어라.

1) 두 개의 미지수 x, y를 포함하고, x, y에 관하여 일차식으로 되어 있는 방정식을 (　　)이라고 한다. 일반으로, 두 미지수 x, y를 가진 일차방정식은 (　　)과 같이 나타내어진다.

2) 두 미지수가 x, y인 일차방정식을 성립시키는 x, y의 값, 또는 그 순서쌍 (x, y)를 이 방정식의 (　　) 라고 하며, 이들을 원소로 하는 집합을 (　　)이라고 한다. 또, 이들 해를 구하는 것을 (　　)고 한다.

3) 일차방정식 $2x+y=11$의 해 인 모든 순서쌍 (x, y)를 좌표평면 위에 나타내면 그 그래프는 (　　)이 된다. 또, 이 직선 위의 점의 좌표인 순서쌍 (x, y)는 모두 방정식 $2x+y=11$의 (　　)가 된다. 따라서, 방정식 $2x+y=11$을 (　　)이라고 한다.

4) 미지수가 2개인 두 일차방정식을 한 쌍으로 한 것을 미지수가 2개인 (　　) 또는 간단히 (　　)이라고 한다.

5) 두 일차방정식을 동시에 성립시키는 x, y의 값 또는 그 순서쌍을 주어진 연립방정식의 (　　)라고 하며, 이 해를 구하는 것을 그 (　　)고 한다.

5. 다음 연립방정식을 풀어라.

1) $\begin{cases} x=-2y-3 \\ 2x+y=6 \end{cases}$

2) $\begin{cases} 0.5a=b-20 \\ \dfrac{3}{2}a-b=-15 \end{cases}$

3) $\begin{cases} x-\dfrac{3}{2}y=\dfrac{4x+3y}{3}+\dfrac{5}{6} \\ 4x-3y-4(2x+y)=-15 \end{cases}$

4) $\begin{cases} 8a+b=12-2b \\ -a-b=16+2b \end{cases}$

5) $\begin{cases} 3y-(x+y)=3x \\ 5x+2(2x-3y)=3 \end{cases}$

6) $\begin{cases} \dfrac{x}{4}-\dfrac{y}{5}=-\dfrac{1}{5} \\ \dfrac{x}{3}-\dfrac{y}{6}=\dfrac{1}{4} \end{cases}$

7) $\dfrac{2x+3}{3}=\dfrac{x+y}{5}=x-\dfrac{y}{2}$　　　8) $\dfrac{4a+b}{3}-2a-b=6$

9) $m-2n=2m+n=7$　　　10) $3x-2y=2y+4x=7$

11) $\begin{cases} 7x-2(x-y)=9 \\ \dfrac{1}{2}x+\dfrac{2}{3}(x-y)=-\dfrac{1}{6} \end{cases}$　　　12) $\begin{cases} 0.3x-0.1(y-1)=1.3 \\ 1-\dfrac{y-2x}{3}=\dfrac{x+1}{2}-y \end{cases}$

6. 연립방정식을 이용하여 다음 문제를 풀어라.

1) 한 권에 150원인 공책 x권과 한 자루에 100원인 연필 y 자루를 사고 1,200원을 내었다. 두 미지수 x, y에 관한 일차방정식을 만들고, 그 해를 구하여라.

2) 어느 박물관의 입장료가 어른은 1,000원, 어린이는 500원이다. 8,500원을 내고 15명이 들어갔다면, 어른은 몇 명이고 어린이는 몇 명인가?

3) 두 자리의 자연수가 있어 각 자리의 숫자의 합은 13이고, 이 수의 십의 자리의 숫자와 일의 자리의 숫자를 바꾼 두 자리의 수는 처음 수보다 9가 크다. 처음의 수를 구하여라.

4) 집에서 5㎞ 떨어져 있는 역까지 가기 위하여 아침 7시에 집을 떠나 시속 4㎞의 속력으로 역으로 걸어 가다가, 기차 시간에 늦을 것 같아 도중에서 시속 6㎞의 속력으로 달려 8시에 도착하였다. 달린 거리는 얼마인가?

5) 농도가 서고 다른 두 종류의 소금물 A, B가 있다. A를 100g, B를 200g 섞으면 농도가 6%인 소금물이 되고, 거꾸로 A를 200g, B를 100g 섞으면 농도가 8%인 소금물이 된다. A, B의 농도는 각각 얼마인가?

6) 크고 작은 두 수가 있어, 큰 수를 작은 수로 나누면 몫은 7이고 나머지는 4이며, 또 큰 수의 2배를 작은 수로 나누면 몫은 15이고 나머지는 2이다. 두 수를 구하여라.

7) 물속에서 금은 그 무게의 $\frac{1}{19}$이 가벼워지고, 은은 그 무게의 $\frac{2}{21}$가 가벼워진다. 무게가 $122g$인 금과 은의 합금을 물속에서 달았더니 $112g$이었다. 이 합금에는 금과 은이 각각 몇 g씩 섞어 있는가?

8) 갑, 을 두 사람이 가위 바위 보를 하여 이긴 사람은 계단을 둘씩 올라가고, 진 사람은 계단을 하나씩 내려가기로 한 결과, 처음의 위치보다 갑은 14계단을, 을은 2계단을 올라가 있게 되었다. 갑은 몇 번을 이겼는가?

9) 가정용 상수도의 1개월 요금은 다음과 같이 정해진다.

* $10m^3$까지는 기본요금 a원
* $10m^3$를 넘었을 때에는 넘어간 양에 대하여 $1m^3$당 b원의 초과요금과 기본요금의 합
* $30m^3$를 넘었을 때에는 넘어간 양에 대하여 $1m^3$당 $2b$원의 초과요금과 $30m^3$일 때의 요금의 합

어떤 가정에서 5월에는 $25m^3$를 사용하여 4,630원을, 또 6월에는 $40m^3$를 사용하여 5,180원의 상수도 요금을 냈다. 기본요금 a원과 초과요금 b원을 각각 구하여라.

7. 각 문제의 (　　) 안에 알맞은 것을 써 넣어라.

1) 부등호를 사용하여 수량 사이의 관계를 나타낸 식을 (　　)이라고 한다. 부등식에서도 등식에서와 같이 부등호의 왼쪽 부분을 (　　), 오른쪽 부분을 (　　)이라고 하며, 좌변과 우변을 통틀어 (　　)이라고 한다.

2) 부등식을 참이 되게 하는 x의 값을 그 부등식의 (　　)라고 하며, 부등식의 해 전체를 구하는 것을 (　　)고 한다.

3) 다음 (　　) 안에 알맞은 부등호를 써 넣어라.

(1) $a < b$ 일 때, $a+c < b+c$, $a-c(\quad)b-c$

(2) $a < b$, $c > 0$ 일 때, $ac < bc$, $\frac{a}{c}(\quad)\frac{b}{c}$

(3) $a < b, c < 0$ 일 때, $ac(\quad)bc$, $\frac{a}{c} > \frac{b}{c}$

4) 부등식의 풀이에서도 방정식에서와 같이 미지수가 있는 항은 좌변으로 , 상수항은 우변으로 (　　)하여 계산하는 것이 보통이다.

5) 부등식의 풀이는 방정식의 풀이와 같은 방법으로 할 수 있는데 부등식의 경우에는 양변을 음수인 수로 곱하거나 나눌 때, (　　)의 방향이 바뀐다는 것만이 다르다.

6) 부등식의 모든 항을 좌변으로 이항하여 정리하였을 때, 좌변이 x에 관한 일차식으로 변형되면, 그 부등식을 x에 관한 (　　)이라고 한다.

8. 다음 부등식을 풀어라.

1) $7(x-3) < 4x-9$

2) $2(3x-5) \leqq 3(3x-2)$

3) $0.5x-3 > 0.4x-0.6$

4) $0.2(x-3) \geqq 0.5x-1.5$

5) $\frac{x-2}{3} - \frac{x-3}{6} \leqq x-4$

6) $\frac{x-2}{3} - \frac{3x-5}{2} < -1$

7) $2 - \frac{2(3-x)}{3} \leqq \frac{5x-5}{4}$

8) $\frac{1}{3}x - 3 < x-4$

9) $5-(2x-3) < 3(2x-4)$

10) $\frac{3x-2}{4} \geqq \frac{2x-1}{3} + \frac{x+1}{2}$

9. 다음 연립부등식을 풀어라.

1) $\begin{cases} 2(2x-1) < 2x-1 \\ \dfrac{x-2}{4} \leqq \dfrac{2}{3}x+1 \end{cases}$
2) $\begin{cases} \dfrac{5}{6}x+\dfrac{1}{2} \leqq \dfrac{x}{3}+2 \\ 5x-3(3x-4) < 5(2x-3) \end{cases}$

3) $\begin{cases} 2(x-2) < -3(2-x)+3 \\ \dfrac{2x+1}{2} \geqq \dfrac{3}{2}x+\dfrac{2}{3} \end{cases}$
4) $2-\dfrac{2(1-x}{3} < \dfrac{3x+9}{4} < \dfrac{x-1}{2}+2$

10. 부등식을 이용하여 다음 문제를 풀어라.

1) 현재 갑은 5,000원, 을은 8,000원이 예금되어 있다. 이달부터 매월 갑은 2,500원씩, 을은 1,000원씩 예금한다고 한다. 갑의 예금액이 을의 예금액의 2배보다 많아지는 것은 몇 개월 후부터인가?

2) 원가가 900원인 물건을 정가의 1할을 할인하여 팔아서 원가의 1할 이상의 이익을 얻으려고 한다. 정가는 얼마 이상으로 정하면 되겠는가?

3) 200개의 사과를 한 상자에 15개씩 넣으면 사과가 한 상자분 이상 남고, 한 상자에 24개씩 넣으면 상자가 3개 이상 남는다고 한다. 상자는 몇 개 있는가?

4) 오른쪽 표는 두 종류의 제품 A, B를 각각 1개씩 만드는데 필요한 재료 E, F의 양을 나타낸 것이다. 재료 E가 50g, 재료 F가 85g이 있을 때, 제품 A, B를 합하여 30개를 만들면 A는 최대로 몇 개까지 만들 수 있는가?
또, 위의 경우에서 A, B를 각각 1개에 400원, 500원씩 받을 때, 전체의 값이 제일 클 때의 값을 구하여라.

재료 / 제품	E	F
A	1g	3g
B	3g	2g

5) 어느 극장에서 20명 이상은 1할, 40명 이상은 1.5할을 입장료에서 할

인하여 준다고 한다. 20명 이상 40명 미만인 단체는 몇 명 이상일 때 40명의 입장권을 사는 것이 유리한가?

6) 역에서 기차를 기다리는데 발차 시각까지는 1시간 30분의 여유가 있다. 이 시간을 이용하여 상점에 가서 물건을 사려고 하는데 걷는 속력은 시속 3㎞이고, 상점에서 물건을 사는데 30분이 걸린다고 한다. 역에서부터 몇 ㎞ 이내에 있는 상점이라야 물건을 살 수 있는가?

7) 오른쪽 표는 식품 A, B 각각의 100g 당 열량과 단백질의 양을 나타낸 것이다. A, B를 합친 200g의 식품에서 열량을 400cal 이상, 단백질 30g 이상 되게 하려고 할 때, A의 무게의 범위를 구하여라.

성분 / 식품	열량 (cal)	단백질 (g)
A	170	20
B	370	10

11. 각 문제의 (　　) 안에 알맞은 것을 써 넣어라.

1) 방정식의 모든 항을 좌변으로 이항하여(이차식)= 0의 모양으로 변형되는 방정식을 (　　)이라고 한다.

2) 일반으로 x에 관한 이차방정식은 $ax^2+bx+c=0\{a \neq (\quad)\}$의 꼴로 나타낼 수 있다.

3) 이차방정식 $ax^2+bx+c=0$을 참이 되게 하는 미지수 x의 값을 이 이차방정식의 (　　) 또는 (　　)라고 한다.

4) 이차방정식의 해를 모두 구하는 것, 곧 해 전체의 집합을 구하는 것을 이차방정식을 (　　)라고 한다.

5) 두 수 a, b에 대하여 $ab=0$이면 (　　)이다.

6) 이차방정식이 한 개의 근만을 가질 때, 이 근을 주어진 이차방정식의 (　　)이라고 한다.

7) $ax^2+bx+c=0$에서 $b=0$인 경우에는, 이 이차방정식을 $x^2=k$ 꼴로 변형하여 (　　)을 이용하여 풀 수 있다.

8) $ax^2+bx+c=0$에서 좌변이 인수분해가 안 될 때에는 x가 있는 항을 (　　)이 되도록 고쳐서 풀면 된다.

9) 이차방정식 $ax^2+bx+c=0$의 근은 $x=\dfrac{(\quad)\pm\sqrt{(\quad)}}{(\quad)}$(단, $b^2-4ac \geqq 0$) 이고, 이것을 이차방정식의 (　　) 이라고 한다.

12. 다음 이차방정식을 풀어라.

1) $x^2+2x-5=0$

2) $x^2-5x-7=0$

3) $3x^2-5x-1=0$

4) $(x-2)(x+3)=4$

5) $3x^2-2x-1=0$

6) $2x^2-6x-3=0$

7) $(x-\frac{2}{3})^2-(\frac{2}{3}-x)(x-\frac{1}{3})=0$

8) $2x(x-2)-(x-3)(x+1)=0$

9) $(x-5)^2-4(x-5)-5=0$

10) $2(x^2-2)-3(x^2-1)+6=0$

13. 다음 문제를 이차방정식을 이용하여 풀어라.

1) 어떤 원의 반지름의 길이를 3㎝만큼 짧게 하였더니 그 넓이는 처음

원의 넓이의 반으로 되었다고 한다. 처음 원의 반지름의 길이를 구하여라.

2) 길이가 $20m$인 끈으로 직사각형을 만들어 넓이가 $21cm^2$가 되게 하려고 하다. 이 직사각형의 두 변의 길이를 각각 구하여라.

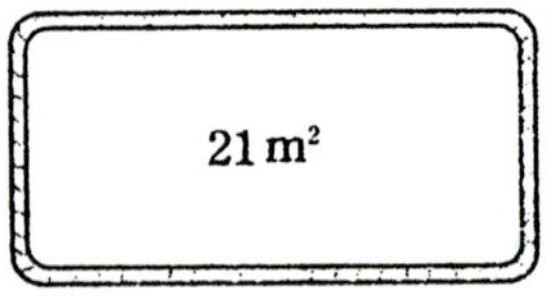

3) 어떤 수를 제곱해야 할 것을 잘못하여 2배를 하였더니 제곱을 한 것보다 48이 작아졌다고 한다. 원래의 수를 구하여라.

4) 가로의 길이가 $440m$, 세로의 길이가 $209m$인 직사각형 모양의 땅이 있다. 여기에 가로로 n개, 세로로 $2n$개의 나비가 같은 길을 만들려고 한다. 길의 전체의 넓이를 땅의 전체의 넓이의 10%가 되게 하고, 길의 나비를 모두 $1m$씩 할 때, n의 값을 구하여라.

5) 오른쪽 그림과 같은 직각이등변삼각형 ABC에서 점 D는 점 B를 출발하여 AB 위에서 A를 향하여 움직인다. 이 점 D를 지나며, BC, AC 에 평행한 직선이 AC, BC 와 만나는 점을 각각 E, F 라고 할 때, 평행사변형 $DFCE$ 의 넓이가 $24cm^2$이면 BD 의 길이는 얼마인가?

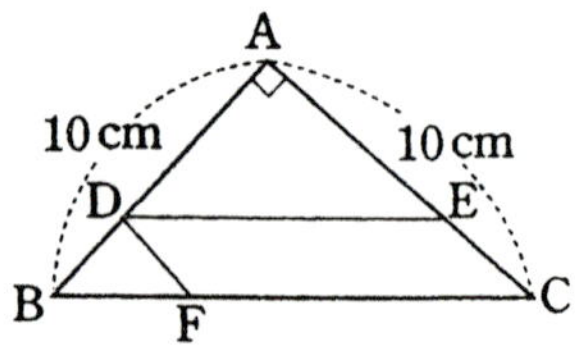

6) 가로의 길이가 $30m$, 세로의 길이가 $20m$인 직사각형 모양의 땅이 있다. 오른쪽 그림과 같이 가로, 세로에 같은 나비의 길을 만들고 나머지를 화단으로 만들려고 한다. 화단의 넓이가 $504m^2$가 되게 할 때, 길의 나비를 구하여라.

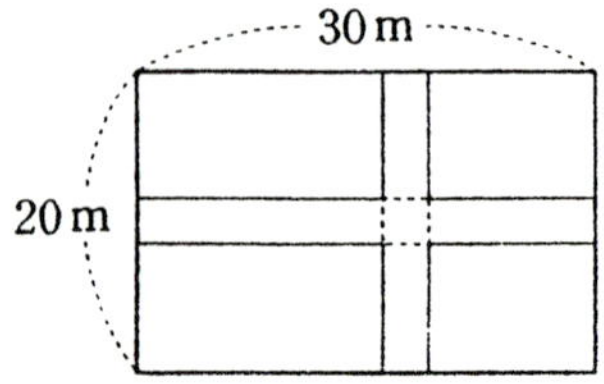

7) 길이가 12m인 선분 AB 위에 점 C를 잡아 오른쪽 그림과 같은 정사각형을 두 개 만들어 정사각형 $ACDE$의 넓이가 정사각형 $CBFG$의 넓이의 2배가 되게 하려고 한다. AC의 길이를 얼마로 하면 되겠는가?

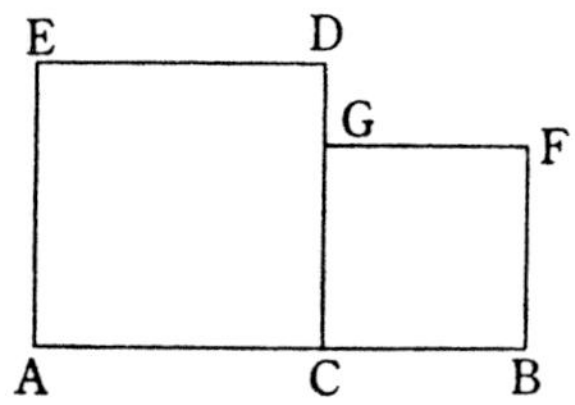

8) 지면 50m의 높이에서 초속 50m로 곧 바로 위로 쏘아 올린 물체의 t초 후의 높이를 hm라고 하면 t와 h 사이에는 대략 $h=-5t^2+50t+50$인 관계가 성립한다. 지면으로부터 높이가 130m일 때에는 쏘아 올린지 몇 초 후인가?

9) 어떤 수 x에 3을 더하여 제곱해야 할 것을 잘못하여 x에 3을 더하여 2배를 하였다. 그런데도 결과는 같은 값이 나왔다. x의 값은 얼마인가?

10) n각형의 대각선의 총수는 $\dfrac{n(n-3)}{2}$ 이다. 대각선을 27개를 그을 수 있는 다각형은 몇 각형인가?

제3장 함수와 그래프

함 수

집합 X의 각 원소에 집합 Y의 원소가 하나씩만 대응될 때, 이 대응 f를 X에서 Y로의 **함수**라고 하고, 이것을 기호로

$$f : X \to Y$$

와 같이 나타낸다.

이 때. 집합 X를 함수 f의 정의역, 집합 Y를 함수 f의 **공역**이라고 한다.

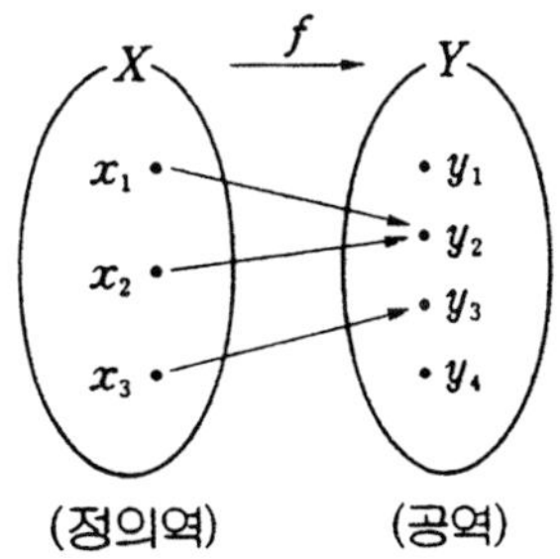

[문제 1] 다음의 집합 X에서 집합 Y로의 대응 f, g, h 중에서 함수인 것을 찾고, 그 함수의 정의역과 공역을 말하여라.

1)

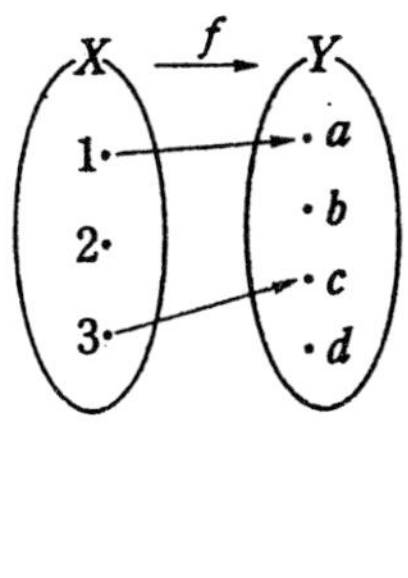

2)

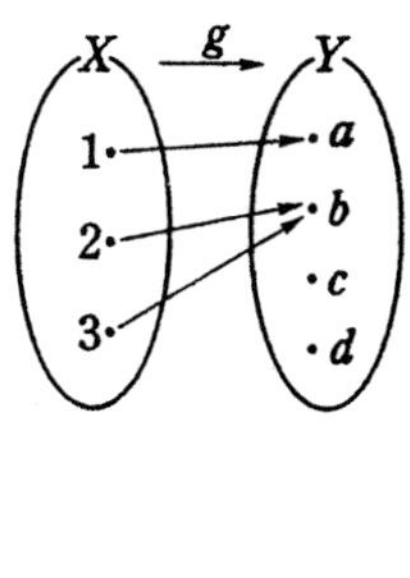

3)

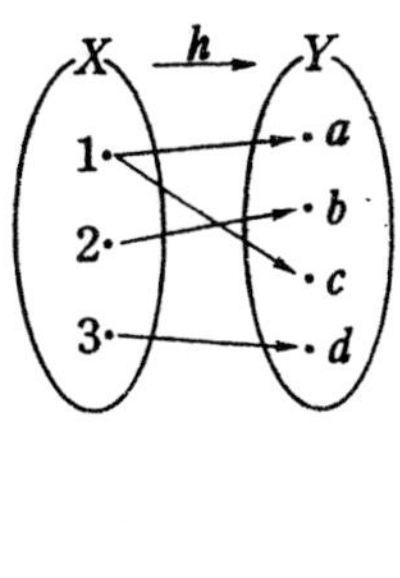

4)

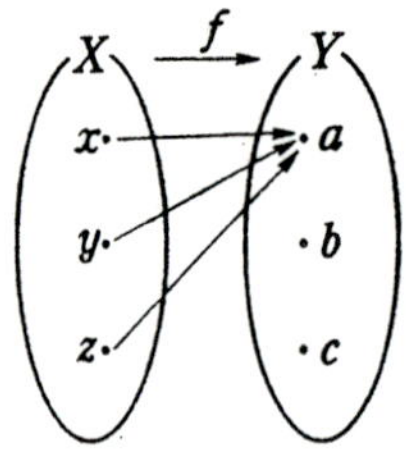

5)

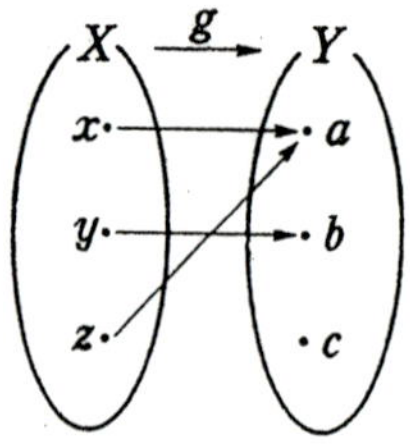

6)

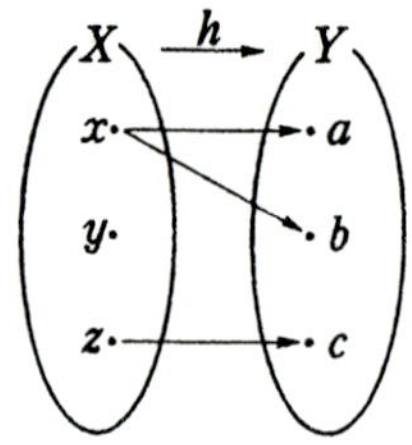

답 : 함수인 것은 2) 4) 5) 이고,

2) 정의역 : $\{1, 2, 3\}$, 공역 : $\{a, b, c, d\}$

4) 정의역 : $\{x, y, z\}$, 공역 : $\{a, b, c\}$

5) 정의역 : $\{x, y, z\}$, 공역 : $\{a, b, c\}$

함수 $f: X \to Y$에서 정의역 X의 원소 x에 대응되는 공역 Y의 원소를 $f(x)$와 같이 나타내고, 이것을 함수 f에 의한 x의 **함수값**이라고 한다. 또, 함수 f에 의하여 X의 각 원소 x에 대응되는 Y원소 $f(x)$ 전체의 집합을 이 함수 f의 **치역**이라고 한다.

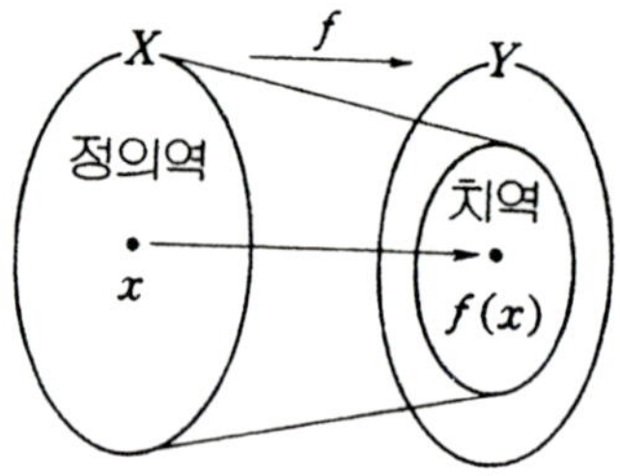

[문제 2] 다음 문제를 풀어라.

1) X, Y 가 자연수의 집합일 때, X의 원소 x에 Y의 원소 y가 $y=3x+1$로 대응되면 이 대응은 함수가 되는가? 또, 함수가 된다면 이 함수의 정의역과 공역은 무엇인가?

2) 오른쪽 그림과 같이 주어진 함수 $f: X \to Y$에 대하여 다음 물음에 답하여라.

(1) $f(a), f(b), f(c)$를 구하여라.

(2) f의 치역을 구하여라.

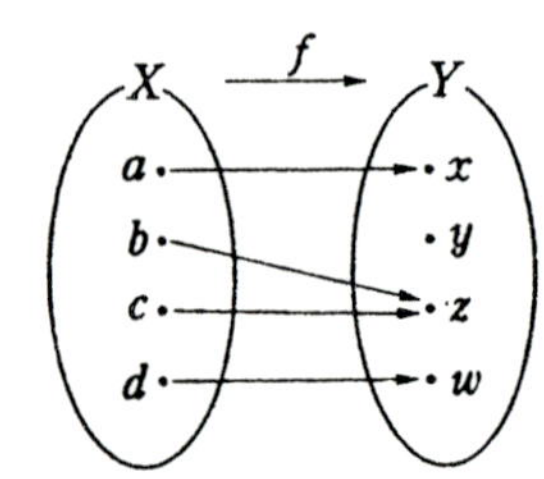

3) $X=\{1,2,3\}$, $Y=\{2,4,6,8\}$이고, X의 원소 x에 Y의 원소 $f(x)$가 $f(x)=2x$로 대응된다. 이 대응을 그림으로 나타내고, 3의 함수값과 이 함수의 치역을 구하여라.

4) 두 집합 $X=\{0,1,2\}$, $Y=\{3,5,7,9\}$에서 함수 $f: X \to Y$가 함수 $y=2x+3$으로 주어졌을 때, 이 함수 f를 그림으로 나타내어라.

5) 다음 그림과 같이 나타내어진 함수 $f: X \to Y$에서 X의 원소 x에 대응되는 Y의 원소 $f(x)$를 x의 식으로 나타내어라.

1) 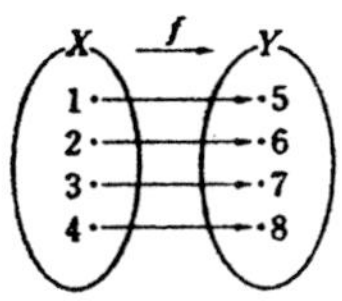

2) 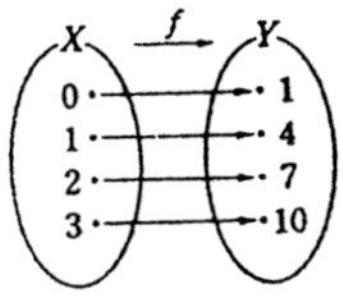

3) 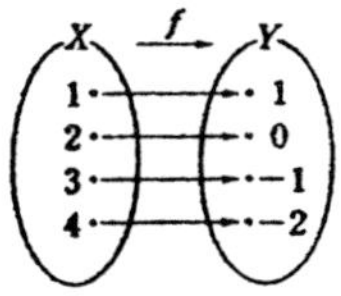

4) 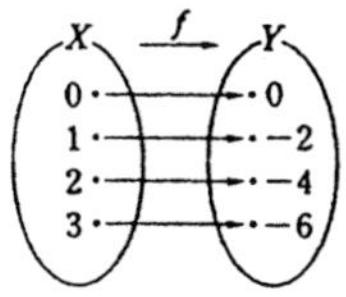

답 : 1) 함수가 된다. 정의역과 공역은 자연수의 집합이다. 2) (1) x,z,z, (2) $\{x,z,w\}$, 3) 6, 치역은 $\{2,4,6\}$, 4) 생략, 5) (1) $f(x)=x+4$, (2) $f(x)=3x+1$, (3) $f(x)=-x+2$, (4) $f(x)=-2x$.

함수에 관련된 내용을 확인하여 보자.

[문제 3] 각 문제의 (   ) 안에 알맞은 것을 써 넣어라.

1) 집합 A의 원소 a에 집합 B의 원소 b가 맺어졌다면, a에 b가 (   )고 하며 이것을 (   )와 같이 나타낸다. 일반으로, 두 집합 A, B가 있어 집합 A의 원소에 집합 B의 원소를 짝을 맺어주는 것을 집합 A에서 집합 B로의 (   )이라고 한다.

2) 집합 X의 각 원소에 집합 Y의 원소가 하나씩 대응될 때, 이 대응 f를 X에서 Y로의 (　　)라고 하고, 이것을 기호로 (　　)와 같이 나타낸다. 이 때, 집합 X를 함수 f의 (　　), 집합 Y를 함수 f의 (　　)이라고 한다.

3) 함수 $f: X \to Y$에서 정의역 X의 원소 x에 대응되는 공역 Y의 원소를 $f(x)$와 같이 나타내고, 이것을 함수 f에 의한 x의 (　　)이라고 한다. 또, 함수 값 전체의 집합을 이 함수 f의 (　　)이라고 한다.

4) $y=4x$일 때, $x=1,2,3,\cdots$과 같이 문자 x는 여러 가지 값을 갖는다. 이 x와 같이 여러 가지 값을 갖는 문자를 (　　)라고 한다.

5) 함수 $f: X \to Y$에서 X의 원소 x에 Y의 원소 y가 대응될 때, 곧 $x \to y$를
(　　)와 같이 나타낸다.

답 : 1) 대응된다, $a \to b$, 대응, 2) 함수, $f: X \to Y$, 정의역, 공역, 3) 함수 값, 치역, 4) 변수, 5) $y=f(x)$.

함수와 그래프

함수 $y=ax$의 그래프에 대해 알아보자.

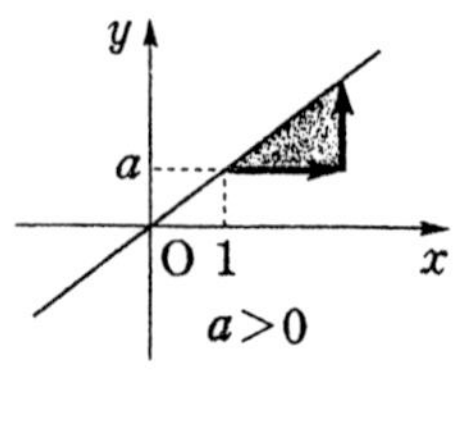

1) $y=ax$의 그래프는 원점을 지나는 직선이다.

2) $a>0$ 일 때, 그래프는 제1, 제3사분면을 지나고, x의 값이 증가함에 따라 y의 값도 증가한다.

3) $a<0$ 일 때, 그래프는 제2, 제4사분면을 지나고, x의 값이 증가함에 따라 y의 값은 감소한다.

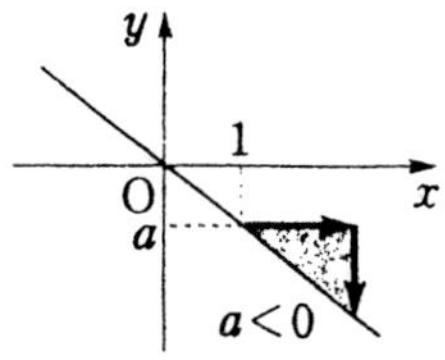

직선은 그 직선 위에 서로 다른 두 점만 알게 되면 그 두 점을 곧게 이어서 그릴 수 있으므로, 함수 $y=ax$의 그래프인 직선은 원점 O와 원점 O 이외의 점으로 이 그래프가 지나는 점을 찾아서 직선으로 이으면 쉽게 그릴 수 있다.

[문제 4] 다음 함수의 그래프를 그려라.

1) $y=\frac{3}{4}x$ 2) $y=-\frac{2}{3}x$ 3) $y=-\frac{1}{2}x$

4) $y=-5x$ 5) $y=-3x$ 6) $y=-\frac{3}{2}x$

답 : 각자 그려보기.

함수 $y=\frac{a}{x}\ (a\neq 0)$의 그래프를 알아보자.

(1) $y=\frac{a}{x}\ (a\neq 0)$의 그래프는 쌍곡선이다.

(2) $a>0$ 일 때.
그래프는 제1, 제3사분면에 있고, x의 값이 증가함에 따라 y의 값은 감소한다.

(3) $a<0$ 일 때,
그래프는 제2, 제4사분면에 있고, x의 값이 증가함에 따라 y의 값도 증가한다.

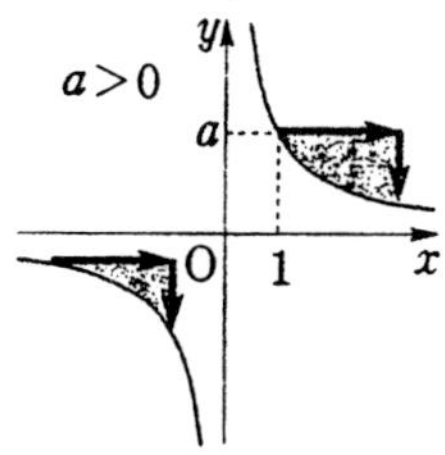

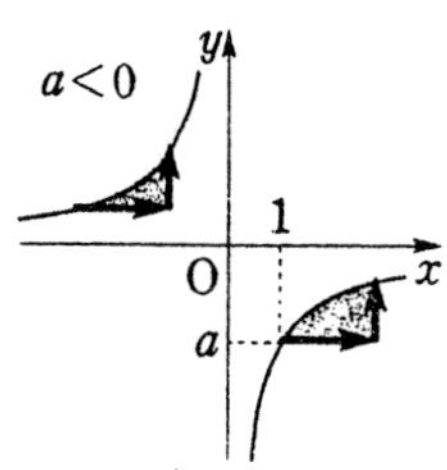

[문제 5] 다음 함수의 그래프를 그려라.

1) $y=-\dfrac{6}{x}$　　2) $y=\dfrac{1}{x}$　　3) $y=-\dfrac{1}{x}$

4) $y=\dfrac{2}{x}$　　5) $y=-\dfrac{2}{x}$　　6) $y=\dfrac{6}{x}$

답 : 각자 그려보기.

다음 내용을 확인하여 보자.

[문제 6] 각 문제의 (　　) 안에 알맞은 것을 써 넣어라.

1) 오른쪽 그림에서 가로의 수직선을 (　　), 세로의 수직선을 (　　)이라고 하며, 이들을 통틀어 (　　)이라고 한다. 그리고 두 좌표축이 만나는 점을 O를 (　　)이라고 하며, 좌표축이 그려져 있는 평면을 (　　) 이라고 한다.

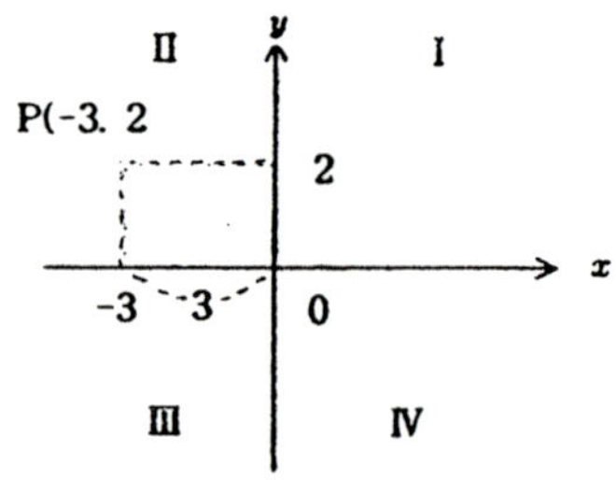

또, 순서쌍 (-3, 2)를 점 P의 (　　)라고 하고, 점 P를 (　　)와 같이 나타낸다. 여기서 -3을 점 P의 (　　), 2를 점 P의 (　　)라고 하며, 좌표축에 의하여 나뉘어진 위의 그림의 네 부분인 Ⅰ, Ⅱ, Ⅲ, Ⅳ를 각각 (　　), (　　), (　　), (　　)이라고 한다.

2) 정의역 X에서의 함수 $y=f(x)$가 주어질 때, 정의역 X의 변수 x와 이에 대응되는 함수값 y와의 순서쌍 (x, y)를 좌표로 하는 점 전체의 집합을 그 (　　)라고 한다.

3) 함수 $y=ax$의 그래프는 원점을 지나는 (　　)이고, 함수 $y=\dfrac{a}{x}$의 그

래프는 곡선으로 이와 같은 모양의 곡선을 ( )이라고 한다.

답 : 1) x축, y축, 좌표축, 원점, 좌표평면, 좌표, $P(-3,2)$, x좌표, y좌표, 제1사분면, 제2사분면, 제3사분면, 제4사분면, 2) 함수의 그래프, 3) 직선, 쌍곡선.

일차함수와 그 그래프

정의역 X와 공역 Y가 수의 집합이고 함수 $f: X \to Y$, $y=f(x)$에서 y가 x에 관한 일차식 $y=ax+b(a \neq 0)$로 나타내어질 때, 이 함수 f를 **일차함수**라고 한다. 이 때, 간단히 $y=ax+b$를 일차함수라고도 말한다.

> $y=ax+b$의 그래프
>
> 일차함수 $y=ax+b$의 그래프는 직선 $y=ax$에 평행하고, 점$(0, b)$를 지나는 직선이다.

[문제 7] $y=2x$, $y=-2x$의 그래프를 각각 이용하여 다음 일차함수의 그래프를 그려라.

1) $y=2x-3$　　2) $y=2x+2$

3) $y=-2x+2$　　4) $y=-2x+4$

답 : 각자 그려보기.

일차함수 $y=ax+b$의 그래프가 x축과 만나는 점$(-\frac{b}{a}, 0)$의 x좌표 $-\frac{b}{a}$가 이 직선의 x절편이고, y좌표 b가 이 직선의 y절편이 된다.

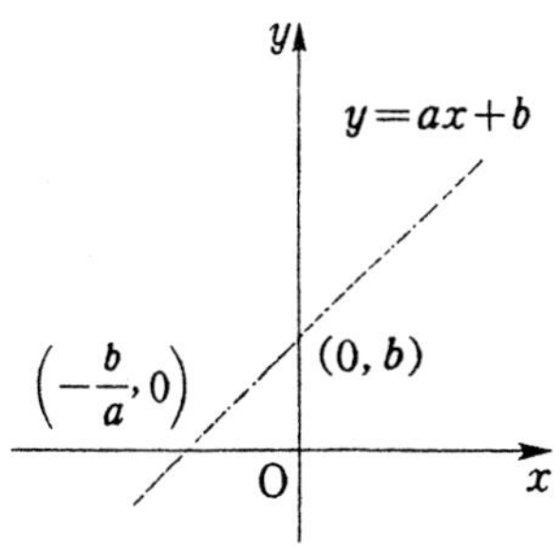

[문제 8] 오른쪽 그림의 일차함수의 그래프에서 x절편과 y절편을 각각 구하여라.

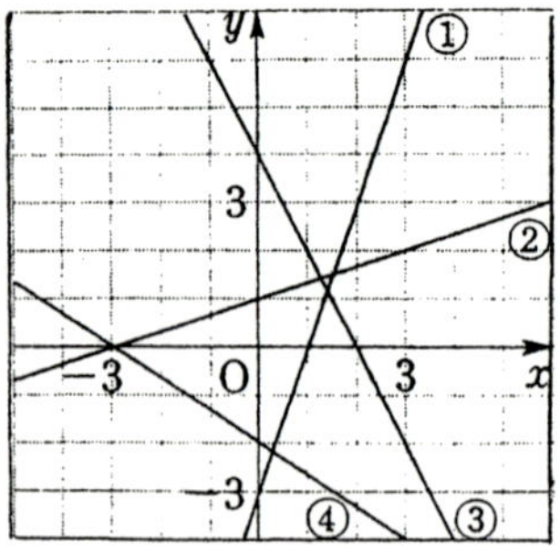

답 : (1,−3), (−3,1), (2,4), (−3,−2).

[문제 9] 다음 일차함수의 그래프의 x절편, y절편을 각각 구하여라.

1) $y=x-1$

2) $y=5x+4$

3) $y=-3x+7$

4) $y=2x+\frac{2}{3}$

5) $y=-\frac{1}{2}x+4$

6) $y=-3x-\frac{2}{3}$

답 : 1) (1,−1), 2) $(-\frac{4}{5},4)$, 3) $(\frac{7}{3},7)$, 4) $(-\frac{1}{3},\frac{2}{3})$, 5) (8,4), 6) $(-\frac{2}{9},-\frac{2}{3})$.

x의 계수 a가 일차함수 $y=ax+b$의 그래프인 직선의 기울어진 상태를 나타낸다. 이 x의 계수 a를 일차함수 $y=ax+b$의 그래프의 **기울기**라고 한다. 곧,

$$(\text{기울기})=\frac{(y\text{의 값의 증가량})}{(x\text{의 값의 증가량})}=a$$

일차함수의 그래프

일차함수 $y=ax+b$의 그래프는 기울기가 a 절편이 b인 직선으로
$a>0$ 이면, x가 증가할 때 y도 증가하며
$a<0$ 이면, x가 증가할 때 y는 감소한다.

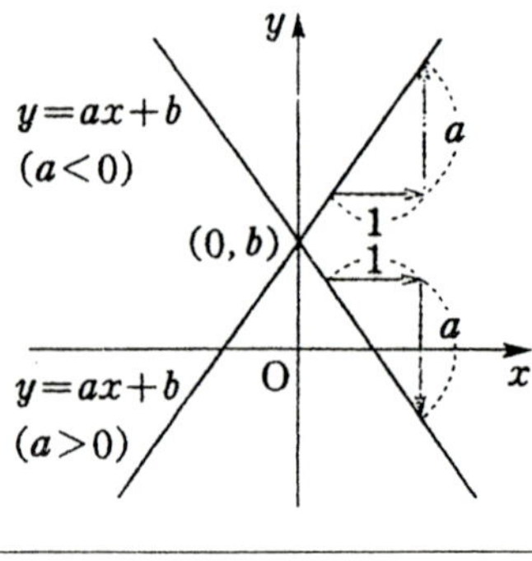

[문제 10] 기울기와 y절편을 사용하여 다음 일차함수의 그래프를 그려라.

1) $y=-\frac{2}{3}x+3$ 2) $y=3x-2$

3) $y=\frac{2}{3}x+3$ 4) $y=\frac{3}{4}x-1$

5) $y=2x-5$ 6) $y=-3x+5$

답 : 1) $-\frac{2}{3},3$, 2) $3,-2$, 3) $\frac{2}{3},3$, 4) $\frac{3}{4},-1$, 5) $2,-5$, 6) $-3,5$.

x절편, y절편을 사용하여 일차함수의 그래프를 그려보자.

[문제 11] 다음 일차함수의 그래프를 x절편, y절편을 구하여 그려라.

1) $y=-4x+8$ 2) $y=3(x-2)$

3) $y=2x+5$ 4) $y=-\frac{1}{2}x+3$

5) $y=\frac{2}{3}x-\frac{3}{2}$ 6) $y=\frac{1}{5}(x+1)$

답 : 1) $2,8$, 2) $2,-6$, 3) $-\frac{5}{2},5$, 4) $6,3$, 5) $\frac{9}{4},-\frac{3}{2}$, 6) $-1,\frac{1}{5}$.

이차함수

정의역 X 와 공역 Y 가 수의 집합이고, 함수 $f: X \rightarrow Y$, $y=f(x)$에서, y가 x에 관한 이차식 $y=ax^2+bx+c\,(a \neq 0)$로 나타내어질 때, 이 함수 f를 **이차함수**라고 한다. 이 때, 간단히 $y=ax^2+bx+c$를 이차함수라고도 말한다.

이차함수 $y=ax^2$의 그래프와 같은 곡선을 **포물선**이라고 한다. 포물선은 선대칭도형으로 그 대칭축을 포물선의 **축**이라고 하고, 포물선과 축과의 교점을 포물선의 **꼭지점**이라고 한다.

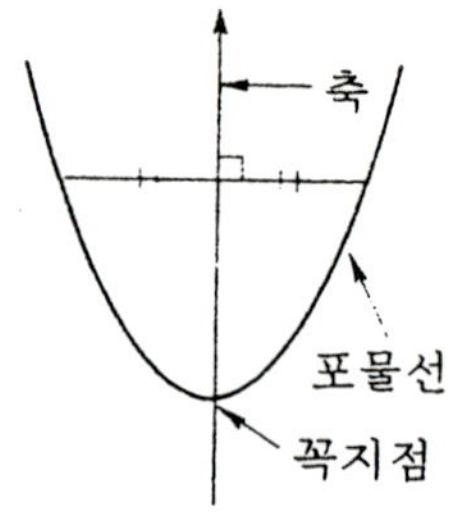

이를테면, $y=ax^2$의 그래프는 원점을 꼭지점으로 하고, y축을 축으로 하는 포물선이다.

이차함수 $y=ax^2(a\neq 0)$의 그래프

1) 원점을 꼭지점, y축을 축으로 하는 포물선이다.
2) $a>0$일 때는 아래로 볼록하고, $a<0$일 때는 위로 볼록하다.
3) a의 절대값이 클수록 폭이 좁아진다.
4) $y=-ax^2$의 그래프와 x축에 대하여 대칭이다.

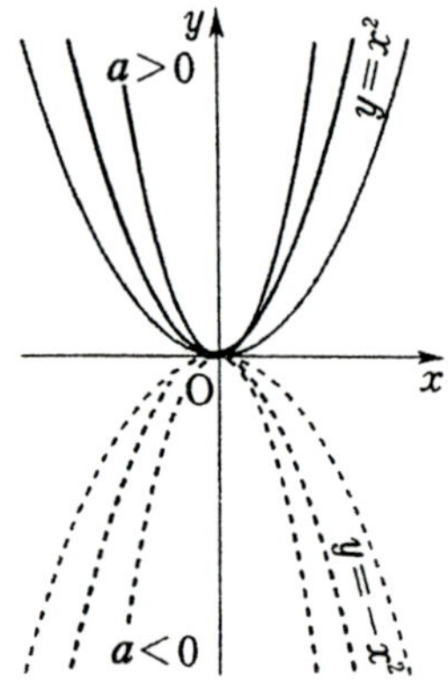

[문제 12] 다음 이차함수의 그래프를 그려 보아라.

1) $y=\frac{2}{3}x^2$　　　2) $y=-\frac{2}{3}x^2$

3) $y=\frac{3}{2}x^2$　　　4) $y=-\frac{3}{2}x^2$

답 : 각자 그려보기.

이차함수 $y=a(x-p)^2+q$의 그래프

1) 이차함수 $y=a(x-p)^2+q$의 그래프는 $y=ax^2$의 그래프를 x축의 양의 방향으로 p만큼, y축의 양의 방향으로 q만큼 평행 이동시킨 것이다.
2) 직선 $x=p$를 축으로 하고, 점(p,q)를 꼭지점으로 하는 포물선이다.

[문제 13] 다음 이차함수의 그래프를 그리고, 각 경우에 축의 방정식과 꼭지점의 좌표를 구하여라.

1) $y=-3x^2+1$　　　2) $y= 2x^2-5$

3) $y=\frac{1}{5}x^2-\frac{3}{5}$　　　4) $y= -\frac{1}{2}(x-3)^2$

5) $y= -2(x+2)^2$　　　6) $y= -\frac{2}{3}(x-3)^2-4$

7) $y=-\frac{3}{4}(x+\frac{1}{2})^2-\frac{1}{5}$　　　8) $y= \frac{2}{3}(x+\frac{1}{2})^2+\frac{1}{2}$

답 : 1) $x=0, (0,1)$, 2) $x=0, (0,-5)$, 3) $x=0, (0,-\frac{3}{5})$, 4) $x=3, (3,0)$, 5) $x=-2, (-2,0)$, 6) $x=3, (3,-4)$, 7) $x=-\frac{1}{2}, (-\frac{1}{2},-\frac{1}{5})$, 8) $x=-\frac{1}{2}, (-\frac{1}{2},\frac{1}{2})$.

> **이차함수 $y=ax^2+bx+c$의 그래프**
>
> 이차함수 $y=ax^2+bx+c$의 그래프는 ax^2+bx+c를 $a(x-p)^2+q$인 꼴로 변형하면 $y=a(x-p)^2+q$ 의 그래프와 같다.

[문제 14] 다음 이차함수의 그래프를 그리고, 각 경우에 대하여 축의 방정식, 꼭지점의 좌표, y축과 만나는 점의 좌표를 구하여라.

1) $y=-x^2-2x+4$　　　2) $y= 2x^2-6x+3$

3) $y=\frac{1}{2}x^2+3x-5$　　　4) $y= -\frac{1}{3}x^2-2x+1$

5) $y=-5x^2+8x$ 6) $y=-\frac{2}{3}x^2-4x+3$

답 : 1) $x=-1, (-1,5), (0,4)$, 2) $x=\frac{3}{2}, (\frac{3}{2}, -\frac{3}{2}), (0,3)$,

3) $x=-3, (-3, -\frac{19}{2}), (0,-5)$, 4) $x=-3, (-3,4), (0,1)$,

5) $x=\frac{4}{5}, (\frac{4}{5}, \frac{16}{5}), (0,0)$, 6) $x=-3, (-3,9), (0,3)$.

이차함수 $y=ax^2+bx+c$의 최대값과 최소값

$y=ax^2+bx+c$ 에서

$ax^2+bx+c=a(x-p)^2+q$ 이면

1) $a>0$ 일 때,

$x=p$ 에서 최소값 q 를 가지며

최대값은 없다.

2) $a<0$ 일 때,

$x=p$ 에서 최대값 q 를 가지며

최소값은 없다.

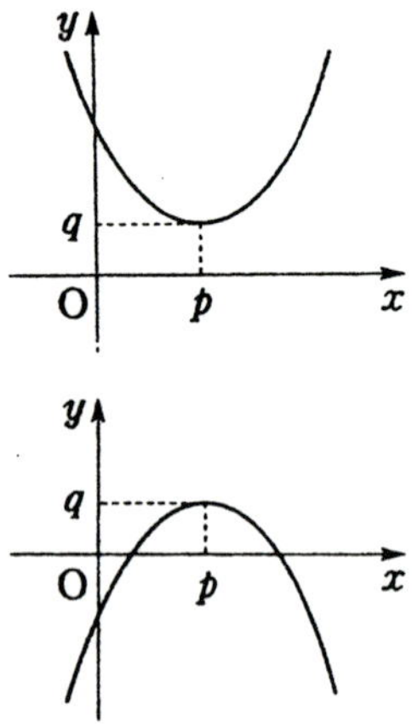

[문제 15] 다음 이차함수의 최대값 또는 최소값을 구하고, 그 때의 x값을 구하여라.

1) $y=x^2-2x-7$ 2) $y=3x^2-9x-3$

3) $y=-x^2-4x+1$ 4) $y=-2x^2+10x+5$

5) $y=3x^2-6x$ 6) $y=4x^2-5x-3$

7) $y=-5x^2+10x-1$ 8) $y=-\frac{1}{2}x^2-4x+5$

답 : 1) x=1일 때, 최소값 -8, 2) $x=\frac{3}{2}$일 때, 최소값 $-\frac{39}{4}$,

3) x=-2일 때, 최대값 5, 4) $x=\frac{5}{2}$일 때, 최대값 $\frac{35}{2}$,

5) x=1일 때, 최소값 -3, 6) $x=\frac{5}{8}$일 때, 최소값 $-\frac{73}{16}$,

7) x=1일 때, 최대값 4, 8) x=-4일 때, 최대값 13.

이차함수 $y=ax^2+bx+c$의 그래프가 x축과 만나는 점의 x좌표는 방정식 $ax^2+bx+c=0$의 두 근이므로, 다음과 같은 관계가 있음을 알 수 있다.

$y=ax^2+bx+c$의 그래프와 $ax^2+bx+c=0$의 근과의 관계

$ax^2+bx+c=a(x-p)^2+q$ 에 대하여 $ax^2+bx+c=0$은

1) $a>0$ 일 때,

(1) $q<0$ 이면
두 근을 가짐

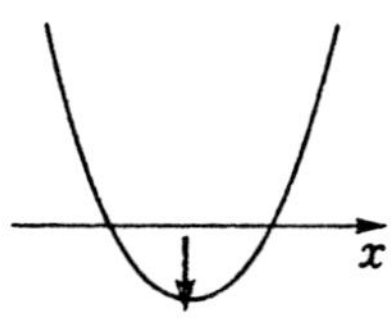

(2) $q=0$ 이면
한 근을 가짐

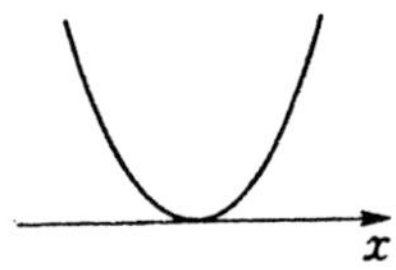

(3) $q>0$
근이 없음

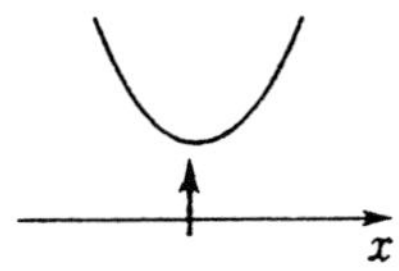

2) $a<0$ 일 때,

(1) $q>0$ 이면
두 근을 가짐

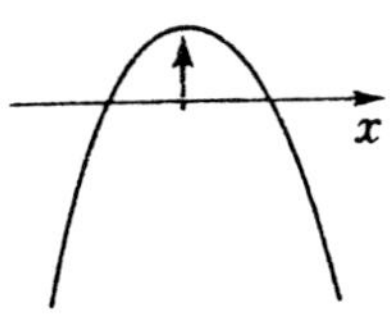

(2) $q=0$ 이면
한 근을 가짐

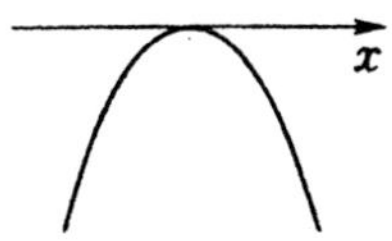

(3) $q<0$
근이 없음

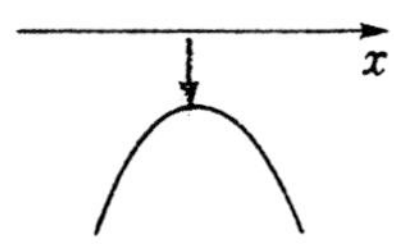

[문제 16] 이차함수의 그래프를 이용하여 다음 이차방정식의 근의 개수를 알아보아라.

1) $x^2-5x+2=0$

2) $-3x^2+6x+1=0$

3) $2x^2-3x-2=0$

4) $x^2+x-2=0$

5) $x^2-8x+16=0$

6) $-x^2+4x-5=0$

7) $-x^2+4x-4=0$

8) $-x^2+8x=0$

답 : 1) 2개, 2) 2개, 3) 2개, 4) 2개, 5) 1개, 6) 0개, 7) 1개, 8) 2개.

제3장 Homework

1. 두 집합 X, Y 에 대하여 X 의 원소 x에 Y 의 원소 y 를 다음 그림과 같이 대응시킬 때, 그 대응이 함수인 것은 어느 것인가?

1)

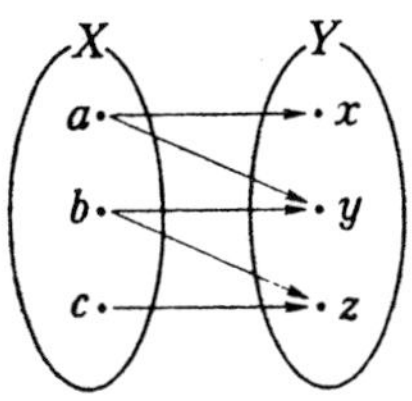

2)

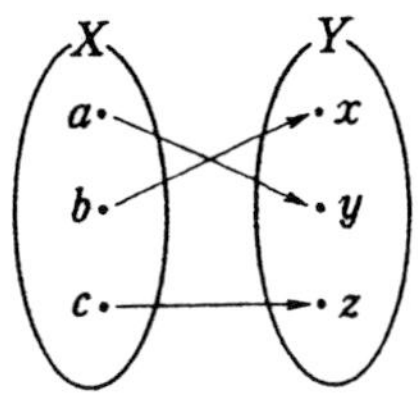

3)

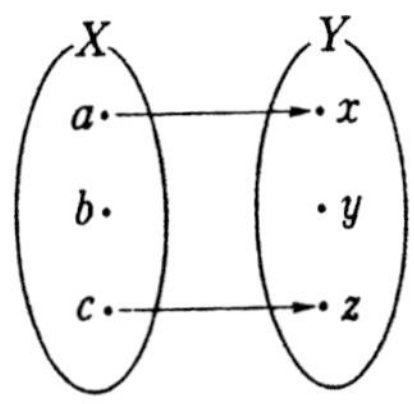

2. 오른쪽 그림에서 나타내어진 함수 $f: X \to Y$ 에 대하여

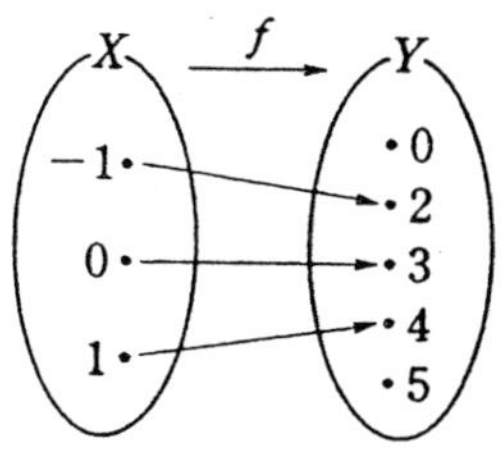

1) 정의역, 공역, 치역을 말하고, $f(1)-f(-1)$을 구하여라.

2) X 의 각 원소 x에 대응되는 Y 의 원소를 $f(x)=x+a$ 라고 할 때, a 의 값을 구하여라.

3. 정의역과 공역이 각각 $X=\{x|x$는 $|x|\leq 2$인정수$\}$ $Y=\{y|y$는정수$\}$ 일 때, X 에서의 함수 $y=2x-3$에 대하여

다음 물음에 답하여라.

1) 이 함수를 나타내는 그림을 그려라.

2) 이 함수에서의 치역을 말하여라.

4. 다음 그림으로 나타내어진 함수의 그래프를 그리고, X 의 각 원소 x에 대응되는 Y 이 원소 y 에 대한 x, y 사이의 관계식을 구하여라.

1)

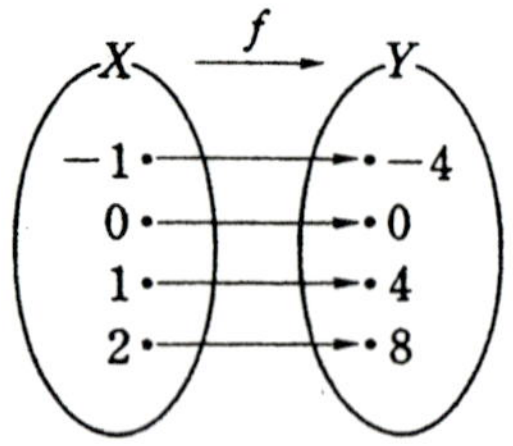

2)

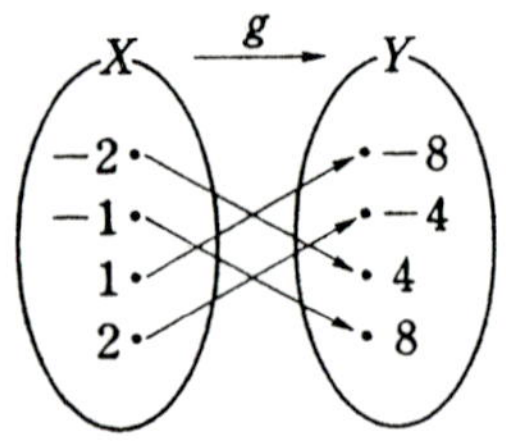

5. 그래프가 오른쪽 그림의 ①, ②, ③, ④와 같은 함수를 다음에서 말하여라.

$y=x$	$y=-x$	$y=\frac{3}{4}x$
$y=\frac{4}{3}x$	$y=-\frac{3}{4}x$	$y=-\frac{4}{3}x$
$y=\frac{12}{x}$	$y=-\frac{12}{x}$	

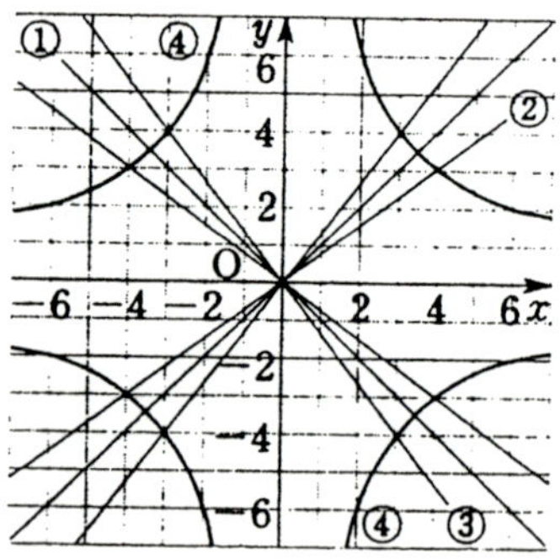

6. 각 문제의 (　　) 안에 알맞은 것을 써 넣어라.

1) 정의역 X 와 공역 Y 가 수의 집합이고 함수 $f: X \to Y$, $y=f(x)$에서 y가 x에 관한 일차식 $y=ax+b\,(a \neq 0)$로 나타내어질 때, 이 함수 f 를 (　　)라고 한다.

2) 일차함수 $y=ax+b$ 의 그래프는 직선 $y=ax$ 에 (　　)하고, 점 (　　)를 지나는 직선이다.

3) 일차함수 $y=ax+b$ 의 그래프가 x축과 만나는 점 $(-\frac{b}{a}, 0)$의 x좌표 $-\frac{b}{a}$ 가 이 직선의 (　　)이고, y축과 만나는 점$(0, b)$의 y 좌표 b 가

이 직선의 ( )이 된다.

4) 일차함수 $y=ax+b$ 에서 x의 값의 증가량에 대한 y 의 값의 증가량의 비율은 ( )가 되어, 항상 x의 계수 a와 일치한다.

5) x의 계수 a를 일차함수 $y=ax+b$ 의 그래프의 ( )라고 한다.

6) 일차함수 $y=ax+b$의 그래프는 기울기가 ( ), y 절편이 ( )인 직선으로 ( ) 이면 x가 증가할 때 y도 증가하며, ( )이면 x가 증가할 때 y는 감소한다.

7) 일차함수 $y=ax+b$의 그래프를 그리려면, y절편 b로 y축과의 ( )을 정하고, 그 점을 지나는 기울기 a인 ( )을 그으면 된다.

8) 미지수가 2개인 일차방정식 $ax+by+c=0$ (단, $a\neq0$, $b\neq0$)의 그래프인 직선은 이 방정식을 변형하여 얻은 일차함수 ( )의 그래프인 직선으로 그리면 된다.

9) $x=k$의 그래프는 점 $(k, 0)$을 지나고, ( )축에 평행한 직선이다. 또, $y=k$의 그래프는 점 $(0, k)$를 지나고, ( )축에 평행한 직선이다.

10) 연립방정식 $\begin{cases} ax+by=c & \cdots\cdots ① \\ a'x+b'y=c' & \cdots\cdots ② \end{cases}$ 의 해는 방정식 ①, ②의 그래프인 직선의 ( )의 좌표이다.

11) 연립일차방정식은 각 방정식의 그래프인 두 직선이
   1) 한 점에서 만나면, 그 해는 ( )이 존재한다.
   2) 일치하면, 그 해는 ( )
   3) 평행하면, 해가 ( )

12) 실험, 측정 등의 결과를 그래프로 나타내고, 그것에 알맞은 식을

만들었을 때, 이 식을 (　　)이라고 한다. 이 때, 실험식에서 변수의 (　　)은 실험을 한 범위만으로 한다.

7. 다음 일차함수의 그래프를 그려라.

1) $y=-\frac{5}{4}x-2$　　2) $y=-\frac{1}{3}(x+3)$　　3) $2x-3y=4$

4) $4x+5=0$　　5) $7+3y=0$　　6) $y=\frac{1}{2}-\frac{3}{2}x$

7) $2x-4y-1=0$　　8) $x-2y=7$　　9) $3x+4y+6=0$

8. 다음 직선을 나타내는 일차함수의 식을 각각 구하여라.

1) 기울기가 -3이고, 점(1, -2)를 지나는 직선

2) 두 점(-1, 3), (4, -3)을 지나는 직선

3) 기울기가 3이고 점(-2, -5)를 지나는 직선

4) 두 점 (-3, -2), (4, 3)을 지나는 직선

5) $y=2x+1$의 그래프와 평행이고, 점 (0, 3)을 지나는 직선

6) $y=2x-1$의 그래프와 y축에 대칭이다.

7) 직선 $y=-3x+5$에 평행하고, 점(-1, -2)를 지나는 직선

8) 두 직선 $x+3y=-1$, $2x-y=5$의 교점을 지나고 x축에 평행한 직선

9. 각 문제의 (　　) 안에 알맞은 것을 써 넣어라.

1) 정의역 X 가 공역 Y 가 수의 집합이고, 함수 $f: X \to Y$, $y=f(x)$에서, y가 x에 관한 이차식 $y=ax^2+bx+c\ (a \neq 0)$로 나타내어질 때, 이 함수 f를 (　　)라고 한다.

2) 이차함수 $y=ax^2$의 그래프와 같은 곡선은 (　　)이라고 한다. 포물선은 선대칭도형으로 그 대칭축을 포물선의 (　　)이라고 하고, 포물선과 축과의 교점을 (　　)이라고 한다.

3) 이차함수 $y=ax^2\ (a \neq 0)$의 그래프는

(1) 원점을 (　　), y축을 (　　)으로 하는 포물선이다.
(2) $a>0$일 때는 (　　)로 볼록하고 $a<0$일 때는 (　　)로 볼록하다.
(3) a의 (　　)이 클수록 폭이 좁아진다.

4) 오른쪽 이차함수의 그래프에서

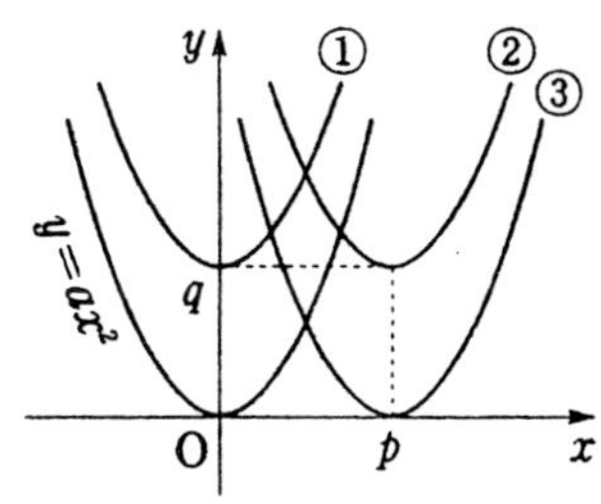

(　　)는 $y=ax^2+q$ 의 그래프,
(　　)는 $y=a(x-p)^2$ 의 그래프,
(　　)는 $y=a(x-p)^2+q$ 의 그래프
이다.

10. 다음 이차함수의 최대값 또는 최소값을 구하고, 그 때의 x 의 값을 구하여라. 또, x축과 만나는 점의 개수를 구하여라.

1) $y=-3(x+3)^2$　　2) $y=(2x-1)^2$　　3) $y=(x-6)(x+4)$

4) $y=8x-7x^2$　　5) $y=3x^2+5x-4$　　6) $y=-5x^2+8x-4$

7) $y=x^2-8x+2$　　8) $y=x^2-12x+36$　　9) $y=-3x^2-6x+4$

10) $y=2x^2+3x-4$　　11) $y=-2x^2+4x+3$　　12) $y=x^2-3x+2$

13) $y=(x-5)^2$ 14) $y=7x-9x^2$ 15) $y=-6x^2-4x+3$

제4장 일반수학을 위한 배경

이 장의 목적은 일반수학을 공부하는데 필요한 중·고등학교 시절에 배운 내용을 앞 장의 내용과 중복되는 부분도 있지만 정리하여 도움을 주려고 한다. 각 주제가 충분하고 깊게 다루어지지 않을지라도 중요한 내용을 간결하게 제시하여 학습지도자의 해박한 설명으로 부족한 부분은 보충되어야 한다. 배우는 입장에서는 충분한 설명이 되어있는 중·고등학교 교재를 참고하여야 한다.

이 장의 효율적인 이용방법은 익숙하지 않은 부분을 문제의 해답을 얻을 때까지 특별한 주제에 대해 시간을 많이 배려하고 관심을 기울여 집중을 하도록 한다.

4. 1 지수와 거듭제곱근

지수 또는 거듭제곱근을 포함하는 식

$5x^2-4$, $\sqrt{x^2-4x+4}$, $(x^2-4)(x+3)^{-1}$과 같은 식을 간단히 하고, 식의 값을 구하는 방법에 익숙해야 대수적 기능을 습득하는데 도움이 된다.

우선 지수의 기본 성질을 알아보자.

< 지수의 성질 >

1. 자연수 지수 : $x^n = x \cdot x \cdot x \cdots x$ (n개)
2. 0인 지수 : $x^0 = 1 (x \neq 0)$
3. 음의 지수 : $x^{-n} = \dfrac{1}{x^n} (x \neq 0)$
4. 거듭제곱근 : $\sqrt[n]{x} = a \rightarrow x = a^n$
5. 유리수 지수 : $x^{\frac{1}{n}} = \sqrt[n]{x}$, $x^{\frac{m}{n}} = (x^{\frac{1}{n}})^m = (\sqrt[n]{x})^m = \sqrt[n]{x^m} = (x^m)^{\frac{1}{n}}$
6. 제곱근 : $\sqrt[2]{x} = \sqrt{x}$

[예제 1] (정수지수를 갖는 식의 값 구하기)

괄호에 주어진 x의 값에 대하여 식의 값을 구하여라.

1) $y = -2x^2, (x = 4)$
2) $y = 3x^{-3}, (x = -1)$
3) $y = (-x)^2, \left(x = \dfrac{1}{2}\right)$
4) $y = \dfrac{2}{x^{-2}}, (x = 3)$

풀이 1) $y = -2(4^2) = -2(16) = -32$

2) $y = 3(-1)^{-3} = \dfrac{3}{(-1)^3} = \dfrac{3}{-1} = -3$

3) $y = \left(-\dfrac{1}{2}\right)^2 = \dfrac{1}{4}$

4) $y = \dfrac{2}{3^{-2}} = 2(3^2) = 18$ ▣

[문제 1] 괄호에 주어진 x의 값에 대하여 식의 값을 구하여라.

1) $y = 2x^{\frac{1}{2}}, (x = 4)$
2) $y = (2x)^{\frac{1}{2}}, (x = 4)$
3) $y = \sqrt[3]{x^2}, (x = 8)$
4) $y = (x^2 - 9)^{-\frac{3}{2}}, (x = 5)$

답 1) 4 2) $2\sqrt{2}$ 3) 4 4) $\frac{1}{64}$

다음의 연산법칙을 이용하여 지수를 포함하는 식을 전개하거나 또는 간단히 한다.

< 지수의 연산법칙 >

1. 밑이 같은 경우의 곱셈 : $x^n \cdot x^m = x^{n+m}$
2. 밑이 같은 경우의 나눗셈 : $\frac{x^n}{x^m} = x^{n-m} \, (x \neq 0)$
3. 괄호를 풀기 : $(xy)^n = x^n y^n$
   $\left(\frac{x}{y}\right)^n = \frac{x^n}{y^n}$
   $(x^n)^m = x^{nm}$
4. 특별한 규칙 : $-x^n = -(x^n),\ -x^n \neq (-x)^n$
   $cx^n = c(x^n),\ cx^n \neq (cx)^n$
   $x^{n^m} = x^{(n^m)},\ x^{n^m} \neq (x^n)^m$

[예제 2] (지수를 포함하는 식을 간단히 하기)

다음의 식을 간단히 하여라.

1) $2x^2(x^3)$ 2) $(3x)^2 \cdot \sqrt[3]{x}$ 3) $\frac{5x^2}{(\sqrt{x})^3}$

4) $\frac{3x^4}{(x^2)^3}$ 5) $x^{-1}(2x^2)$ 6) $\frac{-\sqrt{x}}{5x^{-1}}$

풀이 1) $2x^2(x^3) = 2x^{2+3} = 2x^5$

2) $(3x)^2 \cdot \sqrt[3]{x} = 9x^2 \cdot x^{\frac{1}{3}} = 9x^{2+\frac{1}{3}} = 9x^{\frac{7}{3}}$

3) $\frac{5x^2}{(\sqrt{x})^3} = \frac{5x^2}{(x^{\frac{1}{2}})^3} = 5\left(\frac{x^2}{x^{\frac{3}{2}}}\right) = 5x^{2-\frac{3}{2}} = 5x^{\frac{1}{2}}$

4) $\frac{3x^4}{(x^2)^3} = \frac{3x^4}{x^6} = \frac{3}{x^{6-4}} = \frac{3}{x^2}$

5) $x^{-1}(2x^2) = 2x^{-1}x^2 = 2x^{2-1} = 2x$

6) $\dfrac{-\sqrt{x}}{5x^{-1}}=-\dfrac{1}{5}\left(\dfrac{x^{\frac{1}{2}}}{x^{-1}}\right)=-\dfrac{1}{5}x^{\frac{1}{2}+1}=-\dfrac{1}{5}x^{\frac{3}{2}}$ ▣

[문제 2] 다음 식을 간단히 하여라.

1) $\dfrac{w^5w^6z^7}{w^3w^8z}$　　2) $\dfrac{(-8x^2)^3}{2x^4}$　　3) $\left(\dfrac{4}{y}\right)^2\cdot\left(\dfrac{y}{2}\right)^4$

4) $\dfrac{n^{15}}{(n^3)^5}$　　5) $\dfrac{4y^{-1}}{y^{-2}}$　　6) $\dfrac{z^5}{10z^{-6}}$

답 1) z^6　　2) $-256x^2$　　3) y^2

4) 1　　5) $4y$　　6) $\dfrac{1}{10}z^{11}$

앞에서 간단히 한 식의 특징은 음수지수로 나타내지 않은 것이다. 간단히 나타내는 식의 또 다른 특징은 공통인수로 묶어 합과 차를 쓰는 것이다. 이렇게 하기 위해 분배법칙을 이용한다.

$bcx^m+cdx^{m+n}=cx^m(b+dx^n)$

다음 예제를 주의 깊게 풀어 공통인수로 묶는 과정에 포함된 의미를 이해하여 보자.

[예제 3] **(공통인수로 묶기)**

다음 식을 공통인수로 묶어 간단히 하여라.

1) $2x^2-x^3$　　2) $3x^4+x^3$

3) $2x^{\frac{3}{2}}+3x^{\frac{5}{2}}$　　4) $2x^{-\frac{1}{2}}+4x^{\frac{5}{2}}$

풀이 1) $2x^2-x^3=x^2(2-x)$

2) $3x^4+x^3=x^3(3x+1)$

3) $2x^{\frac{3}{2}}+3x^{\frac{5}{2}}=x^{\frac{3}{2}}(2+3x)$

4) $2x^{-\frac{1}{2}}+4x^{\frac{5}{2}}=2x^{-\frac{1}{2}}(1+2x^3)=\dfrac{2(1+2x^3)}{\sqrt{x}}$ ▣

[문제 3] 다음 식을 공통인수로 묶어 간단히 하여라.

1) $3(x+1)^{\frac{1}{2}}(2x-3)^{\frac{5}{2}}+10(x+1)^{\frac{3}{2}}(2x-3)^{\frac{3}{2}}$

2) $(x+1)^{-\frac{1}{2}}(2x-3)^{\frac{5}{2}}+10(x+1)^{\frac{1}{2}}(2x-3)^{\frac{3}{2}}$

답 1) $(x+1)^{\frac{1}{2}}(2x-3)^{\frac{3}{2}}\ 16(x+1)$

2) $\dfrac{(2x-3)^{\frac{3}{2}}(12x+7)}{(x+1)^{\frac{1}{2}}}$

앞으로 식을 간단히 할 경우가 있다. 다음 예제에서 연습해 보자.

[예제 4] (공통인수로 묶기)

다음 식을 공통인수로 묶어 간단히 하여라.

1) $\dfrac{3x^2+x^4}{2x}$

2) $\dfrac{3}{5}(x+1)^{\frac{5}{3}}+\dfrac{3}{4}(x+1)^{\frac{8}{3}}$

풀이 1) $\dfrac{3x^2+x^4}{2x}=\dfrac{x^2(3+x^2)}{2x}=\dfrac{x^{2-1}(3+x^2)}{2}=\dfrac{x(3+x^2)}{2}$

2) $\dfrac{3}{5}(x+1)^{\frac{5}{3}}+\dfrac{3}{4}(x+1)^{\frac{8}{3}}=\dfrac{12}{20}(x+1)^{\frac{5}{3}}+\dfrac{15}{20}(x+1)^{\frac{8}{3}}$

$=\dfrac{3}{20}(x+1)^{\frac{5}{3}}\ \{4+5(x+1)\}=\dfrac{3}{20}(x+1)^{\frac{5}{3}}(4+5x+5)$

$=\dfrac{3}{20}(x+1)^{\frac{5}{3}}(5x+9)$

▣

[문제 4] 다음 식을 간단히 하여라.

1) $\dfrac{\sqrt{x}+x^{\frac{3}{2}}}{x}$ 　　 2) $\dfrac{3(x+2)^2(x-1)^3-3(x+2)^3(x-1)^2}{\{(x-1)^3\}^2}$

답 1) $\dfrac{1+x}{\sqrt{x}}$ 　　 2) $\dfrac{-9(x+2)^3}{(x-1)^4}$

대수식의 정의역

x를 포함하는 대수식을 다룰 때, 식이 정의되지 않는 x값을 대입할 때, 곤란한 경우가 생긴다. 예를 들면 식 $\sqrt{2x+3}$은 $x=-2$일 때 정의되지 않는다. 왜냐하면,

$\sqrt{2(-2)+3}=\sqrt{-4+3}=\sqrt{-1}\neq$실수

식이 정의되는 모든 값의 집합을 **정의역**(domain)이라고 한다.

즉, $\sqrt{2x+3}$의 정의역은 $\sqrt{2x+3}$이 실수이므로 $2x+3\geqq 0$에서 $2x\geqq -3$, $x\geqq -\dfrac{3}{2}$이다. 다른 말로 $\sqrt{2x+3}$이 정의되는 x의 범위는 $\left[-\dfrac{3}{2},\ \infty\right)$이다.

[예제 5] **(대수식의 정의역 구하기)**

다음 식의 정의역을 구하여라.

1) $\sqrt{3x-2}$ 　　 2) $\dfrac{1}{\sqrt{3x-2}}$ 　　 3) $\sqrt[3]{9x+1}$

풀이 1) $\sqrt{3x-2}$의 정의역은 $3x-2\geqq 0$인 x값의 집합이다.

$\therefore\ x\geqq\dfrac{2}{3}$ 　　 정의역 : $\left[\dfrac{2}{3},\ \infty\right)$

2) $\dfrac{1}{\sqrt{3x-2}}$의 정의역은 $3x-2=0$인 경우를 제외하고 $\sqrt{3x-2}$의 정의역과 같다.

$\therefore\ x > \frac{2}{3}$ 정의역 : $\left(\frac{2}{3},\ \infty\right)$

3) $\sqrt[3]{9x+1}$ 은 모든 실수에 대해 정의된다.

정의역 : $(-\infty,\ \infty)$ ▣

[문제 5] $\sqrt{2+x}+\sqrt{3-x}$ 의 정의역을 구하여라.

답 $[-2,\ 3]$

연습문제 4-1

1. 괄호에 주어진 x의 값에 대하여 식의 값을 구하여라.

1) $\dfrac{x^2}{2}$, $(x=6)$ 2) $8x^{-2}$, $(x=4)$ 3) $x-4x^{-2}$, $(x=4)$

4) $5(-x)^3$, $(x=3)$ 5) $\dfrac{1}{(-x)^{-3}}$, $(x=4)$ 6) $\sqrt{x^3}$, $(x=\dfrac{1}{9})$

7) $x^{-\frac{1}{2}}$, $(x=4)$ 8) $x^{-\frac{3}{4}}$, $(x=16)$ 9) $(x^{\frac{2}{3}})^3$, $(x=10)$

답 1) 18 2) $\dfrac{1}{2}$ 3) $\dfrac{15}{4}$ 4) -135 5) -64

6) $\dfrac{1}{27}$ 7) $\dfrac{1}{2}$ 8) $\dfrac{1}{8}$ 9) 100

2. 다음 식을 간단히 하여라. (단, 문자는 양수)

1) $\dfrac{7x^2}{x^{-3}}$ 2) $\dfrac{r^4}{r^6}$ 3) $\dfrac{12(x+y)^3}{9(x+y)}$

4) $\left(\dfrac{12s^2}{9s}\right)^3$ 5) $\dfrac{3x\sqrt{x}}{x^{\frac{1}{2}}}$ 6) $(\sqrt[3]{x^2})^3$

7) $\left(\dfrac{\sqrt{2}\sqrt{x^3}}{\sqrt{x}}\right)^4$ 8) $(2x^2yz^5)^0$ 9) $x^{-3}(2x^5)$

답 1) $7x^5$ 2) $\dfrac{1}{r^2}$ 3) $\dfrac{4}{3}(x+y)^2$ 4) $\dfrac{64}{27}s^3$ 5) $3x$

6) x^2 7) $4x^4$ 8) 1 9) $2x^2$

1) $\sqrt{18}$ 2) $\sqrt[3]{27x^6}$ 3) $\sqrt[4]{16x^8z^{12}}$

4) $\sqrt{72(x+1)^4}$ 5) $\sqrt{75x^2y^{-4}}$ 6) $\sqrt[3]{81x^9}$

7) $\sqrt[3]{\dfrac{8}{27}}$ 8) $\sqrt[3]{\dfrac{64}{125}}$ 9) $\sqrt[4]{(3x^2y^3)^8}$

3. 다음 거듭제곱근식을 간단히 하여라. (단, 문자는 양수)

답 1) $3\sqrt{2}$ 2) $3x^2$ 3) $2x^2z^3$ 4) $6\sqrt{2}(x+1)^2$ 5) $5\sqrt{3}xy^{-2}$

6) $3\sqrt{3}x^3$ 7) $\dfrac{2}{3}$ 8) $\dfrac{4}{5}$ 9) $9x^4y^6$

4. ( )에 필요한 인수를 구하여라.

1) $y^4-4y^2=y^2(y+2)(\quad)$

2) $(x+y)z^2-(x+y)=(x+y)(z+1)(\quad)$

3) $\dfrac{3}{4}x+\dfrac{1}{2}=\dfrac{1}{4}(\quad)$

4) $\dfrac{2}{3}x^2+\dfrac{1}{3}x+5=\dfrac{2}{3}(\quad)$

5) $\sqrt{x}+x\sqrt{x}=\sqrt{x}(\quad)$

6) $x\sqrt{y+1}+\sqrt{y+1}=\sqrt{y+1}(\quad)$

7) $x(1-2x^2)^3=(\quad)(1-2x)^3(-4x)$

8) $5x\sqrt[3]{1+x^2}=(\quad)\sqrt[3]{1+x^2}(2x)$

9) $\dfrac{1}{2}x(x+1)^{-\frac{1}{2}}+(x+1)^{\frac{1}{2}}=\dfrac{1}{2}(x+1)^{-\frac{1}{2}}(\quad)$

10) $\dfrac{3}{2}x(x+1)^{\frac{1}{2}}+(x+1)^{\frac{3}{2}}=\dfrac{3}{2}(x+1)^{\frac{1}{2}}(\quad)$

답 1) $y-2$ 2) $z-1$ 3) $3x+2$ 4) $x^2+\frac{1}{2}x+\frac{15}{2}$ 5) $1+x$

6) $x+1$ 7) $-\frac{1}{4}$ 8) $\frac{5}{2}$ 9) $3x+2$ 10) $\frac{5}{3}x+\frac{2}{3}$

5. 다음 식의 정의역을 구간으로 나타내어라.

1) $\sqrt{x-1}$

2) $\sqrt{5-2x}$

3) $\sqrt{x^2+3}$

4) $\sqrt[5]{1-x}$

5) $\dfrac{1}{\sqrt[3]{x-1}}$

6) $\dfrac{1}{\sqrt{x+4}}$

7) $\dfrac{1}{\sqrt[4]{2x-6}}$

8) $\dfrac{\sqrt{x-1}}{x+1}$

9) $\sqrt{x-1}+\sqrt{5-x}$

10) $\dfrac{1}{\sqrt{2x+3}}+\sqrt{6-x}$

답 1) $[1, \infty)$ 2) $(-\infty, \frac{5}{2}]$ 3) $(-\infty, \infty)$ 4) $(-\infty, \infty)$

5) $(-\infty, 1)\cup(1, \infty)$ 6) $(-4, \infty)$ 7) $(3, \infty)$

8) $[1, \infty)$ 9) $[1, 5]$ 10) $(-\frac{3}{2}, 6]$

4. 2 다항식

대수학의 기본정리에 의하면, 모든 n차 다항식

$$a_nx^n + a_{n-1}x^{n-1} + \cdots + a_1x + a_0$$

는 정확히 n개의 값에 대해 0이 된다.

(즉, 다항방정식 $a_nx^n + a_{n-1}x^{n-1} + \cdots + a_1x + a_0 = 0$은 정확히 n개의 근을 갖는다)

다항식의 값을 0이 되게 하는 값을 구하는 것은 다항식을 일차식으로 인수분해하는 문제로 통한다. 이를테면, $x^3 - 3x + 2 = (x-1)(x-1)(x+2)$로 인수분해 하여 $x=1, x=-2$가 $x^3 - 3x + 2$의 값을 0이 되게 함을 알 수 있다.

$x=1$을 대입하여 $(1)^3 - 3(1) + 2 = 1 - 3 + 2 = 0$,

$x=-2$를 대입하여 $(-2)^3 - 3(-2) + 2 = -8 + 6 + 2 = 0$을 확인할 수 있다.

이 과정을 정리하면 다음과 같다.

$x^3 - 3x + 2 = 0$	: 다항식을 0과 같다고 놓는다.
$(x-1)(x-1)(x+2) = 0$	: 일차식으로 인수분해 한다.
$x-1=0,\ x+2=0$	: 각 인수를 0으로 놓는다.
$x=1,\ x=-2$	: 실근을 구한다.

같은 방법으로 $x^5 - x = x(x-1)(x+1)(x^2+1)$을 인수분해 하여 $x = 0, 1, -1$ 세 실수가 $x^5 - x$의 값을 0이 되게 함을 알 수 있다. x^2+1은 두 허수 $x = \pm\sqrt{-1}$에 대해 0이 된다. 여기서는 허수에 대해서는 다루지 않겠다.

인수분해는 간단한 과정이 아니다. 다항식을 인수분해 하는데 사용되는 방법은 상당히 다양하다. 다음 방법을 주의깊게 관찰하여 인수분해에 이용한다.

< 인수분해와 전개 >

이차방정식의 근의 공식	예
$ax^2+bx+c=0 \Rightarrow x=\dfrac{-b\pm\sqrt{b^2-4ac}}{2z}$	$x^2+3x-1=0 \Rightarrow x=\dfrac{-3\pm\sqrt{13}}{2}$
인수분해공식	**예**
$x^2-a^2=(x-a)(x+a)$	$x^2-9=(x-3)(x+3)$
$x^3-a^3=(x-a)(x^2+ax+a^2)$	$x^3-8=(x-2)(x^2+2x+4)$
$x^3+a^3=(x+a)(x^2-ax+a^2)$	$x^3+64=(x+4)(x^2-4x+16)$
$x^4-a^4=(x-a)(x+a)(x^2+a^2)$	$x^4-16=(x-2)(x+2)(x^2+4)$
전개공식	**예**
$(x+a)^2=x^2+2ax+a^2$	$(x+3)^2=x^2+6x+9$
$(x-a)^2=x^2-2ax+a^2$	$(x^2-5)^2=x^4-10x^2+25$
$(x+a)^3=x^3+3ax^2+3a^2x+a^3$	$(x+2)^3=x^3+6x^2+12x+8$
$(x-a)^3=x^3-3ax^2+3a^2x-a^3$	$(x-1)^3=x^3-3x^2+3x-1$
$(x+a)^4=x^4+4ax^3+6a^2x^2+4a^3x+a^4$	$(x+2)^4=x^4+8x^3+24x^2+32x+16$
$(x-a)^4=x^4-4ax^3+6a^2x^2-4a^3x+a^4$	$(x-4)^4=x^4-16x^3+96x^2-256x+256$

$$(x+a)^n=x^n+nax^{n-1}+\frac{n(n-1)}{2!}a^2x^{n-2}+\frac{n(n-1)(n-2)}{3!}a^3x^{n-3}+\cdots$$
$$+na^{n-1}x+a^n$$

[예제 1] **(이차방석식의 근의 공식 이용)**

이차방정식의 근의 공식을 이용하여 다음 다항식을 0이 되게 하는 실수 x의 값을 구하여라

1) $4x^2+6x+1$ 2) x^2+6x+9 3) $2x^2-6x+5$

풀이 1) $a=4,\ b=6,\ c=1$

$$x=\frac{-b\pm\sqrt{b^2-4ac}}{2a}=\frac{-6\pm\sqrt{36-16}}{8}=\frac{-6\pm\sqrt{20}}{8}=\frac{-6\pm2\sqrt{5}}{8}$$
$$=\frac{-3\pm\sqrt{5}}{4}$$

2) $a=1,\ b=6,\ c=9$

$$x=\frac{-b\pm\sqrt{b^2-4ac}}{2a}=\frac{-6\pm\sqrt{36-36}}{2}=-\frac{6}{2}=-3$$

3) $a=2,\ b=-6,\ c=5$

$$x=\frac{-b\pm\sqrt{b^2-4ac}}{2a}=\frac{6\pm\sqrt{36-40}}{4}=\frac{6\pm\sqrt{-4}}{4}$$

∴ 실수 x는 없다. ▣

[문제 1] 다음 이차식의 값을 0으로 하는 x의 값을 구하여라.

1) x^2-5x+6 2) x^2-5x-6 3) $2x^2+5x-3$

답 1) $x=2,\ x=3$ 2) $x=-1,\ x=6$ 3) $x=\frac{1}{2},\ x=-3$

도함수를 구할 경우 다음과 같은 식을 자주 대하게 된다.

$$\sqrt{ax^2+bx+c}$$

이 식의 정의역을 구하기 위해 $ax^2+bx+c\geq0$을 만족하는 x의 범위를 구한다. 즉 이차부등식을 푼다.

[예제 2] **($\sqrt{ax^2+bx+c}$ 의 정의역 구하기)**

다음 식의 정의역을 구하여라

1) $\sqrt{x^2-3x+2}$ 2) $\sqrt{-x^2+3x+4}$ 3) $\sqrt{x^2-2x+2}$

풀이 1) $x^2-3x+2=(x-1)(x-2)$이므로 정의역은

$x^2-3x+2\geqq 0$에서 x의 범위를 구한다. $\therefore\ x\geqq 2,\ x\leqq 1$

2) $-x^2+3x+4=(-x+4)(x+1)$이므로 정의역은

$-x^2+3x+4\geqq 0$에서 x의 범위를 구한다. $\therefore\ -1\leqq x\leqq 4$

3) $x^2-2x+2=0$은 실근을 갖지 않으므로 정의역은 모든 실수. ▣

[문제 2] 다음식의 정의역을 구하여라.

1) $\sqrt{x^2+x+1}$ 2) $\dfrac{1}{\sqrt{x^2-4x+3}}$ 3) $\sqrt{-x^2+4x-4}$

답 1) 모든 실수 2) $x<1,\ x>3$ 3) $x=2$

3차 이상의 다항식의 인수분해

3차 이상의 다항식의 값을 0으로 하는 x값을 찾는 것은 어려울 수 있다. 그러나 0으로 하는 x값을 하나 알게 되면 다항식의 차수를 낮추기 위해 다음과 같이 할 수 있다. 예를 들면, $x=2$가 x^3-4x^2+5x-2의 값을 0이 되게 하는 것을 알면 $x-2$는 인수가 되어 다항식의 차수를 낮추기 위해 나눗셈을 이용하거나, 조립제법(synthetic division)을 이용할 수 있다.

$$
\begin{array}{r}
x^2-2x+1 \\
x-2\,\overline{)\,x^3-4x^2+5x-2} \\
\underline{x^3-2x^2} \\
-2x^2+5x \\
\underline{-2x^2+4x} \\
x-2 \\
\underline{x-2} \\
0
\end{array}
$$

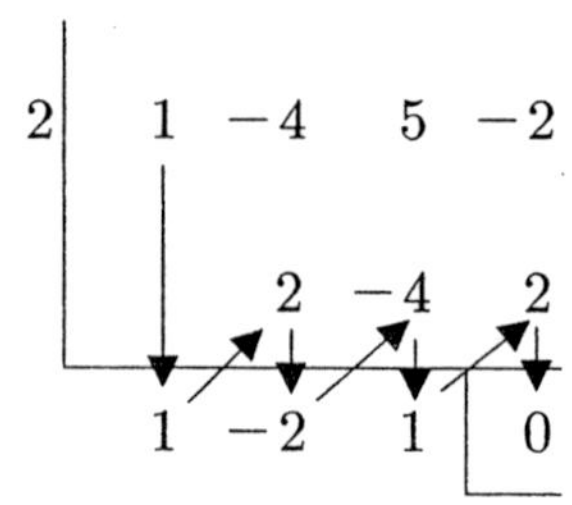

이와 같이 하여

$$x^3-4x^2+5x-2=(x-2)(x^2-2x+1)$$
$$=(x-2)(x-1)(x-1)$$

[예제 3] — (조립제법을 이용하여 인수분해하기)

다음 식을 인수분해하여라

1) $x^3+3x+14$ 2) x^4-16

풀이 1) $x=-2$가 $x^3+3x+14$를 0이 되게 한다. 조립제법을 시행하면

$$\begin{array}{r|rrrr}
-2 & 1 & 0 & 3 & 14 \\
 & & -2 & 4 & -14 \\
\hline
 & 1 & -2 & 7 & \boxed{0}
\end{array}$$

$$\downarrow$$

$$(x+2)(x^2-2x+7)=x^3+3x+14$$

2) $x=2$, $x=-2$가 x^4-16을 0이 되게 한다. 조립제법을 시행하면

$$\begin{array}{r|rrrrr}
2 & 1 & 0 & 0 & 0 & -16 \\
 & & 2 & 4 & 8 & 16 \\
\hline
-2 & 1 & 2 & 4 & 8 & \boxed{0} \\
 & & -2 & 0 & -8 & \\
\hline
 & 1 & 0 & 4 & \boxed{0} &
\end{array}$$

$$\downarrow$$

$$(x-2)(x+2)(x^2+4)=x^4-16$$

■

[문제 3] 다음 식을 인수분해 하여라.

1) x^3-4x^2-x+4 2) x^3-x^2-x+1 3) $81-x^4$

답 1) $(x-1)(x+1)(x-4)$ 2) $(x-1)^2(x+1)$ 3) $(3-x)(3+x)(9+x^2)$

다항식을 0이 되게 하는 유리수값$\left(\frac{p}{q}\right)$ 구하기

다항식의 값을 0이 되게 하는 유리수값$\left(\frac{p}{q}\right)$를 구하는 체계적인 방법이 있다. 이것을 **유리수근정리**(rational root theorem)라고 부른다.

< 유리수근정리 >

다항식 $a_nx^n+a_{n-1}x^{n-1}+\cdots+a_1x+a_0$이 정수계수를 가지면, 다항식을 0으로 하는 모든 유리수값은 $x=\frac{p}{q}$꼴이다. p는 a_0의 약수이고 q는 a_n의 약수이다.

위의 정리를 이용하기 위해 가능한 모든 $\frac{p}{q}$를 다음과 같이 구한다.

$$\frac{p}{q}=\frac{\text{상수항의 인수}}{\text{최고차계수의 인수}}$$

예를 들면, 다항식 $2x^4-7x^3+5x^2-7x+3$의 가능한 모든 $\frac{p}{q}$는 다음과 같다.

$$x=\pm1,\ \pm\frac{1}{2},\ \pm3,\ \pm\frac{3}{2}$$

다항식의 값을 0이 되게 하는 x를 구하면 $\frac{1}{2}$과 3이 된다. 조사하는 방법은 다항식에 x값을 대입해 보는 것이다.

$x=1$의 경우 : $2(1)^4-7(1)^3+5(1)^2-7(1)+3=-4$

$x=3$의 경우 : $2(3)^4-7(3)^3+5(3)^2-7(3)+3=0$

[예제 4] **(유리수근정리 이용)**

> 다항식 $2x^3+3x^2-8x+3$의 값을 0이 되게 하는 x를 구하여라.

풀이 최고차의 계수 2의 약수 : ±1, ±2, 상수항 3의 약수 : ±1, ±3

$\frac{p}{q}$의 꼴을 구하면 $1, -1, 3, -3, \frac{1}{2}, -\frac{1}{2}, \frac{3}{2}, -\frac{3}{2}$이다.

$x=1$의 경우 : $2(1)^3+3(1)^2-8(1)+3=2+3-8+3=0$

조립제법을 이용하면

$$\begin{array}{r|rrrr} 1 & 2 & 3 & -8 & 3 \\ & & 2 & 5 & -3 \\ \hline & \underbrace{2 \quad 5 \quad -3} & & & \boxed{0} \end{array}$$

$$(x-1)(2x^2+5x-3)=2x^3+3x^2-8x+3$$

$$2x^3+3x^2-8x+3=(x-1)(2x-1)(x+3)$$

따라서 다항식의 값을 0이 되게 하는 x를 구하면,

$x=1, \frac{1}{2}, -3$이다.

■

[문제 4] 다음 다항식을 0이 되게 하는 x를 구하여라.

1) $4x^3-4x^2-x+1$ 2) $18x^3-9x^2-8x+4$

답 1) $\frac{1}{2}, -\frac{1}{2}, 1$ 2) $\frac{1}{2}, -\frac{2}{3}, \frac{2}{3}$

연습문제 4-2

1. 다음 식을 인수분해 하여라.

1) $9m^2n^2-49$　　2) $81x^5-16x$　　3) $3y^2-2y-5$

4) $12x^4-40x^3-199x^2+402x+945$　　5) $x^3+10x^2+13x-56$

6) $x^3-17x^2-9x-192$　　7) $x^4-2x^3-x^2+2x+10$

8) x^3-16x　　9) $9x^3-25x$　　10) $4x^3-88x^2+480x$

답 1) $(3mn+7)(3mn-7)$ 2) $x(3x-2)(3x+2)(9x^2+4)$ 3) $(3y-5)(y+1)$
4) $(2x-7)(3x+5)(2x-9)(x+3)$　5) $(x+7)(x^2+3x-8)$
6) $(x-18)(x^2+x+9)$　7) $(x^2-4x+5)(x^2+2x+2)$
8) $x(x+4)(x-4)$　9) $x(3x+5)(3x-5)$　10) $4x(x-12)(x-10)$

2. 다음 식의 값을 0이 되게 하는 x를 구하여라.

1) $x^4-x^3-20x^2$　　2) $x^4-14x^3-87x^2+1080x$

3) $3x^3-33x^2+90x$　　4) $2x^3-17x^2+8x$

5) $2x^3+11x^2-63x$　　6) $3x^4-108x^2$

7) $6x^3-7x^2-89x+140$　　8) $x^3-5x^2-28x+32$

답 1) 0, 5, -4　2) 0, -9, 8, 15　3) 0, 5, 6　4) 0, $\frac{1}{2}$, 8
5) 0, $\frac{7}{2}$, -9　6) 0, -6, 6　7) -4, $\frac{7}{2}$, $\frac{5}{3}$　8) -4, 1, 8

3. 다음 방정식의 실근을 구하여라.

1) $4x^4-45x^2+20x+21=0$

2) $x^3-2x^2-21x-18=0$

3) $6y^3-13y^2+y+2=0$

4) $15t^3-22t^2-5t=0$

5) $9a^5-30a^4-81a^3+30a^2=0$

6) $2x^3-x^2-2x+1=0$

7) $125x^3-1=0$

8) $8x^5-32x^4+x^2-4$

9) $x^5-12x^4+36x^3-x^2+12x-36=0$

10) $7m^3+24m=m^4+13m^2+80$

답 1) $-\frac{7}{2}$, $-\frac{1}{2}$, 1, 3 2) -1, -3, 6 3) $\frac{1}{2}$, $-\frac{1}{3}$, 2
4) 0, $\frac{5}{3}$, $-\frac{1}{5}$ 5) 0, 5, -2, $\frac{1}{3}$ 6) 1, -1, $\frac{1}{2}$
7) $\frac{1}{5}$ 8) 없다 9) 1, 6 10) 4

4. 다음 식이 정의되는 x의 범위를 구하여라.

1) $\sqrt{x^2-7x+12}$

2) $\sqrt{x^2-4x+5}$

3) $\sqrt{4-x^2}$

4) $\sqrt{144-9x^2}$

5) $\sqrt{12-x-x^2}$

6) $\sqrt{x^2+4}$

7) $\sqrt{x^2-3x+3}$

8) $\sqrt{-x^2+2x-2}$

답 1) $x\leqq 3$, $x\geqq 4$ 2) 모든 실수 3) $-2\leqq x\leqq 2$ 4) $-4\leqq x\leqq 4$
5) $-4\leqq x\leqq 3$ 6) 모든 실수 7) 모든 실수 8) 없다

4. 3 유리식과 유리화

분수식의 계산

다음과 같이 분수식의 연산에 대해 알아보자.

$$\frac{2}{x},\ \frac{x^2+2x-4}{x+6},\ \frac{1}{\sqrt{x^2+1}}$$

분모, 분자가 다항식으로 주어진 첫 번째, 두 번째 식을 **유리식**(rational expression)이라고 한다. 유리식의 덧셈, 뺄셈, 곱셈, 나눗셈을 하기 위해 다음 연산방법을 이용한다.

< 분수식의 연산 >

1. 덧 셈 : $\frac{a}{b}+\frac{c}{d}=\frac{a}{b}\left(\frac{d}{d}\right)+\frac{c}{d}\left(\frac{b}{b}\right)=\frac{ad}{bd}+\frac{bc}{bd}=\frac{ad+bc}{bd}$

2. 뺄 셈 : $\frac{a}{b}-\frac{c}{d}=\frac{a}{b}\left(\frac{d}{d}\right)-\frac{c}{d}\left(\frac{b}{b}\right)=\frac{ad}{bd}-\frac{bc}{bd}=\frac{ad-bc}{bd}$

3. 곱 셈 : $\left(\frac{a}{b}\right)\left(\frac{c}{d}\right)=\frac{ac}{bd}$

4. 나눗셈 : $\frac{a}{b}\div\frac{c}{d}=\left(\frac{a}{b}\right)\left(\frac{d}{c}\right)=\frac{ad}{bc}$

   $\frac{a}{b}\div c=\left(\frac{a}{b}\right)\left(\frac{1}{c}\right)=\frac{a}{bc}$

5. 약 분 : $\frac{ab}{ac}=\frac{b}{c},\ \frac{ab+ac}{ad}=\frac{a(b+c)}{ad}=\frac{b+c}{d}$

[예제 1] **(유리식의 덧셈과 뺄셈)**

다음 식을 간단히 하여라

1) $x+\frac{1}{x}$

2) $\frac{1}{x+1}-\frac{2}{2x-1}$

풀이 1) $x+\dfrac{1}{x}=\dfrac{x^2}{x}+\dfrac{1}{x}=\dfrac{x^2+1}{x}$

2) $\dfrac{1}{x+1}-\dfrac{2}{2x-1}=\dfrac{2x-1}{(x+1)(2x-1)}-\dfrac{2(x+1)}{(x+1)(2x-1)}$

$$=\frac{2x-1-2x-2}{2x^2+x-1}=\frac{-3}{2x^2+x-1}$$ ▣

[문제 1] 다음 식을 간단히 하여라.

1) $\dfrac{4}{x}-\dfrac{3}{x^2}$　　　2) $\dfrac{5}{x-1}+\dfrac{3}{x}$

답 1) $\dfrac{4x-3}{x^2}$　2) $\dfrac{8x-3}{x(x-1)}$

분모가 공통인수를 갖는 경우 덧셈이나 뺄셈을 하기 전에 최소공배수를 구하여 통분한 다음 간단히 한다. 이를테면,

$$\frac{1}{x}+\frac{2}{x^2}=\frac{x}{x^2}+\frac{2}{x^2}=\frac{x+2}{x^2}$$

[예제 2]—(분모가 공통인수를 갖는 경우 유리식의 덧셈, 뺄셈)

다음 식을 간단히 하여라

1) $\dfrac{x}{x^2-1}+\dfrac{3}{x+1}$　　　2) $\dfrac{1}{2(x^2+2x)}-\dfrac{1}{4x}$

풀이 1) $x^2-1=(x-1)(x+1)$이므로 분모를 최소공배수로 통분하면, x^2-1

$$\frac{x}{x^2-1}+\frac{3}{x+1}=\frac{x}{(x-1)(x+1)}+\frac{3}{x+1}$$

$$=\frac{x}{(x-1)(x+1)}+\frac{3(x-1)}{(x-1)(x+1)}$$

$$=\frac{x+3x-3}{(x-1)(x+1)}=\frac{4x-3}{x^2-1}$$

2) 분모의 최소공배수는 $4x(x+2)$

$$\frac{1}{2(x^2+2x)}-\frac{1}{4x}=\frac{1}{2x(x+2)}-\frac{1}{2(2x)}$$

$$=\frac{2}{2(2x)(x+2)}-\frac{x+2}{2(2x)(x+2)}$$

$$=\frac{2-x-2}{4x(x+2)}=\frac{-x}{4x(x+2)}=\frac{-1}{4(x+2)}$$ ▣

[문제 2] 다음 식을 간단히 하여라.

1) $\dfrac{x}{x^2+x-2}-\dfrac{1}{x+2}$ 2) $\dfrac{1}{x^2-x-2}-\dfrac{x}{x^2-5x+6}$

답 1) $\dfrac{1}{(x+2)(x-1)}$ 2) $\dfrac{-x^2-3}{(x-2)(x+1)(x-3)}$

두 식보다 더 많은 식의 덧셈을 하려면 모든 분모의 최소공배수를 구해야 한다. 이를테면 $\frac{1}{2}$, $\frac{1}{3}$, $\frac{1}{5}$을 더할 때 최소공배수는 30이고,

$\dfrac{1}{2}+\dfrac{1}{3}+\dfrac{1}{5}=\dfrac{15}{30}+\dfrac{10}{30}+\dfrac{6}{30}=\dfrac{31}{30}$이다.

[예제 3] (세 유리식의 덧셈)

다음 식을 간단히 하여라

1) $\dfrac{A}{x+2}+\dfrac{B}{x-3}+\dfrac{C}{x+4}$ 2) $\dfrac{A}{x+2}+\dfrac{B}{(x+2)^2}+\dfrac{C}{x-1}$

풀이 1) 분모의 최소공배수는 $(x+2)(x-3)(x+4)$

$$\frac{A}{x+2}+\frac{B}{x-3}+\frac{C}{x+4}$$

$$=\frac{A(x-3)(x+4)+B(x+2)(x+4)+C(x+2)(x-3)}{(x+2)(x-3)(x+4)}$$

$$=\frac{A(x^2+x-12)+B(x^2+6x+8)+C(x^2-x-6)}{(x+2)(x-3)(x+4)}$$

$$=\frac{(A+B+C)x^2+(A+6B-C)x+(-12A+8B-6C)}{(x+2)(x-3)(x+4)}$$

2) 분모의 최소공배수는 $(x+2)^2(x-1)$

$$\frac{A}{x+2}+\frac{B}{(x+2)^2}+\frac{C}{x-1}=\frac{A(x+2)(x-1)+B(x-1)+C(x+2)^2}{(x+2)^2(x-1)}$$

$$=\frac{A(x^2+x-2)+B(x-1)+C(x^2+4x+4)}{(x+2)^2(x-1)}$$

$$=\frac{(A+C)x^2+(A+B+4C)x+(-2A-B+4C)}{(x+2)^2(x-1)}$$ ▣

[문제 3] 다음 식을 간단히 하여라.

1) $\frac{A}{x+1}+\frac{B}{(x+1)^2}+\frac{C}{x-2}$ 2) $\frac{A}{x-5}+\frac{B}{x+5}+\frac{C}{(x+5)^2}$

답 1) $\frac{(A+C)x^2+(-A+B+2C)x+(-2A-2B+C)}{(x+1)^2(x-2)}$

2) $\frac{(A+B)x^2+(10A+C)x+(25A-25B-5C)}{(x-5)(x+5)^2}$

제곱근을 포함하는 식

미분을 할 때, 분수식이 제곱근을 포함할 경우 복잡한 형태로 된다. 다루기 쉬운 식의 꼴로 고치는 것이 필요하다. 예제4, 문제4의 식들은 미분한 결과이다. 각 경우에 본래의 식보다 얼마나 간단해지는가 알아보자.

[예제 4] — (제곱근을 포함한 식을 간단히 하기)

다음 식을 간단히 하여라

1) $\frac{\sqrt{x+1}-\frac{x}{2\sqrt{x+1}}}{x+1}$ 2) $\left(\frac{1}{x+\sqrt{x^2+1}}\right)\left(1+\frac{2x}{2\sqrt{x^2+1}}\right)$

풀이 1) $$\frac{\sqrt{x+1}-\dfrac{x}{2\sqrt{x+1}}}{x+1}=\frac{\dfrac{2(x+1)}{2\sqrt{x+1}}-\dfrac{x}{2\sqrt{x+1}}}{x+1}$$

$$=\frac{2x+2-x}{2\sqrt{x+1}\,(x+1)}=\frac{x+2}{2(x+1)^{\frac{3}{2}}}$$

2) $$\left(\frac{1}{x+\sqrt{x^2+1}}\right)\left(1+\frac{2x}{2\sqrt{x^2+1}}\right)=\left(\frac{1}{x+\sqrt{x^2+1}}\right)\left(1+\frac{x}{\sqrt{x^2+1}}\right)$$

$$=\left(\frac{1}{x+\sqrt{x^2+1}}\right)\left(\frac{\sqrt{x^2+1}}{\sqrt{x^2+1}}+\frac{x}{\sqrt{x^2+1}}\right)$$

$$=\left(\frac{1}{x+\sqrt{x^2+1}}\right)\left(\frac{x+\sqrt{x^2+1}}{\sqrt{x^2+1}}\right)=\frac{1}{\sqrt{x^2+1}}$$ ▣

[문제 4] 다음 식을 간단히 하여라.

1) $$\frac{-x\left(\dfrac{2x}{2\sqrt{x^2+1}}\right)+\sqrt{x^2+1}}{x^2}+\left(\frac{1}{x+\sqrt{x^2+1}}\right)\left(1+\frac{2x}{2\sqrt{x^2+1}}\right)$$

답 1) $\dfrac{\sqrt{x^2+1}}{x^2}$

유리화

제곱근을 포함하는 분수식을 다룰 때, 분모의 무리식을 분자로 옮기면 편리할 경우가 있다. 또한 그 반대의 경우도 있다. 예를 들면 분모의 $\sqrt{2}$를 분자로 옮기기 위해 $\dfrac{\sqrt{2}}{\sqrt{2}}$를 곱한다.

$$\frac{1}{\sqrt{2}}=\frac{1}{\sqrt{2}}\left(\frac{\sqrt{2}}{\sqrt{2}}\right)=\frac{\sqrt{2}}{2}$$

이 과정을 분모의 **유리화**라고 한다.

다음에서 기본적인 유리화 방법을 소개한다.

< 유리화 >

식의 분모, 분자를 유리화하기 위해 다음을 이용한다.

1. 분모 또는 분자가 $\sqrt{a}$일 경우, $\dfrac{\sqrt{a}}{\sqrt{a}}$를 곱한다.
2. 분모 또는 분자가 $\sqrt{a}-\sqrt{b}$일 경우, $\dfrac{\sqrt{a}+\sqrt{b}}{\sqrt{a}+\sqrt{b}}$를 곱한다.
3. 분모 또는 분자가 $\sqrt{a}+\sqrt{b}$일 경우, $\dfrac{\sqrt{a}-\sqrt{b}}{\sqrt{a}-\sqrt{b}}$를 곱한다.

[예제 5] **(유리화)**

다음 식의 분모를 유리화 하여라.

1) $\dfrac{3}{\sqrt{12}}$　　2) $\dfrac{1}{\sqrt{5}+\sqrt{2}}$　　3) $\dfrac{1}{\sqrt{x}-\sqrt{x+1}}$

풀이 1) $\dfrac{3}{\sqrt{12}}=\dfrac{3}{2\sqrt{3}}=\dfrac{3}{2\sqrt{3}}\cdot\dfrac{\sqrt{3}}{\sqrt{3}}=\dfrac{3\sqrt{3}}{2\times 3}=\dfrac{\sqrt{3}}{2}$

2) $\dfrac{1}{\sqrt{5}+\sqrt{2}}=\dfrac{1}{\sqrt{5}+\sqrt{2}}\cdot\dfrac{\sqrt{5}-\sqrt{2}}{\sqrt{5}-\sqrt{2}}=\dfrac{\sqrt{5}-\sqrt{2}}{5-2}=\dfrac{\sqrt{5}-\sqrt{2}}{3}$

3) $\dfrac{1}{\sqrt{x}-\sqrt{x+1}}=\dfrac{1}{\sqrt{x}-\sqrt{x+1}}\cdot\dfrac{\sqrt{x}+\sqrt{x+1}}{\sqrt{x}+\sqrt{x+1}}=\dfrac{\sqrt{x}+\sqrt{x+1}}{x-(x+1)}$

$=-\sqrt{x}-\sqrt{x+1}$ ▣

[문제 5] 다음 식의 분자를 유리화 하여라.

1) $\dfrac{\sqrt{x+1}}{2}$　　2) $\dfrac{x-\sqrt{x^2-x}}{3x}$

답 1) $\dfrac{x+1}{2\sqrt{x+1}}$　　2) $\dfrac{x}{3(x+\sqrt{x^2-x})}$

연습문제 4-3

1. 다음 식을 약분 하여라.

1) $\dfrac{2a^2x^2}{6a^3x^3}$　2) $\dfrac{x^2+3x-4}{x^2-2x+1}$　3) $\dfrac{a^2-(b-c)^2}{(a+b)^2-c^2}$　4) $\dfrac{x^4+3x^2-4x-12}{2x^3+3x^2+27}$

답 1) $\dfrac{1}{3ax}$　2) $\dfrac{x+4}{x-1}$　3) $\dfrac{a-b+c}{a+b+c}$　4) $\dfrac{(x+2)(x-2)}{2x^2-3x+9}$

2. 다음 식을 간단히 하여라.

1) $\dfrac{(2ab)^2}{(xy)^2}\times\dfrac{x^2y^3}{3a^2b^3}$　2) $\dfrac{x^2-5x+6}{x^2-2x-8}$　3) $\dfrac{3a^2b}{4x^2y^2}\div\dfrac{9ab^2}{8xy^2}$

4) $\dfrac{x^2+x-2}{x^2+x-6}\div\dfrac{x^2-3x+2}{x^2+5x+6}$　5) $\dfrac{x+8}{x^2+x-2}-\dfrac{x+4}{x^2+3x+2}$

6) $\dfrac{a^2-b^2}{a^2b+ab^2}\times\dfrac{a^3-a^2b+ab^2}{a^2-2ab+b^2}\div\dfrac{a^3+b^3}{ab-b^2+a-b}$

7) $\dfrac{x+2y}{x^2-xy}-\dfrac{x-3y}{x^2-2xy}+\dfrac{2x+y}{x^2-3xy+2y^2}$

답 1) $\dfrac{4y}{3b}$　2) $\dfrac{x-2}{x-4}$　3) $\dfrac{2a}{3bx}$　4) $\dfrac{(x+2)^2}{(x-2)^2}$

5) $\dfrac{6}{(x+1)(x-1)}$ 6) $\dfrac{b+1}{b(a+b)}$　7) $\dfrac{2x+7y}{x(x-2y)}$

3. 다음 식을 간단히 하여라.

1) $\dfrac{\dfrac{x-1}{x}}{x-\dfrac{1}{x}}$ 2) $\dfrac{7-\dfrac{6}{x+1}}{x-7-\dfrac{x^2-4}{x+\dfrac{2}{x+3}}}$

3) $\dfrac{\dfrac{x}{1+x}+\dfrac{1-x}{x}}{\dfrac{x}{1+x}-\dfrac{1-x}{x}}$ 4) $\dfrac{\dfrac{1}{a}+3}{a+\dfrac{1}{3a+\dfrac{a-1}{a}}}$

5) $\dfrac{\sqrt{x+2}-\sqrt{x}}{\sqrt{x+2}+\sqrt{x}}+\dfrac{\sqrt{x+2}+\sqrt{x}}{\sqrt{x+2}-\sqrt{x}}$ 6) $\dfrac{1}{\sqrt{x+1}+\sqrt{x-1}}+\dfrac{1}{\sqrt{x+1}-\sqrt{x-1}}$

7) $\left(\dfrac{1}{x+\Delta x}-\dfrac{1}{x}\right)\div\Delta x$ 8) $\left\{\dfrac{1}{(x+\Delta x)^2}-\dfrac{1}{x^2}\right\}\div\Delta x$

답 1) $\dfrac{1}{x+1}$ 2) -1 3) $\dfrac{1}{2x^2-1}$ 4) $\dfrac{3a^2+a-1}{a^2}$

5) $2x+2$ 6) $\sqrt{x+1}$ 7) $\dfrac{-1}{x(x+\Delta x)}$ 8) $\dfrac{-(2x+\Delta x)}{x^2(x+\Delta x)^2}$

4. 다음 식을 유리화 하여라.

1) $\dfrac{2}{\sqrt{3}}$ 2) $\dfrac{5}{2+\sqrt{3}}$ 3) $\dfrac{\sqrt{3}+\sqrt{2}}{\sqrt{3}-\sqrt{2}}$ 4) $\dfrac{1}{\sqrt[3]{2}+1}$ 5) $\dfrac{2}{\sqrt[3]{3}-1}$

답 1) $\dfrac{2\sqrt{3}}{3}$ 2) $10-5\sqrt{3}$ 3) $5+2\sqrt{6}$

4) $\sqrt[3]{4}-\sqrt[3]{2}+1$ 5) $\sqrt[3]{9}+\sqrt[3]{3}+1$

4. 4 함수

함수의 정의

두 집합 $X=\{1, 2, 3, 4\}$, $Y=\{1, 2, 3, 4, 5, 6\}$에서 X의 원소 x에 Y의 원소 $x+2$를 대응시키면 (그림 4. 1)과 같다.

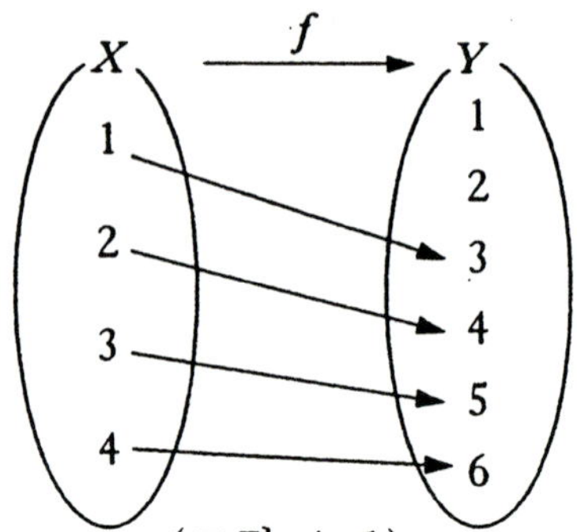

(그림 4. 1)

이 대응에서는 X의 원소를 하나면 정하면 그 원소에 대하여 Y의 원소가 반드시 그리고 오직 하나만 결정된다. 이와 같이 두 집합 X, Y에서 X의 각 원소에 Y의 원소가 오직 하나씩만 대응할 때, 그 대응관계 f를 X에서 Y로의 **함수**(function)라 하고, $f: X \rightarrow Y$ 또는 $X \xrightarrow{f} Y$로 나타낸다.

예 다음 (그림 4. 2)는 두 집합 X, Y 사이의 대응관계를 나타낸 것이다. 이 중 함수인 것을 말하여라.

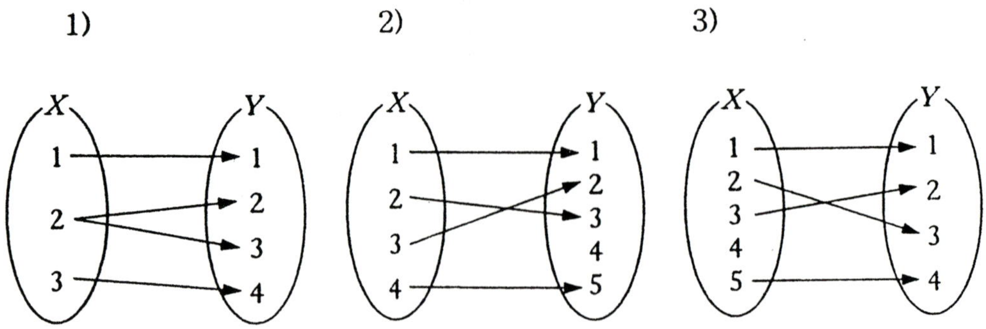

(그림 4. 2)

답 1) 함수가 아니다. 2) 함수이다. 3) 함수가 아니다.

[예제 1] (함수의 정의)

두 집합 $X=\{-1, 0, 1\}$, $Y=\{0, 1, 2, 3\}$이 있다. 다음 X에서 Y로의 대응 중 함수인 것은?

1) $f: x \rightarrow x$

2) $f: x \rightarrow |x|+1$

3) $f: \begin{cases} x \rightarrow 짝수(x \geqq 0) \\ x \rightarrow 소수(x < 0) \end{cases}$

4) $f: \begin{cases} x \rightarrow x+2(x \geqq 0) \\ x \rightarrow x+1(x < 0) \end{cases}$

풀이 1) 2)

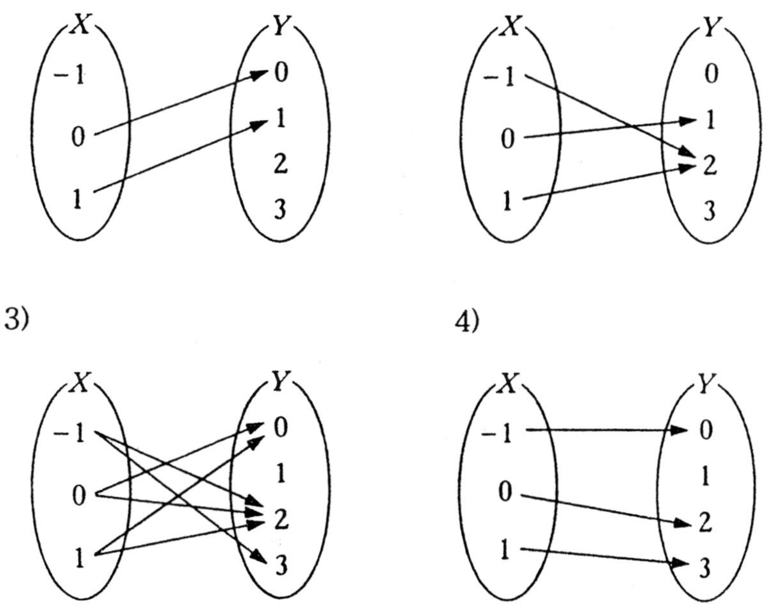

(그림 4. 3)

(그림 4. 3)에서

1) -1에 대한 함수값이 없으므로 함수가 아니다.
3) X의 각 원소에 Y의 원소가 2개씩 대응하므로 함수가 아니다.
2), 4) X의 각 원소에 Y의 원소가 하나씩 대응하므로 함수이다.▣

[문제 1] 두 집합 $X=\{2, 3, 4, 5, 6\}$, $Y=\{0, 1, 2, 3, 4\}$가 있다. 다음 X에서 Y로의 대응 중 함수인 것은?

1) $f: x \to x$의 약수의 개수
2) $f: x \to x$의 약수
3) $f: x \to |x-3|$
4) $f: x \to x^2$

답 1), 3)

함수 $f: X \to Y$에서 X의 원소 x에 Y의 원소 y가 대응할 때, y를 함수 f의 x에서의 **함수값** 또는 함수 f에 의한 x의 **상**이라 하고 $f(x)=y$ 또는 $f: x \to y$로 나타낸다. 함수 $f: X \to Y$에서 집합 X를 함수 f의 **정의역**(domain), 집합 Y를 f의 **공역**(codomain)이라 하고, 정의역 X의 원소 x에 대응하는 함수값 $f(x)$ 전체의 집합 $\{f(x) | x \in X\}$를 f의 **치역**(range)이라 한다. 이 때 치역은 공역의 부분집합이다(그림 4. 4).

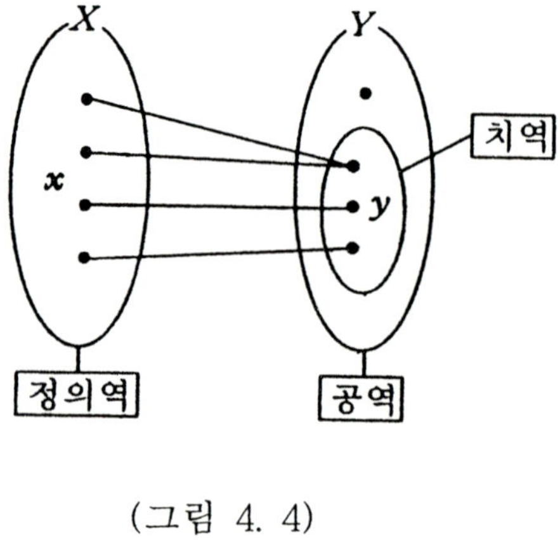

(그림 4. 4)

예 $X=\{x|-2\leqq x\leqq 1,\ x$는 정수$\}$, $Y=\{0, 1, 2, 3, 4, 5, 6\}$일 때, X에서 Y로의 함수 $f: x\to x^2+2$에서

1) 정의역을 구하여라. 2) 공역을 구하여라.

3) 치역을 구하여라. 4) $f(a)=6$인 a의 값을 구하여라.

답 1) $\{-2, -1, 0, 1\}$ 2) $\{0, 1, 2, 3, 4, 5, 6\}$

3) $\{2, 3, 6\}$ 4) $a=-2$

[예제 2] **(정의역, 치역구하기)**

다음 함수의 정의역 X, 치역 $f(X)$를 구하여라.

1) $y=x^2-2x+3$ 2) $y=\dfrac{1}{x-1}$ 3) $y=\sqrt{x-2}$

풀이 모든 실수의 집합을 R이라 하면,

1) 이차함수의 정의역은 모든 실수,

$y=x^2-2x+3=(x-1)^2+2$

$(x-1)^2\geqq 0,\ (x-1)^2+2\geqq 2$

$\therefore\ X=R,\ f(X)=\{y\,|\,y\geqq 2\}$

2) $x-1\neq 0$이어야 하므로 $x\neq 1$, $x\neq 1$일 때, $y\neq 0$

$\therefore\ X=R-\{1\},\ f(X)=R-\{0\}$

3) $x-2\geqq 0$이어야 하므로 $x\geqq 2$, $x\geqq 2$일 때 $y\geqq 0$

$\therefore\ X=\{x|x\geqq 2\},\ f(X)=\{y\,|\,y\geqq 0\}$ ▣

[문제 2] 다음 $X\to Y$로의 함수 $y=f(x)$의 정의역 X, 치역 $f(X)$를 구하여라.

1) $y=\sqrt{x^2-12x+8}$ 2) $y=\dfrac{1}{x^2-4x+4}$ 3) $y=\sqrt{(x-2)(x+3)}$

답 1) $X=\{x|x\leqq 2,\ x\geqq 6\}$, $f(X)=\{y|y\geqq 0\}$
2) $X=\{x|x\neq 2$인 실수$\}$, $f(X)=\{y|y>0\}$
3) $X=\{x|x\leqq -3,\ x\geqq 2\}$, $f(X)=\{y|y\geqq 0\}$

대응관계가 다음 (그림 4. 5)와 같은 함수 f와 g를 생각하여 보자.

1) 2)

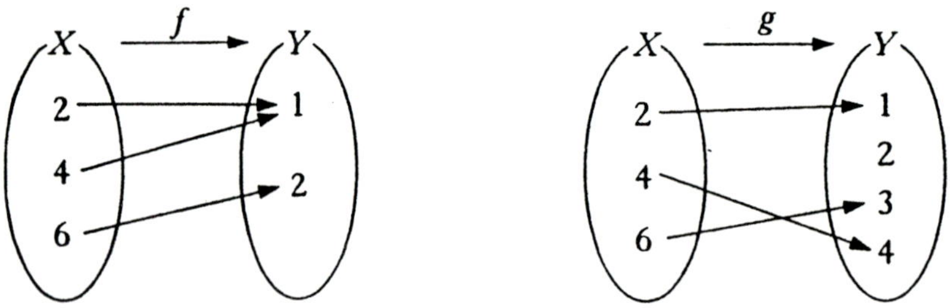

(그림 4. 5)

위의 1)은 치역과 공역이 {1, 2}로 일치하는 함수이다. 또 2)는 X의 임의의 서로 다른 원소 x_1, x_2에 대하여 그들이 대응하고 있는 Y의 원소인 $f(x_1)$, $f(x_2)$가 서로 다르다.

함수 $f: X\to Y$가 (그림 4. 6)과 같은 경우 위의 두 가지 조건을 모두 만족한다.

$f: X\to Y$에서 치역과 공역이 일치할 때 **전사함수**(surjective) 또는 **위로의 함수**라 하고, 정의역 X의 임의의 원소 x_1, x_2에 대하여 $x_1\neq x_2$이면 $f(x_1)\neq f(x_2)$가 성립할 때, **단사함수**(injective) 또는 **일대일함수**라 하고, 이 두 조건을 만족할 때 f를 **전단사함수**(bijective) 또는 **일대일대응**이라 한다.

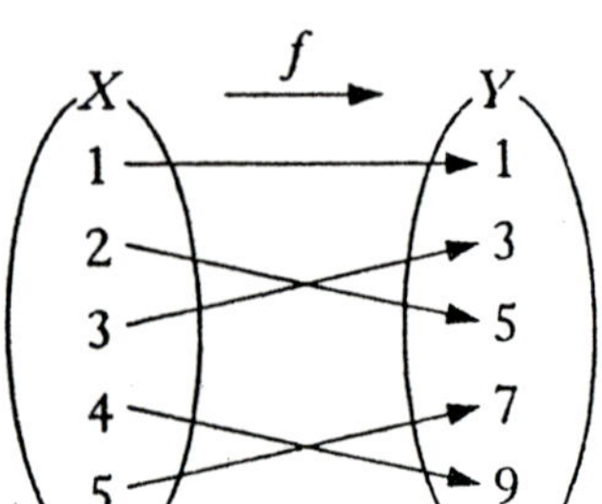

(그림 4. 6)

[예제 3] (전사, 단사, 전단사 함수)

다음과 같은 함수가 주어져 있다. 단, R은 실수 전체의 집합이다.

① $f: X \to X$, $f(x) = -x$, $X=\{x \mid x$는 정수$\}$

② $f: X \to Y$, $f(x) = x^2$, $X = R$, $Y=\{y \mid y \geqq 0\}$

③ $f: X \to Y$, $f(x) = x^2+1$, $X=\{x \mid x \leqq 0\}$, $Y=\{y \mid y \geqq 0\}$

1) 치역과 공역이 같은 함수는 어느 것인가?

2) $x_1, x_2 \in X$이고 $x_1 \neq x_2$일 때, $f(x_1) \neq f(x_2)$인 함수는 어느 것인가?

3) 일대일대응은 어느 것인가?

풀이 각각의 그래프와 치역 $f(X)$는 다음 (그림 4. 7)과 같다.

1) 치역 $f(X)$와 공역 Y가 같은 함수, 즉 전사함수는 ①과 ②

2) x축에 평행인 직선과 한 교점을 갖는 그래프, 즉 일대일 함수는 ①과 ③

3) 1), 2)를 동시에 성립시키는 함수 즉, 전단사함수는 ① ▣

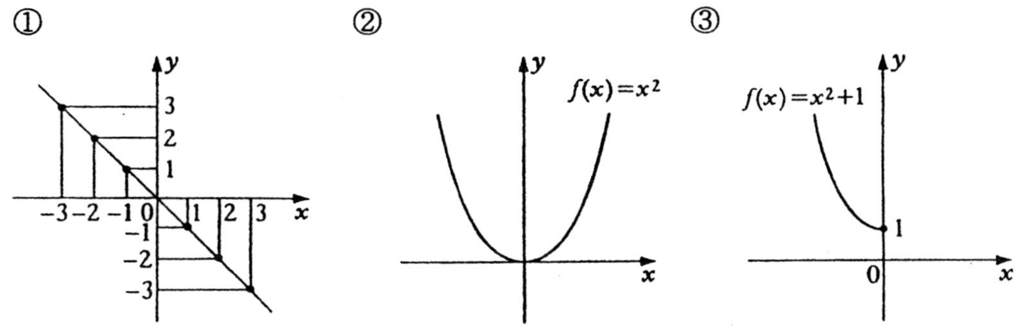

$f(X)=\{y \mid y$는 정수$\}$ $f(X)=\{y \mid y \geqq 0\}$ $f(X)=\{y \mid y \geqq 1\}$

(그림 4. 7)

[문제 3] 함수 $f: X \to Y$, $y=f(x)$에 대하여 전단사함수인 것은?
(단, R은 실수의 집합)

1) $X=R$, $Y=\{y|y$는 자연수$\}$, $y=x^2+1$
2) $X=R$, $Y=R$, $y=4x-3$
3) $X=\{x|x$는 자연수$\}$, $Y=\{y|y \geqq 0\}$, $y=x+1$
4) $X=\{x|x$는 정수$\}$, $Y=\{y|y$는 자연수$\}$, $y=|x|$

답 2)

함수 $f: X \to Y$에서 정의역 X의 임의의 원소 x가 Y의 오직 하나의 원소에 대응할 때, 함수 f를 **상수함수**(constant function)라 하고, 함수 $f: X \to X$에서 정의역 X의 임의의 원소 x에 대하여 $f(x)=x$일 때, 함수 f를 **항등함수**(identity function)라 하고, I_X 또는 I로 나타낸다.

예 $f(x)=2$, $f(x)=-3$ 등으로 주어지는 함수가 상수함수이고,
$f(x)=x$로 주어지는 함수가 항등함수이다.

두 함수 $f: X \to Y$, $g: A \to B$에서 $X=A$이고, 정의역 X의 임의의 원소 x에 대하여 $f(x)=g(x)$일 때, 두 함수 f와 g는 **같다**고 하여 $f=g$로 나타낸다.

예 집합 $X=\{-1, 0, 1\}$을 정의역으로 하는 두 함수 $f(x)=|x|$, $g(x)=x^2$은 같은 함수이다.

[예제 4] (항등함수와 같은 함수)

다음 물음에 답하여라.

1) $f: X \to X$, $f(x)=\frac{1}{4}x^3$으로 정의된 함수 $f(x)$가 항등함수이기 위한 집합 X를 구하여라.

2) 집합 X를 정의역으로 하는 두 함수 f, g가 $f(x)=3x^2-4x+5$, $g(x)=2x^2+2$일때, $f=g$인 집합 X를 구하여라.

풀이 1) $f(x)=\frac{1}{4}x^3$이 항등함수이려면, $\frac{1}{4}x^3=x$

$x^3=4x$, $x(x^2-4)=0$, $x(x+2)(x-2)=0$

$\therefore\ x=0$ 또는 -2 또는 2 $\qquad \therefore\ X=\{-2, 0, 2\}$

2) $f(x)=g(x)$에서 $3x^2-4x+5=2x^2+2$, 즉 $x^2-4x+3=0$

$\therefore\ (x-1)(x-3)=0 \qquad \therefore\ x=1$ 또는 $3 \qquad \therefore\ X=\{1, 3\}$ ▣

[문제 4] $f(x)=x$와 $g(x)=x^3$이 정의역 X는 같을 때 $f=g$인 X를 구하여라.

답 $X=\{-1, 0, 1\}$

합성함수

집합 $X=\{1, 2, 3\}$, $Y=\{a, b, c, d\}$, $Z=\{p, q, r\}$에 대하여 두 함수 $f: X \to Y$, $g: Y \to Z$가 다음 (그림 4. 8)과 같이 주어졌다고 하자.

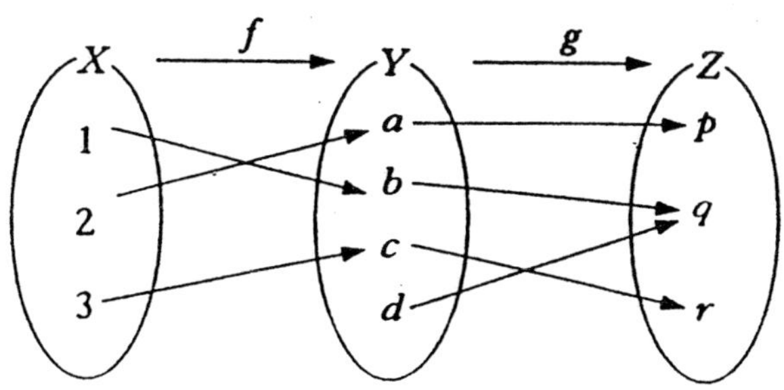

(그림 4. 8)

f에 의하여 X의 원소 1이 Y의 원소 $f(1)=b$가 대응하고, 또 g에 의하여 b에 Z의 원소 $g(b)=q$가 대응하므로 X의 원소 1에 Z의 원소 $g(f(1))=q$가 대응된다. 이와 같이 하면,

1에는 $g(f(1))=g(b)=q$

2에는 $g(f(2))=g(a)=p$

3에는 $g(f(3))=g(c)=r$

가 대응된다.

이 대응관계는 (그림 4. 9)와 같은 X에서 Z로의 함수가 된다. 이 함수를 f와 g의 합성함수라 하고 $g \circ f$로 나타낸다.

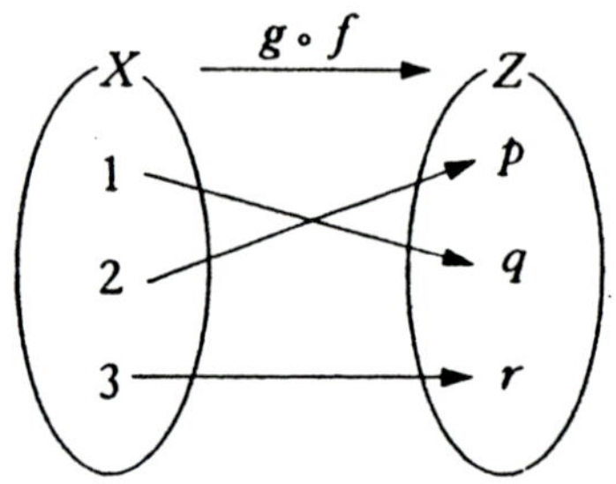

(그림 4. 9)

일반으로, 두 함수 $f: X \to Y$, $g: Y \to Z$가 주어졌을 때, X의 임의의 원소 x에 Z의 원소 $g(f(x))$를 대응시키는 X에서 Z로의 함수를 f와 g의 **합성함수**(composite function)라 하고, 다음과 같이 나타낸다.

$g \circ f: X \to Z$ 이고 $(g \circ f)(x) = g(f(x))$

< 합성함수의 성질 >

1. $g \circ f \neq f \circ g$ 2. $h \circ (g \circ f) = (h \circ g) \circ f$

2. I를 항등함수라 할 때, $I \circ f = f \circ I = f$

위의 성질을 다음 예제를 통해 확인하여 보자.

[예제 5] (합성함수 구하기)

$f(x)=x+1$, $g(x)=-2x+1$, $h(x)=x^2$는 실수 전체의 집합에서 정의된 함수이고 I는 항등함수일 때, 다음 합성함수를 구하여라.

1) $g\circ f$ 2) $f\circ g$ 3) $h\circ(g\circ f)$

4) $(h\circ g)\circ f$ 5) $f\circ I$ 6) $I\circ f$

풀이 1) $(g\circ f)(x)=g(f(x))=g(x+1)=-2(x+1)+1=-2x-1$

2) $(f\circ g)(x)=f(g(x))=f(-2x+1)=(-2x+1)+1=-2x+2$

3) $(h\circ(g\circ f))(x)=h\circ((g\circ f)(x))=h(-2x-1)$
$=(-2x-1)^2=(2x+1)^2$

4) $((h\circ g)\circ f)(x)=(h\circ g)(f(x))=(h\circ g)(x+1)=h(g(x+1))$
$=h(-2x-1)=(-2x-1)^2=(2x+1)^2$

5) $(f\circ I)(x)=f(I(x))=f(x)=x+1$

6) $(I\circ f)(x)=I(f(x))=I(x+1)=x+1$ ▣

[문제 5] 1) $g(x)=|x|$, $h(x)=-8x$라 할 때, 다음 값을 구하여라.

a) $g(h(-3))$ b) $h(g(-3))$

2) $p(x)=x+5$, $s(x)=s^2$일 때, $p\circ s(n)$ 과 $s\circ p(n)$을 구하여라.

3) $f(x)=3x^2$이고 $g(x)=4-5x$일 때 $f(g(10))$, $f(f(5))$, $g(g(5))$를 구하여라.

답 1) a) 24, b) -24

2) n^2+5, $n^2+10n=25$

3) 6348, 16875, 109

역함수

다음 (그림 4. 10)과 같은 함수 $f: X \to Y$, $g: X \to Y$가 있다고 하자.

이 두 함수 f, g에 대하여 역으로의 대응, 즉 Y에서 X로의 대응을 생각하면 이 대응은 (그림 4. 11)과 같다.

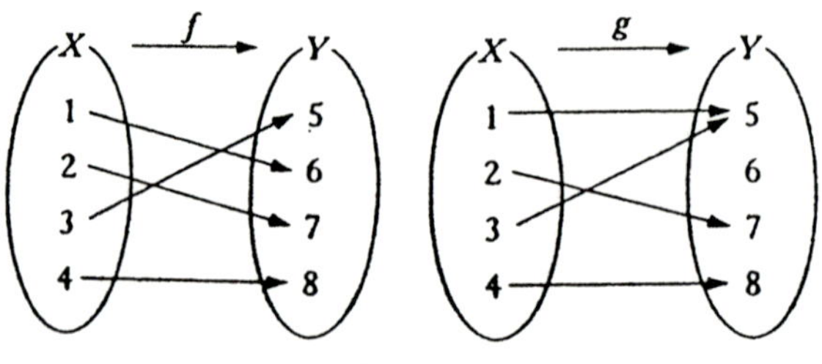

(그림 4. 10)

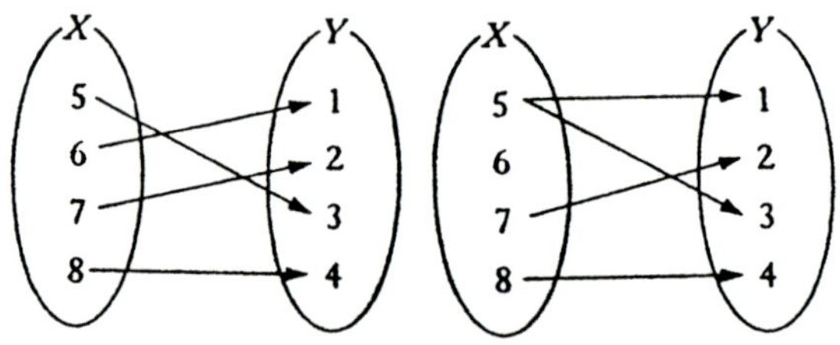

(그림 4. 11)

f의 역대응은 Y의 각 원소에 X의 원소가 하나씩 대응하므로 함수이지만 g의 역대응은 Y의 원소 5에 X의 두 원소 1, 3이 대응하고, 6에 대응하는 원소가 없으므로 함수가 아니다. 여기서 함수 f가 일대일대응일 때 역대응도 함수임을 알 수 있다.

일반으로 함수 $f: X \to Y$가 일대일 대응일 때, Y의 임의의 원소 y에 $f(x)=y$인 X의 원소 x는 오직 하나 존재한다. 이것은 Y에서 X로의 함수이다. 이러한 함수를 처음 함수 f의 **역함수**(inverse function)라 하고, f^{-1}로 나타낸다.

$$f^{-1}: X \to Y$$

함수 $f: X \to Y$에서 X의 원소 x에 대응하는 Y의 원소를 y라 하면, $y=f(x)$의 역함수의 정의에서

$$y=f(x) \Leftrightarrow x=f^{-1}(y)$$

가 성립한다(그림 4. 12).

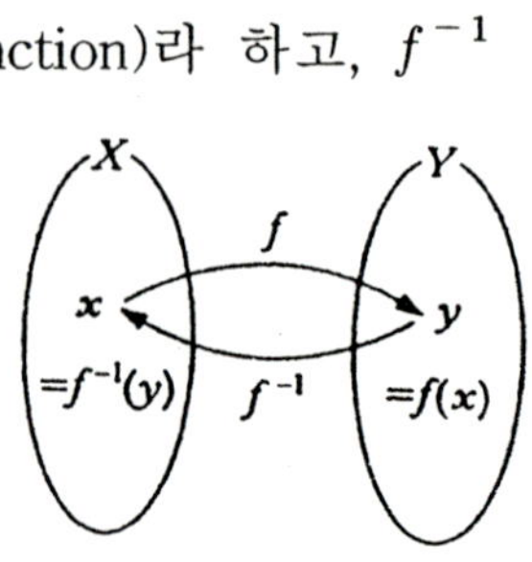

(그림 4. 12)

< 역함수의 그래프와 성질 >

1) 함수 $y=f(x)$의 그래프와 그 역함수 $y=f^{-1}(x)$의 그래프는 직선 $y=x$에 대하여 대칭이다.

2) $f(a)=b \Leftrightarrow f^{-1}(b)=a$

3) $(f^{-1})^{-1}=f$

4) I가 항등함수일 때,

$f^{-1} \circ f = f \circ f^{-1} = I$

5) 함수 f, g가 일대일대응일 때,

$(g \circ f)^{-1} = f^{-1} \circ g^{-1}$

$(f \circ g)^{-1} = g^{-1} \circ f^{-1}$

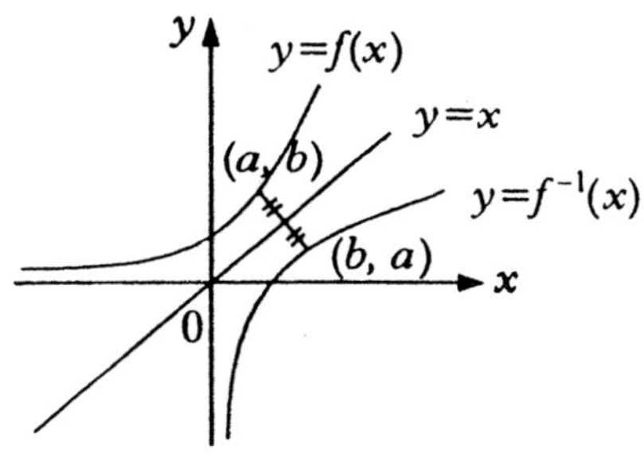

[예제 6] **(역함수)**

다음 중 역함수가 존재하는 함수를 알아보고 그 역함수를 구하여라.

1) $f(x)=2$ 2) $f(x)=\frac{2}{3}x-1$ 3) $f(x)=x^2-2x+2$

풀이 1) $x_1 \neq x_2$일 때,

$f(x_1)-f(x_2)=2-2=0 \quad \therefore f(x_1)=f(x_2)$

즉, 일대일함수가 아니므로 역함수는 존재하지 않는다.

2) 일차함수는 일대일대응이므로 역함수가 존재한다.

역함수를 구하면, $y=\frac{2}{3}x-1$에서 $\frac{2}{3}x=y+1 \quad \therefore x=\frac{3}{2}y+\frac{3}{2}$

x와 y를 바꾸면, $y=\frac{3}{2}x+\frac{3}{2}$

3) $x_1 \neq x_2$일 때,

$$f(x_1)-f(x_2)=(x_1{}^2-2x_1+2)-(x_2{}^2-2x_2+2)$$
$$=x_1{}^2-x_2{}^2-2x_1+2x_2$$
$$=(x_1-x_2)(x_1+x_2-2)$$

$x_1+x_2=2$일 때,

$f(x_1)=f(x_2)$

즉, 일대일함수가 아니므로 역함수가 존재하지 않는다. ▣

[문제 6] 1) 다음 함수의 역함수를 구하여라.

a) $f(x)=4x-1$　　　b) $f(x)=2x$

2) 다음 함수의 그래프를 보고 역함수가 존재하는 것은?

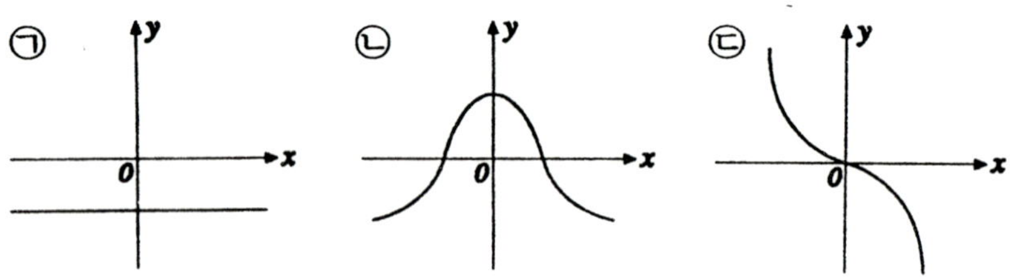

답 1) a) $y=\frac{x+1}{4}$, b) $y=\frac{1}{2}x$

2) ㉢

연습문제 4-4

1. 집합 $X=\{x|0\leq x\leq 2\}$에서 정의된 함수 $f(x)$가 다음과 같이 주어져 있다.

$$f(x)=\begin{cases} 2-x & (x\text{는 유리수}) \\ x & (x\text{는 무리수}) \end{cases}$$

1) $f(0)+f(\frac{1}{2})+f(\sqrt{2})$의 값을 구하여라.

2) $f(x)+f(2-x)$의 값을 구하여라.

답 1) $\frac{7}{2}+\sqrt{2}$ 2) 2

2. 다음 그래프 중 x의 함수의 그래프로 볼 수 없는 것은?

① ② ③ ④

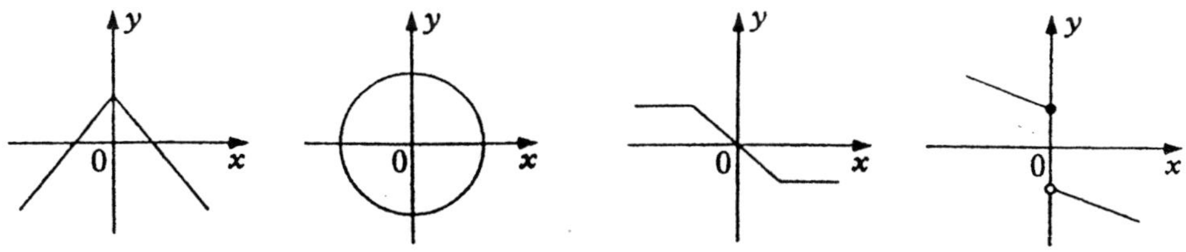

답 ②

3. 두 집합 $X=\{-2, -1, 2, a\}$, $Y=\{-1, 0, b\}$에 대하여 정의된 함수 $f: X\to Y$, $f(x)=x^2-1$에서 치역이 공역 Y와 같도록 상수 a, b의 값을 정하여라.

답 $a=0,\ b=3$

4. 다음 물음에 답하여라.

1) $f(x)=x^2-2|x|,\ g(x)=x^2+1$일 때, $(g\circ f)(4),\ (f\circ(g\circ f))(2)$를 구하여라.

2) $f(x)=\dfrac{x}{x-1},\ g(f(x))=4x^2+x$일 때, $g(3)$을 구하여라.

답 1) $65,\ -1$ 2) $\dfrac{21}{2}$

5. 함수 $f(x)=\dfrac{ax-1}{x+1}$의 역함수가 $f^{-1}(x)=\dfrac{2x+c}{bx+1}$일 때,

상수 $a,\ b,\ c$의 값을 구하여라.

답 $a=\dfrac{1}{2},\ b=-2,\ c=2$

6. 실수 전체의 집합 R에서 정의된 함수 $f,\ g$가 각각 $f(x)=ax+b(a\neq 0)$, $g(x)=cx+3(c\neq 0)$이고,

1) $f\circ f=f$일 때, $a,\ b$의 값을 구하여라.

2) $f^{-1}(3)=2,\ (f\circ g)(x)=2x-3$일 때, c의 값을 정하여라.

답 1) $a=1,\ b=0$

2) $c=-\dfrac{1}{3}$

4. 5 다항함수

함수 $y=f(x)$에서 $f(x)$가 x에 대한 다항식일 때, 이 함수를 **다항함수** (polynomial function)라고 한다. 다항식이 일차, 이차, 삼차일 때의 다항함수를 각각 **일차함수, 이차함수, 삼차함수**라고 한다. $f(x)$가 0차인 다항식, 즉 $f(x)=c$(c는 상수)일 때, 이 함수를 **상수함수**라고 한다.

일차함수

$f(x)=ax+b(a\neq 0)$인 함수를 일차함수라 하고 그 그래프는 기울기가 a, y절편이 b인 직선이다. 이 때 기울기 a는 직선이 x축의 양의 방향과 이루는 각 θ의 탄젠트의 값, 즉 $a=\tan\theta$이다. 따라서 기울기 a에 대하여 $a>0$일 때, x가 증가하면 y도 증가하므로 그 그래프는 오른쪽으로 올라가는 직선이고(그림 4. 13), $a<0$일 때, x가 증가하면 y는 감소하므로 그 그래프는 왼쪽으로 올라가는 직선이다.

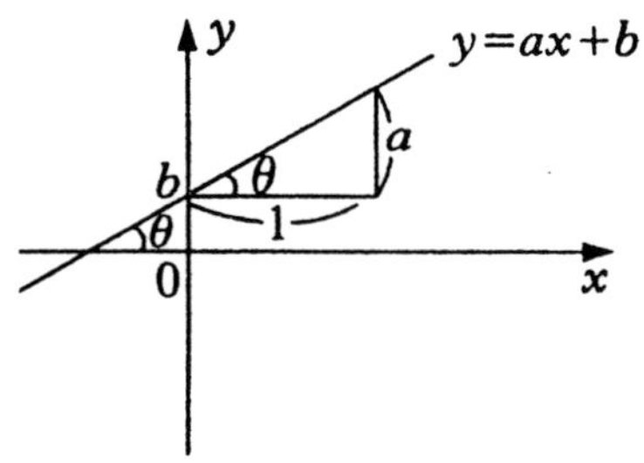

(그림 4. 13)

> **[예제 1] — (기울기, 절편, x축과 이루는 각 구하기)**
>
> 다음 일차함수의 기울기, y절편, x축의 양의 방향과 이루는 각을 각각 구하여라
>
> 1) $y=\sqrt{3}x+2$ 2) $y=x-3$

풀이 1) 기울기 $\sqrt{3}$, y절편 2

x축과 이루는 각 $\tan 60^\circ=\sqrt{3}$ 이므로 60°

2) 기울기 1, y절편 -3

x축과 이루는 각 $\tan 45^\circ=1$이므로 45° ▣

[문제 1] 1) 일차함수 $ax+by+c=0$이 나타내는 직선이 다음 조건을 만족할 때, 제 몇 사분면을 지나지 않는가?

a) $ab<0,\ bc<0$ b) $ac<0,\ bc>0$ c) $ab>0,\ ac=0$

2) x의 일차방정식 $ax+2-a=0$이 양의 근을 갖는 a의 범위를 구하여라.

답 1) a) 제4사분면, b) 제2사분면, c) 제1, 3사분면

2) $a<0$ 또는 $a>2$

이차함수

$f(x)$가 x에 대한 이차의 다항식,
즉 $f(x)=ax^2+bx+c(a\neq 0)$인 함수를 이차함수라 하며, 그 그래프는 포물선이다.
$y=ax^2+bx+c(a\neq 0)$의 그래프에서 $a>0$일 때, 아래로 볼록하고, $a<0$일 때, 위로 볼록하며 $|a|$의 값이 클수록 포물선의 폭이 좁아진다. b의 부호에 따라 축의 위치가 정해지고 c는 포물선의 y절편이다(그림 4. 14).

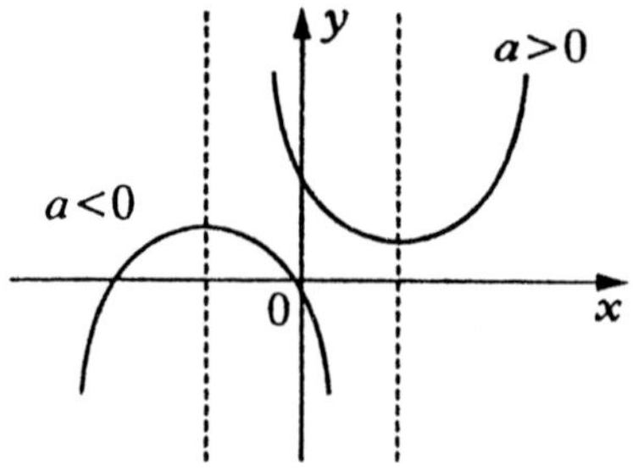

(그림 4. 14)

예 $y=x^2-4x+1$의 그래프는 $y=x^2$의 그래프를 어떻게 평행이동한 것인가?

풀이 $y=x^2-4x+1=(x-2)^2-3$에서 x축 방향으로 2, y축 방향으로 -3

$y=ax^2+bx+c(a\neq 0)$를 변형하면,

$$y=a\left(x+\frac{b}{2a}\right)^2-\frac{b^2-4ac}{4a}$$

이므로 $y=ax^2$의 그래프를 x축 방향으로 $-\frac{b}{2a}$, y축 방향으로 $-\frac{b^2-4ac}{4a}$만큼 평행이동한 것이다. 따라서 이 함수의 그래프는 포물선이고

꼭 지 점 : $\left(-\frac{b}{2a}, -\frac{b^2-4ac}{4a}\right)$

축의 방정식 : $x=-\frac{b}{2a}$ (그림 4. 15)

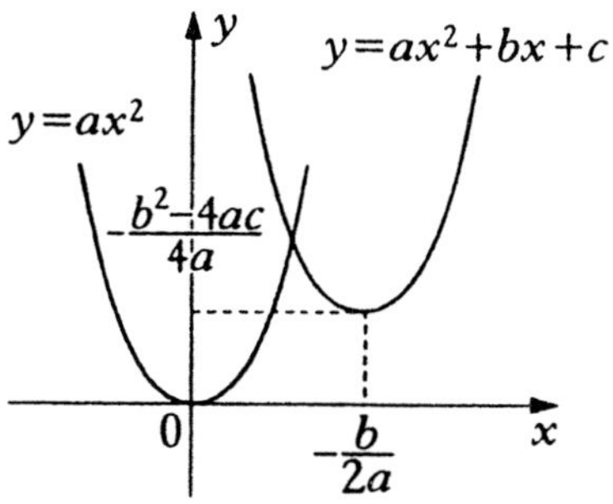

(그림 4. 15)

[예제 2] (이차함수의 그래프 그리기)

이차함수 $y=-x^2+2x+3$의 그래프를 그려라

풀이 $y=-x^2+2x+3=-(x-1)^2+4$

꼭지점 (1, 4), y절편이 3이므로

y축과의 교점은 (0, 3)

$y=-x^2+2x+3=-(x+1)(x-3)$

x축과의 교점은 $(-1, 0)$, (3, 0)

x^2항의 계수가 -1이므로

위로 볼록한 포물선이다(그림 4. 16).

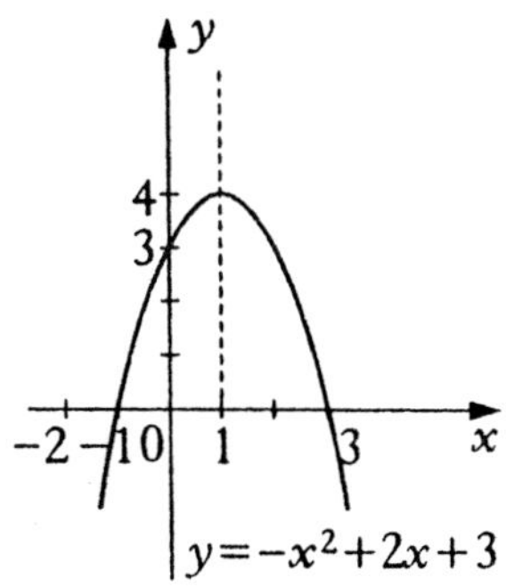

(그림 4. 16) ▣

[문제 2] 다음 이차함수의 꼭지점의 좌표와 대칭축의 방정식, x축과의 교점의 좌표를 구하고, 그 그래프를 그려라.

1) $y=-x^2+4x-3$ 2) $y=\frac{1}{2}x^2+x-\frac{3}{2}$

답 1) 꼭지점의 좌표는 $(2, 1)$
대칭축의 방정식은 $x=2$
x축과의 교점은 $(1, 0)$, $(3, 0)$
그래프는 (그림 4. 17)과 같다.

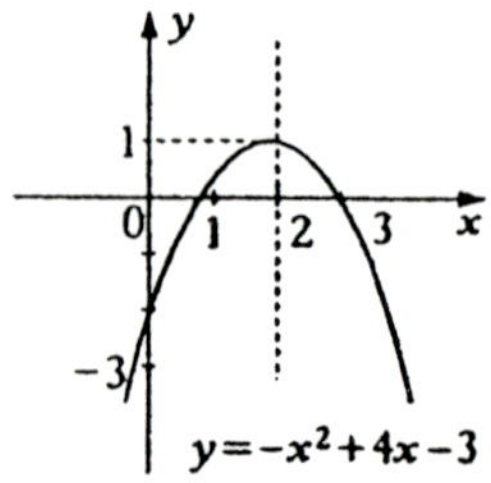

(그림 4. 17)

2) 꼭지점의 좌표는 $(-1, -2)$
대칭축의 방정식은 $x=-1$
x축과의 교점은 $(-3, 0)$, $(1, 0)$
그래프는 (그림 4. 18)과 같다.

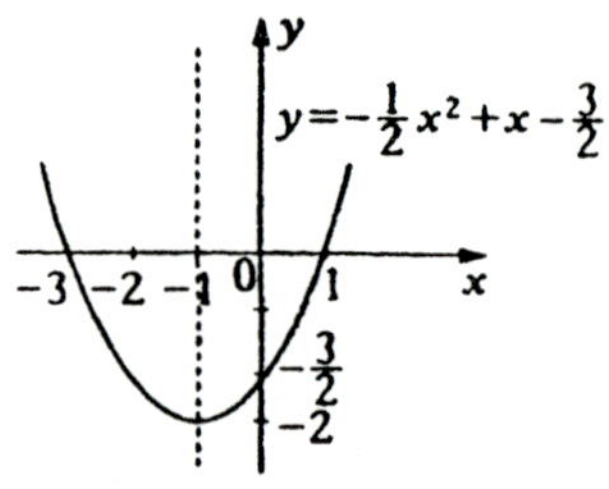

(그림 4. 18)

삼차함수

$f(x)$가 x에 대한 삼차의 다항식, 즉 $f(x)=ax^3+bx^2+cx+d(a\neq 0)$인 함수 $y=f(x)$를 **삼차함수**라 한다. 여기서는 $y=ax^3$, $y=a(x-m)^3+n$인 꼴의 그래프에 대해서 다루기로 하고 나머지는 도함수를 배울 때 알아보기로 한다.

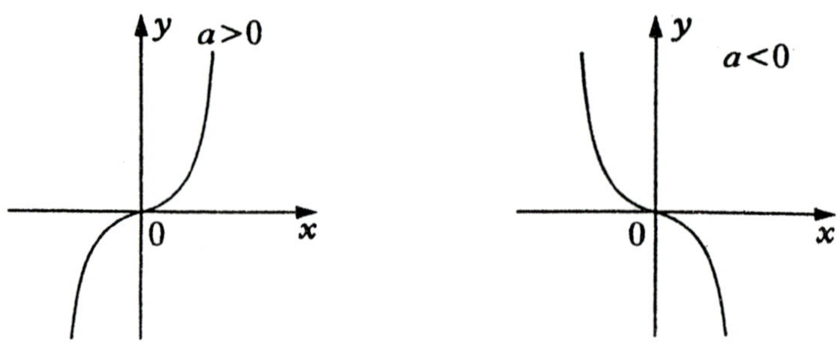

(그림 4. 19)

삼차함수 $y=ax^3(a\neq 0)$의 그래프는 (그림 4. 19)와 같이

(1) 원점에 대하여 대칭인 곡선이다.

(2) $a>0$일 때, x가 증가하면 y도 증가하고, $a<0$일 때, x가 증가하면 y는 감소한다.

(3) $|a|$가 클수록 y축에 가깝다.

(4) 원점을 기점으로 볼록한 방향이 바뀐다.

또 $y=a(x-m)^3+n(a\neq 0)$의 그래프는 $y=ax^3$의 그래프를 x축의 방향으로 m, y축의 방향으로 n만큼 평행 이동한 것이다.

[예제 3] — (삼차함수의 그래프와 평행이동)

함수 $y=-x^3+3x^2-3x-2$는 함수 $y=-x^3$의 그래프를 어떻게 평행이동한 것인가?

풀이 $y=-x^3+3x^2-3x-2=-(x-1)^3-3$에서 x축 방향으로 1, y축 방향으로 -3만큼 평행 이동한다. ▣

[문제 3] 함수 $y=-3(x-3)^3+2$는 함수 $y=-3x^3$의 그래프를 어떻게 평행이동한 것인가?

답 x축 방향 3, y축 방향 2

우함수와 기함수

함수 $y=f(x)$에서 $f(-x)=f(x)$, 즉 $y=f(x)$의 그래프가 y축에 대하여 대칭인 함수를 **우함수**(even function)라 하고, 함수 $y=f(x)$에서 $f(-x)=-f(x)$, 즉 $y=f(x)$의 그래프가 원점에 대하여 대칭인 함수를 **기함수**(odd function)라고 한다.

예 $f(x)=x^2$에서 $f(-x)=(-x)^2=x^2=f(x)$, 즉 $f(x)=x^2$의 그래프는 y축에 대하여 대칭인 곡선이다. $f(x)=x^3$에서 $f(-x)=(-x)^3=-x^3=-f(x)$, 즉 $f(x)=x^3$의 그래프는 원점에 대하여 대칭인 곡선이다.
따라서 $y=x^2$은 우함수이고, $y=x^3$은 기함수이다.

[예제 4] **(우함수와 기함수 구별하기)**

$f(x)$가 우함수, $g(x)$가 기함수일 때, 다음 각 함수는 우함수인가, 기함수인가?

1) $f(x)g(x)$ 2) $\dfrac{f(x)}{g(x)}$ 3) $f(g(x))$ 4) $g(g(x))$

풀이 문제의 조건에서 $f(-x)=f(x)$, $g(-x)=-g(x)$이다.

1) $F(x)=f(x)g(x)$라 놓으면,
$F(-x)=f(-x)g(-x)=f(x)\{-g(x)\}=-f(x)g(x)=-F(x)$
∴ 기함수

2) $F(x)=\dfrac{f(x)}{g(x)}$라 놓으면,
$$F(-x)=\frac{f(-x)}{g(-x)}=\frac{f(x)}{-g(x)}=-\frac{f(x)}{g(x)}=-F(x)$$
∴ 기함수

3) $F(x)=f(g(x))$라 놓으면,
$F(-x)=f(g(-x))=f(-g(x))=f(g(x))=F(x)$
∴ 우함수

4) $F(x)=g(g(x))$라 놓으면,
$F(-x)=g(g(-x))=g(-g(x))=-g(g(x))=-F(x)$
∴ 기함수 ▣

[문제 4] 다음 각 함수는 우함수인가, 기함수인가?

1) $f(x)=\dfrac{1}{x^2}$ 2) $f(x)=x^2-4$ 3) $f(x)=-3x$ 4) $f(x)=|x|$

답 1) 우함수 2) 우함수 3) 기함수 4) 우함수

연습문제 4-5

1. 다음 일차함수의 치역을 구하여라

1) $y=-x+2$　　　2) $y=2x-3,\ (1\leq x\leq 4)$

답 1) 치역은 R　2) 치역은 $\{y|-1\leq y\leq 5\}$

2. 일차함수 $y=(m-2)x-n+1$의 그래프가 x축의 양의 방향과 이루는 각이 $30°$이고, 점$(\sqrt{3},\ 0)$을 지날 때, $m,\ n$을 구하여라.

답 $m=2+\dfrac{1}{\sqrt{3}},\ n=2$

3. x의 일차방정식 $(a-1)x+2a=0$이 음의 근을 갖는 a의 범위를 구하여라.

답 $a>1,\ a<0$

4. 다음 조건을 만족하는 이차함수를 구하여라.

1) 대칭축이 $x=-1$, 두 점 $(-3,\ -6),\ (0,\ -3)$을 지난다.

2) 두 점 $(1,\ 1),\ (4,\ 4)$를 지나고, 꼭지점이 x축 위에 있다.

답 1) $y=-3x^2-6x+3$　2) $y=(x-2)^2$ 또는 $y=\dfrac{1}{9}(x+2)^2$

5. 이차함수 $y=x^2-4x+3$과 $y=-x^2+2x+1$의 그래프는 점 P에 대하여 대칭이다. 이 때, 점 P의 좌표를 구하여라.

답 $\left(\dfrac{3}{2},\ \dfrac{1}{2}\right)$

6. 다음 물음에 답하여라.

1) 함수 $f(x)=\dfrac{3x}{x^2}+2$는 우함수인가, 기함수인가?

2) 함수 $f(x)=2x^2-4x+1$을 x축 방향으로 m만큼 평행이동하면 우함수가 된다. 이 때 m의 값을 구하여라.

답 1) 기함수 2) $m=-1$

4. 6 유리함수와 무리함수

유리함수

함수 $y=f(x)$에서 $f(x)$가 x에 대한 유리식일 때, 이 함수를 **유리함수** 특히 $f(x)$가 다항식이면 다항함수, $f(x)$가 $\dfrac{2}{x}$, $\dfrac{2x+1}{x-1}$과 같이 분모에 x를 포함한 유리식일 때, **분수함수**라 한다. 분수함수의 정의역은 특별한 조건이 없는 한 실수 전체의 집합 R에서 분모를 0으로 하는 원소를 제외한 집합으로 한다.

예 $y=\dfrac{2}{x}$, $y=\dfrac{2x+1}{x-1}$의 정의역을 구하면 $R-\{0\}$, $R-\{1\}$이다.

분수함수 중 가장 간단한 꼴인 $y=\dfrac{k}{x}(k\neq 0)$에 대하여 알아보자.

위의 k의 여러 가지 값에 따라 그래프를 그리면 (그림 4. 20)과 같은 곡선을 얻는다. 이들 곡선을 **쌍곡선**이라 한다.

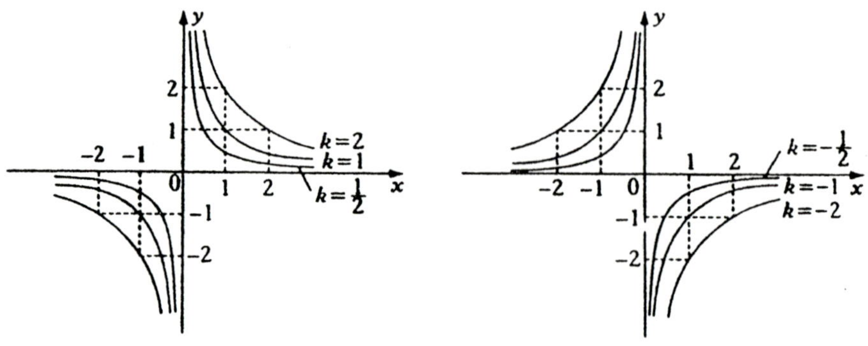

a) $k>0$일 때　　　　b) $k<0$일 때

(그림 4. 20)

예 다음 함수의 그래프를 그려라.

1) $y=\dfrac{1}{|x|}$　　2) $|y|=\dfrac{1}{x}$　　3) $|y|=\dfrac{1}{|x|}$

풀이 (그림 4. 21)

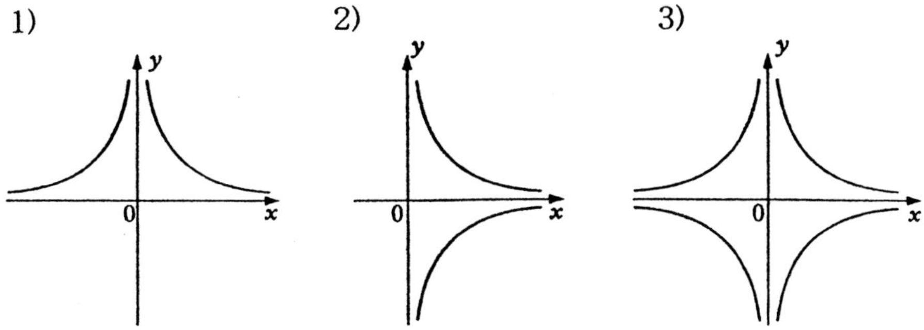

(그림 4. 21)

함수 $y=\dfrac{k}{x-p}+q(k\neq 0)$의 그래프는 $y=\dfrac{k}{x}$의 그래프를 x축 방향으로 p, y축 방향으로 q만큼 평행이동한 것이다. 또, $y=\dfrac{ax+b}{cx+d}(c\neq 0,\ ad-bc\neq 0)$의 그래프는 $y=\dfrac{k}{x-p}+q$의 꼴로 변형하여 그리면 된다.

분수함수의 경우 곡선위의 점이 한없이 가까워지는 일정한 직선을 그 곡선의 **점근선**이라고 한다. 특히 점근선이 직교하는 쌍곡선을 **직각쌍곡선**이라고 한다.

예 $y=\dfrac{2x-5}{x-3}$의 그래프는 $y=\dfrac{1}{x-3}+2$의 꼴로 고쳐 그리면 된다.

정의역은 $R-\{3\}$, 치역은 $R-\{2\}$, 점근선은 $x=3,\ y=2$이다.

[예제 1] — (분수함수의 그래프)

$y=\dfrac{1}{x-2}+3$의 그래프를 그려라.

풀이 이 함수의 그래프는 직각쌍선 $y=\dfrac{1}{x}$을 x축 방향으로 2, y축 방향으로 3만큼 평행 이동한 것이다. 따라서 그래프는 (그림 4. 22)와 같은 직각쌍곡선이다.
정의역은 $R-\{2\}$, 치역은 $R-\{3\}$, $x=2$, $y=3$이 점근선이고, 점(2, 3)에 대하여 대칭이다. ▣

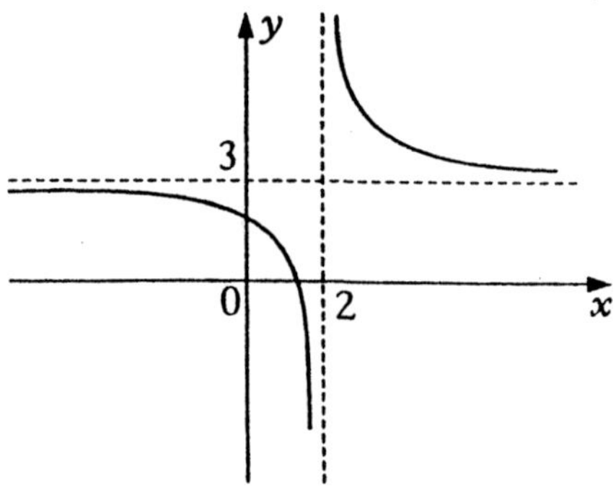

(그림 4. 22)

[문제 1] 함수 $y=\dfrac{bx+c}{x+a}$는 정의역이 $R-\{1\}$, 치역이 $R-\{-2\}$이고, 그래프는 $y=\dfrac{2}{x}$의 그래프를 평행이동한 것일 때, $a+b+c$의 값을 구하여라.

답 1

무리함수

함수 $y=f(x)$에서 $f(x)$가 x에 대한 무리식일 때, 이 함수를 **무리함수**라 한다. 무리함수 $y=f(x)$의 정의역은 함수값이 실수가 되도록 근호안의 값이 음이 되지 않는 변수 x의 범위로 한다.

여기에서는 $y=\pm\sqrt{ax}$, $y=\pm\sqrt{ax+b}+c$, $y=\pm\sqrt{r^2-x^2}$ 꼴의 함수의 그래프에 대해 알아본다.

$y=\sqrt{x}$의 그래프는 포물선 $y^2=x$의 그래프 중 $y\geqq 0$인 부분
$y=\sqrt{-x}$의 그래프는 포물선 $y^2=-x$의 그래프 중 $y\geqq 0$인 부분
$y=-\sqrt{x}$의 그래프는 포물선 $y^2=x$의 그래프 중 $y\leqq 0$인 부분
$y=-\sqrt{-x}$의 그래프는 포물선 $y^2=-x$의 그래프 중 $y\leqq 0$인 부분

을 나타낸다. 일반으로, $y=\pm\sqrt{ax}$의 그래프는 a의 양, 음에 따라 그리면 (그림 4. 23)과 같은 반포물선이 된다.

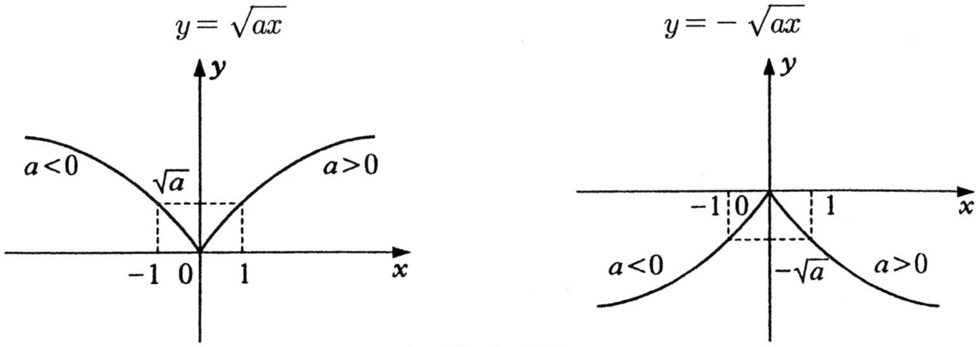

(그림 4. 23)

$y=\pm\sqrt{ax+b}+c(a\neq 0)$의 그래프를 변형하면 $y=\pm\sqrt{a\left(x+\dfrac{b}{a}\right)}+c$에서 $y=\pm\sqrt{ax}$의 그래프를 x축 방향으로 $-\dfrac{b}{a}$, y축 방향으로 c만큼 평행이동한 것이다.

[예제 2] — (무리함수의 그래프 그리기)

> 함수 $y=\sqrt{2x-4}+1$의 그래프를 그려라.

풀이 $y=\sqrt{2(x-2)}+1$로 변형되므로 $y=\sqrt{2x}$의 그래프를 x축 방향으로 2, y축 방향으로 1만큼 평행 이동한 것이다(그림 4. 24).

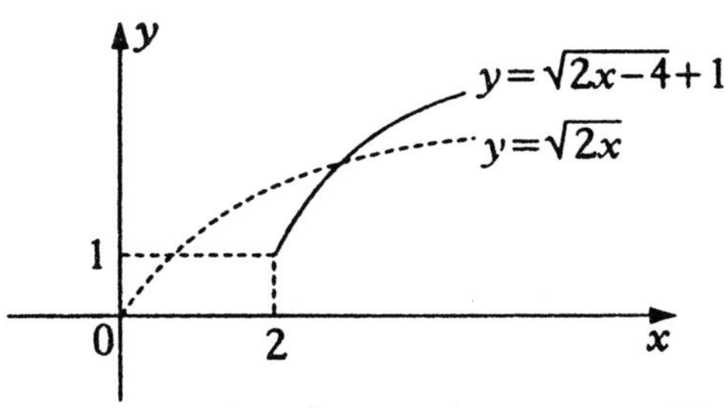

(그림 4. 24) ▣

[문제 2] 다음 함수의 그래프를 그리고, 정의역 X, 치역 Y를 구하여라.

1) $y=-\sqrt{2x+4}+2$ 　　　　 2) $y=\sqrt{6-3x}-1$

답 1) $X=\{x|x\geqq 2\}$, $Y=\{y|y\leqq 2\}$, 그래프는 (그림 4. 25)

2) $X=\{x|x\leqq 2\}$, $Y=\{y|y\geqq -1\}$, 그래프는 (그림 4. 25)

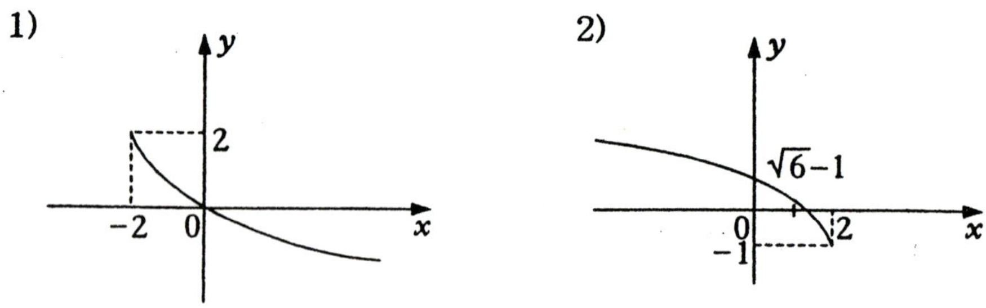

(그림 4. 25)

$y=\pm\sqrt{r^2-x^2}$의 양변을 제곱하면 $y^2=r^2-x^2$, 즉 원 $x^2+y^2=r^2$의 그래프에서 $y=\sqrt{r^2-x^2}$은 $y\geqq 0$인 위쪽 반원, $y=-\sqrt{r^2-x^2}$은 $y\leqq 0$인 아래쪽 반원이다.

[예제 3] **(반원의 그래프 그리기)**

$y=\sqrt{1-x^2}$의 그래프를 그려라.

풀이 양변을 제곱하면 $y^2=1-x^2$, $x^2+y^2=1$

즉, 원 $x^2+y^2=1$의 $y\geqq 0$인 부분인 반원을 그리면 된다(그림 1. 26).

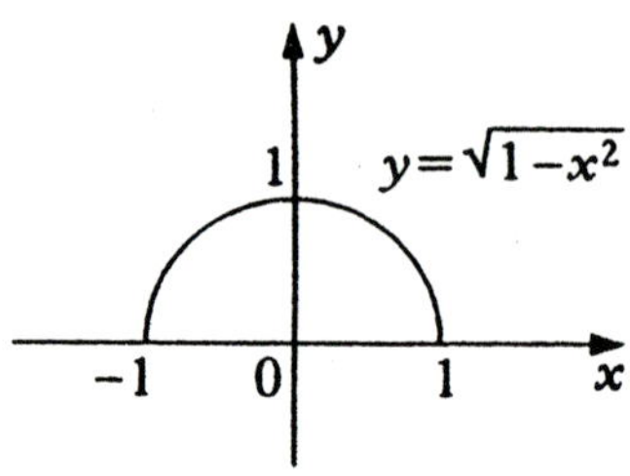

(그림 1. 26) ▣

[문제 3] 다음 함수의 그래프를 보고, 정의역 X, 치역 Y를 구하여라.

1) $y=\sqrt{2x-x^2}$ 2) $y=2-\sqrt{4x-x^2}$

1)

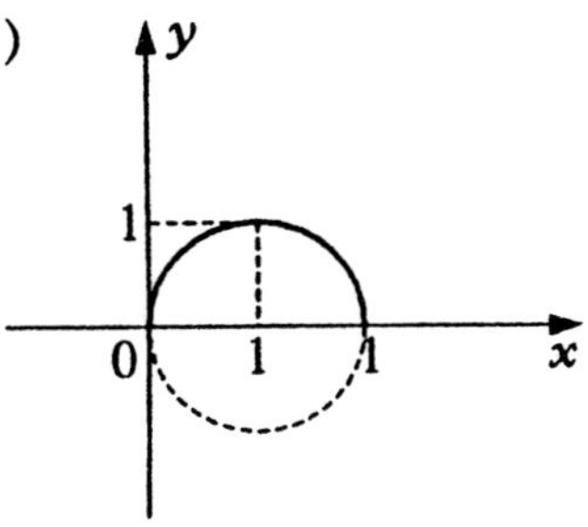

2)

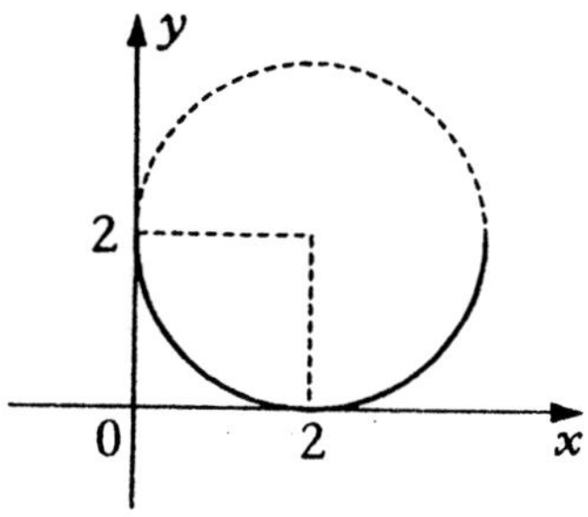

(그림 4. 27)

답 1) $X=\{x \mid 0 \leqq x \leqq 2\}$, $Y=\{y \mid 0 \leqq y \leqq 1\}$, 그래프는 (그림 4. 27)

2) $X=\{x \mid 0 \leqq x \leqq 4\}$, $Y=\{y \mid 0 \leqq y \leqq 2\}$, 그래프는 (그림 4. 27)

연습문제 4-6

1. 함수 $y=\dfrac{3x-1}{x-1}$에 대하여 다음 물음에 답하여라.

1) 정의역이 $\{x \mid -1 \leq x < 1$ 또는 $1 < x \leq 2\}$일 때, 치역을 구하여라.

2) 치역이 $\{y \mid y \leq 1$ 또는 $y > 3\}$일 때, 정의역을 구하여라.

답 1) $\{y \mid y \leq 2$ 또는 $y \geq 5\}$　2) $\{x \mid 0 \leq x < 1$ 또는 $x > 1\}$

2. 함수 $y=\dfrac{x-3}{ax-b}$의 그래프가 점 $\left(2, \dfrac{5}{2}\right)$를 지나고 x축에 평행한 점근선이 $y=\dfrac{1}{2}$일 때, $a-b$의 값을 구하여라.

답 $-\dfrac{12}{5}$

3. 함수 $y=\dfrac{|x-1|}{x}$의 그래프와 직선 $y=mx$가 만나지 않는 m의 값의 범위를 구하여라.

답 $m<0$

4. 함수 $y=-\sqrt{6-2x}+2$에서 정의역이 $\{x \mid 1 \leq x \leq 2\}$일 때, 치역을 구하여라.

답 $\{y \mid 0 \leq y \leq 2-\sqrt{2}\}$

5. 함수 $y=-\sqrt{4-x^2}-1$의 그래프를 그리고 정의역 X, 치역 Y를 구하여라.

답 $X=\{x \mid -2 \leq x \leq 2\}$, $Y=\{y \mid -3 \leq y \leq -1\}$

6. 함수 $y=\sqrt{x-3}$, $y=mx+1$이 교점을 갖는 m의 값의 범위를 구하여라.

답 $0 \leq m \leq \frac{1}{6}$

4. 7 지수함수와 로그함수

지수함수

$f(x)=x^2$, $g(x)=\sqrt{x}=x^{\frac{1}{2}}$, $h(x)=x^{-1}$은 지수가 상수인 함수이다. 자리를 바꾸어 지수를 미지수(변수)로 갖는 함수를 **지수함수**(exponential function) 라고 한다. 예를 들면 $f(x)=2^x$, $g(x)=\left(\frac{1}{10}\right)^x=\frac{1}{10^x}$, $h(x)=3^{2x}=9^x \cdots$이다.

일반으로 밑이($a \neq 1$) 양수인 지수함수를 생각한다.

< 지수함수의 정의 >

> $a>0$이고 $a \neq 1$일 때, $y=a^x$로 주어진 함수를 밑이 a인 지수함수라고 한다.

지수함수의 성질을 알아보기 전에 이미 알고 있는 지수의 성질을 확인하여 보자.

< 지수의 성질 (a, $b>0$) >

1) $a^0=1$ 2) $a^x a^y=a^{x+y}$ 3) $\frac{a^x}{a^y}=a^{x-y}$ 4) $(a^x)^y=a^{xy}$

5) $(ab)^x=a^x b^x$ 6) $\left(\frac{a}{b}\right)^x=\frac{a^x}{b^x}$ 7) $a^{-x}=\frac{1}{a^x}$

[예제 1] —— (지수의 성질 이용)

다음을 간단히 하여라.

1) $2^2 \cdot 2^3$ 2) $2^2 \cdot 2^{-3}$ 3) $(3^2)^3$ 4) $\left(\frac{1}{3}\right)^{-2}$

풀이 1) $2^2 \cdot 2^3 = 2^{2+3} = 2^5 = 32$ 2) $2^2 \cdot 2^{-3} = 2^{2-3} = 2^{-1} = \frac{1}{2}$

3) $(3^2)^3 = 3^6 = 729$ 4) $\left(\frac{1}{3}\right)^{-2} = 3^2 = 9$ ▣

[문제 1] 다음을 간단히 하여라.

1) $\frac{3^2}{3^3}$ 2) $2^{\frac{1}{2}} \cdot 3^{\frac{1}{2}}$ 3) $(5^3)^{-1}$ 4) $3^4 \cdot 2^2$

답 1) $\frac{1}{3}$ 2) $\sqrt{6}$ 3) $\frac{1}{125}$ 4) 324

[예제 2] —— (지수함수의 그래프)

다음 지수함수의 그래프를 그려라.

$$f(x) = 2^x, \quad g(x) = \left(\frac{1}{2}\right)^x = 2^{-x}, \quad h(x) = 3^x$$

풀이 다음 변화표에 의해 그래프를 그리면 (그림 4. 28)과 같다.

x	-3	-2	-1	0	1	2	3	4
2^x	1/8	1/4	1/2	1	2	4	8	16
2^{-x}	8	4	2	1	1/2	1/4	1/8	1/16
3^x	1/27	1/9	1/3	1	3	9	27	81

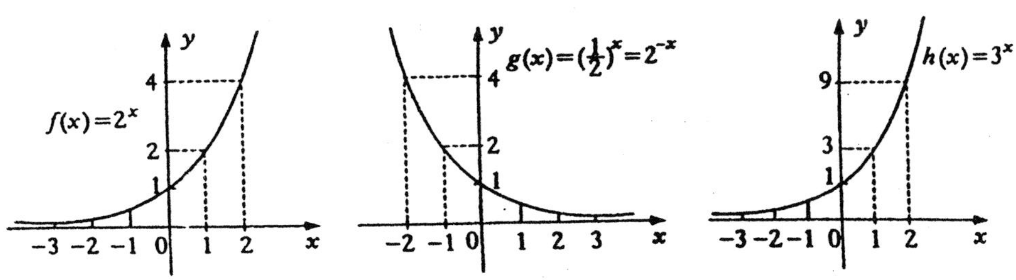

(그림 4. 28) ▣

(그림 4. 29)의 그래프의 모양은 지수함수 a^x와 $a^{-x}(a>1)$의 전형이다. 이들 그래프의 특징을 요약하면 다음과 같다.

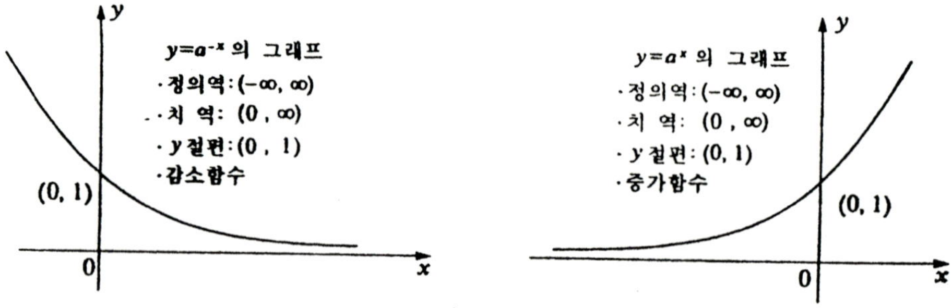

(그림 4. 29)

[문제 2] $f(x)=3^{-x}-1$의 그래프를 그려라.

답 그래프는 그림 (4. 30)과 같다.

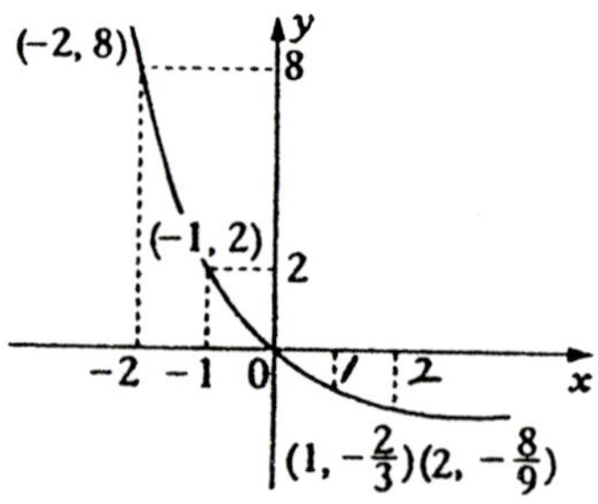

(그림 4. 30)

자연로그함수

상용로그는 밑이 10인 로그, 즉 $\log_{10}x=b$이면 $x=10^b$로 정의된다. 미분적분에서는 10이 로그의 밑으로 가장 유용한 것이 아니다. 가장 편리한 밑은 e이다. e를 밑으로 하는 로그를 **자연로그**(natural logarithm)라고 한다.

< 지수함수의 정의 >

자연로그함수는 $\ln x$로 나타내고 다음과 같이 정의된다.

$$\ln x=b \Leftrightarrow e^b=x$$

여기서, $\ln x$는 el-en of x 또는 natural log x라고 읽는다.

함수의 정의에서 $f(x)=e^x$와 $g(x)=\ln x$는 서로 역함수관계이다. 따라서 다음과 같은 예가 성립한다.

로 그	지 수
$\ln 1=0$	$e^0=1$
$\ln e=1$	$e^1=e$
$\ln e^{-1}=-1$	$e^{-1}=\dfrac{1}{e}$
$\ln 2\approx 0.693$	$e^{0.693}\approx 2$

함수 $f(x)=e^x$와 $f^{-1}(x)=\ln x$는 서로 역함수관계이므로, 이들 그래프는 직선 $y=x$에 대하여 서로 대칭이다(그림 4. 31).

$g(x)=\ln x$

- 정의역 : $(0,\ \infty)$
- 치 역 : $(-\infty,\ \infty)$
- x절편 : $(1,\ 0)$
- 증가함수

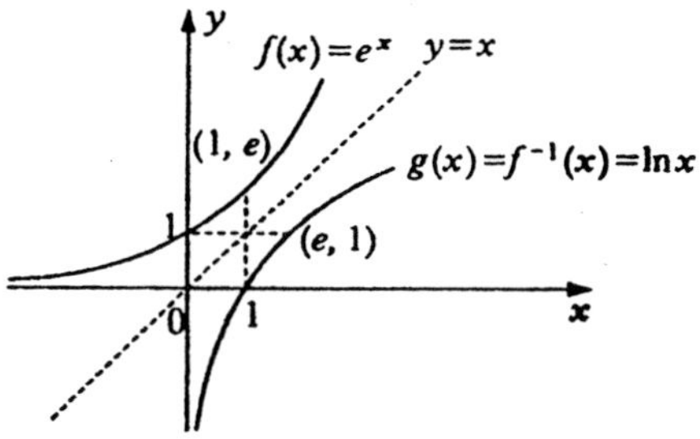

(그림 4. 31)

[예제 3] — (로그함수의 그래프 그리기)

함수 $f(x)=\ln(x+1)$의 그래프를 그려라.

풀이 정의역은 $x+1>0$에서, $x>-1$

x	-0.5	0	0.5	1	1.5	2
$\ln(x+1)$	-0.69	0	0.41	0.69	0.92	1.10

이 변화표에 의해 그래프를 그리면 (그림 4. 32)와 같다.

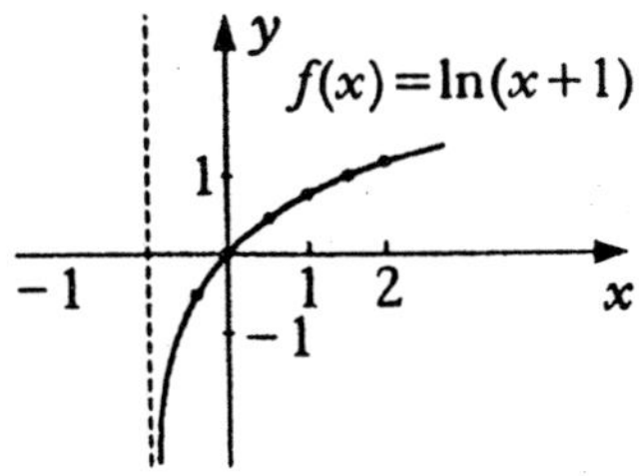

(그림 4. 32) ▣

[문제 3] 함수 $f(x)=2\ln(x-2)$의 그래프를 그려라.

답 그래프는 (그림 4. 33)과 같다.

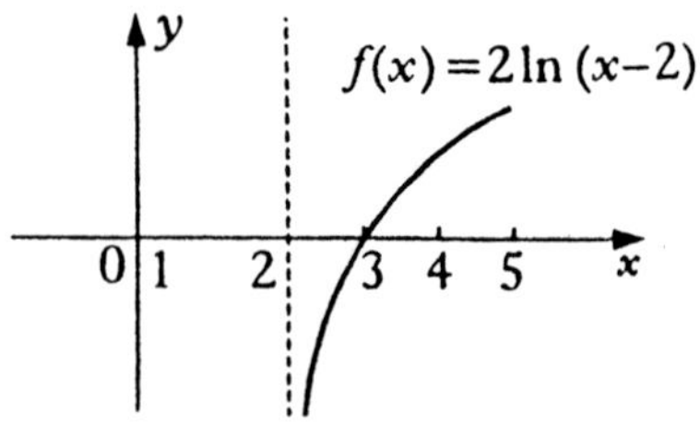

(그림 4. 33)

자연로그함수의 성질

< $\ln x$와 e^x의 관계 >

$$\ln e^x = x, \quad e^{\ln x} = x$$

[예제 4] — ($\ln x$와 e^x의 관계)

다음 식을 간단히 하여라.

1) $\ln e^{\sqrt{2}}$　　　　2) $e^{\ln 3x}$

풀이 $f(x)=\ln x$와 $g(x)=e^x$는 서로 역함수 관계이므로

$f(g(x))=x=e^{\ln x}$, $g(f(x))=x=\ln e^x$

1) $\ln e^{\sqrt{2}}=\sqrt{2}$　　　　2) $e^{\ln 3x}=3x$ ▣

[문제 4] 다음 식에서 x를 구하여라.

1) $\ln e^{x+3}=2x$　　　　2) $e^{\ln(3x-2)}=\ln e^{(x+4)}$

답 1) 3　　　　2) 3

상용로그의 대부분의 성질, $\log_{10}xy=\log_{10}x+\log_{10}y$는 자연로그에 대해서도 성립한다. 즉 $\ln xy=\ln x+\ln y$이다.

로그의 곱, 몫, 역의 성질은 다음과 같다.

< 로그의 성질 >

1) $\ln xy=\ln x+\ln y$ 2) $\ln\frac{x}{y}=\ln x-\ln y$ 3) $\ln x^y=y\ln x$

[예제 5] (로그의 계산)

로그의 성질을 이용하여 다음 식을 ln의 합, 차, 곱으로 나타내어라.

1) $\ln\frac{10}{9}$ 2) $\ln\sqrt{3x^2+2}$

3) $\ln\frac{xy}{5}$ 4) $\ln\frac{(x+3)^2}{x\sqrt[3]{x+1}}$

풀이 1) $\ln\frac{10}{9}=\ln 10-\ln 9$

2) $\ln\sqrt{3x^2+2}=\ln(3x^2+2)^{\frac{1}{2}}=\frac{1}{2}\ln(3x^2+2)$

3) $\ln\frac{xy}{5}=\ln(xy)-\ln 5=\ln x+\ln y-\ln 5$

4) $$\begin{aligned}\ln\frac{(x+3)^2}{x\sqrt[3]{x+1}}&=\ln(x+3)^2-\ln x\sqrt[3]{x+1}\\&=2\ln(x+3)-\{\ln x+\ln(x+1)^{\frac{1}{3}}\}\\&=2\ln(x+3)-\ln x-\frac{1}{3}\ln(x+1)\end{aligned}$$

■

[문제 5] 로그의 성질을 이용하여 다음 식을 하나의 ln식으로 만들어라.

1) $\ln x + 2\ln y$

2) $\ln(x+1) - \frac{1}{2}\ln x - \ln(x^2-1)$

답 1) $\ln xy^2$

2) $\ln\frac{1}{\sqrt{x}(x-1)}$

연습문제 4-7

1. 다음 식의 값을 구하여라.

1) $(3^2)^5$ 2) $6^2 \cdot 6^3$ 3) $(4^2)^5$

4) $(\frac{5}{2})^4$ 5) 7^{-3} 6) $(3^{-2})^{-4}$

7) $27^{\frac{2}{3}}$ 8) $32^{\frac{3}{5}}$ 9) $36^{\frac{3}{2}}$

10) $81^{-\frac{1}{4}}$ 11) $(\frac{27}{1000})^{-\frac{2}{3}}$ 12) $(\frac{9}{4})^{-\frac{5}{2}}$

답 1) 59049 2) 7776 3) 1048576 4) $\frac{625}{16}$ 5) $\frac{1}{343}$

6) 6561 7) 9 8) 8 9) 216 10) $\frac{1}{3}$

11) $\frac{100}{9}$ 12) $\frac{32}{243}$

2. x를 구하여라.

1) $x^{-\frac{1}{4}}=81$ 2) $x^{-\frac{2}{3}}=36$ 3) $x^{-\frac{3}{2}}=\frac{1}{8}$

4) $9^5 \cdot 9^3 = 9^x$ 5) $\frac{2^5}{2^{-1}}=2^x$ 6) $(2 \cdot 5)^{-3}=x^{-3}$

7) $x^{-2}=\frac{1}{9}$ 8) $x^{\frac{3}{2}}=\frac{1}{27}$ 9) $4x^{-\frac{2}{3}}=9$

답 1) $\frac{1}{43046721}$ 2) $\frac{1}{216}$ 3) 4 4) 8 5) 6
6) 10 7) $\pm\frac{1}{3}$ 8) $\frac{1}{9}$ 9) $\frac{32}{243}$

3. 다음 식을 간단히 하여라.

1) $\log_2 16$ 2) $\log_6 \sqrt{6}$ 3) $\log_5 \frac{1}{5}$

4) $\log_6 216$ 5) $\log_8 2097152$ 6) $\log_2 0.5$

7) $\log_{1000} 100$ 8) $\log_3 \frac{1}{27}$ 9) $\log_{100} 0.001$

답 1) 4 2) $\frac{1}{2}$ 3) -1 4) 3 5) 7
6) -1 7) $\frac{2}{3}$ 8) -3 9) -1.5

4. x를 구하여라.

1) $\log_x 3 = \frac{1}{2}$ 2) $\log_x 32 = 5$ 3) $\log_{100} x = -1.5$

4) $\log_6 x = 3$ 5) $\log_{17} x = 0$ 6) $\log_x \frac{1}{243} = -\frac{5}{6}$

답 1) 9 2) 2 3) 0.001 4) 216 5) 1 6) 729

5. 다음 식을 간단히 하여라.

1) $\log_6 2 + \log_6 108$ 2) $\log_2 25 + \log_2 7$

3) $\log_{12} 3 + \log_{12} 4$ 4) $\log_5 40 - \log_5 8$

5) $2\log_6 6\sqrt{6}$ 6) $\log 85 - \log 17 + \frac{1}{2}\log 25$

답 1) 3 2) $\log_2 175$ 3) 1 4) 1 5) 3 6) $\log 25$

6. 다음 식을 하나의 ln식으로 나타내어라.

1) $\ln(x-2)-\ln(x+2)$

2) $\ln(2x+1)+\ln(2x-1)$

3) $3\ln x+2\ln y-4\ln z$

4) $\frac{1}{3}\{2\ln(x+3)+\ln x-\ln(x^2-1)\}$

5) $2\{\ln x-\ln(x+1)-\ln(x-1)\}$

6) $2\ln 3-\frac{1}{2}\ln(x^2+1)$

7) $\frac{3}{2}\{\ln x(x^2+1)-\ln(x+1)\}$

8) $2\ln x+\frac{1}{2}\ln(x+1)$

답 1) $\ln\frac{x-2}{x+2}$ 2) $\ln(4x^2-1)$ 3) $\ln\frac{x^3y^2}{z^4}$

4) $\ln\sqrt[3]{\frac{x(x+3)^2}{x^2-1}}$ 5) $\ln\left(\frac{x}{x^2-1}\right)^2$ 6) $\ln\frac{9}{\sqrt{x^2+1}}$

7) $\ln\sqrt{\left\{\frac{x(x^2+1)}{x+1}\right\}^3}$ 8) $\ln x^2\sqrt{x+1}$

4. 8 삼각함수

호도법

다음 (그림 4. 34)와 같이 반지름의 길이가 r인 원에서, 길이가 r인 호에 대한 중심각의 크기를 α°라 하면, 호의 길이는 중심각의 크기에 비례하므로,

$$\frac{\alpha}{360}=\frac{r}{2\pi r} \qquad \therefore\ \alpha=\frac{180}{\pi}(\text{일정})$$

즉 길이가 반지름의 길이와 같은 호에 대한 중심각의 크기는 반지름의 길이에 관계없이 일정하다. 이 일정한 각의 크기를 **1라디안**(radian)이라 한다.

$$1\text{라디안}=\frac{180^\circ}{\pi}, \quad 1^\circ=\frac{\pi}{180}\text{라디안}$$

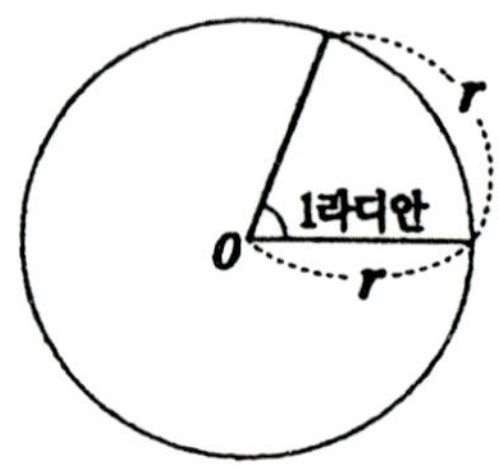

(그림 4. 34)

예 다음 각의 크기를 육십분법으로 나타내어진 것을 호도법으로, 호도법으로 나타내어진 것을 육십분법으로 고쳐라.

1) 30°　　2) 135°　　3) $\frac{\pi}{4}$　　4) $\frac{3}{2}\pi$

풀이

1) $30^\circ=\frac{\pi}{180}\times 30=\frac{\pi}{6}$

2) $135^\circ=\frac{\pi}{180}\times 135=\frac{3}{4}\pi$

3) $\frac{\pi}{4}=\frac{180^\circ}{\pi}\times\frac{\pi}{4}=45^\circ$

4) $\frac{3}{2}\pi=\frac{180^\circ}{\pi}\times\frac{3}{2}\pi=270^\circ$

부채꼴의 호의 길이와 넓이

반지름의 길이가 r인 원에서, 중심각의 크기가 θ인 부채꼴의 호의 길이를 l, 넓이를 S라 하면, 호의 길이 l(그림 4. 35)은 중심각의 크기에 비례하므로,

$$\frac{l}{2\pi r}=\frac{\theta}{2\pi} \qquad \therefore\ l=r\theta$$

또, 넓이 S도 중심각의 크기에 비례하므로,

$$\frac{S}{\pi r^2}=\frac{\theta}{2\pi} \qquad \therefore\ S=\frac{1}{2}r^2\theta=\frac{1}{2}rl$$

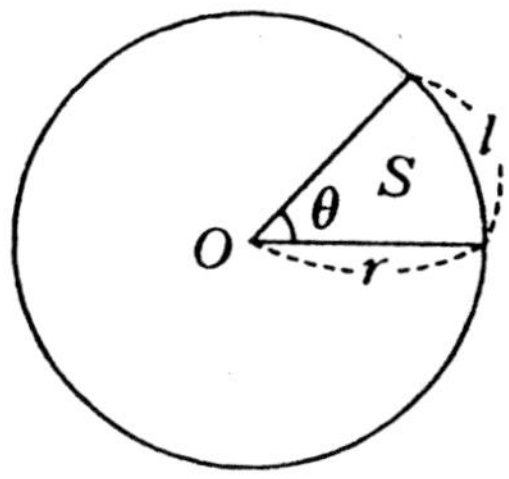

(그림 4. 35)

[예제 1]-(호도법을 이용하여 부채꼴의 호의 길이와 넓이 구하기)

반지름의 길이가 $6cm$, 중심각의 크기가 $120°$인 부채꼴의 호의 길이 l과 넓이 S를 구하여라.

풀이 $120° = \frac{\pi}{180}\times 120=\frac{2}{3}\pi$이므로

$$l=6\times\frac{2}{3}\pi=4\pi(cm),\quad S=\frac{1}{2}\times 6^2\times\frac{2}{3}\pi=12\pi(cm^2)$$ ▣

[문제 1] 호의 길이가 $4cm$, 넓이가 $4cm^2$인 부채꼴의 반지름의 길이와 중심각의 크기를 구하여라.

답 $2rad$

일반각

$\angle XOP$의 크기는 반직선 OP가 고정되어 있는 반직선 OX의 위치에서 점 O를 중심으로 회전하여 $\overrightarrow{OP}$의 위치까지 회전한 양으로 정의한다(그림 4. 36). 이 때 $\overrightarrow{OX}$를 **시초선**, $\overrightarrow{OP}$를 **동경**이라 하고, O를 $\angle XOP$의 **꼭지점**이라 한다.

동경 OP가 점 O를 중심으로 회전하는 방법에는 두 가지가 있다. 즉

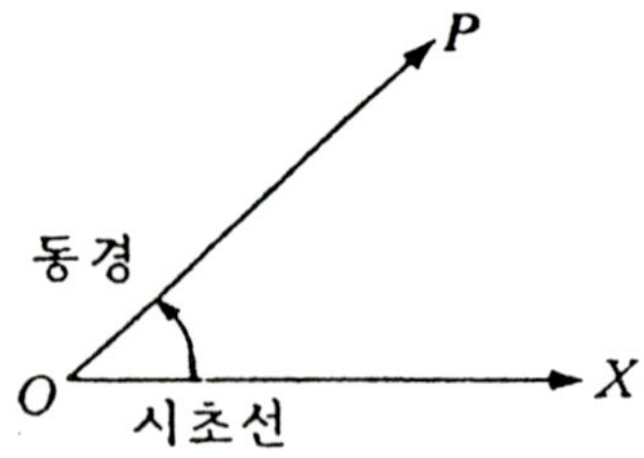

(그림 4. 36)

$$\begin{cases} \text{시계바늘이 도는 방향} & \rightarrow \quad \text{음의 방향} \\ \text{시계바늘이 도는 반대방향} & \rightarrow \quad \text{양의 방향} \end{cases}$$

각의 크기는 동경이 양의 방향으로 회전했을 때는 양의 값, 음의 방향으로 회전했을 때는 음의 값을 갖는 것으로 한다.

예 다음 각을 나타내는 동경을 그려라.

1) 30° 2) 240° 3) -45° 4) -150°

풀이 (그림 4. 37)

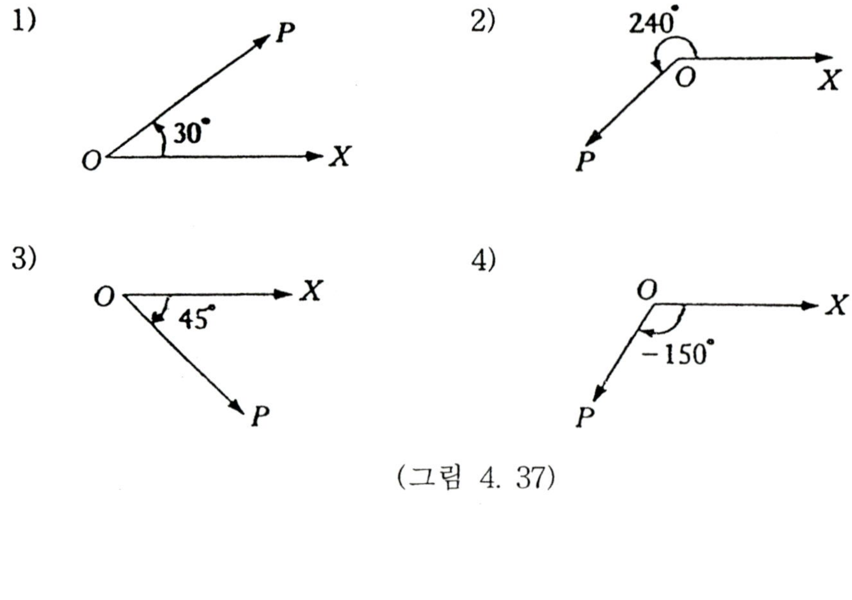

(그림 4. 37)

$\angle XOP$에서 동경 OP는 꼭지점 O의 둘레를 양 또는 음의 방향으로 한 바퀴 이상 회전할 수 있으므로, $360°$보다 큰 각, $-360°$보다 작은 각을 생각할 수 있다. 이를테면 $405°$, $765°$, $-315°$, $-675°$를 나타내는 동경 OP는 (그림 4. 38)과 같이 시초선 OX와 $45°$의 위치에 있다.

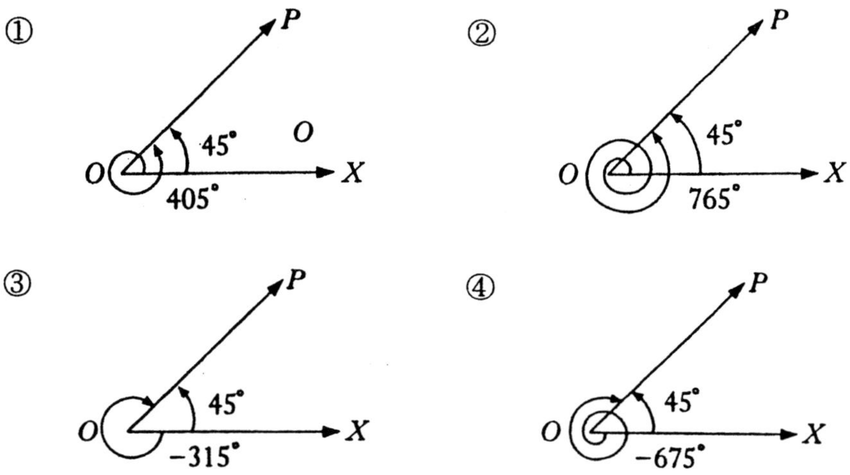

(그림 4. 38)

이때 ①은 $360°+45°$, ②는 $360°\times 2+45°$, ③은 $360°\times(-1)+45°$, ④는 $360°\times(-2)+45°$로 나타낼 수 있다.

일반으로 $\alpha°$를 나타내는 동경을 OP라 할 때, $\overrightarrow{OP}$를 동경으로 하는 각은 무수히 많고, 이 각들은 $360°\times n+\alpha°$ (n은 정수)……(1)로 나타낼 수 있다. 이것은 호도법으로 나타내면 $\alpha° = \beta \text{rad}$이라 할 때, $2n\pi+\beta$ (n은 정수)……(2)가 된다. 식 (1)또는 (2)로 나타낼 수 있는 각을 통틀어 동경 OP가 나타내는 **일반각**이라 한다.

예 다음 각각의 동경이 나타내는 일반각을 구하여라.

1) $780°$　　2) $-480°$　　3) 15π　　4) $-\dfrac{14}{3}\pi$

풀이 1) $780° = 360° \times 2 + 60°$ 이므로 $360° \times n + 60°$ (n은 정수)

2) $-480° = 360 \times (-2) + 240°$ 이므로 $360° \times n + 240°$ (n은 정수)

3) $15\pi = 2\pi \times 7 + \pi$이므로 $2n\pi + \pi$(n은 정수)

4) $-\frac{14}{3}\pi = 2\pi \times (-3) + \frac{4}{3}\pi$이므로 $2n\pi + \frac{4}{3}\pi$(n은 정수)

각의 꼭지점을 좌표평면의 원점에 잡고 시초선을 x축의 양의 방향으로 할 때, 동경 OP가 제1, 제2, 제3, 제4사분면에 있으면, 동경 OP가 나타내는 각을 각각 **제1, 제2, 제3, 제4사분면의 각**이라 한다 (그림 4. 39).

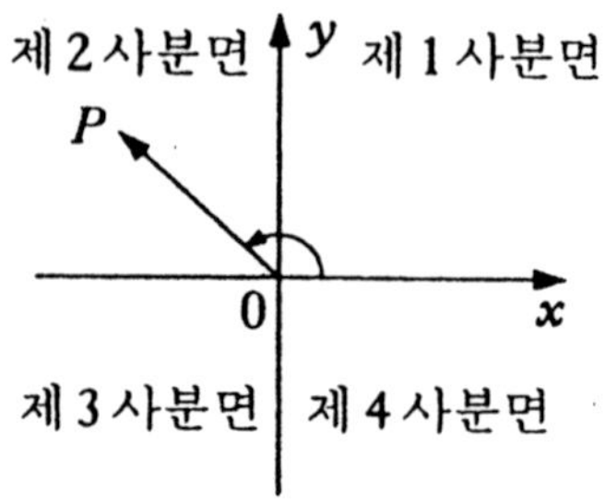

(그림 4. 39)

주의 동경이 좌표축과 일치할 때는, 그 각은 어느 사분면에도 속하지 않는다.

[예제 2] — (동경의 위치와 사분면의 각)

크기가 다음과 같은 각은 몇 사분면의 각인가?

1) $120°$ 2) $-45°$ 3) $\frac{14}{3}\pi$ 4) $-\frac{7}{4}\pi$

풀이 동경을 그려본다.

1) 제2사분면의 각 2) 제4사분면의 각

3) 제2사분면의 각 4) 제1사분면의 각 ▣

[문제 2] θ의 동경과 3θ의 동경이 반대방향으로 일직선이 될 때, θ의 값을 구하여라. 단, $0 < \theta < \pi$이다.

답 $\frac{\pi}{2}$

일반각의 삼각함수

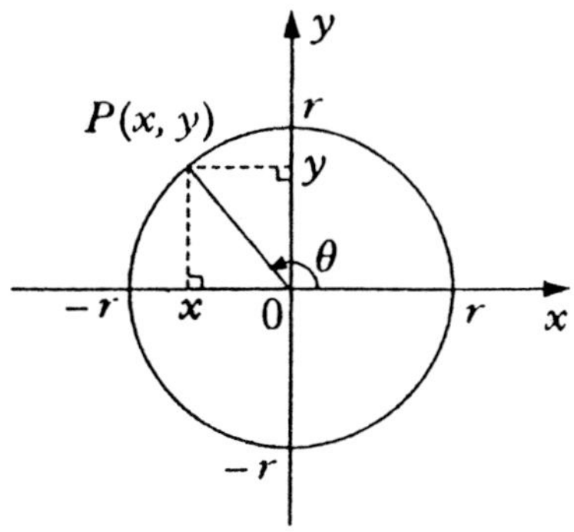

(그림 4. 40)

(그림 4. 40)과 같이 $\overrightarrow{OP}$가 나타내는 일반각의 크기를 θ, $\overrightarrow{OP}=r$, P의 좌표를 (x, y)라 하면, $\frac{y}{r}$, $\frac{x}{r}$, $\frac{y}{x}(x \neq 0)$의 값은 r의 크기에 관계없이 θ의 값에 따라 하나로 결정된다.

따라서 $\theta \to \frac{y}{r}$, $\theta \to \frac{x}{r}$, $\theta \to \frac{y}{x}$의 대응은 각각 함수이다.

이것을 각각 일반각 θ의 **사인함수, 코사인함수, 탄젠트함수**라 하고, 기호로 $\sin\theta = \frac{y}{r}$, $\cos\theta = \frac{x}{r}$, $\tan\theta = \frac{y}{x}$와 같이 나타낸다.

마찬가지로 대응 $\theta \to \frac{r}{y}$, $\theta \to \frac{r}{x}$, $\theta \to \frac{x}{y}(x \neq 0,\ y \neq 0)$도 함수이고, 이것을 θ의 코시컨트함수, 시컨트함수, 코탄젠트함수라 하고 기호로 $\mathrm{cosec}\,\theta = \frac{r}{y}$, $\sec\theta = \frac{r}{x}$, $\cot\theta = \frac{x}{y}$와 같이 나타낸다. 이들 6가지의 함수를 통틀어 θ의 **삼각함수**라 한다.

예 다음 각 값을 구하여라.

1) $\cos 135°$ 2) $\sec 135°$ 3) $\sin(-60°)$

4) $\mathrm{cosec}(-60°)$ 5) $\tan 240°$ 6) $\cot 240°$

답 1) $-\frac{1}{\sqrt{2}}$ 2) $-\sqrt{2}$ 3) $-\frac{\sqrt{3}}{2}$

4) $-\frac{2}{\sqrt{3}}$ 5) $\sqrt{3}$ 6) $\frac{\sqrt{3}}{3}$

삼각함수의 정의로부터 삼각함수의 값을 부호로 구하면 다음과 같다.

< 삼각함수의 값의 부호 >

삼각함수 \ 사분면	제1사분면	제2사분면	제3사분면	제4사분면
$\sin\theta$, $\operatorname{cosec}\theta$	+	+	−	−
$\cos\theta$, $\sec\theta$	+	−	−	+
$\tan\theta$, $\cot\theta$	+	−	+	−

예 다음 각 값의 부호를 말하여라.

1) $\sin 760°$ 2) $\cos(-280°)$ 3) $\tan(-30°)$

4) $\operatorname{cosec} 640°$ 5) $\sec 850°$ 6) $\cot(-420°)$

답 1) 양 2) 양 3) 음 4) 음 5) 음 6) 음

[예제 3] — (삼각함수의 값의 부호)

$\sin\theta\tan\theta < 0$, $\sin\theta\cos\theta > 0$일 때 θ는 몇 사분면의 각인가?

풀이 $\sin\theta\tan\theta < 0$에서 $\sin\theta$와 $\tan\theta$는 다른 부호이므로 θ는 제2 또는 제3사분면의 각이다. 또 $\sin\theta\cos\theta > 0$에서 $\sin\theta$와 $\cos\theta$는 같은 부호이므로 θ는 제1 또는 제3사분면의 각이다. 따라서 θ는 제3사분면의 각이다. ▣

[문제 3] 다음 값을 구하여라.

1) $\sin 840°$ 2) $\cos 765°$ 3) $\tan(-1110°)$

답 1) $\frac{\sqrt{3}}{2}$ 2) $\frac{1}{\sqrt{2}}$ 3) $-\frac{1}{\sqrt{3}}$

삼각함수 사이의 관계를 정리하면 다음과 같다.

< 삼각함수의 기본성질 >

1. 역수관계

$$\mathrm{cosec}\,\theta=\frac{1}{\sin\theta},\quad \sec\theta=\frac{1}{\cos\theta},\quad \cot\theta=\frac{1}{\tan\theta}$$

2. 상제관계

$$\tan\theta=\frac{\sin\theta}{\cos\theta},\quad \cot\theta=\frac{\cos\theta}{\sin\theta}$$

3. 제곱관계

$$\sin^2\theta+\cos^2\theta=1,\quad \tan^2\theta+1=\sec^2\theta,\quad \cot^2\theta+1=\mathrm{cosec}^2\theta$$

[예제 4] — (삼각함수의 관계식 이용하기)

다음 식을 간단히 하여라.

1) $(\sin\theta+\cos\theta)^2+(\sin\theta-\cos\theta)^2$

2) $(1-\sin^2)(1+\tan^2\theta)$

풀이 1) 준식 $=(\sin^2\theta+2\sin\theta\cos\theta+\cos^2\theta)+(\sin^2\theta-2\sin\theta\cos\theta+\cos^2\theta)$

$=2(\sin^2\theta+\cos^2\theta)=2$

2) 준식 $=\cos^2\theta\cdot\sec^2\theta=\cos^2\theta\cdot\dfrac{1}{\cos^2\theta}=1$ ▣

[문제 4] $\cos\theta=\frac{4}{5}(0^\circ<\theta<90^\circ)$일 때, $\sin\theta$, $\tan\theta$의 값을 구하여라.

답 $\sin\theta=\frac{3}{5}$, $\tan\theta=\frac{3}{4}$

각의 크기가 θ, $-\theta$, $\frac{\pi}{2}\pm\theta$, $\pi\pm\theta$, $2n\pi+\theta$일 때, 삼각함수의 등식은 다음과 같다.

< $\frac{\pi}{2}\times n\pm\theta$ 의 삼각함수>

1. $2n\pi+\theta$의 삼각함수(단 n은 정수)
   ① $\sin(2n\pi+\theta)=\sin\theta$ ② $\cos(2n\pi+\theta)=\cos\theta$
   ③ $\tan(2n\pi+\theta)=\tan\theta$
2. 음각의 삼각함수
   ① $\sin(-\theta)=-\sin\theta$ ② $\cos(-\theta)=\cos\theta$
   ③ $\tan(-\theta)=-\tan\theta$
3. $\pi\pm\theta$의 삼각함수
   ① $\sin(\pi\pm\theta)=\pm\sin\theta$(복호동순) ② $\cos(\pi\pm\theta)=-\cos\theta$
   ③ $\tan(\pi\pm\theta)=\pm\tan\theta$(복호동순)
4. $\frac{\pi}{2}\pm\theta$의 삼각함수
   ① $\sin\left(\frac{\pi}{2}\pm\theta\right)=\cos\theta$ ② $\cos\left(\frac{\pi}{2}\pm\theta\right)=\mp\sin\theta$(복호동순)
   ③ $\tan\left(\frac{\pi}{2}\pm\theta\right)=\mp\cot\theta$(복호동순)

[예제 5] — (예각의 삼각함수로 나타내기)

다음을 예각의 삼각함수로 나타내어라.

1) $\sin 120^\circ$ 2) $\cos 700^\circ$ 3) $\tan(-740^\circ)$

풀이 1) $\sin 120^\circ=\sin(180^\circ-60^\circ)=\sin 60^\circ$

또는 $\sin 120^\circ=\sin(90^\circ+30^\circ)=\cos 30^\circ$

2) $\cos 700^\circ=\cos(360^\circ\times 2-20^\circ)=\cos(-20^\circ)=\cos 20^\circ$

또는 $\cos 700^\circ=\cos(90^\circ\times 7+70^\circ)=\sin 70^\circ$

3) $\tan(-740^\circ)=\tan\{360^\circ\times(-2)-20^\circ\}=-\tan 20^\circ$

또는 $\tan(-740^\circ)=\tan\{90^\circ\times(-8)-20^\circ\}=-\tan 20^\circ$ ▣

[문제 5] 다음을 예각의 삼각함수로 나타내어라.

1) $\sin(-\frac{5}{4}\pi)$　　　2) $\cos\frac{14}{3}\pi$　　　3) $\tan\frac{11}{6}\pi$

답 1) $\sin\frac{\pi}{4}$ 또는 $\cos\frac{\pi}{4}$

2) $-\cos\frac{\pi}{3}$ 또는 $-\sin\frac{\pi}{6}$

3) $-\tan\frac{\pi}{6}$ 또는 $-\cot\frac{\pi}{3}$

삼각함수의 그래프

$y=\sin x$의 그래프는 x의 모든 실수값에 대하여 정의되고 $-1 \leqq \sin x \leqq 1$이므로 정의역은 $\{x \mid x$는 실수$\}$, 치역은 $\{y \mid -1 \leqq y \leqq 1\}$이다. 그래프는 그림 4. 41의 ①과 같다.

$y=\cos x$의 그래프는 정의역은 $\{x \mid x$는 실수$\}$, 치역은 $\{y \mid -1 \leqq y \leqq 1\}$이다. 그래프는 그림 4. 41의 ②과 같다.

$y=\tan x$의 그래프는 동경이 y축과 일치할 때는 탄젠트의 값이 정의되지 않는다. 즉 $y=\tan x$는 $x \neq n\pi+\frac{\pi}{2}$($n$은 정수)인 모든 실수 x에 대하여 정의되고 y는 모든 실수값을 취한다. 정의역은 $\{x \mid x$는 실수, $x \neq n\pi+\frac{\pi}{2}\}$, 치역은 $\{y \mid y$는 실수$\}$이다. 그래프를 그리면 (그림 4. 41)의 ③과 같다.

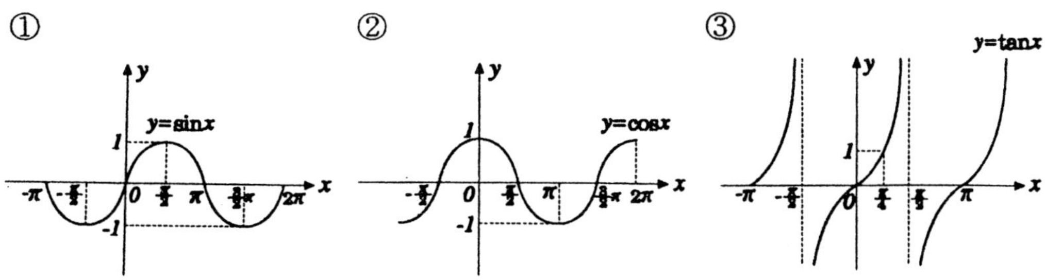

(그림 4. 41)

[예제 6] — (삼각함수의 그래프)

다음 함수의 그래프를 그려라.

1) $y=2\sin x$ 2) $y=\cos 2x$ 3) $y=\tan\dfrac{x}{2}$

풀이 1) $-1\leqq\sin x\leqq 1$이므로, $-2\leqq 2\sin x\leqq 2$
따라서 $y=2\sin x$의 그래프는 $y=\sin x$의 그래프를 y축의 방향으로 2배 확대한 것이다(그림 4. 42).

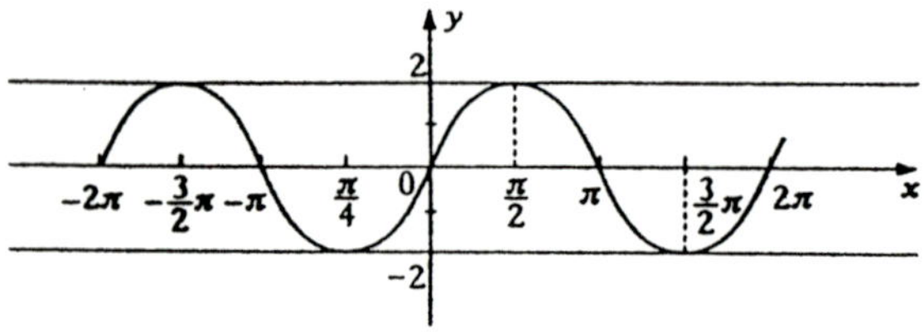

(그림 4. 42)

2) 임의의 각 α에 대하여 $x=\alpha$일 때의 $\cos x$의 값과 $x=\dfrac{\alpha}{2}$일 때의 $\cos 2x$의 값이 같다. 따라서 $y=\cos 2x$의 그래프는 $y=\cos x$의 그래프를 x축 방향으로 $\dfrac{1}{2}$배 확대한 것이다(그림 4. 43).

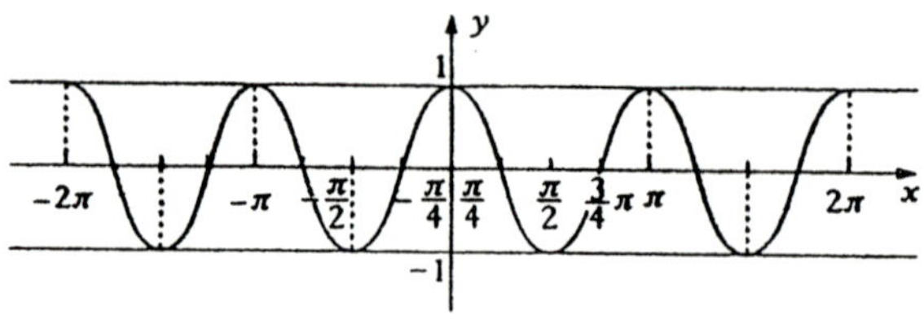

(그림 4. 43)

3) $y=\tan\dfrac{x}{2}$의 그래프는 $y=\tan x$의 그래프를 x축 방향으로 2배 확대한 것이다(그림 4. 44).

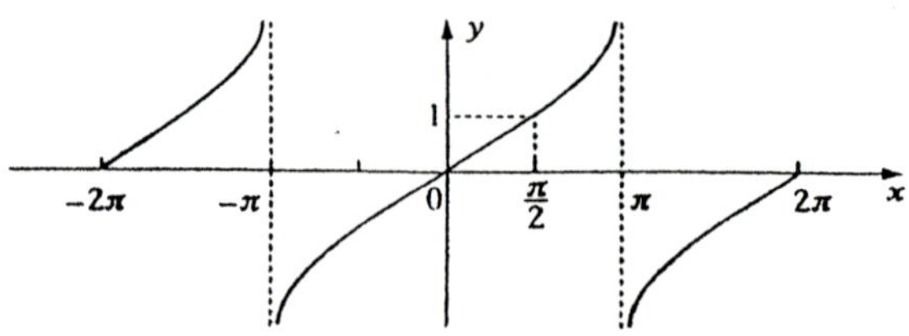

(그림 4. 44) ■

[문제 6] 다음 삼각함수의 치역을 구하여라.

1) $y=2\sin\left(x-\dfrac{\pi}{3}\right)$　2) $y=\dfrac{1}{3}\cos\dfrac{x}{2}$　3) $y=-3\tan\left(3x-\dfrac{\pi}{2}\right)$

답 1) $\{y\,|\,-2\leqq y\leqq 2\}$　2) $\{y\,|\,-\dfrac{1}{3}\leqq y\leqq \dfrac{1}{3}\}$　3) $\{y\,|\,y$는 실수$\}$

사인법칙과 코사인법칙

삼각형 ABC의 세 내각의 크기 A, B, C와 세 변의 길이 a, b, c 및 외접원의 반지름의 길이 R사이에는 다음 관계가 성립한다(그림 4. 45).

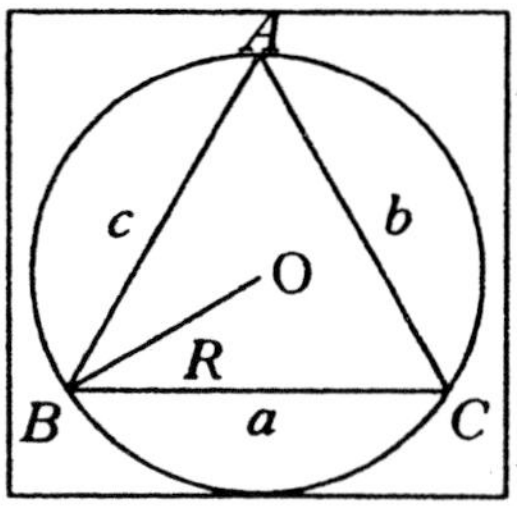

(그림 4. 45)

사인법칙 : $\dfrac{a}{\sin A}=\dfrac{b}{\sin B}=\dfrac{c}{\sin C}=2R$

$\triangle ABC$에서 다음 관계가 성립한다(그림 4. 46).

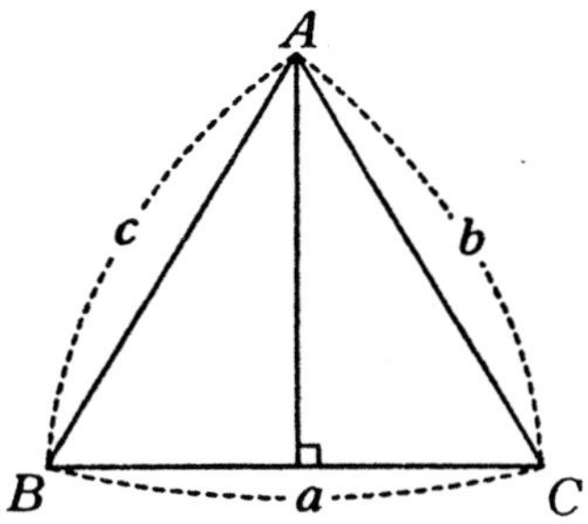

(그림 4. 46)

제일코사인법칙 $\begin{cases} a=b\cos C+c\cos B \\ b=c\cos A+a\cos C \\ c=a\cos B+b\cos A \end{cases}$

제일코사인 법칙으로부터 다음 제이코사인 법칙이 유도된다.

제이코사인법칙 $\begin{cases} a^2=b^2+c^2-2bc\cos A \\ b^2=c^2+a^2-2ca\cos B \\ c^2=a^2+b^2-2ab\cos C \end{cases}$

[예제 7] — (사인법칙)

$\triangle ABC$에서 세 내각의 크기를 A, B, C 세 변의 길이 a, b, c 외접원의 반지름의 길이 R이라 할 때, 다음 각 값을 구하여라.

1) $A=60°$, $R=2cm$일 때, a의 값은?

2) $a=2cm$, $R=\sqrt{2}\,cm$일 때, A의 값은?

풀이 $\dfrac{a}{\sin A}=2R$ 에서

1) $a=2R\cdot\sin A=2\times2\cdot\sin60°=2\sqrt{3}(cm)$

2) $\sin A=\dfrac{a}{2R}=\dfrac{2}{2\sqrt{2}}=\dfrac{1}{\sqrt{2}}$ $\quad\therefore A=45°$ 또는 $135°$ ▣

[문제 7] $\triangle ABC$ 에서 $b=6$, $c=3$, $A=105°$, $B=45°$일 때, a를 구하여라.

답 $\dfrac{3}{2}$

[예제 8] — (제이코사인법칙)

두 변의 길이가 $2cm$, $3cm$이고, 그 끼인각의 크기가 $60°$일 때, 나머지 변의 길이를 구하여라(그림 4. 47).

풀이 $A=60°$, 나머지 변의 길이를 a라 하면,

$a^2=b^2+c^2-2bc\cos A$ 에서

$a^2=2^2+3^2-2\cdot2\cdot3\cdot\cos60°=7$

$\therefore a=\sqrt{7}(cm)$

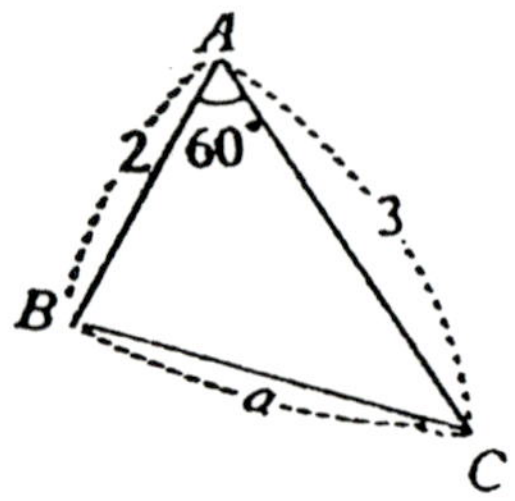

(그림 4. 47) ▣

[문제 8] 제이코사인법칙을 이용하여 $\triangle ABC$에서 $a=7$, $b=8$, $c=13$일 때, C를 구하여라.

답 $120°$

삼각형의 넓이

두 변의 길이와 그 끼인 각의 크기를 알 때, 삼각형(그림 4. 48)의 넓이를 구하는 공식은 다음과 같다.

$$S=\frac{1}{2}bc\sin A$$
$$=\frac{1}{2}ca\sin B$$
$$=\frac{1}{2}ab\sin C$$

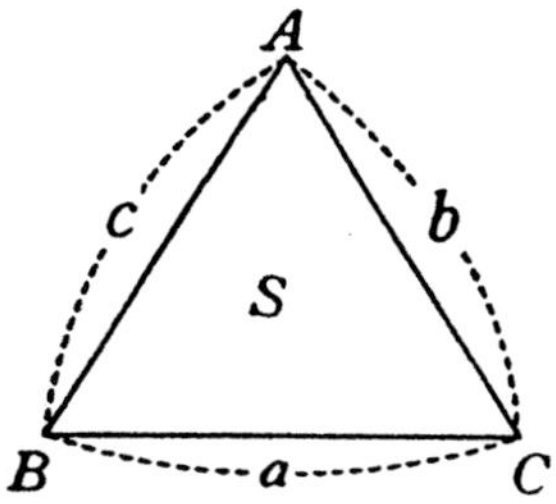

(그림 4. 48)

[예제 9] — (두 변의 길이와 그 끼인각의 크기 이용)

한 변의 길이가 a인 정삼각형의 넓이를 구하여라.

풀이 $S=\frac{1}{2}\cdot a\cdot a\cdot\sin 60^\circ=\frac{\sqrt{3}}{4}a^2$ ▣

[문제 9] 세변의 길이 a, b, c를 알 때, 삼각형의 넓이(S) 구하는 공식을 헤론의 공식이라 한다. $2p=a+b+c$라 할 때, $S=\sqrt{p(p-a)(p-b)(p-c)}$이다. 이 때, 세변의 길이가 5$cm$, 7$cm$, 8$cm$인 삼각형의 넓이를 구하여라.

답 $10\sqrt{3}\,cm^2$

삼각함수의 여러 가지 공식

< 삼각함수의 덧셈정리 >

1. $\begin{cases} \sin(\alpha+\beta)=\sin\alpha\cos\beta+\cos\alpha\sin\beta \\ \sin(\alpha-\beta)=\sin\alpha\cos\beta-\cos\alpha\sin\beta \end{cases}$

2. $\begin{cases} \cos(\alpha+\beta)=\cos\alpha\cos\beta-\sin\alpha\sin\beta \\ \cos(\alpha-\beta)=\cos\alpha\cos\beta+\sin\alpha\sin\beta \end{cases}$

3. $\begin{cases} \tan(\alpha+\beta)=\dfrac{\tan\alpha+\tan\beta}{1-\tan\alpha\tan\beta} \\ \tan(\alpha-\beta)=\dfrac{\tan\alpha-\tan\beta}{1+\tan\alpha\tan\beta} \end{cases}$

[예제 10] — **(사인, 코사인의 덧셈정리 이용)**

α는 제1사분면, β는 제2사분면의 각이고 $\sin\alpha=\frac{4}{5}$, $\cos\beta=-\frac{5}{13}$ 일 때, $\sin(\alpha-\beta)$, $\cos(\alpha+\beta)$의 값을 구하여라.

풀이 α는 제1사분면의 각이므로 $\cos\alpha>0$

β는 제2사분면의 각이므로 $\sin\beta>0$

$$\therefore\ \cos\alpha=\sqrt{1-\sin^2\alpha}=\sqrt{1-\frac{16}{25}}=\frac{3}{5}$$

$$\sin\beta=\sqrt{1-\cos^2\beta}=\sqrt{1-\frac{25}{169}}=\frac{12}{13}$$

$$\therefore\ \sin(\alpha-\beta)=\sin\alpha\cos\beta-\cos\alpha\sin\beta=\frac{4}{5}\left(-\frac{5}{13}\right)-\frac{3}{5}\cdot\frac{12}{13}=-\frac{56}{65}$$

$$\cos(\alpha+\beta)=\cos\alpha\cos\beta-\sin\alpha\sin\beta=\frac{3}{5}\left(-\frac{5}{13}\right)-\frac{4}{5}\cdot\frac{12}{13}=-\frac{63}{65}$$ ▣

[문제 10] 다음 삼각함수 값을 구하여라.

1) $\sin\frac{\pi}{12}$ 2) $\cos\frac{5}{12}\pi$ 3) $\tan\frac{7}{12}\pi$

답 1) $\frac{\sqrt{6}-\sqrt{2}}{4}$ 2) $\frac{\sqrt{6}-\sqrt{2}}{4}$ 3) $-(2+\sqrt{3})$

< 2배각의 공식 >

1. $\sin 2\alpha = 2\sin\alpha\cos\alpha$
2. $\cos 2\alpha = \cos^2\alpha - \sin^2\alpha = 2\cos^2\alpha - 1 = 1 - 2\sin^2\alpha$
3. $\tan 2\alpha = \frac{2\tan\alpha}{1-\tan^2\alpha}$

[예제 11] — (사인, 코사인의 2배각의 공식 이용)

α가 제2사분면의 각이고 $\sin\alpha = \frac{1}{3}$일 때, $\sin 2\alpha$, $\cos 2\alpha$의 값을 각각 구하여라.

풀이 $\cos^2\alpha = 1 - \sin^2\alpha = 1 - \frac{1}{9} = \frac{8}{9}$

α는 제2사분면의 각이므로 $\cos\alpha < 0$ $\quad\therefore \cos\alpha = \frac{-2\sqrt{2}}{3}$

$\therefore \sin 2\alpha = 2\sin\alpha\cos\alpha = 2\times\frac{1}{3}\times\left(-\frac{2\sqrt{2}}{3}\right) = -\frac{4}{9}\sqrt{2}$

$\therefore \cos 2\alpha = 1 - 2\sin^2\alpha = 1 - 2\times\frac{1}{9} = \frac{7}{9}$ ▣

[문제 11] α가 제3사분면의 각이고 $\tan\alpha = \sqrt{3}$일 때, $\cot 2\alpha$의 값을 구하여라.

답 $-\dfrac{1}{\sqrt{3}}$

< 반각의 공식 >

1. $\sin^2\dfrac{\alpha}{2} = \dfrac{1-\cos\alpha}{2}$ 2. $\cos^2\dfrac{\alpha}{2} = \dfrac{1+\cos\alpha}{2}$ 3. $\tan^2\dfrac{\alpha}{2} = \dfrac{1-\cos\alpha}{1+\cos\alpha}$

[예제 12] — **(사인, 코사인의 반각의 공식 이용)**

$\pi < \alpha < 2\pi$이고 $\cos\alpha = \dfrac{1}{4}$일 때, $\sin\dfrac{\alpha}{2}$, $\cos\dfrac{\alpha}{2}$의 값을 구하여라.

풀이 $\sin^2\dfrac{\alpha}{2} = \dfrac{1-\cos\alpha}{2} = \dfrac{1-\frac{1}{4}}{2} = \dfrac{3}{8}$

$\cos^2\dfrac{\alpha}{2} = \dfrac{1+\cos\alpha}{2} = \dfrac{1+\frac{1}{4}}{2} = \dfrac{5}{8}$

한편, $\dfrac{\pi}{2} < \dfrac{\alpha}{2} < \pi$이므로, $\sin\dfrac{\alpha}{2} > 0$, $\cos\dfrac{\alpha}{2} < 0$

$\therefore\ \sin\dfrac{\alpha}{2} = \sqrt{\dfrac{3}{8}} = \dfrac{\sqrt{6}}{4}$, $\cos\dfrac{\alpha}{2} = -\sqrt{\dfrac{5}{8}} = -\dfrac{\sqrt{10}}{4}$ ▣

[문제 12] $0 < \alpha < \dfrac{\pi}{2}$이고 $\tan\alpha = \dfrac{1}{\sqrt{3}}$일 때, $\sin\dfrac{\alpha}{2}$, $\cos\dfrac{\alpha}{2}$, $\tan\dfrac{\alpha}{2}$의 값을 구하여라.

답 $\dfrac{\sqrt{6}-\sqrt{2}}{4}$, $\dfrac{\sqrt{6}+\sqrt{2}}{4}$, $2-\sqrt{3}$

< 곱을 합 · 차로 고치는 공식 >

1. $\sin\alpha\cos\beta=\frac{1}{2}\{\sin(\alpha+\beta)+\sin(\alpha-\beta)\}$

2. $\cos\alpha\sin\beta=\frac{1}{2}\{\sin(\alpha+\beta)-\sin(\alpha-\beta)\}$

3. $\cos\alpha\cos\beta=\frac{1}{2}\{\cos(\alpha+\beta)+\cos(\alpha-\beta)\}$

4. $\sin\alpha\sin\beta=-\frac{1}{2}\{\cos(\alpha+\beta)-\cos(\alpha-\beta)\}$

[예제 13] — (곱을 합 · 차로 고치기 공식 이용)

다음 식을 합 · 차의 꼴로 고쳐라.

1) $2\sin 3\theta\cos 7\theta$ 2) $\sin 4\theta\sin 2\theta$

풀이 1) 준식$=2\times\frac{1}{2}\{\sin(3\theta+7\theta)+\sin(3\theta-7\theta)\}$

$=\sin 10\theta-\sin 4\theta$

2) 준식$=-\frac{1}{2}\{\cos(4\theta+2\theta)-\cos(4\theta-2\theta)\}$

$=-\frac{1}{2}(\cos 6\theta-\cos 2\theta)$ ▣

[문제 13] $\sin 75^\circ\cos 15^\circ$의 값을 구하여라.

답 $\frac{2+\sqrt{3}}{4}$

< 합 · 차를 곱으로 고치는 공식 >

1. $\sin A+\sin B=2\sin\dfrac{A+B}{2}\cdot\cos\dfrac{A-B}{2}$

2. $\sin A-\sin B=2\cos\dfrac{A+B}{2}\cdot\sin\dfrac{A-B}{2}$

3. $\cos A+\cos B=2\cos\dfrac{A+B}{2}\cdot\cos\dfrac{A-B}{2}$

4. $\cos A-\cos B=-2\sin\dfrac{A+B}{2}\cdot\sin\dfrac{A-B}{2}$

[예제 14] —(합 · 차를 곱으로 고치기 공식 이용)

다음 식을 곱의 꼴로 고쳐라.

1) $\sin 7\theta+\sin\theta$　　2) $\cos 5\theta+\cos 3\theta$　　3) $\cos 9\theta-\cos 5\theta$

풀이 1) 준식 $=2\sin\dfrac{7\theta+\theta}{2}\cdot\cos\dfrac{7\theta-\theta}{2}=2\sin 4\theta\cos 3\theta$

2) 준식 $=2\cos\dfrac{5\theta+3\theta}{2}\cdot\cos\dfrac{5\theta-3\theta}{2}=2\cos 4\theta\cos\theta$

3) 준식 $=-2\sin\dfrac{9\theta+5\theta}{2}\cdot\sin\dfrac{9\theta-5\theta}{2}=-2\sin 7\theta\sin 2\theta$ ▣

[문제 14] $\sin 105°+\sin 75°$ 의 값을 구하여라.

답 $\dfrac{\sqrt{6}+\sqrt{2}}{2}$

연습문제 4-8

1. 반지름의 길이가 12cm, 호의 길이가 $2\pi cm$인 부채꼴의 중심각의 크기와 넓이를 구하여라.

답 $\frac{\pi}{6}$, $12\pi cm^2$

2. θ가 제3사분면의 각일 때, $\frac{\theta}{2}$는 몇 사분면의 각인가?

답 제2, 4사분면

3. θ가 제2사분면의 각일 때, $\sqrt{(\cos\theta-\sin\theta)^2}-\sqrt{\cos^2\theta}$를 간단히 하여라.

답 $\sin\theta$

4. 다음 값을 구하여라.

1) $\sin\frac{13}{4}\pi$ 2) $\cos\left(-\frac{16}{3}\pi\right)$ 3) $\tan\frac{19}{4}\pi$

답 1) $-\frac{1}{\sqrt{2}}$ 2) $-\frac{1}{2}$ 3) -1

5. 다음 식을 간단히 하여라.

1) $\frac{\cos\theta}{1-\tan\theta}+\frac{\sin\theta}{1-\cot\theta}$ 2) $\tan^2\theta+(1-\tan^4\theta)\cos^2\theta$

답 1) $\cos\theta+\sin\theta$ 2) 1

6. θ가 제4사분면의 각이고, $\mathrm{cosec}\theta=-\frac{5}{3}$일 때, $\cot\theta$의 값을 구하여라.

답 $-\frac{4}{3}$

7. $0° < \theta < 90°$이고 $2\sin\theta - \cos\theta = 1$일 때, $\tan\theta$의 값을 구하여라.

답 $\frac{4}{3}$

8. 다음 식을 간단히 하여라.

$$\sin\left(\frac{\pi}{2}+\theta\right)+\cos(\theta-\pi)-\sin(2\pi-\theta)+\cos\left(\theta-\frac{\pi}{2}\right)$$

답 $2\sin\theta$

9. 다음 함수의 주기와 최대값, 최소값을 구하여라.

1) $y=3\sin 2x$ 　　 2) $y=-2\cos\frac{x}{3}$ 　　 3) $y=\tan(-3x)$

답 1) 주기 : π, 　최대값 : 3, 　최소값 : -3

2) 주기 : 6π, 　최대값 : 2, 　최소값 : -2

3) 주기 : $\frac{\pi}{3}$, 　최대값, 최소값은 없다.

10. 다음 $\triangle ABC$를 풀어라.

1) $a=2,\ B=45°,\ C=105°$ 　　 2) $a=1+\sqrt{3},\ B=60°,\ C=45°$

답 1) $A=30°,\ b=2\sqrt{2},\ c=\sqrt{2}+\sqrt{6}$

2) $A=75°,\ b=\sqrt{6},\ c=2$

11. $\cos 20° \cdot \cos 40° \cdot \cos 80°$의 값을 구하여라.

답 $\frac{1}{8}$

제 4 장
Homework

1. 다음 식을 간단히 하여라.

1) $(10xy)^2(3y^3)$ 2) $x^4(\sqrt{x})^3$ 3) $\dfrac{4x^4y^3}{(3xy)^4}$

4) $(5x^2y^4z^4)^3(5x^2y^4z^4)^{-3}$ 5) $(4a^{-2}b^3)^{-3}$

6) $\left(\dfrac{10x^{-2}y^3}{x^4}\right)^0$ 7) $\left(\sqrt[3]{(x-y)^2}\right)^6$ 8) $\sqrt{36(x+1)^5}$

9) $\sqrt[4]{(3x^2y^3)^2}$ 10) $\sqrt{5x^2y}\,\sqrt{3y}$

2. 다음 식을 인수분해하여라.

1) $2x^3-2x^2-4x$ 2) $2ay^3-7ay^2-15ay$
3) $63xy^2-7x^3$ 4) $80-5x^2$
5) $4x^3y-4x^2y^2+xy^3$ 6) $150x+120x^2+24x^3$
7) $6x^4-48xy^3$ 8) $27x^2y-x^2y^4$
9) $(x^2+2y^2)^2-9x^2y^2$ 10) $(x^2+y^2)^2-4x^2y^2$
11) $4x^2(2x-1)+2x(2x-1)^2$ 12) $9x(3x-9)^2+(3x-9)^2$
13) $xy+2y^2+2xz+4yz$ 14) $12x-24y-6xy+12y^2$

3. ( )에 맞는 인수를 구하여라.

1) $\dfrac{3}{4}x^2-\dfrac{5}{6}x+4=\dfrac{1}{12}(\quad)$

2) $\dfrac{2}{3}x^4-\dfrac{3}{8}x^3+\dfrac{5}{6}x^2=\dfrac{x^2}{24}(\quad)$

3) $x^3-1=(x-1)(\quad)$

4) $x^6-y^6=(x-y)(x+y)(\quad)(\quad)$

5) $x^4-2x^2y^2+y^4=(x+y)^2(\quad)^2$

6) $x^4-5x^3+8x-40=(x-5)(\quad)(\quad)$

4. 근의 공식을 이용하여 다음 방정식의 실근을 구하여라.

1) $16x^2+8x-3=0$
2) $x^2-2x-2=0$
3) $x^2+8x-4=0$
4) $(x-5)^2=2x$
5) $16x^2+4x+3=0$
6) $49x^2-28x+4=0$

5. 조립제법을 이용하여 다음 식을 간단히 하여라.

1) $\dfrac{3x^3-17x^2+15x-25}{x-5}$
2) $\dfrac{-x^3+75x-250}{x+10}$
3) $\dfrac{5-3x+2x^2-x^3}{x+1}$
4) $\dfrac{5x^3-6x^2+8}{x-4}$

6. 유리수근정리를 이용하여 다음 다항식의 값을 0으로 하는 x를 구하여라.

1) $2x^3-9x^2-6x+5$
2) $3x^3-16x^2-13x+6$
3) $x^4-4x^3+3x^2+2x$
4) $9x^4-10x^2+1$

7. 다음 식을 간단히 하여라.

1) $x-1+\dfrac{1}{x+2}+\dfrac{1}{x-1}$
2) $\dfrac{A}{x-2}+\dfrac{B}{(x-2)^2}+\dfrac{C}{x+2}$

8. 다음 식을 유리화하여라.

1) $\dfrac{49}{\sqrt{7}}$
2) $\dfrac{\sqrt{x+1}}{x+1}$
3) $\dfrac{\sqrt{x+\Delta x}-\sqrt{x}}{\Delta x}$
4) $\dfrac{2x}{\sqrt{x}+4}$
5) $\dfrac{2x}{5-\sqrt{3}}$
6) $\dfrac{x}{\sqrt{2}+\sqrt{3}}$
7) $\dfrac{1}{\sqrt{6}+\sqrt{5}}$
8) $\dfrac{\sqrt{15}+3}{12}$
9) $\dfrac{\sqrt{3}-\sqrt{2}}{x}$
10) $\dfrac{x-1}{\sqrt{x}+x}$
11) $\dfrac{2x-\sqrt{4x-1}}{2x-1}$
12) $\dfrac{10}{\sqrt{x}+\sqrt{x+5}}$
13) $\dfrac{x+1}{\sqrt{x^2-2}-\sqrt{x}}$
14) $\dfrac{x-1}{\sqrt{3}-\sqrt{4x-x^2}}$
15) $\dfrac{8x}{\sqrt{17x}-1}$
16) $\dfrac{1-x^2}{\sqrt{x}-\sqrt{x^3}}$

9. 다음 식을 간단히 하여라.

1) $\left(\dfrac{1}{\sqrt{x+\Delta x+1}}-\dfrac{1}{\sqrt{x+1}}\right)\div\Delta x$　2) $\left(\dfrac{1}{\sqrt{x+\Delta x}}-\dfrac{1}{\sqrt{x}}\right)\div\Delta x$

3) $\dfrac{-1}{x}+\dfrac{2}{x^2+1}$　4) $\dfrac{2}{x+1}+\dfrac{1-x}{x^2-2x+3}$

5) $\dfrac{-x}{(x+1)^{3/2}}+\dfrac{2}{(x+1)^{1/2}}$　6) $2\sqrt{x}(x-2)+\dfrac{(x-2)^2}{2\sqrt{x}}$

7) $\dfrac{2-x}{2\sqrt{1+x}}-\sqrt{1+x}$　8) $-\dfrac{\sqrt{x^2+1}}{x^2}+\dfrac{1}{\sqrt{x^2+1}}$

10. 다음 방정식의 실근을 구하여라.

1) $2x^2-x-1=0$　2) $3x^2-5x+2=0$

3) $(x-5)(x+3)=33$　4) $(x-1)(x+2)=4$

5) $x^3+64=0$　6) $x^3-216=0$

7) $x^4-16=0$　8) $x^4-625=0$

9) $x^3-x^2-4x+4=0$　10) $2x^3+x^2+6x+3=0$

11) $(x+2)^2(x-1)+(x+2)(x-1)^2=0$

12) $(x+5)^2(x-2)+(x+5)^2=0$

11. 자연수 전체의 집합 N에서의 함수

$$f(x)=\begin{cases} 0 & (x\text{는 홀수}) \\ 1 & (x\text{는 짝수}) \end{cases}$$

일 때, $f(x)+f(x+3)$의 값을 구하여라.

12. $X=\{1, 2, 3, 4\}$, $Y=\{5, 6, 7\}$일 때, X에서 Y로의 함수 중 치역이 2개의 원소로 된 함수는 모두 몇 개 있는가?

13. $f(x)$는 일차함수이고 모든 실수 x에 대하여 $f(f(x))=x$, $f(5)=-4$를 만족한다. $f(3)$을 구하여라.

14. 실수전체의 집합 R에서 정의된 함수 $f(x)=ax+b(a\neq 0)$가 있다. $f^{-1}(0)=0$, $(f\circ f)(0)=3$일 때, $f^{-1}(3)$의 값을 구하여라.

15. 그래프가 세 점 $(1, a)$, $(a, 7)$, $(5, 11)$을 지나고 기울기가 음인 직선의 방정식을 구하여라.

16. $y=x-[x](-1\leqq x\leqq 3)$의 그래프를 그려라(단, $[x]$는 x를 넘지 않는 최대의 정수를 나타낸다).

17. 두 점 $(0, -1)$, $(3, 2)$를 지나며 꼭지점이 직선 $y=3x-3$ 위에 있고, 위로 볼록한 이차함수를 구하여라.

18. 임의의 함수 $f(x)$에 대하여 다음 각 함수는 우함수인가, 기함수인가?

1) $f(x)+f(-x)$ 2) $f(x)-f(-x)$

19. 다음 이차함수의 그래프와 x축의 교점의 개수를 구하여라.

1) $y=x^2+4x+2$ 2) $y=-2x^2-5x-5$

20. 포물선 $y=ax^2-2x+a$와 x축과의 두 교점 사이의 거리가 $\sqrt{2}$일 때, a의 값을 구하여라.

21. 포물선 $y=ax^2$의 그래프가 직선 $y=-2x-a+4$보다 항상 아래쪽에 있을 a의 범위를 구하여라.

22. 함수 $y=\dfrac{2x+4}{x+1}$에서 치역이 $\{y\,|\,y\leqq 0$ 또는 $y\geqq 3\}$일 때, 정의역을 구하여라.

23. 함수 $y=-\sqrt{4-x^2}-1$의 그래프를 그리고 정의역 X, 치역 Y를 구하여라.

24. 이차함수 $y=-x^2+ax$가 $-1\leqq x\leqq 1$의 범위에서 최대값 4를 가질 a의 값을 구하여라.

25. 실수 x, y가 $x^2+y^2=1$을 만족할 때, $\dfrac{y}{x-2}$의 최대값, 최소값을 구하여라.

26. 다음 값을 간단히 하여라.

1) $(\sqrt[6]{4})^3$

2) $\dfrac{\sqrt[6]{2}\times\sqrt{8}}{\sqrt[3]{4}}$

3) $3\cdot\sqrt[4]{2}+\sqrt[4]{32}$

4) $\sqrt{2\sqrt{2\sqrt{2}}}$

27. 다음 식을 간단히 하여라.

1) $8^{-\frac{1}{3}}\times 8^{\frac{1}{6}}\div 8^{\frac{1}{2}}$

2) $\dfrac{a\sqrt{a}}{\sqrt[3]{a^4}}$

28. 다음 함수의 그래프를 그려라.

1) $y=3^{|x|}$

2) $y=2^x+2^{-x}$

29. $2^{3x}+2^{-3x}=2^x+2^{-x}$를 풀어라.

30. 다음 값을 구하여라.

1) $\log\left(\log_{\sqrt{5}}25\right)$

2) $9\log_9 4$

3) $\log_{\sqrt{2}}2\sqrt[4]{8}$

4) $\log_{\cos 30^\circ}\dfrac{9}{16}$

31. 다음 함수의 역함수를 구하여라.

1) $y=3^{x+1}-2$ 　　　　　　　　 2) $y=2\log_3 x$

32. $2<\log_x 16<4$를 풀어라.

33. 둘레의 길이가 $6cm$인 부채꼴의 넓이가 최대일 때의 반지름의 길이는?

34. θ가 제4사분면의 각일 때, $\frac{\theta}{3}$는 몇 사분면의 각인가?

35. θ가 제3사분면의 각이고 $\sin\theta=-\frac{3}{5}$일 때, $\sec\theta$와 $\cot\theta$의 값을 구하여라.

36. $\tan 190^\circ+\tan 100^\circ+\tan 350^\circ+\cot 10^\circ$의 값을 구하여라.

37. 함수 $f(x)=2\sin\frac{x}{2}-\cos\frac{2}{3}x$의 주기를 구하여라.

38. $\log_4(1+\sin x)-\log_2\cos x=\frac{1}{2}(0\leq x\leq 2\pi)$를 풀어라.

39. 다음 삼각형 ABC를 풀어라.

1) $A=135^\circ$, $C=30^\circ$, $a=4$

2) $a=\sqrt{2}$, $b=\sqrt{3}+1$, $C=45^\circ$

3) $a=2$, $b=\sqrt{6}$, $c=1+\sqrt{3}$

40. 세 변의 길이가 7, 8, 13인 삼각형의 외접원의 반지름의 길이를 R, 내접원의 반지름의 길이를 r이라 할 때, Rr의 값은?

41. 부등식 $3\cos^2 x < \sin^2 x(-\pi < x < \pi)$를 구하여라.

42. x를 구하여라.

1) $3^x = 81$ 2) $5^{x+1} = 125$ 3) $\left(\frac{1}{3}\right)^{x-1} = 27$ 4) $\left(\frac{1}{5}\right)^{2x} = 625$

5) $4^3 = (x+2)^3$ 6) $4^2 = (x+2)^2$ 7) $x^{\frac{3}{4}} = 8$ 8) $(x+3)^{\frac{4}{3}} = 16$

9) $e^{-2x} = e^5$ 10) $e^x = 1$

43. 다음 지수함수의 그래프를 그려라.

1) $f(x) = 5^x$ 2) $f(x) = 4^x$ 3) $f(x) = \left(\frac{1}{5}\right)^x = 5^{-x}$

4) $f(x) = \left(\frac{1}{4}\right)^x = 4^{-x}$ 5) $f(x) = 3^{-x^2}$ 6) $f(x) = 2^{-x^2}$

7) $y = 3^{-|x|}$ 8) $y = \frac{3^{-x}}{4}$ 9) $y = 2^{-x} + 3$

44. 다음 로그함수의 그래프를 그려라.

1) $y = \ln(x-1)$ 2) $y = \ln|x|$

3) $y = \ln 2x$ 4) $y = 5 + \ln x$

5) $y = 3\ln x$ 6) $y = \frac{\ln x}{4}$

45. $\ln x$와 e^x의 역함수관계를 이용하여 다음 식을 간단히 하여라.

1) $\ln e^{x^2}$ 2) $\ln e^{2x-1}$ 3) $e^{\ln(5x+2)}$

4) $-1 + \ln e^{2x}$ 5) $e^{\ln\sqrt{x}}$ 6) $-8 + e^{\ln x^3}$

46. 로그의 성질과 $\ln 2 = 0.6931$, $\ln 3 = 1.0986$임을 이용하여 다음 log의 값을 구하여라.

1) $\ln 6$　　2) $\ln \frac{2}{3}$　　3) $\ln 81$

4) $\ln \sqrt{3}$　　5) $\ln 0.25$　　6) $\ln 24$

7) $\ln \sqrt[3]{12}$　　8) $\ln \frac{1}{72}$

47. 로그의 성질을 이용하여 로그의 합, 차, 곱으로 나타내어라.

1) $\ln xyz$　　2) $\ln \frac{xy}{z}$　　3) $\ln \sqrt{a-1}$

4) $\ln \sqrt{2^3}$　　5) $\ln \frac{2x}{\sqrt{x^2-1}}$　　6) $\ln \frac{1}{e}$

7) $\ln\left(\frac{x^2-1}{x^3}\right)^2$　　8) $\ln z(z-1)^2$

48. 다음 함수의 그래프를 그리고, 치역을 구하여라.

1) $y = \sin|x|$　　2) $y = |\cos x|$

49. 그래프를 이용하여 다음 삼각방정식을 풀어라.

1) $\sqrt{3}\tan 2x = 1 \,(0 \leq x \leq \pi)$

2) $\sin\left(x + \frac{\pi}{6}\right) = \frac{\sqrt{2}}{2} \,(0 \leq x \leq \pi)$

50. 부등식 $\cos x > \sin x$를 풀어라.(단, $0 \leq x \leq 2\pi$)

51. $\triangle ABC$에서 $A:B:C = 3:2:1$일 때, $a:b:c$를 구하여라.

제II부 일반수학

목 차

(제 II 부)

머 리 말

제1장 복소수

제2장 행렬과 행렬식

제3장 벡터

제4장 수열과 수학적 귀납법

제5장 주기함수

제6장 도형과 방정식

제 1 장

복소수

〈 학습내용 〉

1.1 복소수의 연산과 표현

□ 수에 어떤 의미를 주는가?

수 5는 5마리의 소 또는 5m에 적용될 수 있다.

수 $\frac{3}{4}$은 의미를 주는데 조금 더 어렵다. 왜냐하면 12원의 $\frac{3}{4}$과 $\frac{3}{4}$은 합리적인 측도이지만, 소(cow)의 $\frac{3}{4}$은 무엇인가? 수 -5는 어떤 의미가 주어질 수 있다.

추운 아침 온도가 0도 아래 5도 일 수 있거나 어떤 사람에게서 5원을 빌렸을 수 있다. -5 소(cow)의 개념은 더 확실하지 않다. $\sqrt{5}$는 어떤가? 이 수를 직각을 낀 두 변의 길이가 2와 1인 삼각형의 빗변의 길이로 만들 수 있지만, $\sqrt{5}$소나 $\sqrt{5}$원이 어떻게 의미를 갖느냐 하는 것은 어렵다. 어떤 수는 추상적이고 표현하기가 어렵지만 이것이 이들 수가 유용하지 않음을 의미하는 것은 아니다. 복소수의 개념을 이미 알고 있다. 복소수는 $a+bi$(a, b는 실수, $i^2=-1$)꼴로 나타내어지고 이 수에서 a는 실수부이고, b는 허수부이다.

$3+4i$소나 $3+4i$원을 이해하는 것은 어렵지만,

$3+4i$와 같은 수가 물리학과 수학의 다양한 맥락에서 이용된다.

물리학에서 복소수는 AC회로에서 전압과 전류의 변화를 연구하는데 이용된다.

수학에서 복소수는 방정식을 푸는데, 변형을 표현하는데 그리고 Mendelbrot 집합과 같은 대상을 만드는데 이용된다. 고등학교때 배운 복소수의 개념과 복소수를 포함한 연산을 알아본다.

□ 복소수의 연산

실수는 수직선위에 나타낸다.

이 표현은 이들 수의 어떤 성질을 이해하는데 도움을 준다. 4는 3보다 크고, $\sqrt{2}$는

1과 2사이에 있다는 것을 안다. 복소수는 2차원에서 복소평면을 이용하여 나타내고, 이 그림은 복소수를 시각화하는데 도움을 준다. 예를 들면 복소수 $3+4i$는 (그림 1-1)과 같이 복소평면에 나타낼 수 있다. 복소수와 사칙연산을 배웠다. 뺄셈과 나눗셈은 특별한 연산으로 다루어지지 않는다. 수의 뺄셈은 그 수에 -를 더하여 이루어지고 나눗셈도 그 수의 역수를 곱하여 이루어진다.

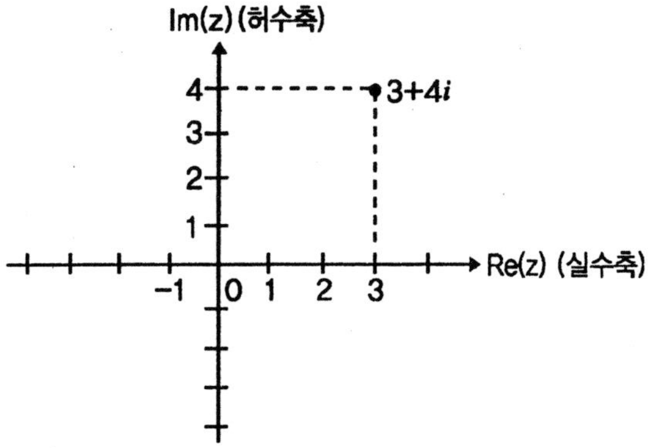

(그림 1-1)

$z=a+bi$이고 $w=c+di$이면,

덧셈: $z+w=(a+bi)+(c+di)=(a+c)+(b+d)i$

스칼라곱: $k\times z=ka+kbi$ (k는 실수)

곱셈: $z\times w=(a+bi)\times(c+di)=(ac-bd)+(ad+bc)i$

z의 역원: $\dfrac{1}{z}=\dfrac{1}{a+bi}=\dfrac{1}{a+bi}\times\dfrac{a-bi}{a-bi}=\dfrac{a-bi}{a^2+b^2}$

$$=\frac{a}{a^2+b^2}-\frac{b}{a^2+b^2}i$$

켤레복소수: $z=a+bi$이면 z의 켤레복소수 $\bar{z}$, $\bar{z}=a-bi$이다.

[예제 1] (복소수의 연산)

$p=2+3i$이고 $q=4-2i$일 때 다음을 계산하여라.

1) $3p$ 2) $2p-3q$ 3) $p\times q$ 4) $\dfrac{1}{p}$

풀이 1) $3p=3(2+3i)=6+9i$

2) $2p-3q=2(2+3i)-3(4-2i)$

$$=4+6i-12+6i=-8+12i$$

3) $p \times q = (2+3i)(4-2i) = 8-4i+12i-6i^2$

$= 8+6-4i+12i = 14+8i$

4) $\dfrac{1}{p} = \dfrac{1}{2+3i} = \dfrac{1}{2+3i} \times \dfrac{2-3i}{2-3i} = \dfrac{2-3i}{13}$

$= \dfrac{2}{13} - \dfrac{3}{13i}$ ▣

□ 극형식

복소수는 실수(Re)와 허수(Im) 성분을 주어 복소평면 위에 나타낼 수 있음을 보았다 .이러한 표현을 표준형, 직교좌표형(Cartesian form or rectangalar form)이라고 한다. 또 다른 복소평면 위에 위치를 나타내는 유용한 방법은 극형식(polar form)이다. 복소수 $z = a + bi$는 복소평면에 (그림 1-2)와 같이 나타낸다.

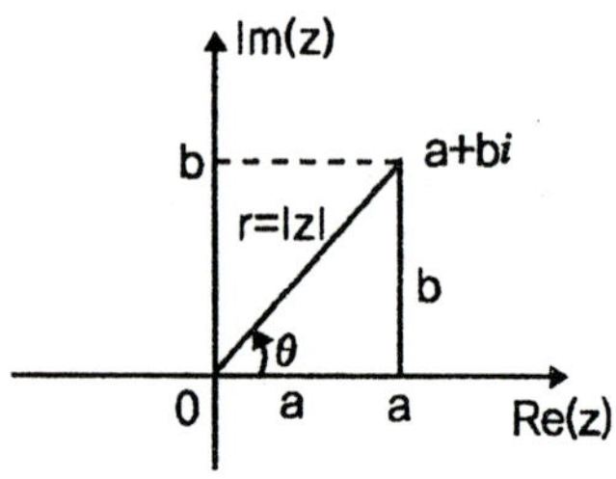

(그림 1-2)

복소수 z의 크기를 mod(z)라 하고 r 또는 $|z|$로 쓴다.

$r = \sqrt{a^2+b^2}$ 다른 표현으로 $|a+bi| = \sqrt{a^2+b^2}$이다.

수 θ는 z의 편각(arqument)이라 하고 arg(z), $\theta = \tan^{-1}\dfrac{b}{a}$로 주어진다.

θ는 x축의 양의 방향과 시계바늘이 도는 반대방향으로 이루어진다.

z의 주편각을 $Arg(z)$로 나타내고 $-\pi$와 π사이에 있다 $(-\pi < Arg(z) < \pi)$.

$a = |z|\cos\theta$이고 $b = |z|\sin\theta$임에 유의하면,

$z = r\cos\theta + r\sin\theta i$이다.

극형식을 때때로 mod$-Arg$꼴이라 하고 $z = r\,cis\,\theta(-\pi < \theta \leqq \pi)$로 쓴다.

$cis\,\theta$는 $\cos\theta + i\sin\theta$를 간단히 쓴 것이다.

[예제 2] (복소수의 크기표현)

$v=2-3i$이고 $w=1+2i$일 때, 다음을 계산하여라.

1) $|v|$ 2) $|\overline{v}|$ 3) $|v+2w|$

풀이 1) $|v|=|2-3i|=\sqrt{2^2+(-3)^2}=\sqrt{13}$

2) $\overline{v}=2+3i$

$|\overline{v}|=|2+3i|=\sqrt{2^2+3^2}=\sqrt{13}$

3) $v+2w=2-3i+2(1+2i)$

$=2-3i+2+4i=4+i$

$|v+2w|=|4+i|=\sqrt{4^2+1^2}=\sqrt{17}$ ▣

[예제 3] (복소수의 극형식 표현)

1) $2-3i$를 극형식으로 나타내어라.

2) $5cis\frac{2}{3}\pi$를 직교좌표형으로 나타내어라.

풀이 1) $|2-3i|=\sqrt{2^2+(-3)^2}=\sqrt{13}$

$\theta=\tan^{-1}\left(-\frac{3}{2}\right)=-0.98$(4 사분면)

$2-3i=\sqrt{13}\,cis(-0.98)$

2) $5\,cis\frac{2}{3}\pi=5\cos\frac{2}{3}\pi+i\times5\sin\frac{2}{3}\pi$

$=5\times\left(-\frac{1}{2}\right)+i\times5\times\frac{\sqrt{3}}{2}$

$=-\frac{5}{2}+\frac{5\sqrt{3}}{2}i$ ▣

□ De Moivre의 정리

De Moivre의 정리는 복소수를 곱하고 나누는데 매우 유용하다.

$z_1=\gamma_1\, cis\,\theta_1$, $z_2=\gamma_2\ cis\,\theta_2$이면,

$z_1\times z_2=\gamma_1\gamma_2\, cis\,(\theta_1+\theta_2)$이고

$\dfrac{z_1}{z_2}=\dfrac{\gamma_1}{\gamma_2}\ cis\,(\theta_1-\theta_2)$이다.

$z^n=z\times z\times\cdots\times z$ (n번 곱한다)

$z=\gamma\, cis\,\theta$이면, $z^n=\gamma^n\, cis\, n\theta$ 즉, $(\gamma\ cis\,\theta)^n=\gamma^n\ cis\, n\theta$이다.

[예제 4] (De Moivre의 정리 이용)

$v=3cis\dfrac{3}{4}\pi$이고 $w=4cis\dfrac{2}{3}\pi$일 때, 다음을 계산하여라.

1) $v\times w$ 2) $\dfrac{v}{w}$ 3) v^4

풀이 1) $v\times w=3\ cis\,\dfrac{3}{4}\pi\times 4\ cis\,\dfrac{2}{3}\pi$

$$=3\times 4\ cis\left(\frac{3}{4}\pi+\frac{2}{3}\pi\right)=12\ cis\,\frac{17}{12}\pi$$

$$=12\ cis\left(-\frac{7}{12}\pi\right)$$

2) $\dfrac{v}{w}=\dfrac{3}{4}\ cis\left(\dfrac{3}{4}\pi-\dfrac{2}{3}\pi\right)=0.75\ cis\,\dfrac{\pi}{12}$

3) $v^4=3^4\ cis\left(4\times\dfrac{3}{4}\pi\right)=81\ cis\,3\pi=81\ cis\,\pi$

$$=81(\cos\pi+i\sin\pi)=81(-1+0)=-81$$

▣

[예제 5] (극형식과 직교좌표형 변환)

1) $\sqrt{3}+i$를 극형식으로 고쳐라.

2) $\sqrt{\sqrt{3}+i}$의 한 값을 구하고 극형식으로 나타내어라.

3) $\sqrt{\sqrt{3}+i}$를 표준형(직교좌표형)으로 고쳐라.

풀이 1) $\gamma=\sqrt{(\sqrt{3})^2+1^2}=\sqrt{4}=2$

$$\theta=\tan^{-1}\left(\frac{1}{\sqrt{3}}\right)=\frac{\pi}{6}$$

$$\sqrt{3}+i=2\,cis\,\frac{\pi}{6}$$

2) $$\sqrt{\sqrt{3}+i}=\sqrt{2\,cis\,\frac{\pi}{6}}=\left(2\,cis\,\frac{\pi}{6}\right)^{\frac{1}{2}}=2^{\frac{1}{2}}\,cis\left(\frac{1}{2}\times\frac{\pi}{6}\right)$$

$$=\sqrt{2}\,cis\,\frac{\pi}{12}$$

3) $$\sqrt{\sqrt{3}+i}=\sqrt{2}\,cis\,\frac{\pi}{12}$$

$$=\sqrt{2}\left(\cos\frac{\pi}{12}+i\sin\frac{\pi}{12}\right)$$

$$=\sqrt{2}\cos\frac{\pi}{12}+i\times\sqrt{2}\sin\frac{\pi}{12}$$

$$=1.37+0.37i$$

▣

연습문제 1-1

1. $\mu=3-2i$, $v=2+4i$일 때 다음을 계산하여라.
   1) 4μ　2) $\mu+v$　3) $2\mu+3v$
   4) $\mu-v$　5) $\mu\times v$　6) $\frac{\mu}{v}$
   7) μ^2

2. $v=-2+i$, $w=1+4i$일 때 다음을 계산하여라.
   1) $|v|$　2) $|v+2w|$　3) $\overline{v}$
   4) $\overline{w+2v}$　5) $|\overline{w}|$　6) $v\overline{v}$
   7) $2w\times\overline{2w}$　8) v^{-1}　9) w^{-1}

3. $z=a+bi$일 때 다음이 성립함을 보여라.
   1) $z^{-1}=\frac{\overline{z}}{|z|^2}$　2) $z\overline{z}=|z|^2$

4. 다음 복소수를 극형식으로 고려라.
   1) $3+3i$　2) $3-3i$　3) $-3+3i$
   4) $2\sqrt{3}+4i$　5) $2\sqrt{3}-4i$　6) $4+3i$
   7) $-4-3i$　8) $-4+3i$　9) $3+4i$

해 답

1.
1) $12-8i$　2) $5+2i$
3) $12+8i$　4) $1-6i$
5) $14+8i$
6) $-0.1-0.8i$
7) 5-12i

2.
1) 2.24　2) 9
3) $-2-i$　4) $-3-6i$
5) 4.12　6) 5
7) 68　8) $-0.4-0.2i$
9) $0.06-0.24i$

3. 생략

4.
1) $4.24cis\frac{\pi}{4}$
2) $4.24cis\left(-\frac{\pi}{4}\right)$
3) $4.24cis\frac{3\pi}{4}$
4) $5.29cis0.86$
5) $5.29cis(-0.86)$
6) $5cis0.64$
7) $5cis(-2.50)$
8) $5cis(2.50)$
9) $5cis(0.93)$

5. 다음 복소수를 직교좌표형으로 고쳐라.

1) $4\ cis\frac{\pi}{3}$ 2) $3\ cis\frac{\pi}{6}$ 3) $20\ cis\frac{2}{3}\pi$

4) $8\ cis\left(-\frac{\pi}{4}\right)$ 5) $i\ cis\,\pi$ 6) $4\ cis\,1$

7) $3\ cis\,2$ 8) $2\ cis(-1)$

6. $u=4\ cis\frac{\pi}{4}$, $v=8\ cis\frac{2}{3}\pi$일 때, 다음을 계산하여라.

1) $u\times v$ 2) $\frac{u}{v}$ 3) $\frac{v}{u}$

4) u^2 5) v^3

7. 다음 물음에 답하여라.

1) $2+i$를 극형식으로
2) $\sqrt{2+i}$를 극형식으로
3) $\sqrt{2+i}$를 직교좌표형으로

8. 다음을 표준형으로 나타내어라.

1) $\frac{1}{\sqrt{1+2i}}$ 2) $\sqrt{i}$ 3) $\left(\frac{\sqrt{3}}{2}-\frac{1}{2}i\right)^{32}$

5.

1) $2+3.46i$
2) $1.50+2.60i$
3) $-10+17.32i$
4) $5.66-5.66i$
5) $-i$
6) $2.16+3.37i$
7) $-1.25+2.73i$
8) $1.08-1.68i$

6.

1) $32\ cis\frac{11}{12}\pi$
2) $0.5\ cis\left(-\frac{5}{12}\pi\right)$
3) $2\ cis\frac{5}{12}\pi$
4) $16\ cis\frac{\pi}{2}$
5) 512

7.

1) $2.24\ cis(0.46)$
2) $1.5\ cis(0.23)$
3) $1.46+0.34i$

8.

1) $-0.57-0.35i$
2) $0.71+0.71i$
3) $-0.5+0.866i$

1.2 다항식의 인수분해(복소수의 집합 C위에서)

z에 관한 다항식은 다음과 같이 나타낸다.

$$P(z) = a_n z^n + a_{n-1} z^{n-1} + \cdots + a_1 z + a_0$$

$a_n \neq 0$이면 $P(z)$의 차수는 n이고 $a_n(n \in N)$은 계수이다.

$a_n \in R$(즉, 모든 계수가 실수)이면 $P(z)$는 R(실수의 집합)위에서 다항식이라고 한다. 마찬가지로 적어도 a_n중 하나가 복소수이면 $P(z)$는 C(복소수의 집합)위에서 다항식이라고 한다. 예를 들면, $P(z) = 3z^4 - 5z^2 + 6$은 R 위에서 4차다항식이고, $P(z) = 2iz^3 + 3z^2 - 8i$는 C 위에서 3차다항식이다.

□ 대수학의 기본정리

다항식 $P(x)$가 인수로 $x-a$를 가지면 $P(x)$는 $P(x) = (x-a)\,Q(x)$로 쓸 수 있다. 이것으로부터 $P(a) = (a-a)\,Q(a) = 0$이 분명하다. 역도 참임을 보일 수 있다. $P(a) = 0$이면 $x-a$는 $P(x)$의 인수이다.

이 결과를 인수정리(factor theorem)로 알려진다.

인수정리: $P(a) = 0$이면 $x-a$는 $P(x)$의 인수이고 그 역도 성립한다.

1799년에 독일의 수학자 Carl Friedrich Gauss는 C위에서 모든 다항식은 복소수인 해를 갖는다는 것을 증명했다. 즉, $P_n(z)$가 C위에서 n차다항식이면 $P_n(z_0) = 0$인 $z_0 \in C$가 존재한다.

이 중요한 결과가 n차($n \in N$)의 다항식은 n개의 근을 갖는다는 것을 보이는데 이용될 수 있다.

증명은 대수학의 기본정리와 인수정리의 반복적용에 따른다. 우선 대수학의 기본

정리는 $P_n(z_0)=0$인 $z_0\in C$가 존재한다는 것을 보장한다. 인수정리는 어떤 z_0에 대해 $P_n(z_0)=0$이면 $z-z_0$가 $P_n(z)$의 인수이고, 따라서 $P_n(z)=(z-z_0)P_{n-1}(z)$이며, $P_{n-1}(z)$는 $n-1$차다항식이다. $P_{n-1}(z)$에 대수학의 기본정리를 적용하여 $P_{n-1}(z_1)=0$인 $z_1\in C$이 존재하고, 인수정리에 의해 $P_{n-1}(z)=(z-z_1)P_{n-2}(z)$가 된다. 따라서, $P_n(z)=(z-z_0)(z-z_1)P_{n-2}(z)$, 이 방법을 계속하여 다항식에 적용하면 다음과 같이 말할 수 있다.

> C 위의 모든 $P_n(z)$에 대해 n개의 선형인수(linear factor)가 있다. 즉,
> $P_n(z)=(z-z_n)(z-z_{n-1})(z-z_{n-2})\cdots(z-z_2)(z-z_1)P_0(z)$, $P_0(z)$는 상수

n개의 해를 얻었지만 대수학의 기본정리는 그들이 반드시 서로 다른지를 언급하지 않는다.

[예제 1] (복소수 위에서 인수분해)

$z^2+4z+13$을 C위에서 인수분해 하여라.

풀이

$$\begin{aligned} z^2+4z+13 &= (z^2+4z+4)-4+13 \\ &= (z+2)^2+9(z+2)^2-9i^2 \\ &= (z+2)^2-(3i)^2=(z+2-3i)(z+2+3i) \end{aligned}$$ ▣

[예제 2] (치환하여 인수분해)

$6z^4+z^2-1$을 C위에서 인수분해하여라.

풀이 $w=z^2$이라 놓으면 $6z^4+z^2-1=6w^2+w-1$

$$=(3w-1)(2w+1)=(3z^2-1)(2z^2+1)$$
$$=(3z^2-1)(2z^2-i^2)=((\sqrt{3}z-1)(\sqrt{3}z+1)(\sqrt{2}z-i)(\sqrt{2}z+i)$$ ▣

[예제 3] (인수정리이용)

$f(z)=z^3+7z^2+16z+10$일 때 C위에서 $f(z)$의 모든 인수를 구하여라.

풀이 $f(-1)=(-1)^3+7(-1)^2+16(-1)+10=0$

-1	1	7	16	10
		-1	-6	-10
	1	6	10	0

따라서, $z+1$은 $f(z)$의 인수

$$f(z)=(z+1)(z^2+6z+10)$$
$$=(z+1)\{(z+3)^2+1\}=(z+1)\{(z+3)^2-i^2\}$$
$$=(z+1)(z+3-i)(z+3+i)$$

$f(z)$의 세인수는 $z+1$, $z+3-i$, $z+3+i$ 이다. ▣

□ 켤레근정리

앞의 예제에서 다항식은 실계수만을 가졌고, 복소인수는 켤레쌍으로 나타났다.

켤레근정리(conjugate root theorem): 다항식이 실계수를 가지면 그 근들은 실수이거나 켤레복소수의 쌍으로 나타난다.

이 정리를 증명하려고 어떤 z에 대해 $P(z)=0$이면, $P(\overline{z})=0$임을 보이면 된다.

우선 대수학의 기본정리에서 어떤 z에대해 $P(z)=0$에서 $\overline{P(z)}=0$이다.

이제 $P(z)=a_nz^n+a_{n-1}z^{n-1}+a_{n-2}z^{n-2}+\cdots+a_1z+a_0$이면

$$\begin{aligned}\overline{P(z)} &= \overline{a_n z^n} + \overline{a_{n-1} z^{n-1}} + \overline{a_{n-2} z^{n-2}} + \cdots + \overline{a_1 z} + \overline{a_0} \quad (\overline{z+w} = \overline{z} + \overline{w} \text{ 이용}) \\ &= \overline{a_n}\,\overline{z^n} + \overline{a_{n-1}}\,\overline{z^{n-1}} + \overline{a_{n-2}}\,\overline{z^{n-2}} + \cdots + \overline{a_1}\,\overline{z} + \overline{a_0} \quad (\overline{zw} = \overline{z}\,\overline{w} \text{ 이용}) \\ &= a_n \overline{z^n} + a_{n-1}\overline{z^{n-1}} + a_{n-2}\overline{z^{n-2}} + \cdots + a_1\overline{z} + a_0 \quad (n \in N,\ a_n\text{: 실수}) \\ &= a_n \overline{z}^n + a_{n-1}\overline{z}^{n-1} + a_{n-2}\overline{z}^{n-2} + \cdots + a_1\overline{z} + a_0 \quad (\overline{z^n} = \overline{z}^n) \\ &= P(\overline{z})\end{aligned}$$

$P(z)=0$이면, $P(\overline{z})=0$이므로 따라서 $\overline{z}$도 근이다.

켤레근정리는 적어도 한 근이 알려지면 즉시 켤레근이 다항식의 근이 됨을 알려준다.

[예제 4] (켤레근정리 이용)

$5+5\sqrt{2}i$가 $P(z)=z^3-8z^2+55z+150$의 근이면, C위에서 나머지 두 근을 구하여라.

풀이 $z_1=5+5\sqrt{2}i$가 근이면, $z_2=5-5\sqrt{2}i$는 다른 근이다. z_3도 근이라면,

$$\begin{aligned}P(z) &= (z-z_1)(z-z_2)(z-z_3) \\ &= (z-5-5\sqrt{2}i)(z-5+5\sqrt{2}i)(z-z_3) \\ &= \{(z-5)^2+50\}(z-z_3) = z^2-10z+75)(z-z_3) \\ &= (z^2-10z+75)(z+2)\end{aligned}$$

따라서, 나머지 두 근은 $5-5\sqrt{2}i$, -2이다. ▣

[예제 5] (인수정리 이용)

-3과 -4가 $P(z)=az^4+28z^3+49z^2+7+b$의 근일 때, a, $b(\in R)$를 구하여라.

풀이 $P(-3)=81a+28(-27)+49(9)+7+b=81a+b-308$

$P(-4)=a(-4)^4+28(-4)^3+49(-4)^2+7+b=256a+b-1001$

$P(-3)=0$. $P(-4)=0$에서 $81a+b-308=0 \cdots$ ①

$256a+b-1001=0 \cdots$ ②

②-①하면 $175a-693=0$, $a=3.96$, $b=-12.76$

따라서, $a=3.96$, $b=-12.76$이다. ▣

[예제 6] (인수정리이용)

$z-2$가 $P(z)=iz^3+a(1-i)z^2-(4+i)z+bi$의 인수일 때, a, $b(\in R)$를 구하여라.

풀이 $P(2)=i(2)^3+a(1-i)(2)^2-(4+i)(2)+bi$

$=8i+4a-4ai-8-2i+bi$

$=(4a-8)+(6-4a+b)i=0+0i$

$4a-8=0$에서, $a=2$

$6-4a+b=0$에서, $b=2$

따라서, $a=2$, $b=2$ 이다. ▣

연습문제 1-2

1. 다음식을 C위에서 인수분해하여라.

1) z^2+4 2) z^2+7 3) $z^2+8z+25$

4) z^2-3z+4 5) $4z^2-4z+17$

6) $-9z^2+24z-32$ 7) z^4-81

8) z^4-2z^2-3 9) z^4+20z^2+64

10) z^4+3z^2-10

2. C위에서 다음식 $f(z)$의 모든 인수를 구하여라.

1) $f(z)=z^3-4z^2+2z+28$

2) $f(z)=z^3+z^2+2z-4$

3) $f(z)=z^3-z^2-z+10$

4) $f(z)=2z^3+3z^2-14z-15$

5) $f(z)=z^4-2z^2-16z-15$

6) $f(z)=z^6-1$

해 답

1.

1) $(z+2i)(z-2i)$

2) $(2+\sqrt{7}i)(2-\sqrt{7}i)$

3) $(z+4-3i)(z+4+3i)$

4) $(z-\frac{3}{2}+\frac{\sqrt{7}}{2}i)$
$(z-\frac{3}{2}-\frac{\sqrt{7}}{2}i)$

5) $(2z-1+4i)$
$(2z-1-4i)$

6) $-(3z-4+4i)$
$(3z-4-4i)$

7) $(z-3)(z+3)$
$(z-3i)(z+3i)$

8) $(z+\sqrt{3})(z-\sqrt{3})$
$(z+i)(z-i)$

9) $(z+4i)(z-4i)$
$(z+2i)(z-2i)$

10) $(z+\sqrt{5}i)(z-\sqrt{5}i)$
$(z+\sqrt{2})(z-\sqrt{2})$

2.

1) $z+2$, $z-3\pm\sqrt{5}i$

2) $z-1$, $z+1\pm\sqrt{3}i$

3) $z+2$, $z-\frac{3}{2}\pm\frac{\sqrt{11}}{2}i$

4) $z+3$, $2z-5$, $z+1$

5) $z-3$, $z+1$,
$z+1\pm2i$

6) $z\pm1$, $z-\frac{1}{2}\pm\frac{\sqrt{3}}{2}i$,

$z+\frac{1}{2}\pm\frac{\sqrt{3}}{2}i$

3. $P(z)$의 나머지 두 근을 구하여라.
   1) $1+i$가 $P(z)=z^3+4z^2-10z+12$의 근
   2) $-2+i$가 $P(z)=2z^3+9z^2+14z+5$의 근
   3) $4-i$가 $P(z)=z^3-10z^2+33z-34$의 근

3.
1) $1-i$, -6
2) $-2-i$, $-\frac{1}{2}$
3) $4+i$, 2

4. $z-3i$가 $2z^4-4z^3+21z^2-36z+27$의 인수일 때, 나머지 인수를 구하여라.

4.
$z+3i$, $z-1\pm\frac{1}{\sqrt{2}}i$

5. $P(z)=z^2+(3+2i)z+6i$의 근은?
   1) $2i$, -3　2) $3i$, 2　3) $3i$, -2
   4) -3, -2　5) $-2i$, -3

5.
5)

6. $P(z)=z^3-(1+2i)z^2+2(1+i)z-2$이고 $(P(z)=(z-1)Q(z)$일 때, $Q(i)$는?
   1) 4　2) 2　3) 0
   4) 3　5) 1

6.
4)

7. $P(z)$는 계수가 모두 실수인 4차의 다항식이고, ai와 bi(a, b는 실수)가 근이면 z를 포함하지 않는 항은?
   1) ab　2) $a-b$　3) $a+b$
   4) a^3b^3　5) a^2b^2

7.
5)

8. $P(z)=z^3+2z^2-6z+a$이고 $P(1-i)=0$이면 a는?
   1) 4　2) -6　3) 8
   4) 6　5) 5

8.
3)

9. 다음 식에서 a를 구하여라.

1) $z+2$는 z^3+3z^2+az+8의 인수

2) $z+i$는 z^3+az^2+z-4의 인수

3) $z+1-2i$는 $2z^3+3z^2+8z+a$의 인수

4) $2i$는 $z^3-2z^2i+az-32i=0$의 근

9.

1) 6　2) -4

3) -5　4) 16

10. 다음 식에서 a, $b(\in R)$를 구하여라.

1) -3과 2는 $z^3+az^2+8z+b=0$의 근

2) 4와 1은 $z^4+az^3+bz^2-7z+12=0$의 근

3) $2i$와 $3i$는 $P(z)=z^3+aiz^2+bz-12i$의 근

10.

1) $a=15$, $b=-84$

2) $a=-3$, $b=-3$

3) $a=33$, $b=4$

1.3. 방정식 풀이(C위에서)

□ 인수분해를 이용하여 다항방정식 풀기

다항방정식 $P(z)=0$은 우선 $P(z)$를 인수분해하여 풀수 있다.

$P(z)=(z-z_1)(z-z_2)\cdots(z-z_n)=0$이면 $z=z_1,\ z_2,\ \cdots,\ z_n$이다.

□ 이차방정식의 풀이

$az^2+bz+c=0(a, b, c\in R)$꼴의 이차방정식은 근의 공식 $z=\dfrac{-b\pm\sqrt{b^2-4ac}}{2a}$를 이용하여 풀수 있다.

[예제 1] (인수분해이용)

C위에서 이차방정식 $x^2-2x+2=0$을 풀어라.

풀이 $x^2-2x+2=0$에서

$(x-1)^2-1+2=0 \quad (x-1)^2+1=0$

$(x-1)^2=-1 \quad \therefore x-1=\pm i,\ x=1\pm i$

또는 근의 공식에서

$$x=\frac{2\pm\sqrt{-4}}{2}=\frac{2\pm 2i}{2}=1\pm i$$

따라서, 근은 $1+i,\ 1-i$이다. ▣

[예제 2] (삼차방정식의 풀이)

C위에서 방정식 $z^3+3z^2+8z-12=0$을 풀어라.

풀이 $P(1)=1+3+8-12=0$

1	1	3	8	-12
		1	4	12
	1	4	12	0

$z=1$은 근이다. $z-1$의 인수를 갖는다.

$z^3+3z^2+8z-12=(z-1)(z^2+4z+12)=0$

$z^2+4z+12=0$에서

$z=-2\pm\sqrt{-8}=-2\pm2\sqrt{2}i$

세근은 1, $-2+2\sqrt{2}i$, $-2-2\sqrt{2}i$이다. ▣

[예제 3] (4차 방정식의 풀이)

C위에서 방정식 $x^4+13x^2+36=0$을 풀어라.

풀이 $x^2=y$라 놓으면, $y^2+13y+36=0$ $(y+4)(y+9)=0$에서

$x^2+4=0$, $x^2+9=0$

$x=\pm2i$, $x=\pm3i$

따라서, 네근은 $2i$, $-2i$, $3i$, $-3i$이다. ▣

□ z의 제곱근

$z^2=a+bi$에서 $z=x+yi(a, b, x, y\in R)$라면 x, y를 구하기 위해

$x+yi=\sqrt{a+bi}$에서

$(x+yi)^2a+bi$이고 전개하면

$(x^2-y^2)+2xyi=a+bi$에서

$x^2-y^2=a$이고, $2xy=b$이다.

연립방정식을 풀면 $x^2=\dfrac{a+\sqrt{a^2+b^2}}{2}$, $y^2=x^2-a$이다.

[예제 4] (제곱근 구하기)

$\sqrt{3+4i}$를 직교좌표형으로 고쳐라.

풀이 $z=\sqrt{3+4i}$에서 $z^2=3+4i$, $a=3$, $b=4$에서

$$x^2=\frac{3+\sqrt{3^2+4^2}}{2}=4, \quad x=\pm 2$$

$$y^2=4-3=1, \quad y=\pm 1$$

$z_1=2+i$와 $z_2=-2-i$

따라서, $2+i$, $-2-i$이다. ▣

□ $z^n=w(w\in C)$ 꼴의 방정식 풀기

$z^n=w(z, w\in C,\ n\in N)$를 만족시키는 z의 값은 De Moivre의 정리를 이용하여 구할 수 있다.

$n=2$, $n=3$, $w=a(\in R)$인 특별한 경우에 대해 $z^n=w$의 의 해를 구해보자.

$z^n=w$라면,

1) w를 극형식 $\gamma\, cis\,\theta$ 꼴로 나타난다.

2) $\gamma\, cis\,\theta=\gamma\, cis\,(\theta+2k\pi)$, $k\in Z$로 나타낸다.

3) 따라서, $z=[\gamma\, cis\,(\theta+2k\pi)]^{\frac{1}{n}}$, $k\in Z$(*De Moivre*의 정리)

4) $z=\gamma^{\frac{1}{n}}\, cis\left(\dfrac{\theta+2k\pi}{n}\right), k\in Z(k=0, 1, 2, 3, \cdots, n-1)$

[예제 5] (z의 세제곱근 구하기)

De Moivre의 정리를 이용하여 $z^3=-2-2i$인 z를 극형식으로 나타내어라.

풀이 $w=-2-2i=\gamma\, cis\,\theta$

$\gamma=\sqrt{(-2)^2+(-2)^2}=\sqrt{8}$이고,

$\tan\theta=\dfrac{-2}{-2}=1$에서 $\theta=\pi+\dfrac{\pi}{4}=\dfrac{5}{4}\pi$이다.

따라서, $w=\sqrt{8}\ cis\left(\dfrac{5}{4}\pi+2k\pi\right)$

$z^3=\sqrt{8}\ cis\left(\dfrac{5}{4}\pi+2k\pi\right)$

$z=\left[\sqrt{8}\ cis\left(\dfrac{5}{4}\pi+2k\pi\right)\right]^{\frac{1}{3}}=\sqrt{2}\ cis\left(\dfrac{5\pi}{12}+\dfrac{2k\pi}{3}\right)$

$k=0$, $z=\sqrt{2}\ cis\,\dfrac{5\pi}{12}$

$k=1$, $z=\sqrt{2}\ cis\left(\dfrac{5}{12}\pi+\dfrac{2\pi}{3}\right)=\sqrt{2}\ cis\,\dfrac{13\pi}{12}$

$=\sqrt{2}\ cis\left(-\dfrac{11}{12}\pi\right)$

$k=2$, $z=\sqrt{2}\ cis\left(\dfrac{5}{12}\pi+\dfrac{4}{3}\pi\right)=\sqrt{2}\ cis\,\dfrac{21\pi}{12}$

$=\sqrt{2}\ cis\left(-\dfrac{\pi}{4}\right)$

$-2-2i$의 세제곱근을 극형식으로 나타내면,

$\sqrt{2}\ cis\,\dfrac{5\pi}{12}$, $\sqrt{2}\ cis\left(-\dfrac{11}{12}\pi\right)$, $\sqrt{2}\ cis\,\dfrac{\pi}{4}$ ▣

□ $z^n=a(a\in R)$의 풀이

$1=1+0i=cis\,0$이므로

$a=a\times 1=a\ cis\,0=a\ cis\,(0+2k\pi), k\in J$

따라서, $z^n=a$는 $z^n=a\ cis\,2k\pi$, $k\in J$이고

De Moivre의 정리를 이용하면, $z=a^{\frac{1}{n}}\ cis\frac{2k\pi}{n}(k=0,1,2,\cdots,n-1)$이다.

[예제 6] (De Moivre의 정리이용)

$z^4=9$의 근을 직교좌표형으로 나타내어라.

풀이 $z^4=9=9\ cis\,2k\pi$

$$z=(9\ cis\,2k\pi)^{\frac{1}{4}}=9^{\frac{1}{4}}\ cis\frac{2k\pi}{4}=\sqrt{3}\ cis\frac{k\pi}{2}$$

$k=0$, $z=\sqrt{3}\ cis\,0=\sqrt{3}$

$k=1$, $z=\sqrt{3}\ cis\frac{\pi}{2}=\sqrt{3}i$

$k=2$, $z=\sqrt{3}\ cis\,\pi=-\sqrt{3}$

$k=3$, $z=\sqrt{3}\ cis\frac{3}{2}\pi=-\sqrt{3}i$

따라서, 직교좌표형으로 네근은 $\sqrt{3}$, $\sqrt{3}i$, $-\sqrt{3}$, $-\sqrt{3}i$이다. ▣

연습문제 1-3

해 답

1. C위에서 다음 2차방정식을 풀어라.
   1) $x^2+2x+5=0$ 2) $x^2-8x+25=0$
   3) $x^2-14x+149=0$ 4) $4x^2-12x+13=0$
   5) $4x^2-\sqrt{32}x+4=0$

2. C위에서 다음 방정식을 풀어라.
   1) $z^3-z^2-z+10=0$
   2) $z^3-2z^2+3z-2=0$
   3) $2z^3-7z^2+10z-8=0$
   4) $3z^3-13z^2+5z-4=0$
   5) $4z^3-20z^2+34z-20=0$

3. $f(z)=z-4,\ g(z)=z^2-z+1,\ k(z)=z^3-5z^2+5z-4$에 대해 $k(z)=f(z)g(z)$임을 보이고, $k(z)=0$인 z를 구하여라.

4. C위에서 다음 방정식을 풀어라.
   1) $x^4+25x^2+144=0$ 2) $z^4-3z^2-4=0$
   3) $9z^4+35z^2-4=0$ 4) $4x^4+12x^2+9=0$

해답

1.
1) $-1\pm2i$
2) $4\pm3i$
3) $7\pm10i$
4) $\frac{3}{2}\pm i$
5) $\frac{\sqrt{2}}{2}\pm\frac{\sqrt{2}}{2}i$

2.
1) $-2,\ \frac{3}{2}\pm\frac{\sqrt{11}}{2}i$
2) $1,\ \frac{1}{2}\pm\frac{\sqrt{7}}{2}i$
3) $2,\ \frac{3}{4}\pm\frac{\sqrt{23}}{4}i$
4) $4,\ \frac{1}{6}\pm\frac{\sqrt{11}}{6}i$
5) $2,\ \frac{3}{2}\pm\frac{1}{2}i$

3.
$4,\ \frac{1}{2}\pm\frac{\sqrt{3}}{2}i$

4.
1) $\pm4i,\ \pm3i$
2) $\pm2,\ \pm i$
3) $\pm\frac{1}{3},\ \pm2i$
4) $\pm\frac{\sqrt{3}}{2}i$

5. $(z-3)^2+4=0$의 근은?

1) $2+3i,\ 2-3i$ 2) $3-2i,\ 3+2i$
3) $3+4i,\ 3-4i$ 4) $4-3i,\ 4+3i$
5) $9+16i,\ 9-16i$

6. 다음의 제곱근을 직교좌표형으로 나타내어라.

1) $1+\sqrt{3}i$ 2) $11+60i$ 3) $16+63i$

7. $\sqrt{i}$를 직교좌표형으로 나타내어라.

8. $a(1+i)$의 근들의 하나가 $\sqrt{a}\ cis\frac{\pi}{8}$이면 나머지 근은?

1) $\sqrt{a}\ cis\frac{7}{8}\pi$ 2) $-\sqrt{a}\ cis\frac{7}{8}\pi$
3) $\sqrt{a}\ cis\left(-\frac{7}{8}\pi\right)$ 4) $\sqrt{a}\ cis\frac{9}{8}\pi$
5) $-\sqrt{a}\ cis\frac{9}{8}\pi$

9. De Moivre의 정리를 이용하여 다음 방정식을 풀고 극형식으로 나타내어라.

1) $z^2=\sqrt{3}-i$ 2) $z^2=4+4i$ 3) $z^3=-4+4\sqrt{3}i$
4) $z^3=i$ 5) $z^3=-1-i$

5.
2)

6.
1) $\pm\frac{1}{2}(\sqrt{6}+\sqrt{2}i)$
2) $\pm(6+5i)$
3) $\pm\frac{1}{\sqrt{2}}(9+7i)$

7.
$\pm\frac{1}{\sqrt{2}}(1+i)$

8.
3)

9.
1) $\sqrt{2}\ cis\left(-\frac{\pi}{12}\right)$, $\sqrt{2}\ cis\frac{11}{12}\pi$
2) $2^{\frac{5}{4}}\ cis\frac{\pi}{8}$, $2^{\frac{5}{4}}\ cis\left(-\frac{7}{8}\pi\right)$
3) $2\ cis\frac{2}{9}\pi$, $2\ cis\frac{8}{9}\pi$,

$2\,cis\left(-\frac{4}{9}\pi\right)$

4) $cis\frac{\pi}{6}$, $cis\frac{5}{6}\pi$, $cis\left(-\frac{\pi}{2}\right)$

5) $\sqrt[6]{2}\,cis\left(-\frac{\pi}{4}\right)$, $\sqrt[6]{2}\,cis\frac{5}{12}\pi$, $\sqrt[6]{2}\,cis\left(-\frac{11}{12}\pi\right)$

10. $(-125i)^{\frac{1}{3}}$을 구하고 근들의 합을 구하여라.

11. 1) 64의 세제곱근을 구하여라.
2) 그 결과를 복소평면위에 나타내어라.

12. 다음 방정식의 근을 직교좌표형으로 나타내어라.

1) $z^4=16$ 2) $z^4=25$
3) $z^6=64$ 4) $z^6=27$

13. $z^5=1$을 만족하는 모든 z를 극형식으로 나타내어라.

10.
$5i$, $\pm\frac{5\sqrt{3}}{2}-\frac{5}{2}i$,
합은 0

11.
1) 4, $-2\pm\frac{2}{\sqrt{3}}i$
2) 생략

12.
1) $\pm2, \pm2i$
2) $\pm\sqrt{5}$, $\pm\sqrt{5}i$
3) ±2, $-1\pm\sqrt{3}i$, $1\pm\sqrt{3}i$
4) $\pm\sqrt{3}$, $\pm\frac{\sqrt{3}}{2}+\frac{3}{2}i$, $\pm\frac{\sqrt{3}}{2}-\frac{3}{2}i$

13.
$cis\,0$, $cis\frac{2}{5}\pi$, $cis\frac{4}{5}\pi$, $cis\left(-\frac{4}{5}\pi\right)$, $cis\left(-\frac{2}{5}\pi\right)$

1.4 복소관계의 그래프: 사선, 직선과 원

□ 사선(rays)

$\{z \mid Arg\ z=0\}$을 알아보자.

이 식은 양의 실수축과 θ의 각을 이루는 점의 집합을 정의한다.

이것은 복소평면위에 원점에서 출발하고 양의 실수축과 θ의 각을 이루는 사선으로 표현된다(그림 1-3).

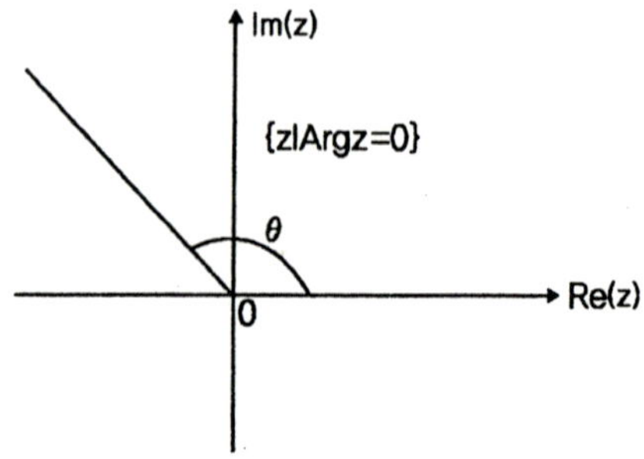

(그림 1-3)

[예제 1] (사선그리기)

복소평면위에 $\left\{z \mid Arg\ z=\dfrac{-5\pi}{6}\right\}$를 그려라.

풀이 복소평면을 그린다.

양의 실수축과 $-\dfrac{5\pi}{6}$를 이루는 점

(3사분면)을 표시한다.

원점과 이점을 잇는다(그림 1-4). ▣

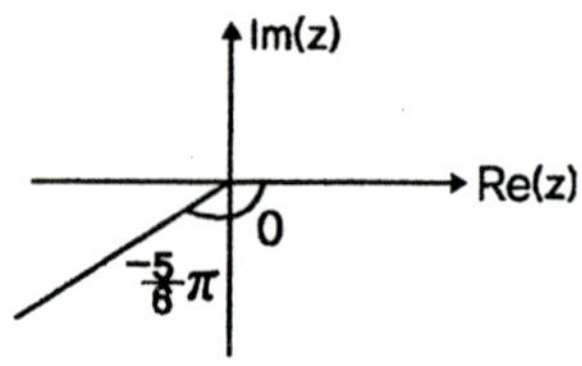

(그림 1-4)

□ 사선의 이동

복소관계의 이동은 직교좌표평면 위에서 이동과 유사하다. 예를 들면 관계 $y+1=(x+2)^2$은 $y=x^2$을 x축 방향으로 -2, y축 방향으로 -1 이동한 것과 같다.

$\{z \mid Arg\ (z+a+bi)=\theta,\ a, b \in R\}$으로 정의된 사선을 알아보자.

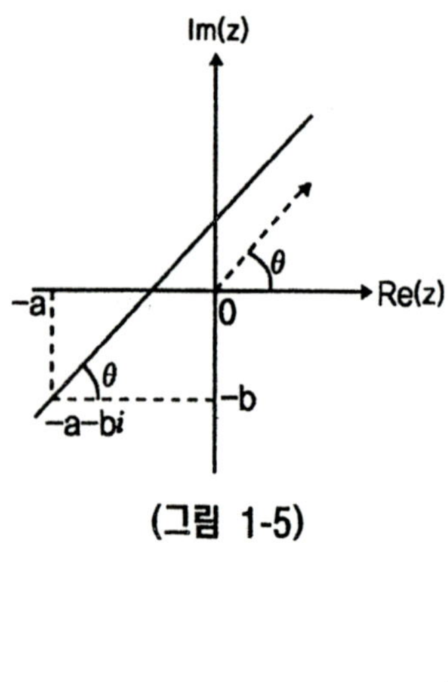

(그림 1-5)

이것은 $\{z \mid Arg\ z=0\}$와 같은 집합을 실수축으로 $-a$, 허수축으로 $-b$만큼 이동한 것과 같다(그림 1-5).

사선은 점 $(-a-bi)$에서 출발하고 허수축 위에 $-b$를 지나는 수평선의 양의 부분과 θ의 각을 이룬다.

[예제 2] (사선의 이동)

$\left\{z \mid Arg\ (z+4-2i)=\frac{\pi}{3}\right\}$를 복소평면 위에 보여라.

풀이 $\left\{z \mid Arg\ z=\frac{\pi}{3}\right\}$를 복소평면에 그려라.

사선을 실수축으로 -4, 허수축으로 그만큼 이동한다(그림 1-6). ▣

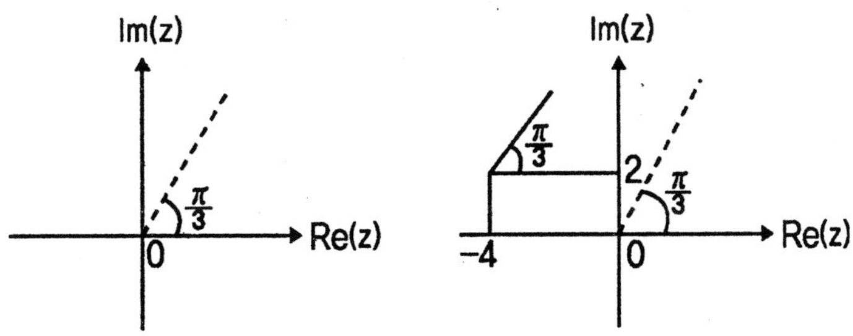

(그림 1-6)

□ 직선

$\{z \mid Re(z)=a,\ a\in R\}$을 알아보자.

이것은 실수부분이 a인 점들의 집합 $(x=a)$이다. 복소평면에서 점 $a+0i$를 지나는 수직선으로 나타내어 진다(그림 1-7).

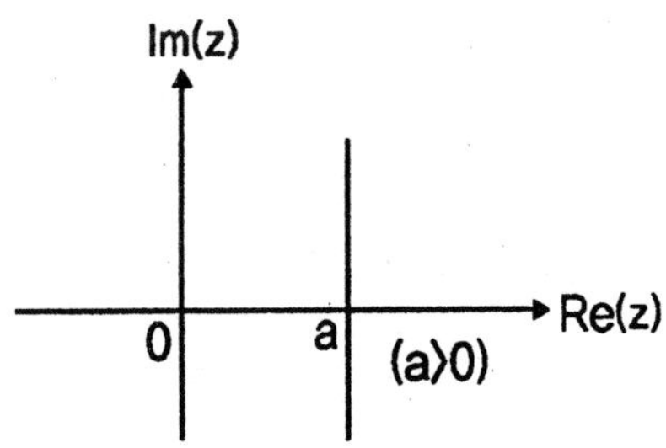

(그림 1-7)

이제 $\{z \mid Im(z)=b,\ b\in R\}$을 알아보자.

이것은 허수부분이 b인 점들의 집합 $(y=b)$이다.

점 $0+bi$를 지나고 수평선으로 복소평면 위에 나타내어 진다(그림 1-8).

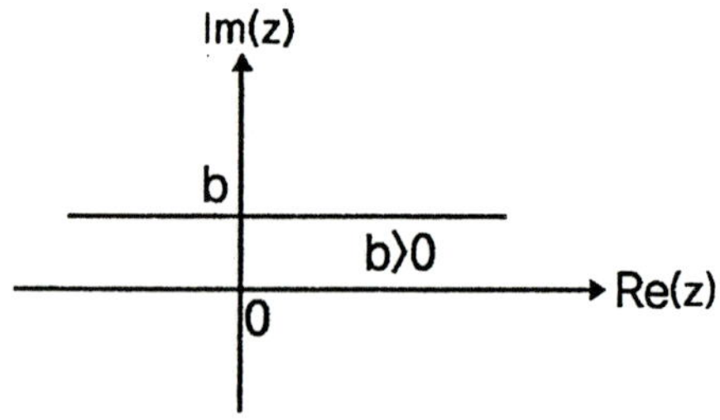

(그림 1-8)

[예제 3] (직선 나타내기)

다음을 복소평면위에 나타내어라.

1) $\left\{z \mid Re(z)=\frac{7}{2}\right\}$ 2) $\{z \mid Im(z)=-2\}$

풀이 1) 점 $\frac{7}{2}+0i$를 지나는 수직선을 복소평면 위에 그린다(그림 1-9).

2) 점 $0-2i$를 지나는 수평선을 복소평면 위에 그린다(그림 1-9). ▣

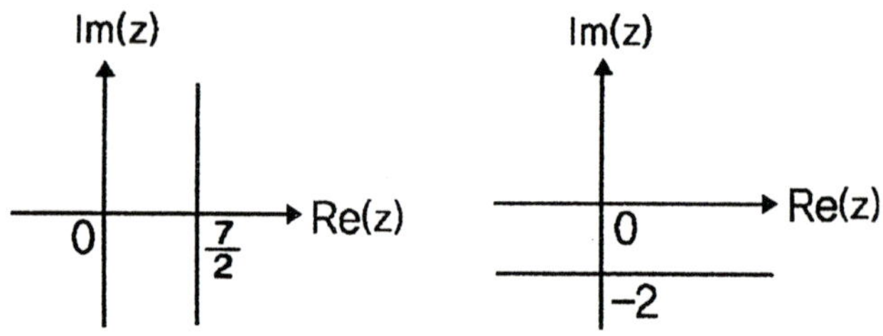

(그림 1-9)

□ 직선의 이동

$\{z \mid Re(z+a+bi)=c,\ a, b, c \in R\}$의 그래프는 $\{z \mid Re(z)=c\}$의 그래프를 실수축으로 $-a$, 허수축으로 $-b$ 이동한 것과 같다.

그래프는 수직선이므로 허수축으로 옮긴 것은 의미가 없다(그림 1-10).

마찬가지로 $\{z \mid Im(z+a+bi)=c,\ a, b, c \in R\}$의 그래프는 $\{z \mid Im(z)=c\}$의 그

래프를 실수축으로 $-a$, 허수축으로 $-b$ 만큼 옮긴 것과 같다.

그래프가 수평선이므로 실수축으로 옮긴 것은 의미가 없다(그림 1-11).

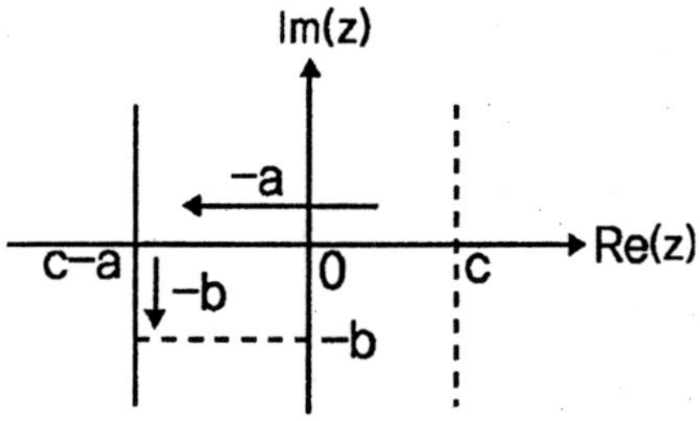

(그림 1-10)

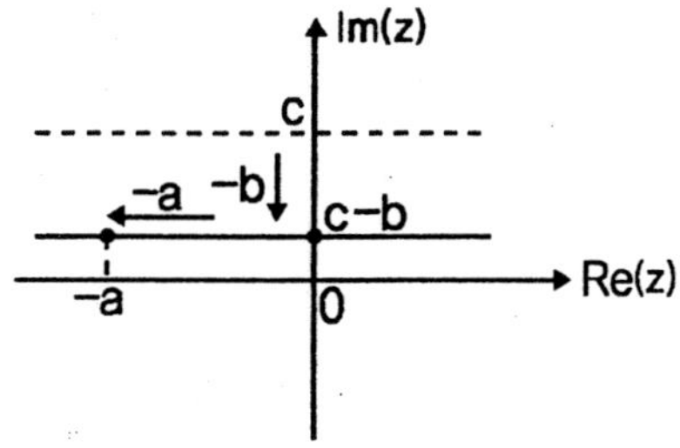

(그림 1-11)

[예제 4] (직선의 이동)

다음을 복소평면위에 그려라.

1) $\{z \mid Re(z-2+3i)=1\}$ 2) $\{z \mid Im(z-5i)=-3\}$

풀이 1) $\{z \mid Re(z)=1\}$의 그래프를 복소평면위에 그린다.

이 직선을 실수축으로 2, 허수축으로 -3 만큼 이동한다(그림 1-12)

2) $\{z \mid Im(z)=-3\}$의 그래프를 복소평면위에 그린다.

이 직선을 허수축으로 5만큼 이동한다(그림 1-13). ▣

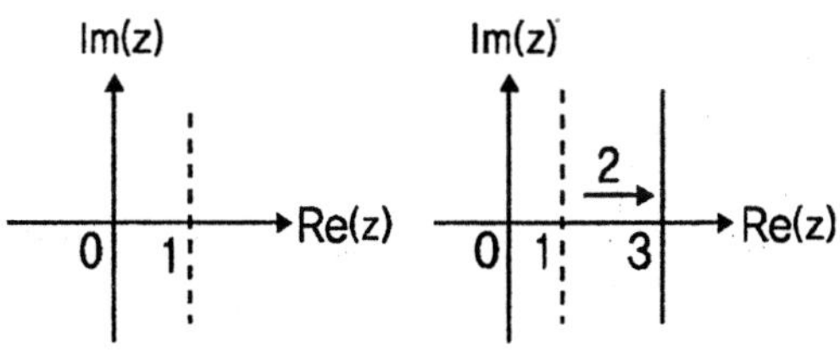

(그림 1-12)

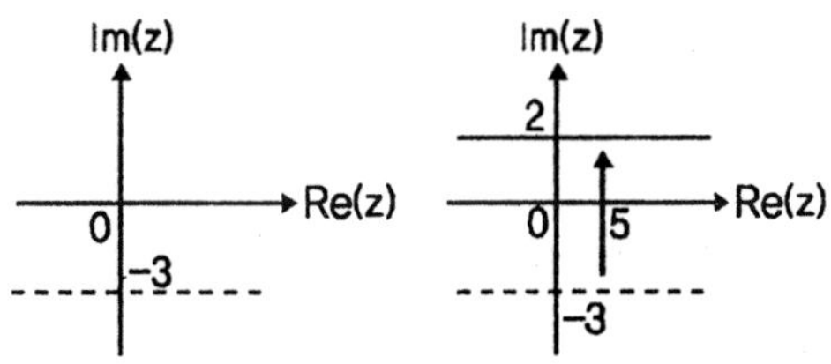

(그림 1-13)

□ 원

$|z|$는 복소평면 위에서 원점에서 점의 거리로 정의되므로, $\{z \mid |z|=\gamma\}$은 복소평면 위에서 원점에서 거리 γ인 점들의 집합이다(그림 1-14).

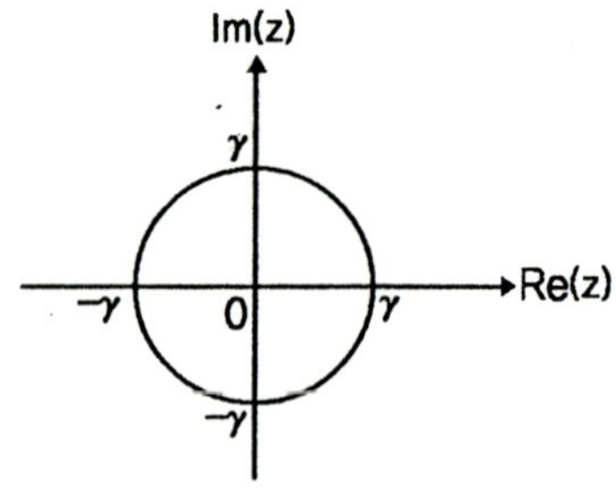

(그림 1-14)

> $\{z \mid |z|=\gamma\}$은 중심 $0+oi$이고 반지름의 길이 γ인 원을 정의한다.

[예제 5] ——————(원 나타내기)——————

$\{z \mid |z|=5\}$를 복소평면위에 나타내어라.

풀이 방정식은 중심 $0+0i$, 반지름의 길이 5인 원을 정의한다.

복소평면 위에 이 원을 그린다(그림 1-15). ▣

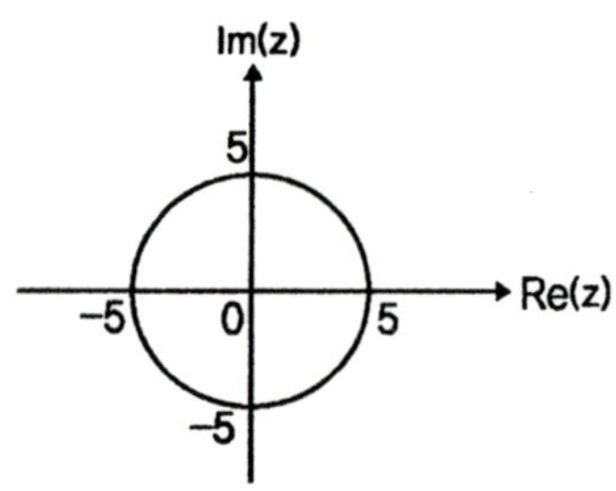

(그림 1-15)

□ 원의 이동

$\{z \mid |z+a+bi|=\gamma,\ a, b \in R\}$을 알아보자.

이것은 $\{z \mid |z|=\gamma\}$의 점의 집합을 실수축으로 $-a$, 허수축으로 $-b$만큼 이동한 것이다(그림 1-16).

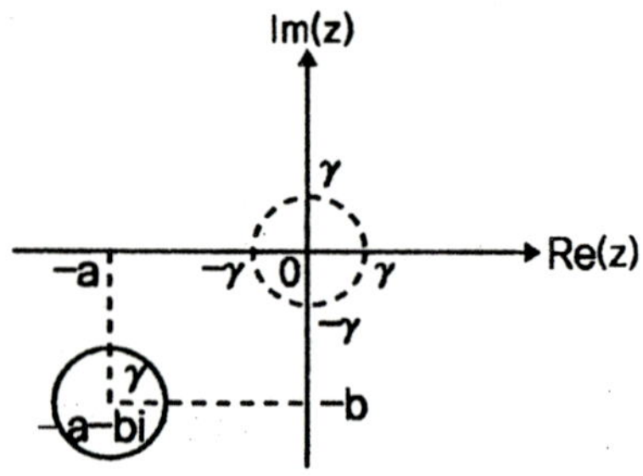

(그림 1-16)

$\{z \mid |z+a+bi| = \gamma\}$은 중심 $(-a-bi)$, 반지름의 길이 γ인 원을 정의한다.

[예제 6] (원의 이동)

다음을 각각 분리된 복소평면 위에 그려라.

1) $\{z \mid |z+1| = 2\}$ 2) $\{z \mid |z-2+3i| = 3\}$

풀이 1) 중심 $-1+0i$, 반지름의 길이 2인 원을 나타낸다(그림 1-17).

2) 중심 $2-3i$, 반지름의 길이 3인 원을 나타낸다(그림 1-18).

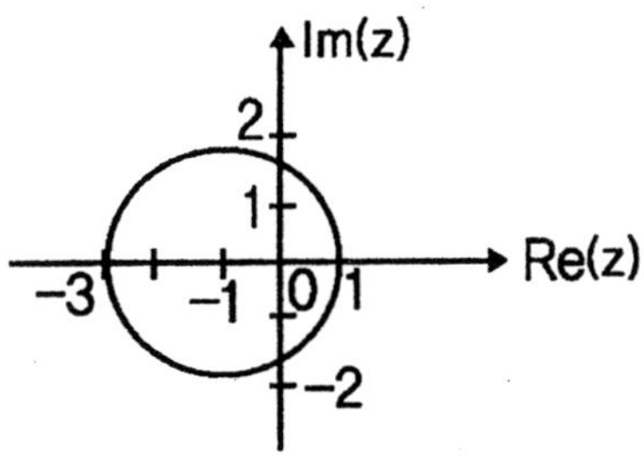

(그림 1-17)

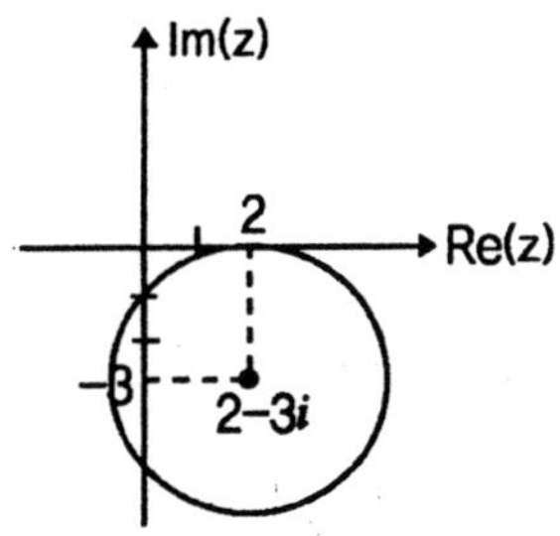

(그림 1-18)

연습문제 1-4

해 답

1. 다음을 복소평면 위에 그려라.

1) $\left\{z : Arg\ z=\frac{\pi}{6}\right\}$ 2) $\left\{z : Arg\ z=\frac{3\pi}{4}\right\}$

3) $\left\{z : Arg\ z=-\frac{\pi}{4}\right\}$ 4) $\left\{z : Arg\ z=-\frac{2}{3}\pi\right\}$

5) $\{z : Arg\ z=\pi\}$ 6) $\left\{z : Arg\ z=-\frac{\pi}{6}\right\}$

2. 다음을 복소평면 위에 나타내어라.

1) $\left\{z : Arg(z-2)=\frac{\pi}{2}\right\}$

2) $\left\{z : Arg(z+3)=\frac{2}{3}\pi\right\}$

3) $\left\{z : Arg(z-1)=\frac{3}{4}\pi\right\}$

4) $\{z : Arg(z+2i)=\pi\}$

5) $\left\{z : Arg(z-3i)=-\frac{5}{6}\pi\right\}$

6) $\left\{z : Arg(z+i)=-\frac{\pi}{4}\right\}$

7) $\left\{z : Arg(z+2-i)=\frac{\pi}{3}\right\}$

8) $\left\{z : Arg(z-3+2i)=-\frac{\pi}{8}\right\}$

9) $\left\{z : Arg(z-4+3i)=\frac{\pi}{2}\right\}$

10) $\left\{z : Arg(z+2)=-\frac{\pi}{5}\right\}$

3. 사선 $\left\{z : Arg\,z=\frac{3}{4}\pi\right\}$에 대해

1) 허수축으로 -2만큼 이동하면?

2) 실수축으로 -3, 허수축으로 2만큼 이동하면?

해답

1. 그래프 생략

2. 그래프 생략

3. 그래프 생략

4. 다음을 복소평면 위에 나타내어라.

1) $\{z: Re(z)=5\}$ 2) $\{z: Re(z)=-2\}$

3) $\{z: Re(z)=-4\}$ 4) $\left\{z: Re(z)=\frac{5}{2}\right\}$

5) $\{z: Im(z)=-4\}$ 6) $\left\{z: Im(z)=\frac{3}{2}\right\}$

7) $\{z: Im(z)=1\}$ 8) $\{z: Im(z)=-3\}$

9) $\{z: Re(z-2)=3\}$

10) $\{z: Re(z-i)=2\}$

11) $\{z: Re(z+3)=-2\}$

12) $\{z: Re(z-1+2i)=1\}$

13) $\{z: Im(z+3i)=2\}$

14) $\{z: Im(z-2i)=-1\}$

15) $\{z: Im(z+2)=3\}$

16) $\{z: Im(z-2-4i)=-2\}$

4. 그래프 생략

5. 다음을 복소평면 위에 그려라.

1) $\{z: |z|=1\}$ 2) $\{z: |z+2+i|=2\}$

3) $\{z: |z-3+2i|=16\}$

4) $\{z: |z-3|=1\}$ 5) $\{z: |z+2|=2\}$

6) $\{z: |z+i|=4\}$ 7) $\{z: |z-4i|=3\}$

8) $\{z: |z+3-2i|=1\}$

9) $\{z: |z+4+3i|=5\}$

10) $\{z: |z-5+5i|=2\}$

5. 그래프 생략

Home Work

1. $u=4-3i$, $v=2+5i$일 때, 다음을 구하여라.

1) $2u$ 2) $u+v$ 3) $u\times v$

4) $\dfrac{u}{v}$ 5) $3u+2v$ 6) $|3u+2v|$

2. $z=3+4i$, $w=-1+2i$일 때, 다음을 구하여라.

1) $|z|$ 2) $|w|$ 3) $\overline{z}$

4) $|z+w|$ 5) $z\overline{w}$ 6) w^{-1}

3. 1) $2+2i$를 극형식으로 고쳐라.

2) $3\, cis\, \dfrac{\pi}{6}$를 직교좌표형으로 고쳐라.

4. $u=3\, cis\, \dfrac{3}{4}\pi$, $v=2\, cis\, \dfrac{\pi}{3}$일 때, 다음을 극형식으로 나타내어라.

1) $u\times v$ 2) $\dfrac{u}{v}$ 3) v^3 4) $\sqrt{u}$

5. 다음을 표준형으로 구하라.

1) $\left(\dfrac{1}{2}+\dfrac{\sqrt{2}}{2}i\right)^6$ 2) $\dfrac{1}{\sqrt{3-3i}}$

6. C 위에서 다음 다항식을 인수분해 하여라.

1) $P(z)=z^2-16z+89$ 2) $P(z)=2z^3+6z^2-7z+4$

7. $P(z)=z^4+z^3+az^2+9z=-9$에서 $P(3i)=0$일 때 $a(\in R)$를 구하여라.

8. $\sqrt{5-5\sqrt{3}i}$의 직교좌표형은?

9. $z^3=\sqrt{3}+i$의 해를 극형식으로 나타내어라.

10. C 위에서 다음 방정식을 풀어라.

1) $x^2-2\sqrt{5}x+13=0$ 2) $z^2=8+15i$ 3) $z^3+8=0$

11. 다음을 복소평면 위에 나타내어라.

1) $\left\{z: Arg(z-4i)=-\frac{\pi}{5}\right\}$ 2) $\{z: Re(z)=-7\}$

3) $\left\{z: Arg(z+3-4i)=\frac{3}{4}\pi\right\}$ 4) $\{z: |z-2i|=4\}$

5) $\{z: |z+3+i|=2\}$ 6) $\left\{z: Arg(z-5-3i)=-\frac{2}{5}\pi\right\}$

7) $\{z: Im(z+20+3i)=-1\}$ 8) $\{z: |z-3+3i|=1\}$

12. $z=2\,cis\frac{\pi}{3}$, $w=2\,cis\frac{\pi}{4}$ 일 때,

1) $\frac{z}{w}$를 $\gamma\cos\theta+\gamma\sin\theta i$ 꼴로 나타내어라.

2) z와 w를 표준형으로 고쳐라.

3) $\frac{z}{w}$를 직교좌표형으로 나타내어라.

4) 1)과 3)을 이용하여 다음 값을 구하여라.

ㄱ) $\cos\frac{\pi}{12}$ ㄴ) $\sin\frac{\pi}{12}$ ㄷ) $\tan\frac{\pi}{12}$

5) $z=2\,cis\frac{\pi}{4}$, $w=2\,cis\frac{\pi}{6}$라 놓고 $\frac{z}{w}$ 대신 zw를 1), 3)에 적용하여 $\tan\frac{5\pi}{12}=2+\sqrt{3}$임을 유도하여라.

13. 다음 물음에 답하여라.

1) z^2+64를 C 위에서 인수분해 하여라.

2) z^4+64를 C 위에서 2차 인수의 쌍으로 나타내어라.

3) $(2+2i)^2=8i$, $(2-2i)^2=-8i$를 보여라.

4) z^4+64를 C 위에서 선형인수로 분해하여라.

5) z^4+64를 R 위에서 인수분해 하여라.

제2장

행렬과 행렬식

학습내용

2.1 행렬의 연산

행렬이 처음에 별난 대상처럼 보이지만 행렬은 일상생활에서 일어나는 문제를 표현하고 논하는데 매우 중요한 역할을 한다.

첫째 예는 경제와 관련이 있다. 실제로 두 가정 A와 B를 생각하자. 매달 두 가정은 다음과 같은 비용을 쓴다 : 전기료, 건강비용, 오락비, 음식비 등, 여기서 음식비, 전기료와 건강비용으로 제한한다. 모은 자료를 어떻게 나타낼까? 많은 방법이 이용되나 그 중의 하나는 그들을 조작하기 쉽게 자료를 결합하는 것이다. 실제로 자료를 다음과 같이 쓴다.

$$M=\begin{pmatrix} \text{가정} & \text{음식} & \text{전기료} & \text{건강} \\ A & a & b & c \\ B & d & e & f \end{pmatrix}$$

비용과 이름을 혼돈하지 않는다면, 다음과 같이 써도 좋다.

$$\begin{pmatrix} a & b & c \\ d & e & f \end{pmatrix}$$

이것을 행렬이라고 부른다. 행렬의 크기는 행과 열의 수로 정의된다. 위의 행렬은 2행과 3열을 갖는다. m행과 n열을 갖는 행렬은 $m\times n$ 행렬 (m *by* n 행렬)이라고 한다. 따라서 위의 행렬은 2×3 행렬이다.

행과 열의 수가 같은 행렬은 정사각행렬이라고 한다. 치수 n의 정사각행렬은 $n\times n$ 행렬이다.

1월, 2월, 3월의 행렬은 다음과 같다고 하자.

$$J=\begin{pmatrix} 600 & 250 & 350 \\ 550 & 180 & 400 \end{pmatrix},\ F=\begin{pmatrix} 650 & 330 & 250 \\ 600 & 270 & 400 \end{pmatrix}\text{이고, }M=\begin{pmatrix} 580 & 270 & 350 \\ 625 & 350 & 410 \end{pmatrix}$$

각 수들이 무엇을 의미하는지 확인하기 위해 2월 동안 A가족 건강비용, B가족의 음식비용을 알아보면 250과 600이다. 다음 질문은 대답하기 쉬워 보이나, 행렬의 새로운 개념을 요구한다.

실제로 3개월 동안 두 가족의 비용은 행렬로 어떻게 나타내는가?

위의 세 행렬을 더 하는 것이다. 각 가족에 대한 총비용을 구하는 것은 쉽다. 각 항을 끼리 끼리 더하는 것이다.

답은 $\begin{pmatrix} 1830 & 850 & 950 \\ 1775 & 800 & 1210 \end{pmatrix}$이다.

행렬의 덧셈은 각 항에 하나씩 더하는 것이다.

$$\begin{pmatrix} a & b & c \\ d & e & f \end{pmatrix}+\begin{pmatrix} \alpha & \beta & \gamma \\ \theta & \nu & \mu \end{pmatrix}=\begin{pmatrix} a+\alpha & b+\beta & c+\gamma \\ d+\theta & e+\nu & f+\mu \end{pmatrix}$$

행렬을 두배하려고 하면, 행렬을 그 자신에 더하면 된다.

$$2\begin{pmatrix} a & b & c \\ d & e & f \end{pmatrix} =\begin{pmatrix} a & b & c \\ d & e & f \end{pmatrix}+\begin{pmatrix} a & b & c \\ d & e & f \end{pmatrix}$$

$$=\begin{pmatrix} a+a & b+b & c+c \\ d+d & e+e & f+f \end{pmatrix}=\begin{pmatrix} 2a & 2b & 2c \\ 2d & 2e & 2f \end{pmatrix}$$

따라서, 다음 규칙이 성립한다.

$$2\begin{pmatrix} a & b & c \\ d & e & f \end{pmatrix} =\begin{pmatrix} 2a & 2b & 2c \\ 2d & 2e & 2f \end{pmatrix}$$

따라서 임의의 실수 λ에 대해, $\lambda\begin{pmatrix} a & b & c \\ d & e & f \end{pmatrix}=\begin{pmatrix} \lambda a & \lambda b & \lambda c \\ \lambda d & \lambda e & \lambda f \end{pmatrix}$이다.

(행렬의 연산)

1. 같은 크기의 행렬의 덧셈을 대응하는 성분끼리 더한다.
2. 행렬에 실수배하는 것은 각 성분에 모두 실수를 곱하는 것이다.

주의 행렬에 실수를 곱할 때 항상 행렬의 왼쪽에 수를 쓴다.

두 행렬의 뺄셈은 어떻게 하는가? M, N이 두 행렬이고,

$M-N=M+(-1)N$과 같이 계산하면 된다.

[예제 1] (행렬의 덧셈, 뺄셈)

위의 행렬 J, F와 M에 대해
$J+2F$, $J-M$, $J-F+2M$을 계산하여라.

풀이

$$J+2F=\begin{pmatrix} 600 & 250 & 350 \\ 550 & 180 & 400 \end{pmatrix}+2\begin{pmatrix} 650 & 330 & 250 \\ 600 & 270 & 400 \end{pmatrix}$$

$$=\begin{pmatrix} 600 & 250 & 350 \\ 550 & 180 & 400 \end{pmatrix}+\begin{pmatrix} 1300 & 660 & 500 \\ 1200 & 540 & 800 \end{pmatrix}$$

$$=\begin{pmatrix} 1900 & 910 & 850 \\ 1750 & 720 & 1200 \end{pmatrix}$$

$$J-M=J+(-1)M)=\begin{pmatrix} 600 & 250 & 350 \\ 550 & 180 & 400 \end{pmatrix}+\begin{pmatrix} -580 & -270 & -350 \\ -625 & -350 & -410 \end{pmatrix}$$

$$=\begin{pmatrix} 20 & -20 & 0 \\ -75 & -170 & -10 \end{pmatrix}$$

$$J-F+2M=J+(-1)F+2M=\begin{pmatrix} 600 & 250 & 350 \\ 550 & 180 & 400 \end{pmatrix}+\begin{pmatrix} -650 & -330 & -250 \\ -600 & -270 & -420 \end{pmatrix}$$

$$+\begin{pmatrix} 1160 & 540 & 700 \\ 1250 & 700 & 820 \end{pmatrix}=\begin{pmatrix} -50 & -80 & 100 \\ -50 & -90 & 0 \end{pmatrix}+\begin{pmatrix} 1160 & 540 & 700 \\ 1250 & 700 & 820 \end{pmatrix}$$

$$=\begin{pmatrix} 1110 & 460 & 800 \\ 1200 & 610 & 820 \end{pmatrix}$$

▣

[예제 2] (행렬의 덧셈 뺄셈)

행렬 $A=\begin{pmatrix} 6 & 3 & 2 & 1 \\ 5 & 2 & 3 & 0 \end{pmatrix}$와 $B=\begin{pmatrix} 3 & 0 & -2 & 4 \\ 4 & 2 & -1 & 1 \end{pmatrix}$에 대해 다음을 계산하여라.

1) $2A$ 2) $A+B$ 3) $A-3B$

풀이 1) 행렬에 스칼라를 곱하는 것은 행렬의 각 원소(성분)에 스칼라를 곱하는 것이다.

$$2A = 2\begin{pmatrix} 6 & 3 & 2 & 1 \\ 5 & 2 & 3 & 0 \end{pmatrix} = \begin{pmatrix} 12 & 6 & 4 & 2 \\ 10 & 4 & 6 & 0 \end{pmatrix}$$

2) 두 행렬의 크기가 같은 경우 덧셈과 뺄셈이 가능하고 대응하는 성분끼리 더하고 뺀다.

$$A+B = \begin{pmatrix} 6 & 3 & 2 & 1 \\ 5 & 2 & 3 & 0 \end{pmatrix} + \begin{pmatrix} 3 & 0 & -2 & 4 \\ 4 & 2 & -1 & 1 \end{pmatrix} = \begin{pmatrix} 9 & 3 & 0 & 5 \\ 9 & 4 & 2 & 1 \end{pmatrix}$$

3) $A-3B = \begin{pmatrix} 6 & 3 & 2 & 1 \\ 5 & 2 & 3 & 0 \end{pmatrix} - \begin{pmatrix} 9 & 0 & -6 & 12 \\ 12 & 6 & -3 & 3 \end{pmatrix} = \begin{pmatrix} -3 & 3 & 8 & -11 \\ -7 & -4 & 6 & -3 \end{pmatrix}$ ▣

각 성분이 0인 행렬은 수 0과 유사한 역할을 한다.

이를테면, $\begin{pmatrix} a & b & c \\ d & e & f \end{pmatrix} + \begin{pmatrix} 0 & 0 & 0 \\ 0 & 0 & 0 \end{pmatrix} = \begin{pmatrix} a & b & c \\ d & e & f \end{pmatrix}$

이고 $\lambda\begin{pmatrix} 0 & 0 & 0 \\ 0 & 0 & 0 \end{pmatrix} = \begin{pmatrix} 0 & 0 & 0 \\ 0 & 0 & 0 \end{pmatrix}$

다음에 두 행렬의 곱에 대해 생각해보자.

□ 행렬의 곱

두 행렬의 곱을 정의하기 전에 실생활에서 예를 들어 보려고 한다.

시내 인구와 교외인구 두 종류의 인구를 갖고 있는 도시에 대해 생각하자.

매년 시내인구의 40%가 교외로 이사가는 반면 교외 인구의 30%가 도시의 시내로 이사를 간다. 시내의 처음 인구를 I, 교외의 처음 인구를 S라 하면, 일년후 시내의 인구는 $0.6I+0.3S$인 반면 교외의 인구는 $0.4I+0.7S$이다.

2년후, 시내의 인구는 $0.6(0.6I+0.3S)+0.3(0.4I+0.7S)$이고,

교외의 인구는 $0.4(0.6I+0.3S)+0.7(0.4I+0.7S)$로 주어진다.

수년 후 두 인구를 나타내는 좋은 방법이 있을까? 이 질문에 행렬이 어떻게 도움이 되는가 알아보자.

두 인구를 $\begin{pmatrix} I \\ S \end{pmatrix}$로 나타내고, 일년후의 두 인구는 $\begin{pmatrix} 0.6I+0.3S \\ 0.4I+0.7S \end{pmatrix}$이다.

이것은 행렬의 곱 $\begin{pmatrix} a\,b \\ c\,d \end{pmatrix}\begin{pmatrix} I \\ S \end{pmatrix}=\begin{pmatrix} aI+bS \\ cI+dS \end{pmatrix}$의 규칙을 따른다면,

일년후의 인구는 $\begin{pmatrix} 0.6 & 0.3 \\ 0.4 & 0.7 \end{pmatrix}\begin{pmatrix} I \\ S \end{pmatrix}$로 주어지고 2년 후의 인구는

$\begin{pmatrix} 0.6 & 0.3 \\ 0.4 & 0.7 \end{pmatrix}\left(\begin{pmatrix} 0.6 & 0.3 \\ 0.4 & 0.7 \end{pmatrix}\begin{pmatrix} I \\ S \end{pmatrix}\right)$

위의 결과를 갖고 이 공식을 결합하면,

$\begin{pmatrix} 0.6 & 0.3 \\ 0.4 & 0.7 \end{pmatrix}\begin{pmatrix} 0.6 & 0.3 \\ 0.4 & 0.7 \end{pmatrix}=\begin{pmatrix} 0.6\times0.6+0.3\times0.4 & 0.6\times0.3+0.3\times0.7 \\ 0.4\times0.6+0.7\times0.4 & 0.4\times0.3+0.7\times0.7 \end{pmatrix}$을 얻는다.

다른 말로, $\begin{pmatrix} a & b \\ c & d \end{pmatrix}\begin{pmatrix} e & f \\ g & h \end{pmatrix}=\begin{pmatrix} ae+bg & af+bh \\ ce+dg & cf+dh \end{pmatrix}$이다.

실제로 행렬을 곱하는데 같은 크기의 두행렬을 필요로 하지 않는다.

위에서 2×2 행렬과 2×1 행렬을 곱했다. 실제로 A는 $m\times n$ 행렬, B는 $k\times l$ 행렬일 때 $n=k$이면 두행렬의 곱 AB가 정의된다.

이를테면, $\begin{pmatrix} a & b & c \\ d & e & f \end{pmatrix}\begin{pmatrix} \alpha \\ \beta \\ \nu \end{pmatrix}=\begin{pmatrix} a\alpha+b\beta+c\nu \\ d\alpha+e\beta+f\nu \end{pmatrix}$

위의 곱셈이 가능하더라도 $\begin{pmatrix} \alpha \\ \beta \\ \nu \end{pmatrix}\begin{pmatrix} a & b & c \\ d & e & f \end{pmatrix}$의 곱셈은 가능하지 않다.

행렬의 곱에 대해 주의를 기울여야 한다. $A\times B$와 $B\times A$는 다를 수 있고, 어느 쪽의 곱셈이 정의 안될 수 있다.

$$\begin{pmatrix} 0 & 1 \\ 0 & 0 \end{pmatrix}\begin{pmatrix} 0 & 0 \\ 1 & 0 \end{pmatrix}=\begin{pmatrix} 1 & 0 \\ 0 & 0 \end{pmatrix}\text{이고,}$$

$$\begin{pmatrix} 0 & 0 \\ 1 & 0 \end{pmatrix}\begin{pmatrix} 0 & 1 \\ 0 & 0 \end{pmatrix}=\begin{pmatrix} 0 & 0 \\ 0 & 1 \end{pmatrix}\text{이다.}$$

O(영행렬)이 아닌 행렬의 곱이 O이 될 수 있다. $\begin{pmatrix} 0 & 1 \\ 0 & 0 \end{pmatrix}\begin{pmatrix} 0 & 1 \\ 0 & 0 \end{pmatrix}=\begin{pmatrix} 0 & 0 \\ 0 & 0 \end{pmatrix}$

[예제 3] (행렬의 곱셈)

두행렬

$$A=\begin{pmatrix} 2 & 0 & 1 \\ 4 & 2 & 3 \\ 0 & 3 & -1 \end{pmatrix},\quad B=\begin{pmatrix} 4 & 5 \\ -1 & 0 \\ -2 & 1 \end{pmatrix}$$ 에 대해 다음 곱을 구하여라.

1) AB 2) BA

풀이 1) $$AB=\begin{pmatrix} 2 & 0 & 1 \\ 4 & 2 & 3 \\ 0 & 3 & -1 \end{pmatrix}\begin{pmatrix} 4 & 5 \\ -1 & 0 \\ -2 & 1 \end{pmatrix}$$

$$=\begin{pmatrix} 8+0-2 & 10+0+1 \\ 16-2-6 & 20+0+3 \\ 0-3+2 & 0+0-1 \end{pmatrix}=\begin{pmatrix} 6 & 11 \\ 8 & 23 \\ -1 & -1 \end{pmatrix}$$

2) (B의 열의 수) $\neq$(A의 행의 수)이므로 BA는 정의되지 않는다. ▣

□ 행렬의 연산의 대수적 성질

덧셈, 곱셈과 실수배(스칼라 곱)의 세 연산에 대해 일반적인 결과를 알아보자.

(덧셈의 성질)

A, B, C는 $m\times n$ 행렬이다.

1) $A+B=B+A$
2) $(A+B)+C=A+(B+C)$
3) $A+O=A$(단, O은 모든 성분이 0인 행렬)
4) $A+B=O \Leftrightarrow B=-A$

(곱셈의 성질)

A, B, C는 AB, $(AB)C$, BC, $A(BC)$가 정의되는 행렬이다.

1) $(AB)C=A(BC)$
2) $\alpha(\beta A)=(\alpha\beta)A$($\alpha$, β는 실수)
3) $\alpha(AB)=(\alpha A)B=A(\alpha B)$
4) $AO=O$

(덧셈과 곱셈을 포함하는 성질)

A, B, C는 곱셈과 덧셈이 정의되는 행렬이고, α, β는 실수

1) $(A+B)C=AC+BC$이고 $A(B+C)=AB+AC$

2) $\alpha(A+B)=\alpha A+\alpha B$

$(\alpha+\beta)A=\alpha A+\beta A$

[예제 4] (행렬 곱셈의 결합법칙)

$A=\begin{pmatrix} 0 & 1 \\ -1 & 0 \end{pmatrix}$, $B=\begin{pmatrix} 2 \\ -1 \end{pmatrix}$, $C=(0\ 1\ 5)$에 대해 $(AB)C$와 $A(BC)$를 구하여라.

풀이 $AB=\begin{pmatrix} -1 \\ -2 \end{pmatrix}$

$$(AB)C=\begin{pmatrix} -1 \\ -2 \end{pmatrix}(0\ 15)=\begin{pmatrix} 0 & -1 & -5 \\ 0 & -2 & -10 \end{pmatrix}$$

$$BC=\begin{pmatrix} 0 & 2 & 10 \\ 0 & -1 & -5 \end{pmatrix}$$

$$A(BC)=\begin{pmatrix} 0 & 1 \\ -1 & 0 \end{pmatrix}\begin{pmatrix} 0 & 2 & 10 \\ 0 & -1 & -5 \end{pmatrix}=\begin{pmatrix} 0 & -1 & -5 \\ 0 & -2 & -10 \end{pmatrix}$$ ▣

예 $X=\begin{pmatrix} a \\ b \\ c \end{pmatrix}$이고 $Y=(\alpha\ \beta\ \nu\ \gamma)$

$X=a\begin{pmatrix} 1 \\ 0 \\ 0 \end{pmatrix}+b\begin{pmatrix} 0 \\ 1 \\ 0 \end{pmatrix}+c\begin{pmatrix} 0 \\ 0 \\ 1 \end{pmatrix}$이고,

$Y=\alpha(1\ 0\ 0\ 0)+\beta(0\ 1\ 0\ 0)+\nu(0\ 0\ 1\ 0)+\gamma(0\ 0\ 0\ 1)$이다.

이 둘을 **일차결합**이라고 한다.

행렬의 곱셈에서 수1과 같은 역할을 하는 행렬은 있는가? 있다.

실제로 $n\times n$ 행렬 $I_n=\begin{pmatrix} 1\ 0\ 0 & \cdots & 0 \\ 0\ 1\ 0 & \cdots & 0 \\ 0\ 0\ 1 & \cdots & 0 \\ \cdots\cdots & \cdots & \cdots \\ 0\ 0\ 0 & \cdots & 1 \end{pmatrix}$을 생각하자.

특히, $I_2=\begin{pmatrix} 1 & 0 \\ 0 & 1 \end{pmatrix}$이고 $I_3=\begin{pmatrix} 1 & 0 & 0 \\ 0 & 1 & 0 \\ 0 & 0 & 1 \end{pmatrix}$이다.

행렬 I_n은 수1과 같은 역할을 갖는다. 실제로 임의의 $n\times n$ 행렬 A에 대해

$$AI_n=I_nA=A$$

행렬 I_n을 n차의 **단위행렬**이라고 한다.

예 $A=\begin{pmatrix} 1 & 2 \\ -1 & -1 \end{pmatrix}$, $B=\begin{pmatrix} -1 & -2 \\ 1 & 1 \end{pmatrix}$에서

$AB=I_2$ 이고 $BA=I_2$이다.

□ 특수한 행렬: 삼각행렬, 대칭행렬, 대각행렬

정사각행렬 $A=\begin{pmatrix} a & b \\ c & d \end{pmatrix}$에서 대각선은 a, d로 주어지고

$A=\begin{pmatrix} a & b & c \\ d & e & f \\ g & h & k \end{pmatrix}$는 대각선이 a, e, k로 이루어진다.

A가 n차 정사각행렬일 때, a_{ij}는 i행 j열의 원소(성분)이고 대각선은 a_{ii} $(i=1,\ 2,\ \cdots,\ n)$로 주어진다.

정사각행렬의 대각선은 두 종류의 행렬을 정의하는데 도움을 준다. 상-삼각행렬과 하-삼각행렬, 실제로 대각선은 행렬을 두 부분으로 나눈다. 하나는 대각선 위쪽이고, 하나는 대각선 아래쪽이다. 아래쪽이 모두 0으로 되어 있다면 이 행렬은 **상-삼각행렬**이라 하고, 위쪽이 모두 0으로 되어 있다면 이 행렬은 **하-삼각행렬**이라고 한다.

이를테면 $\begin{pmatrix} a & b \\ 0 & d \end{pmatrix}$와 $\begin{pmatrix} a & b & c \\ 0 & e & f \\ 0 & 0 & k \end{pmatrix}$는 상-삼각행렬이고,

$\begin{pmatrix} a & 0 \\ c & d \end{pmatrix}$와 $\begin{pmatrix} a & 0 & 0 \\ d & e & 0 \\ g & h & k \end{pmatrix}$는 하-삼각행렬이다.

두 행렬 $A=\begin{pmatrix} a & 0 & 0 \\ d & e & 0 \\ g & h & k \end{pmatrix}$와 $B=\begin{pmatrix} a & d & g \\ 0 & e & h \\ 0 & 0 & k \end{pmatrix}$는 삼각행렬이다.

행렬 A를 대각선에 대해 대칭이동하면 행렬 B를 얻는다. 이 때 행렬 B를 행렬 A의 **전치행렬**이라 하고 $B=A^T$로 나타낸다.

이를테면 행렬 $A=\begin{pmatrix} a & b & c \\ d & e & f \\ g & h & k \\ t & r & s \end{pmatrix}$에서 $A^T=\begin{pmatrix} a & d & g & t \\ b & e & h & r \\ c & f & k & s \end{pmatrix}$이다.

일반으로 $m\times n$행렬 A의 원소가 a_{ij}일 때 $A^T=B$라면 B의 원소 $b_{ij}=a_{ji}$이다.

(전치행렬의 성질)

X, Y는 $m\times n$ 행렬이고, Z는 $n\times k$ 행렬이다.

1) $(X+Y)^T=X^T+Y^T$

2) $(XZ)^T=Z^TX^T$

3) $(X^T)^T=X$

행렬 A와 전치행렬 A^T가 같을 때 행렬 A를 **대칭행렬**이라고 한다.

따라서 대칭행렬은 반드시 정사각행렬이어야 한다.

이를테면, 행렬 $\begin{pmatrix} a & b \\ b & c \end{pmatrix}$와 $\begin{pmatrix} a & b & c \\ b & d & e \\ c & e & f \end{pmatrix}$는 대칭행렬이다.

특히 n차의 대칭행렬은 많아야 $\dfrac{n(n+1)}{2}$개의 서로 다른 원소를 갖는다.

대각행렬은 대각선의 원소를 제외하고 모두 0인 대칭행렬이다.

따라서 대각행렬은 많아야 n개의 서로 다른 원소를 갖는다.

이를테면 행렬 $\begin{pmatrix} a & 0 \\ 0 & b \end{pmatrix}$와 $\begin{pmatrix} a & 0 & 0 \\ 0 & 0 & 0 \\ 0 & 0 & b \end{pmatrix}$는 대각행렬이다.

단위행렬도 대각행렬의 예이다. 대각행렬은 행렬 이론에서 중요한 역할을 한다.

[예제 5] (행렬의 거듭제곱 계산)

대각행렬 $A=\begin{pmatrix} a & 0 \\ 0 & b \end{pmatrix}$에 대해 A의 거듭제곱을 다음과 같이 정의한다.

$A^\circ = I_2$, $A^1=A$, $A^2=AA$, $A^3=AAA$, ·········

A의 거듭제곱을 구하고 $I_2+\frac{1}{1!}A+\frac{1}{2!}A^2+\cdots+\frac{1}{n!}A^n$을 구하여라.

$(n=1, 2, \cdots)$

풀이 $A^2=\begin{pmatrix} a & 0 \\ 0 & b \end{pmatrix}\begin{pmatrix} a & 0 \\ 0 & b \end{pmatrix}=\begin{pmatrix} a^2 & 0 \\ 0 & b^2 \end{pmatrix}$이고,

$$A^3=A^2A=\begin{pmatrix} a^2 & 0 \\ 0 & b^2 \end{pmatrix}\begin{pmatrix} a & 0 \\ 0 & b \end{pmatrix}=\begin{pmatrix} a^3 & 0 \\ 0 & b^3 \end{pmatrix}$$

여기서 A^n을 추정하면 $A^n=\begin{pmatrix} a^n & 0 \\ 0 & b^n \end{pmatrix}$임을 쉽게 보일 수 있다.

따라서, $I_2+\frac{1}{1!}A+\frac{1}{2!}A^2+\cdots+\frac{1}{n!}A^n$

$$=\begin{pmatrix} 1+\frac{a}{1!}+\frac{a^2}{2!}+\cdots+\frac{a^n}{n!} & 0 \\ 0 & 1+\frac{b}{1!}+\frac{b^2}{2!}+\cdots+\frac{b^n}{n!} \end{pmatrix}$$

$(n=1, 2, \cdots)$이다. ▣

□ 행렬의 기본연산

행렬의 기본연산은 역행렬을 구하거나 연립방정식의 해를 구하는데 중요한 역할을 한다.

기본 연산을 정의하기 전에 n행과 m열로 이루어진 $n \times m$행렬 A를 알아보자.

이를테면 행렬 $A = \begin{pmatrix} 0 & 1 & -1 & 3 \\ 0 & 2 & 3 & 1 \\ -1 & 0 & 2 & -3 \end{pmatrix}$의 행들은

(0 1 −1 3), (0 2 3 1), (−1 0 2 −3)이고

열들은 $\begin{pmatrix} 0 \\ 0 \\ -1 \end{pmatrix}$, $\begin{pmatrix} 1 \\ 2 \\ 0 \end{pmatrix}$, $\begin{pmatrix} -1 \\ 3 \\ 2 \end{pmatrix}$, $\begin{pmatrix} 3 \\ 1 \\ -3 \end{pmatrix}$이다.

A의 전체행렬은 $A^T = \begin{pmatrix} 0 & 0 & -1 \\ 1 & 2 & 0 \\ -1 & 3 & 2 \\ 3 & 1 & -3 \end{pmatrix}$이고

행들은 (0 0 −1), (1 2 0), (−1 3 2), (3 1 −3)이다.

보는 것처럼 A의 열들은 A^T의 행이다.

전치행렬은 본래 행렬의 행과 열을 바꾸는 것이다.

행에 대해 성립하는 많은 성질들이 전치행렬을 통해 열로 쉽게 옮겨질 수도 있다.

이러한 이유로 행의 기본연산만 다루려고 한다.

(행의 기본 연산)

1. 두행을 바꾼다.
2. 0이 아닌 수를 행에 곱한다.
3. 어떤 행에 수를 곱하여 다른 행에 더한다.

정의 두 행렬이 행 동치(row equivalent)이기 위한 필요충분조건은 한 행렬이 행의 기본연산에 의해 다른 행렬로부터 얻어지는 경우이다.

[예제 6] (행 동치)

행렬 $A=\begin{pmatrix} 1 & -1 & 0 \\ 2 & 1 & 1 \end{pmatrix}$와 행렬 $B=\begin{pmatrix} 3 & 0 & 1 \\ 0 & 3 & 1 \end{pmatrix}$는 행 동치(row equivalent) 임을 알아보아라.

풀이 행렬 A에서 둘째행을 첫째행에 더하면 $\begin{pmatrix} 3 & 0 & 1 \\ 2 & 1 & 1 \end{pmatrix}$이 되고,

다시 둘째행에 3배하여 첫째행을 빼면 $\begin{pmatrix} 3 & 0 & 1 \\ 3 & 3 & 2 \end{pmatrix}$이 되고,

또 둘째행에서 첫째행을 빼면 $\begin{pmatrix} 3 & 0 & 1 \\ 0 & 3 & 1 \end{pmatrix}$이 되어 A와 B는 행 동치이다.■

기본 연산의 강력한 이용은 연립방정식의 해와 역행렬을 구하는데 있다. Echelon Form과 Gauss-Jordan소거법을 알아보자.

이 두 방법을 익숙하게 하기 위하여 행렬기본 연산을 이용하여 삼각행렬을 만드는 것을 예를 들어 설명해 본다.

예 행렬 $\begin{pmatrix} 0 & 0 & 1 & 3 \\ 2 & 4 & 0 & -8 \\ 1 & 2 & 1 & -1 \end{pmatrix}$에 대해

우선 첫째행과 마지막행을 서로 바꾸면 $\begin{pmatrix} 1 & 2 & 1 & -1 \\ 2 & 4 & 0 & -8 \\ 0 & 0 & 1 & 3 \end{pmatrix}$을 얻는다.

다음 첫째행과 마지막 행을 그대로 두고, 두 번째 행에서 첫째행에 2배하여 빼면 $\begin{pmatrix} 1 & 2 & 1 & -1 \\ 0 & 0 & -2 & -6 \\ 0 & 0 & 1 & 3 \end{pmatrix}$을 얻는다.

첫째, 둘째행을 그대로 두고, 둘째행을 셋째행에 2배한 것에 더하면

$\begin{pmatrix} 1 & 2 & 1 & -1 \\ 0 & 0 & -2 & -6 \\ 0 & 0 & 0 & 0 \end{pmatrix}$을 얻는다.

다음 조건을 만족하는 행을 얻을 때는 언제나 과정을 그만 둔다.

1. 적어도 0이 아닌 수를 포함하는 어떤 행 아래 0으로만 되어있는 어떤 행이 있다.
2. 어떤 행의 첫 번째(왼쪽에서 오른쪽으로) 0이 아닌 원소가 어떤 아래행의 첫 번째 0이 아닌 원소의 왼쪽에 있다.

이제 모든 행의 첫 번째 0이 아닌 원소가 1인 것을 확인하면, row echelon form의 행렬을 얻는다. 이를테면, 위의 행렬은 echelon form은 아니다.

그러나 둘째행을 -2로 나누면 $\begin{pmatrix} 1 & 2 & 1 & -1 \\ 0 & 0 & 1 & 3 \\ 0 & 0 & 0 & 0 \end{pmatrix}$을 얻는다.

이 행렬이 echelon form이다.

연습문제 2-1

1. 행렬 $A=\begin{pmatrix} 2 & 3 \\ -1 & 2 \end{pmatrix}$, $B=\begin{pmatrix} 1 & 0 \\ 4 & 2 \end{pmatrix}$,

$C=\begin{pmatrix} 2 & 1 & 0 \\ 3 & -1 & 4 \end{pmatrix}$에 대해 가능하면 다음을 구하여라.

1) $A-2B$ 2) $A+C$ 3) AC

4) BA 5) CA 6) $A(A+2I)$

2. $P=\begin{pmatrix} 1 & 3 & 2 \\ 2 & 0 & 1 \\ 1 & -3 & 3 \end{pmatrix}$, $Q=(2\ \ -2\ \ 1)$, $R=\begin{pmatrix} 3 \\ 4 \\ -2 \end{pmatrix}$에

에 대해 가능하면 다음을 구하여라.

1) $3P$ 2) P^2 3) PQ

4) QP 5) PR 6) RP

7) QR

3. $A=\begin{pmatrix} 1 & 2 & 5 \\ 0 & 7 & 8 \\ -3 & 2 & 4 \end{pmatrix}$, $B=\begin{pmatrix} -2 & 1 & 3 \\ 5 & 0 & 2 \\ -1 & 3 & 6 \end{pmatrix}$에 대해

다음을 보여라.

해 답

1.

1) $\begin{pmatrix} 0 & 3 \\ -9 & -2 \end{pmatrix}$

2) 불가능

3) $\begin{pmatrix} 13 & -1 & 12 \\ 4 & -3 & 8 \end{pmatrix}$

4) $\begin{pmatrix} 2 & 3 \\ 6 & 16 \end{pmatrix}$

5) 불가능

6) $\begin{pmatrix} 5 & 18 \\ -6 & 5 \end{pmatrix}$

2.

1) $\begin{pmatrix} 3 & 9 & 6 \\ 6 & 0 & 3 \\ 3 & -9 & 9 \end{pmatrix}$

2) $\begin{pmatrix} 9 & -3 & 11 \\ 3 & 3 & 7 \\ -2 & -6 & 8 \end{pmatrix}$

3) 불가능

4) $(-1\ \ 3\ \ 5)$

5) $\begin{pmatrix} 11 \\ 4 \\ -15 \end{pmatrix}$

6) 불가능

7) (-4)

3. 생략

1) $(A+B)^T = A^T + B^T$

2) $(kA)^T = kA^T$(k는 실수)

3) $((A)^T)^T = A$ 4) $(AB)^T = B^T A^T$

4. $A = \begin{pmatrix} 1 & \frac{1}{a} \\ 0 & 1 \end{pmatrix}$, $I_2 = \begin{pmatrix} 1 & 0 \\ 0 & 1 \end{pmatrix}$이고

$aA^2 - A + (1-a)I_2 = O$일 때 a의 값을 구하여라.

5. 4차의 정사각행렬 A에 대해 $B = \frac{A+A^T}{2}$,

$C = \frac{A-A^T}{2}$라고 할 때

$A = B + C$, $B^T = B$, $C^T = -C$임을 보여라.

4.

$a = \frac{1}{2}$

5. 생략

2.2 행렬식과 역행렬

□ 행렬식의 성질

2차 정사각행렬에 대해 역행렬을 갖기 위한 필요충분조건을 찾았다.

실제로 행렬 $A=\begin{pmatrix} a & b \\ c & d \end{pmatrix}$에서 A가 역행렬을 위한 필요충분조건을 $ad-bc\neq 0$ 이다. 이 수를 A의 행렬식(determinant)이라고 한다.

고차 정사각행렬에 대한 개념을 일반화하기 위해 행렬식을 공부하고 어떤 종류의 성질을 만족하는지 알아볼 필요가 있다. 우선 행렬식에 대한 다음 기호를 이용하자.

$$\text{determinant of } \begin{pmatrix} a & b \\ c & d \end{pmatrix} = \det \begin{pmatrix} a & b \\ c & d \end{pmatrix} = \begin{vmatrix} a & b \\ c & d \end{vmatrix} = ad-bc$$

□ 행렬식의 성질

1) 행렬 A와 그 전치행렬은 행렬식이 같다. $det\, A = det\, A^T$

2) 삼각행렬의 행렬식은 대각선 성분의 곱이다.

즉, $\begin{vmatrix} a & b \\ 0 & d \end{vmatrix} = \begin{vmatrix} a & 0 \\ b & d \end{vmatrix} = ad$

3) 두 행을 서로 바꾸면 새로운 행렬식은 먼저 행렬식과 부호가 다르다.

즉, $\begin{vmatrix} a & b \\ c & d \end{vmatrix} = -\begin{vmatrix} c & d \\ a & b \end{vmatrix}$

4) 상수를 한 행에 곱하면 새 행렬의 행렬식은 먼저 행렬식에 상수배를 한 것이다. 즉, $\begin{vmatrix} \lambda a & \lambda b \\ c & d \end{vmatrix} = \lambda \begin{vmatrix} a & b \\ c & d \end{vmatrix} = \begin{vmatrix} a & b \\ \lambda c & \lambda d \end{vmatrix}$

특히, 한 행의 모든 성분이 0이면 행렬식은 0이다.

5) 한 행을 상수를 곱한 다른 행에 더하면, 새 행렬의 행렬식은 먼저 행렬식과 같다. 즉, $\begin{vmatrix} a+\lambda c & b+\lambda d \\ c & d \end{vmatrix} = \begin{vmatrix} a & b \\ c & d \end{vmatrix} = \begin{vmatrix} a & b \\ c+\lambda a & d+\lambda b \end{vmatrix}$

6) $det(AB) = det(A)det(B)$

특히, A가 역행렬을 가지면, $det(A^{-1}) = \frac{1}{det(A)}$ 이다.

위의 성질들이 어떻게 이용되는가 예제를 통해 알아보자.

[예제 1] (행렬식 구하기)

$\begin{vmatrix} 2 & 1 \\ -1 & 3 \end{vmatrix}$을 삼각행렬을 이용하여 구하여라.

풀이 기본 연산을 이용하여 삼각행렬로 고쳐보자.

두 번째 행에 첫 번째 행에 $\frac{1}{2}$을 곱하여 더하면

$\begin{vmatrix} 2 & 1 \\ -1 & 3 \end{vmatrix} = \begin{vmatrix} 2 & 1 \\ 0 & \frac{7}{2} \end{vmatrix}$이 되고,

성질 2를 이용하면, $\begin{vmatrix} 2 & 1 \\ 0 & \frac{7}{2} \end{vmatrix} = 2 \cdot \frac{7}{2} = 7$

따라서 $\begin{vmatrix} 2 & 1 \\ -1 & 3 \end{vmatrix} = 7$이다. ▣

□ 고차 행렬의 행렬식

앞에서 2차의 행렬식에 대해 만족된 성질들이 일반으로 타당하다.

다른 말로, 앞의 성질 1~6이 가정된다.

4차 정사각행렬에 대해 이 성질들이 어떻게 이용되는가 예제를 통해 알아보자.

[예제 2] (고차행렬의 행렬식 구하기)

행렬식 $\begin{vmatrix} 1 & 2 & 3 & 4 \\ 5 & 6 & 7 & 8 \\ 2 & 6 & 4 & 8 \\ 3 & 1 & 1 & 2 \end{vmatrix}$를 계산하여라.

풀이

$$\begin{vmatrix} 1 & 2 & 3 & 4 \\ 5 & 6 & 7 & 8 \\ 2 & 4 & 6 & 8 \\ 3 & 1 & 1 & 2 \end{vmatrix} = 2\begin{vmatrix} 1 & 2 & 3 & 4 \\ 5 & 6 & 7 & 8 \\ 1 & 3 & 2 & 4 \\ 3 & 1 & 1 & 2 \end{vmatrix}$$

첫째행에 적당한 수를 곱하여 각 행에 빼면,

$$\begin{vmatrix} 1 & 2 & 3 & 4 \\ 5 & 6 & 7 & 8 \\ 1 & 3 & 2 & 4 \\ 3 & 1 & 1 & 2 \end{vmatrix} = \begin{vmatrix} 1 & 2 & 3 & 4 \\ 0 & -4 & -8 & -12 \\ 0 & 1 & -1 & 0 \\ 0 & -5 & -8 & -10 \end{vmatrix}$$

두 번째 행과 세 번째 행을 바꾸면,

$$\begin{vmatrix} 1 & 2 & 3 & 4 \\ 0 & -4 & -8 & -12 \\ 0 & 1 & -1 & 0 \\ 0 & -5 & -8 & -10 \end{vmatrix} = -\begin{vmatrix} 1 & 2 & 3 & 4 \\ 0 & 1 & -1 & 0 \\ 0 & -4 & -8 & -12 \\ 0 & -5 & -8 & -10 \end{vmatrix}$$

두 번째 행에 적당한 수를 곱하여 셋째, 넷째 행에서 빼면,

$$\begin{vmatrix} 1 & 2 & 3 & 4 \\ 0 & 1 & -1 & 0 \\ 0 & -4 & -8 & -12 \\ 0 & -5 & -8 & -10 \end{vmatrix} = \begin{vmatrix} 1 & 2 & 3 & 4 \\ 0 & 1 & -1 & 0 \\ 0 & 0 & 1 & 1 \\ 0 & 0 & -13 & -10 \end{vmatrix}$$

앞의 성질들을 이용하면,

$$\begin{vmatrix} 1 & 2 & 3 & 4 \\ 0 & 1 & -1 & 0 \\ 0 & 0 & -12 & -12 \\ 0 & 0 & -13 & -10 \end{vmatrix} = -12\begin{vmatrix} 1 & 2 & 3 & 4 \\ 0 & 1 & -1 & 0 \\ 0 & 0 & 1 & 1 \\ 0 & 0 & -13 & -10 \end{vmatrix}$$

세 번째 행에 13을 곱하여 네 번째 행에 더하면,

$$\begin{vmatrix} 1 & 2 & 3 & 4 \\ 0 & 1 & -1 & 0 \\ 0 & 0 & 1 & 1 \\ 0 & 0 & -13 & -10 \end{vmatrix} = \begin{vmatrix} 1 & 2 & 3 & 4 \\ 0 & 1 & -1 & 0 \\ 0 & 0 & 1 & 1 \\ 0 & 0 & 0 & 3 \end{vmatrix} = 3$$

따라서, 정리하면 $\begin{vmatrix} 1 & 2 & 3 & 4 \\ 5 & 6 & 7 & 8 \\ 2 & 4 & 6 & 8 \\ 3 & 1 & 1 & 2 \end{vmatrix} = 2 \cdot (-1) \cdot (-12) \cdot 3 = 72$ ▣

이들 계산은 다소 길어보인다. 행렬식에 대한 일반적인 공식이 존재하는지 뒤에서 알아볼 것이다.

[예제 3] (3차 행렬식 구하기)

다음 행렬식을 구하여라.

1) $\begin{vmatrix} 1 & 2 & 0 \\ -1 & 1 & 1 \\ 1 & 2 & 3 \end{vmatrix}$ 2) $\begin{vmatrix} 1 & 1 & 2 \\ 0 & 1 & 0 \\ 2 & 1 & -1 \end{vmatrix}$

풀이 $\begin{vmatrix} 1 & 2 & 0 \\ -1 & 1 & 1 \\ 1 & 2 & 3 \end{vmatrix} \overset{1\text{행}+2\text{행}}{\underset{3\text{행}-1\text{행}}{=\!=}} \begin{vmatrix} 1 & 2 & 0 \\ 0 & 3 & 1 \\ 0 & 0 & 3 \end{vmatrix} = 9$

$$\begin{vmatrix} 1 & 1 & 2 \\ 0 & 1 & 0 \\ 2 & 1 & -1 \end{vmatrix} \underset{3\text{행}-1\text{행}\times 2}{=\!=} \begin{vmatrix} 1 & 1 & 2 \\ 0 & 1 & 0 \\ 0 & -1 & -5 \end{vmatrix} \underset{2\text{행}-3\text{행}}{=\!=} \begin{vmatrix} 1 & 1 & 2 \\ 0 & 1 & 0 \\ 0 & 0 & -5 \end{vmatrix} = -5$$

▣

□ 행렬식의 일반공식

행렬 A는 n차 정사각행렬이다. $A=(a_{ij})$, a_{ij}는 i행과 j렬의 성분이다 ($i=1, \cdots, n$, $j=1, \cdots, n$). 임의의 i와 j에 대해 A_{ij}를 여인수라고 하고 행렬 A에서 i행과 j렬을 제거시키고 $(-1)^{i+j}$를 곱한 $n-1$차 정사각행렬의 행렬식이다.

$$det(A) = \sum_{j=1}^{j=n} a_{ij}A_{ij}(i: \text{ 고정})\text{이고}$$

$$det(A) = \sum_{i=1}^{i=n} a_{ij}A_{ij}(j: \text{ 고정})$$

다른 말로 하면, 두 종류의 공식이 있다. 0이 행에 또는 열에 많은가에 따라 공식을 편하게 적용하면 된다.

특히, 행을 따르면,

$$\begin{vmatrix} a & b & c \\ d & e & f \\ g & h & k \end{vmatrix} = a\begin{vmatrix} e & f \\ h & k \end{vmatrix} - b\begin{vmatrix} d & f \\ g & k \end{vmatrix} + c\begin{vmatrix} d & e \\ g & h \end{vmatrix}$$

또는 $\begin{vmatrix} a & b & c \\ d & e & f \\ g & g & k \end{vmatrix} = -d\begin{vmatrix} b & c \\ h & k \end{vmatrix} + e\begin{vmatrix} a & c \\ g & k \end{vmatrix} - f\begin{vmatrix} a & b \\ g & h \end{vmatrix}$

또는 $\begin{vmatrix} a & b & c \\ d & e & f \\ g & g & k \end{vmatrix} = g\begin{vmatrix} b & c \\ e & f \end{vmatrix} - h\begin{vmatrix} a & c \\ d & f \end{vmatrix} + k\begin{vmatrix} a & b \\ d & e \end{vmatrix}$이다.

연습으로 열을 따르는 공식을 써 보아라.

[예제 4] (일반공식이용 행렬식 구하기)

행렬식 $\begin{vmatrix} 3 & 2 & 2 \\ 2 & 1 & -3 \\ 4 & 0 & 1 \end{vmatrix}$을 구하여라.

풀이 세 번째 행에 대해 공식을 이용하여 전개할 것이다.

$$\begin{vmatrix} 3 & 2 & 2 \\ 2 & 1 & -3 \\ 4 & 0 & 1 \end{vmatrix} = 4\begin{vmatrix} 2 & 1 \\ 1 & -3 \end{vmatrix} - 0\begin{vmatrix} 3 & 1 \\ 2 & -3 \end{vmatrix} + 1\begin{vmatrix} 3 & 2 \\ 2 & 1 \end{vmatrix}$$

$= 4(-6-1) + 1(3-4) = -29$ ■

어떤 방법을 이용하면 행렬식을 쉽게 계산할 수 있을까? 대답은 행렬식을 구하는 사람에 달려있다. 어떤 사람은 기본행 연산을 좋아할 것이고, 어떤 사람은 일반공식을 좋아할 것이다. 중요한 것은 맞는 답을 구하는 것이다.

□ 행렬식과 역행렬

역행렬을 구하는 것은 과학의 여러 영역에서 매우 중요하다. 예를 들면, 암호전송에 역행렬을 이용한다. A가 정사각행렬일 때, 역행렬을 갖기 위한 필요충분조건은 $det(A) \neq 0$이다. A가 n차 정사각행렬이면, 여인수 A_{ij}가 정의되고,

$det(A) = \sum_{j=1}^{j=n} a_{ij}A_{ij}$($i$를 고정)이고 $det(A) = \sum_{i=1}^{i=n} a_{ij}A_{ij}$($j$를 고정)이다.

A의 adjoint를 $adj(A)$로 쓰고 ij 성분이 A_{ij}인 행렬의 전치행렬이다.

즉, $adj(A) = (A_{ij})^T$

예 행렬 $A = \begin{pmatrix} 1 & 3 & 2 \\ -1 & 0 & 2 \\ 3 & 1 & -1 \end{pmatrix}$라 하면

$$adj(A) = \begin{pmatrix} -2 & 5 & -1 \\ 5 & -7 & 8 \\ 6 & -4 & 3 \end{pmatrix}^T = \begin{pmatrix} -2 & 5 & 6 \\ 5 & -7 & -4 \\ -1 & 8 & 3 \end{pmatrix}\text{이다.}$$

$A \cdot adj(A)$를 계산해보자.

$$A \cdot adj(A) = \begin{pmatrix} 1 & 3 & 2 \\ -1 & 0 & 2 \\ 3 & 1 & -1 \end{pmatrix} \begin{pmatrix} -2 & 5 & -1 \\ 5 & -7 & 8 \\ -1 & 8 & 3 \end{pmatrix} = \begin{pmatrix} 11 & 0 & 0 \\ 0 & 11 & 0 \\ 0 & 0 & 11 \end{pmatrix}$$

$det(A) = 11$ 따라서, $A \cdot adj(A) = det(A)I_3$

정리 n차 정사각행렬에 대해, $A \cdot adj(A) = det(A)I_n$이다.

특히, $det(A) \neq 0$이면, $A^{-1} = \frac{1}{det(A)} adj(A)$이다.

2차 정사각행렬에 대해, $adj\begin{pmatrix} a & b \\ c & d \end{pmatrix}=\begin{pmatrix} d & -c \\ -b & a \end{pmatrix}^T=\begin{pmatrix} d & -b \\ -c & a \end{pmatrix}$

$\begin{pmatrix} a & b \\ c & d \end{pmatrix}^{-1}=\frac{1}{ad-bc}\begin{pmatrix} d & -b \\ -c & a \end{pmatrix}$이다.

[예제 5] (역행렬 구하기)

행렬 P의 역행렬을 구하여라.

1) $P=\begin{pmatrix} 2 & 4 \\ 3 & 5 \end{pmatrix}$ 2) $P=\begin{pmatrix} a & a+1 \\ 2 & 2 \end{pmatrix}$

풀이 1) $det(P)=2\times5-4\times3=-2$

$$P^{-1}=\frac{1}{-2}\begin{pmatrix} 5 & -4 \\ -3 & 2 \end{pmatrix}=\begin{pmatrix} -2.5 & 2 \\ 1.5 & -1 \end{pmatrix}$$

2) $det(P)=a\times2-2(a+1)=-2$

$$P^{-1}=\frac{1}{-2}\begin{pmatrix} 2 & -a-1 \\ -3 & a \end{pmatrix}$$ ▣

□ 3×3 정사각행렬의 역행렬

행렬 $A=\begin{pmatrix} a_{11} & a_{12} & a_{13} \\ a_{21} & a_{22} & a_{23} \\ a_{31} & a_{32} & a_{33} \end{pmatrix}$에 대해 $|A|$는 다음과 같이 구할 수 있다.

$$|A|=a_{11}\begin{vmatrix} a_{22} & a_{23} \\ a_{32} & a_{33} \end{vmatrix}-a_{12}\begin{vmatrix} a_{21} & a_{23} \\ a_{31} & a_{33} \end{vmatrix}+a_{13}\begin{vmatrix} a_{21} & a_{22} \\ a_{31} & a_{32} \end{vmatrix}$$

행렬 A_{ij}는 행렬 A에서 i행과 j열을 제거한 행렬이다.

A가 $n\times n$ 행렬이면 A_{ij}는 $(n-1)\times(n-1)$ 행렬이다.

$|A|=\sum_{j=1}^{n}(-1)^{i+j}a_{ij}|A_{ij}|$로 나타낼 수 있다.

3×3행렬의 역행렬은 다음과 같이 구한다.

$$A^{-1}=\frac{1}{detA}\begin{pmatrix} |A_{11}| & -|A_{21}| & |A_{31}| \\ -|A_{12}| & |A_{22}| & -|A_{32}| \\ |A_{13}| & -|A_{23}| & |A_{33}| \end{pmatrix}$$

[예제 6] (역행렬 구하기)

행렬 $A=\begin{pmatrix} 1 & 3 & 2 \\ 2 & 2 & 0 \\ 3 & 1 & 2 \end{pmatrix}$의 역행렬 A^{-1}를 구하여라.

풀이 $|A|=-16$이고,

$$|A_{11}|=\begin{vmatrix} 2 & 0 \\ 1 & 2 \end{vmatrix}=4,\quad |A_{12}|=\begin{vmatrix} 2 & 0 \\ 3 & 2 \end{vmatrix}=4\cdots |A_{33}|=\begin{vmatrix} 1 & 3 \\ 2 & 2 \end{vmatrix}=-4$$

에서

$$A^{-1}=\frac{1}{-16}\begin{pmatrix} |A_{11}| & -|A_{21}| & |A_{31}| \\ -|A_{12}| & |A_{22}| & -|A_{32}| \\ |A_{13}| & -|A_{23}| & |A_{33}| \end{pmatrix}$$

$$=\begin{pmatrix} -0.25 & 0.25 & 0.25 \\ 0.25 & 0.25 & -0.25 \\ 0.25 & -0.50 & 0.25 \end{pmatrix}$$이다. ▣

□ 역행렬의 이용

메시지를 암호화하는 여러 가지 방법이 있다. 암호의 이용은 특히 최근 인터넷의 폭발적인 증가로 의미가 있게 되었다. 메시지를 암호화하는 한가지 방법은 행렬과 그 역행렬을 이용하는 것이다.

실제로 고정된 역행렬 A에 대해, 메시지를 행렬 B로 바꾸고 AB가 시행되록 한다. 메시지는 AB로 보낸다. 결국, A^{-1}를 알아야 보내진 메시지를 해독할 수 있다.

실제로 $A^{-1}(AB)=B$이다. 이것이 본래의 메시지이다.

바람직하지 못한 침입자가 A를 언제나 찾아낸다는 것은 명심해야 한다. 따라서 그것은 바꿀 수 있어야만 한다. 그래서 역행렬이 존재하고 그 역행렬이 simple인 simple 행렬 A를 만드는 기계적인 방법을 갖고 있어야 한다. 일반적으로 역행렬은 전송하기 힘든 분수꼴은 포함하고 있음은 주의해야 한다. 행렬 A나 그 역행렬의 모든 성분이 정수를 갖도록 하는 것이 제일 좋은 방법이다.

실제로 앞의 내용을 이용하여 이와 같은 행렬들을 만들 수 있다. 행렬 A의 행렬식 $|A|$가 $|A| = \pm 1$이고 모든 성분이 정수라면 A^{-1}의 모든 성분도 정수가 될 것이다.

그러면 어떻게 이와 같은 행렬들을 만들 수 있을까? 한 실질적인 방법은 대각선의 성분이 ± 1이고 정수인 성분을 갖는 상-삼각행렬에서 시작하는 것이다.

그 때 기본행연산을 이용하여 행렬식의 값이 변하지 않도록 행렬을 바꾸는 것이다.

기본연산시 정수가 아닌 수를 행에 곱해서는 안된다. 이것은 다음 예에서 설명한다.

예 행렬 $\begin{pmatrix} -1 & 5 & -1 \\ 0 & 1 & 8 \\ 0 & 0 & 1 \end{pmatrix}$에 대하여, 우선 첫 번째 행은 그대로 두고 두 번째, 세 번째 행에 더하면 $\begin{pmatrix} -1 & 5 & -1 \\ -1 & 6 & 7 \\ -1 & 5 & 0 \end{pmatrix}$을 얻는다. 다음 첫 번째 행을 그대로 두고, 두 번째 행에 세 번째 행을 더하고, 마지막으로 첫 번째 행에 -2를 곱하여 세 번째 행에 더하면, $\begin{pmatrix} -1 & 5 & -1 \\ -1 & 11 & 7 \\ 1 & -5 & 2 \end{pmatrix}$를 얻는다.

이것이 구하는 행렬 A이다. $det(A) = -1$이고 앞의 기본연산에서 상-삼각행렬의 행렬식의 값 -1이 변하지 않았음을 확인했다.

자세한 계산은 각자 확인하기로 하고 A의 역행렬은

$$\begin{pmatrix} 57 & -5 & 46 \\ 11 & -1 & 9 \\ -1 & 0 & -1 \end{pmatrix}$$이다.

본래 문제로 돌아가 I Love Monica라는 message를 생각하자. 모든 편지를 수와 관련시킬 것이다. 가장 쉬운 방법은 0은 빈칸 또는 한칸 비우기, 1은 A, 2는 B 등으로 대응시키는 것이다. 또 다른 방법은 0은 빈칸 또는 한칸 비워, 1은 A, -1은 B, 3는 C, -2는 D 등으로 대응시키는 것이다. 여기서는 두 번째 방법을 사용하자.

message는 다음과 같이 주어진다.

I LOVE MONICA

5 0 -6 8 -11 3 0 7 8 -7 5 2 1

이제 이 숫자들을 행렬 B로 정리하자. 이를테면

$$B=\begin{pmatrix} 5 & 8 & 0 & -7 & 1 \\ 0 & -11 & 7 & 5 & 0 \\ -6 & 3 & 8 & 2 & 0 \end{pmatrix}$$

앞에서 구한 A와 B의 곱 AB를 계산하면,

$$AB=\begin{pmatrix} -1 & 5 & -1 \\ -2 & 11 & 7 \\ 1 & -5 & 2 \end{pmatrix}\begin{pmatrix} 5 & 8 & 0 & -7 & 1 \\ 0 & -11 & 7 & 5 & 0 \\ -6 & 3 & 8 & 2 & 0 \end{pmatrix}=\begin{pmatrix} 1 & -66 & 27 & 30 & -1 \\ -52 & -116 & 133 & 83 & 2 \\ -7 & 69 & -19 & -28 & 1 \end{pmatrix}$$

보내어진 암호화 된 message는 1, -52, -7, -66, ⋯, -1, -2, 1이다.

연습문제 2-2

해 답

1. 다음 행렬에 대해 행렬식을 계산하여라.

1) $\begin{pmatrix} 2 & 4 \\ 1 & 3 \end{pmatrix}$ 2) $\begin{pmatrix} 1 & 3 \\ 2 & 4 \end{pmatrix}$

3) $\begin{pmatrix} 2 & -4 \\ -3 & 6 \end{pmatrix}$ 4) $\begin{pmatrix} 1 & 2 \\ 0 & 2 \end{pmatrix}$

5) $\begin{pmatrix} 3 & 6 & 9 \\ 0 & 1 & 1 \\ 1 & 3 & 5 \end{pmatrix}$ 6) $\begin{pmatrix} 1 & 2 & 3 \\ 0 & 1 & 1 \\ 1 & 3 & 5 \end{pmatrix}$

7) $\begin{pmatrix} 2 & 4 & 6 \\ 0 & 3 & 3 \\ 1 & 3 & 5 \end{pmatrix}$ 8) $\begin{pmatrix} 0 & 1 & 1 \\ 1 & 2 & 3 \\ 1 & 3 & 5 \end{pmatrix}$

2. $A=\begin{pmatrix} x+2 & 2 \\ 4 & x-1 \end{pmatrix}$에 대해 $|A|=0$일 때 x는?

3. 다음 행렬의 역행렬을 구하여라.

1) $\begin{pmatrix} 1 & 2 & 3 \\ 0 & 1 & 1 \\ 1 & 3 & 6 \end{pmatrix}$ 2) $\begin{pmatrix} \cos\theta & -\sin\theta \\ \sin\theta & \cos\theta \end{pmatrix}$

3) $\begin{pmatrix} 1 & 2 & 2 & 5 \\ 0 & 1 & 1 & 2 \\ 1 & 2 & 0 & 3 \\ 1 & 2 & 1 & 0 \end{pmatrix}$

4. 다음 각각에 대해 X를 구하여라.

1) $\begin{pmatrix} 1 & 0 \\ 3 & 2 \end{pmatrix}X=\begin{pmatrix} 2 \\ 3 \end{pmatrix}$

2) $3X+\begin{pmatrix} 1 & 0 \\ 3 & 2 \end{pmatrix}=\begin{pmatrix} -1 & 3 \\ -1 & 5 \end{pmatrix}$

3) $3X+\begin{pmatrix} 1 & 0 \\ 3 & 2 \end{pmatrix}X=\begin{pmatrix} 1 & 1 \\ 0 & 1 \end{pmatrix}$

해답

1.

1) 2
2) -2
3) 0
4) 2

2.

$x=-3$ 또는 $x=2$

3. 생략

4.

1) $\begin{pmatrix} 2 \\ \frac{-3}{2} \end{pmatrix}$

2) $\frac{1}{3}\begin{pmatrix} -2 & 3 \\ -4 & 3 \end{pmatrix}$

3) $\frac{1}{20}\begin{pmatrix} 5 & 5 \\ -3 & 1 \end{pmatrix}$

2.3 연립방정식

□ 연립방정식

연립방정식을 푸는데 행렬은 유용한 도구가 된다.

미지수가 포함된 몇 개의 방정식을 연립해 놓은 것을 연립방정식이라고 한다.

이를 테면, $\begin{cases} 2x-3y=1 \\ x+3y=-2 \end{cases}$ 와 $\begin{cases} x^2+y=1 \\ x+3y=-2 \end{cases}$ 는 미지수가 x, y 두 개인 연립방정식이라 하고,

$\begin{cases} 2x-3y^2=-1 \\ x+y+z=1 \end{cases}$ 은 미지수가 x, y, z 세 개인 연립방정식이라고 한다.

이러한 연립방정식은 많은 실제 생활에서 자연스럽게 나타난다.

예를들면, 계란, 우유, 쥬스로 혼합된 영양 음료수를 생각하자.

각 성분에 대한 열량과 단백질은 다음 표와 같다.

	열량(calories)	단백질(grams)
계란 1개	80	6
우유 1컵	160	9
쥬스 1컵	110	2

540 칼로리의 음료수와 25 그램의 단백질을 만들기 위해 필요한 각 성분은 얼마인가?

여기에 답하기 위해 x를 계란의 수, y를 밀크의 양, 그리고 z를 쥬스의 양으로 놓으면, 연립방정식 $\begin{cases} 80x+160y+110z=540 \\ 6x+9y+2z=25 \end{cases}$ 를 얻는다.

미지수 x, y, z를 구하는 것을 연립방정식을 푼다고 한다.

연립방정식을 만족시키는 수의 쌍을 해라고 하고 위의 연립방정식의 해는 (2, 1, 2)와 (0.325, 2.25, 1.4)이다.

연립방정식에 관련된 기본적인 문제는 모든 해를 구하는 것이다.

□ 연립 방정식의 풀이(가우스 소거법)

비선형 연립방정식을 푸는 것은 꽤 어려운 반면, 선형 연립방정식은 공부하기 쉽다. 여기서는 미지수가 2개, 3개 기껏해야 미지수가 4개인 선형연립방정식의 풀이에 관심을 갖는다.

정의 방정식 $ax+by+cz+dw=h$(x, y, z, w는 미지수 a, b, c, d, h는 상수)를 선형방정식이라고 한다. $h=0$이면 선형방정식을 동차(homogeneous)라 한다.

연립선형방정식(linear system)은 선형방정식을 연립해 놓은 것이고 동차 선형연립방정식(homogeneous linear system)은 동차선형방정식을 연립해 놓은 것이다.

예를 들면 $\begin{cases} 2x-3y=1 \\ x+3y=-2 \end{cases}$ 와 $\begin{cases} x+y-z=1 \\ x+3y+3z=-2 \end{cases}$ 는 선형연립방정식이고,

한편 $\begin{cases} 2x-3y^2=1 \\ x+y+z=1 \end{cases}$ 은 비선형 연립방정식이다.

$\begin{cases} 2x-3y-3z+w=0 \\ x+3y=0 \\ x-y+w=0 \end{cases}$ 은 동차 선형 연립방정식이다.

□ 선형연립방정식의 행렬 표현

행렬은 매우 단순한 형태로 선형연립방정식을 쓰는데 도움이 된다.

행렬의 대수적 성질은 연립방정식을 푸는데 이용된다. 우선 연립방정식

$$\begin{cases} ax+by+cz+dw=e \\ fx+gy+hz+iw=j \\ kx+ly+mz+nw=p \\ qx+ry+sz+tw=u \end{cases}$$ 에 대해 알아보자.

행렬 $A=\begin{pmatrix} a & b & c & d \\ f & g & h & i \\ k & l & m & n \\ g & r & s & t \end{pmatrix}$, $C=\begin{pmatrix} e \\ j \\ p \\ u \end{pmatrix}$이고 $X=\begin{pmatrix} x \\ y \\ z \\ w \end{pmatrix}$라고 놓자.

행렬 곱을 이용하면, 연립방정식을 행렬 방정식으로 다시 쓸수 있다.

$$A \cdot X = C$$

이것이 원래 연립방정식보다 더 좋아 보인다. 그러나 때로는 행렬 방정식을 이용하지 않고 직접 연립방정식을 푸는 것이 가치있다. 행렬 A를 연립방정식의 계수행렬이라고 한다. 행렬 C는 비동차항(nonhomogeneous term)이라고 한다. $C=O$일 때 연립방정식은 동차이다. 행렬 X는 미지수행렬이다. 각 성분은 연립방정식의 미지수이다.

연립방정식과 증가행렬(augmented matrix)은 행렬 $[A \mid C]$이고,

$$[A \mid C]=\left(\begin{array}{cccc|c} a & b & c & d & e \\ f & g & h & i & j \\ k & l & m & n & p \\ q & r & s & t & u \end{array}\right)$$ 이다.

일반적으로 연립방정식이 m개의 미지수를 갖는 n개의 방정식을 가지면, 계수행렬은 $n \times m$행렬이고 증가행렬은 $n \times (m+1)$행렬이다.

이제 연립방정식의 풀이를 알아보자.

정의 n개의 미지수를 갖는 두 개의 연립방정식이 동치(equivalent)이기 위한 필요충분조건은 같은 해를 갖는 것이다.

이 정의는 중요하다. 왜냐하면 연립방정식을 푸는데 풀기에 쉬운 꼴로 연립방정식을 고치면 되기 때문이다.

어떻게 풀기 쉬운 꼴로 연립방정식을 고칠 수 있는가? 기본연산(elementary operation)을 이용한다. 구체적인 예를 통해 알아보자.

예 연립방정식 $\begin{cases} x+y+z=0 \\ x-2y+2z=4 \\ x+2y-z=2 \end{cases}$에 대해 알아보자.

첫 번째 방정식은 그대로 두고 두, 세 번째 방정식의 미지수를 없애려고 한다.

세 번째 방정식에서 첫 번째 방정식을 빼면 연립방정식

$\begin{cases} x+y+z=0 \\ x-2y+2z=4 \\ y-2z=2 \end{cases}$를 얻는다.

이 번에는 두 번째 방정식에서 첫 번째 방정식을 빼면 연립방정식

$\begin{cases} x+y+z=0 \\ -3y+z=4 \\ y-2z=2 \end{cases}$ 를 얻는다.

미지수를 두, 세 번째 방정식에서 하나만 남기기 위해 두 번째 방정식을 세 번째 방정식에 3을 곱한 것에 더하면,

$$\begin{cases} x+y+z=0 \\ -3y+z=4 \\ -5z=10 \end{cases}$$ 이 된다.

따라서 $z=-2$, $y=-2$, $x=4$를 얻는다.

연립방정식의 해는 $x=4$, $y=-2$, $z=-2$이다.

계수행렬이 상-삼각행렬인 연립방정식이 풀기 쉽다는 것을 명심하여라.

행렬에 대한 지식을 이용하여 연립방정식을 풀어보자.

증가행렬 $\left(\begin{array}{ccc|c} 1 & 1 & 1 & 0 \\ 1 & -2 & 2 & 4 \\ 1 & 2 & -1 & 2 \end{array}\right)$에서

행렬에 대한 기본행 연산을 시행하자. 세 번째 행에서 첫 번째 행을 빼면

$$\left(\begin{array}{ccc|c} 1 & 1 & 1 & 0 \\ 1 & -2 & 2 & 4 \\ 0 & 1 & -2 & 2 \end{array}\right)$$ 이 된다.

이번에는 두 번째 행에서 첫 번째 행을 빼면,

$$\left(\begin{array}{ccc|c} 1 & 1 & 1 & 0 \\ 0 & -3 & 1 & 4 \\ 0 & 1 & -2 & 2 \end{array}\right)$$ 를 얻는다.

두 번째 행을 세 번째 행에 3을 곱하여 더하면,

$$\left(\begin{array}{ccc|c} 1 & 1 & 1 & 0 \\ 0 & -3 & 1 & 4 \\ 0 & 0 & -5 & 10 \end{array}\right)$$ 이 된다.

이 증가행렬에 대한 연립방정식은

$$\begin{cases} x+y+z=0 \\ -3y+z=4 \\ -5z=10 \end{cases}$$ 이다.

앞과 같은 연립방정식을 얻었다. 이와 같은 행렬 기본연산을 시행하여 위와 같은 증가행렬을 만드는 것을 가우스소거법(Gaussian Elimination)이라고 한다. 이 방법을

요약해 보자.

□ 가우스 소거법

연립방정식에 대해,

1. 연립방정식에 대한 증가행렬을 만든다.
2. 기본연산을 이용하여 증가행렬을 삼각행렬로 만든다.
3. 증가행렬과 연관된 새로운 연립방정식을 쓴다.
4. 새 연립방정식을 푼다.

[예제 1] (연립방정식)

가우스 소거법을 이용하여 연립방정식을 풀어라.

$$\begin{cases} 2x-3y-z+2w+3u=4 \\ 4x-4y-z+4w+11u=4 \\ 2x-5y-2z+2w-u=9 \\ 2y+z+4u=-5 \end{cases}$$

풀이 증가행렬은 $\left(\begin{array}{ccccc|c} 2 & -3 & -1 & 2 & 3 & 4 \\ 4 & -4 & -1 & 4 & 11 & 4 \\ 2 & -5 & -2 & 2 & -1 & 9 \\ 0 & 2 & 1 & 0 & 4 & -5 \end{array}\right)$이 된다.

기본행 연산을 이용하여 이 행렬을 삼각행렬로 변환시킨다.

첫 번째 행을 이용하여 두, 세 번째 행의 첫째 성분을 0으로 만들면,

$$\left(\begin{array}{ccccc|c} 2 & -3 & -1 & 2 & 3 & 4 \\ 0 & 2 & 1 & 0 & 5 & -4 \\ 0 & -2 & -1 & 0 & -4 & 5 \\ 0 & 2 & 1 & 0 & 4 & -5 \end{array}\right)$$이 된다.

첫째, 둘째 행은 그대로 두고, 세, 네 번째 행의 두 번째 성분을 0으로 만들면,

$$\left(\begin{array}{ccccc|c} 2 & -3 & -1 & 2 & 3 & 4 \\ 0 & 2 & 1 & 0 & 5 & -4 \\ 0 & 0 & 0 & 0 & 1 & 1 \\ 0 & 0 & 0 & 0 & -1 & -1 \end{array}\right)$$ 이 된다.

네 번째 행에 세 번째 행을 더하여

$$\left(\begin{array}{ccccc|c} 2 & -3 & -1 & 2 & 3 & 4 \\ 0 & 2 & 1 & 0 & 5 & -4 \\ 0 & 0 & 0 & 0 & 1 & 1 \\ 0 & 0 & 0 & 0 & 0 & 0 \end{array}\right)$$ 을 얻는다.

이것은 삼각행렬이다. 연관된 연립방정식은

$$\begin{cases} 2x-3y-z+2w+3u=4 \\ 2y+z+5u=-4 \\ u=1 \end{cases}$$ 이다.

$$u=1,\ \ z=s,\ \ w=t,\ \ y=-\frac{9}{2}-\frac{1}{2}s,\ \ x=-\frac{25}{4}-\frac{1}{4}s-t$$

다시 쓰면, $\begin{pmatrix} x \\ y \\ z \\ w \\ v \end{pmatrix} = \begin{pmatrix} -\frac{25}{4}-\frac{1}{4}s-t \\ -\frac{9}{2}-\frac{1}{2}s \\ s \\ t \\ 1 \end{pmatrix}$ 이다. ▣

[예제 2] (연립방정식 풀기)

가우스 소거법을 이용하여 연립방정식을 풀어라.

$$\begin{cases} x-y=4 \\ 2x-2y=-4 \end{cases}$$

풀이 증가행렬로 고치면, $\left(\begin{array}{cc|c} 1 & -1 & 4 \\ 2 & -2 & -4 \end{array}\right)$ 이다.

두 번째 행에서 첫 번째 행에 2배하여 빼면,

$\begin{pmatrix} 1 & -1 & | & 4 \\ 0 & 0 & | & -12 \end{pmatrix}$가 된다.

이것은 삼각행렬이고, 연립방정식으로 나타내면,

$\begin{cases} x-y=4 \\ 0=-12 \end{cases}$ 가 된다.

두 번째 방정식에서 해가 없다. 따라서 이 연립방정식은 해가 없다. ▣

정의 연립방정식이 해가 없으면 불능, 무수히 많으면 부정이라고 한다.

□ 행렬식의 이용: Cramer's Rule

행렬식을 역행렬을 구하는데 이용됨을 보았다. 계수행렬의 역행렬을 이용하여 연립방정식의 해를 구할 수 있다.

행렬의 곱으로 표현된 연립방정식 $AX=B$(A는 계수행렬, B는 비동차 항, X는 미지수행렬)에 대해 알아보자.

정의 연립방정식 $AX=B$가 유일한 해를 갖기 위한 필요충분조건은 A가 역행렬을 갖는 것이다. 이때, 해는 Cramer의 공식에 의해

$X_i=\dfrac{det(A_i)}{detA}$, $i=1, 2, 3, \cdots, n$(x_i는 연립방정식의 미지수 또는 X의 성분이고, 행렬 A_i는 행렬 A의 i번째 열을 B로 대치한 것이다)

즉, $x_i=\dfrac{b_1A_{1i}+b_2A_{2i}+\cdots b_nA_{ni}}{det(A)}$ (b_i는 B의 성분이다)

특히, 연립방정식 $AX=B$가 동차라면 $(B=O)$, 그때 A가 역행렬을 가지면 유일한 해는 $X=O$이다. 따라서 O이 아닌 해를 구하려면 계수행렬 A가 역행렬을 갖

지 않아야 한다. 즉, $det(A)=0$이다.

[예제 3] (Cramer의 공식이용)

연립방정식 $\begin{pmatrix} 1 & 2 & 0 \\ -1 & 1 & 1 \\ 1 & 2 & 3 \end{pmatrix}\begin{pmatrix} x \\ y \\ z \end{pmatrix}=\begin{pmatrix} 0 \\ 1 \\ 0 \end{pmatrix}$을 풀어라.

풀이 우선 $\begin{vmatrix} 1 & 2 & 0 \\ -1 & 1 & 1 \\ 1 & 2 & 3 \end{vmatrix}=\begin{vmatrix} 2 & 1 \\ 2 & 3 \end{vmatrix}-2\begin{vmatrix} -1 & 1 \\ 1 & 3 \end{vmatrix}=9$

계수행렬은 역행렬을 갖는다. 따라서 Cramer의 공식을 이용할 수 있다.

$x=\frac{1}{9}\begin{vmatrix} 0 & 2 & 0 \\ 1 & 1 & 1 \\ 0 & 2 & 3 \end{vmatrix}$, $y=\frac{1}{9}\begin{vmatrix} 1 & 0 & 0 \\ -1 & 1 & 1 \\ 1 & 0 & 3 \end{vmatrix}$이고 $z=\frac{1}{9}\begin{vmatrix} 1 & 2 & 0 \\ -1 & 1 & 1 \\ 1 & 2 & 0 \end{vmatrix}$을 얻는다.

따라서 $x=-\frac{6}{9}=-\frac{2}{3}$, $y=\frac{3}{9}=\frac{1}{3}$이고 $z=0$이다. ▣

연습문제 2-3

1. 연립방정식을 풀어라.

1) $\begin{cases} 2x+3y+z=9 \\ x+2y+3z=6 \\ 3x+y+2z=8 \end{cases}$ 2) $\begin{cases} 7x-y+z=0 \\ 10x-2y-z=8 \\ 6x+3y+2z=7 \end{cases}$

3) $\begin{cases} x-y+3z=9 \\ x+2z=3 \\ 2x+2y+z=10 \end{cases}$ 4) $\begin{cases} x+3y=22 \\ 2x-y=2 \end{cases}$

5) $\begin{cases} 2x+y+5z+w=5 \\ x+y-3z-4w=-1 \\ 3x+6y-2z+w=8 \\ 2x+2y+2z=3w=2 \end{cases}$

6) $\begin{cases} 4x+y+z+w+6 \\ 3x+7y-z+w=1 \\ 7x+3y-2z+8w=-3 \\ x+y+z+2w=3 \end{cases}$

해 답

1.

1) $x=\frac{35}{18}$, $y=\frac{29}{18}$, $z=\frac{5}{18}$

2) $x=2$, $y=\frac{1}{5}$, $z=0$, $w=\frac{4}{5}$

3) $x=35$, $y=-22$, $z=-16$

4) $x=4$, $y=6$

2.4 고유값과 고유벡터

□ 고유값과 고유벡터 소개

고유값 문제는 폭넓게 적용된다. 예를들면, 미분방정식의 풀이, 인구성장 모델 분석과 행렬의 거듭제곱 계산에 결정적이다 .물리, 사회학, 생물학, 경제학, 통계학과 같은 영역에서 고유값과 고유벡터가 상당히 중요한 역할을 한다.

형식적인 정의를 하기 전에 예를 통해 개념을 소개한다.

예 행렬 $A=\begin{pmatrix} 1 & 2 & 1 \\ 6 & -1 & 0 \\ -1 & -2 & -1 \end{pmatrix}$에 대해,

세 열행렬을 생각하자.

$$C_1=\begin{pmatrix} 1 \\ 6 \\ -13 \end{pmatrix},\ C_2=\begin{pmatrix} -1 \\ 2 \\ 1 \end{pmatrix}\text{이고 } C_3=\begin{pmatrix} 2 \\ 3 \\ -2 \end{pmatrix}$$

$$AC_1=\begin{pmatrix} 0 \\ 0 \\ 0 \end{pmatrix},\ AC_2=\begin{pmatrix} 4 \\ -8 \\ 4 \end{pmatrix}\text{이고 } AC_3=\begin{pmatrix} 6 \\ 9 \\ -6 \end{pmatrix}\text{이다.}$$

다른 말로 하면, $AC_1=0C_1$, $AC_2=-4C_2$이고 $AC_3=3C_2$이다.

열행렬 C_1, C_2와 C_3에 대해 행렬 $P=\begin{pmatrix} 1 & -1 & 2 \\ 6 & 2 & 3 \\ -13 & 1 & -2 \end{pmatrix}$를 생각하자

$det(P)=84$이므로 P는 역행렬을 갖는다.

$$P^{-1}=\frac{1}{84}\begin{pmatrix} -7 & 0 & -7 \\ -27 & 24 & 9 \\ 32 & 12 & 8 \end{pmatrix}\text{이다.}$$

$P^{-1}AP$를 계산해 보자

$$\frac{1}{84}\begin{pmatrix} -7 & 0 & -7 \\ -27 & 24 & 9 \\ 32 & 12 & 8 \end{pmatrix}\begin{pmatrix} 1 & 2 & 1 \\ 6 & -1 & 0 \\ -1 & -2 & -1 \end{pmatrix}\begin{pmatrix} 1 & -1 & 2 \\ 6 & 2 & 3 \\ -13 & 1 & -2 \end{pmatrix}$$

$$=\begin{pmatrix} 0 & 0 & 0 \\ 0 & -4 & 0 \\ 0 & 0 & 3 \end{pmatrix}$$

따라서, $P^{-1}AP=\begin{pmatrix} 0 & 0 & 0 \\ 0 & -4 & 0 \\ 0 & 0 & 3 \end{pmatrix}$

행렬곱을 이용하면, $A=P\begin{pmatrix} 0 & 0 & 0 \\ 0 & -4 & 0 \\ 0 & 0 & 3 \end{pmatrix}P^{-1}$를 얻는다.

특히, $A^n=P\begin{pmatrix} 0 & 0 & 0 \\ 0 & (-4)^n & 0 \\ 0 & 0 & 3^n \end{pmatrix}P^{-1}$, $n=1, 2, \cdots$

행렬 A로부터 직접 A^{75}를 구하는 것은 불가능하다.

어떻게 열행렬를 구해 역행렬이 존재하는 P를 구해 $P^{-1}AP$가 대각행렬이 되도록 할 수 있을까?

이제부터 위의 열행렬 C_1, C_2와 C_3을 열행렬 벡터라고 하자. 다음 정의를 보자.

정의 A는 정사각행렬이고, O이 아닌 벡터 C가 A의 고유벡터(eigenvector)가 되기 위한 필요충분조건은 $AC=\lambda C$인 λ(실수 또는 복소수)가 존재하는 것이다.

이와 같은 λ가 존재하면, 이 λ를 A의 고유값(eigenvalue)이라고 한다.

벡터 C는 고유값 λ에 관련된 고유벡터라고 한다.

참고 임의의 λ에 대해 $AO=O=\lambda O$이므로 고유벡터 C는 O이 아니어야 한다.

예 행렬 $A=\begin{pmatrix} 1 & 2 & 1 \\ 6 & -1 & 0 \\ -1 & -2 & -1 \end{pmatrix}$에 대해 $AC_1=0C_1$, $AC_2=-4C_2$이고

$AC_3=3C_3$(단, $C_1=\begin{pmatrix} 1 \\ 6 \\ -13 \end{pmatrix}$, $C_2=\begin{pmatrix} -1 \\ 2 \\ 1 \end{pmatrix}$이고 $C_3=\begin{pmatrix} 2 \\ 3 \\ -2 \end{pmatrix}$이다)

이므로 C_1은 고유값 0에 관련된 A의 고유벡터이다. C_2는 고유값 -4에 관련된 A의 고유벡터이다. C_3는 고유값 3에 관련된 A의 고유벡터이다.

고유값은 어떻게 구하는지 다음에서 알아보자.

□ 고유값의 계산

n차 정사각행렬에 대해, λ가 고유값이기 위한 필요충분조건은 $AC=\lambda C$인 O이 아닌 벡터가 존재하는 것이다.

행렬 곱의 성질을 이용하면, $(A-\lambda I_n)C=O$을 얻는다.

이것은 계수행렬이 $A-\lambda I_n$인 연립방정식이다.

이 연립방정식이 한 개의 해를 갖기 위한 필요충분조건은 $det(A-\lambda I_n)\neq 0$인 것을 알고 있다.

O벡터가 해이고 $C\neq O$이므로 $det(A-\lambda I_n)=0$이어야 한다.

예 행렬 $A=\begin{pmatrix} 1 & -2 \\ -2 & 0 \end{pmatrix}$에 대해

방정식 $det(A-\lambda I_n)=0$에서

$$\begin{vmatrix} 1-\lambda & -2 \\ -2 & 0-\lambda \end{vmatrix}=(1-\lambda)(0-\lambda)-4=0$$

정리하면, $\lambda^2-\lambda-4=0$

따라서 $\lambda=\dfrac{1+\sqrt{17}}{2}$, $\lambda=\dfrac{1-\sqrt{17}}{2}$이다.

다른 말로 하면, 행렬 A는 두 개의 고유값만을 갖는다.

일반으로, n차 정사각행렬에 대해 방정식 $det(A-\lambda I_n)=0$을 풀면 A의 고유값을 구할 수 있다. λ에 대한 n차방정식을 A의 특성방정식(characteristic equation)

또는 특성다항식(characteristic polynomial)이라고 한다.

이 방정식은 n개보다 많은 근을 갖지 않으므로 n차 정사각행렬은 n개 보다 많은 고유값을 갖지 않는다.

예 대각행렬 $D=\begin{pmatrix} a & 0 & 0 & 0 \\ 0 & b & 0 & 0 \\ 0 & 0 & c & 0 \\ 0 & 0 & 0 & d \end{pmatrix}$에서 특성방정식은

$det(D-\lambda I_n)=$

$$\begin{vmatrix} a-\lambda & 0 & 0 & 0 \\ 0 & b-\lambda & 0 & 0 \\ 0 & 0 & c-\lambda & 0 \\ 0 & 0 & 0 & d-\lambda \end{vmatrix}=(a-\lambda)(b-\lambda)(c-\lambda)(d-\lambda)=0\text{이다.}$$

따라서, D의 고유값은 a, b, c, d이다. 즉, 대각선의 성분이다.

이 결과는 어떤 크기의 대각행렬에 대해서도 성립한다.

참고 임의의 정사각행렬 A와 그 전치행렬 A^T가 같은 고유값을 갖는다. 왜냐하면, $det(A-\lambda I_n)=det(A-\lambda I_n)^T=det(A^t-\lambda I_n)$이기 때문이다.

임의의 2차 정사각행렬 A에 대해, $A=\begin{pmatrix} a & b \\ c & d \end{pmatrix}$

특성 방정식은 다음과 같다.

$$\begin{vmatrix} a-\lambda & b \\ c & d-\lambda \end{vmatrix}=(a-\lambda)(d-\lambda)-bc=\lambda^2-(a+d)\lambda+ad-bc=0$$

$a+d$를 행렬 A의 trace라고 하고 $t_r(A)$로 나타낸다.

분명히 $ad-bc$는 $det(A)$이다. 따라서 A의 특성방정식을 다시 쓰면,

$\lambda^2-t_r(A)\lambda+det(A)=0$이다.

행렬 $B=A^2-t_r(A)A+det(A)I_2$를 계산하면

$$B=\begin{pmatrix} a^2+bc & ab+bd \\ ac+dc & bc+d^2 \end{pmatrix}-(a+d)\begin{pmatrix} a & b \\ c & d \end{pmatrix}+(ad-bc)\begin{pmatrix} 1 & 0 \\ 0 & 1 \end{pmatrix}$$ 이다.

$$B=\begin{pmatrix} 0 & 0 \\ 0 & 0 \end{pmatrix}$$ 임을 각자 알아보아라.

디른 말로 하면, $A^2-t_r(A)A+det(A)I_2=O$이다.

이 방정식은 Cayley-Hamilton 정리로 알려졌다.

임의의 차수, 임의의 정사각행렬에 대해 즉, $P(A)=O$이다.

$P(\lambda)=det(A-\lambda I_n)$은 행렬 A의 특성다항식이다.

행렬의 고유값의 성질을 정리하여 보자.

정리 행렬 A는 n차 정사각행렬이고, λ가 행렬 A의 고유값이면,

1. λ^m은 A^m의 고유값이다. ($m=1, 2, \cdots$)
2. A가 역행렬을 가지면, $\frac{1}{\lambda}$은 A^{-1}의 고유값이다.
3. $\lambda=0$이 A의 고유값이기 위한 필요충분조건은 A가 역행렬을 갖지 않는 것이다.
4. α가 임의의 수라면, $\lambda+\alpha$는 $A+\alpha I_n$의 고유값이다.
5. A와 B가 similar이면, 두 행렬은 똑 같은 특성 다항식을 갖는다(즉, 똑같은 고유값을 갖는다).

□ 고유벡터의 계산

행렬 A는 n차 정사각행렬이고 그 고유값의 하나를 λ라고 하자 X는 λ에 관련된 A의 고유벡터라면, $AX=\lambda X$ 또는 $(A-\lambda I_n)X=O$이다.

이것은 계수행렬이 $A-\lambda I_n$인 연립방정식이다. 해를 구하는 방법을 알아보자.

참고 X가 $AX=\lambda X$를 만족시키는 벡터라면 벡터 $Y=cX$(c는 임의의 상수)는 같은 방정식을 만족시킨다. 즉, $AY=\lambda Y$이다. 다른말로 X가 고유벡터라면 cX도 같은 고유값에 관련된 고유벡터이다.

예를 통해 알아보자.

예 행렬 $A=\begin{pmatrix} 1 & 2 & 1 \\ 6 & -1 & 0 \\ -1 & -2 & -1 \end{pmatrix}$에 대해 A의 고유값을 구해보자.

풀이 특성방정식 $det(A-\lambda I_3)=0$에서

$$\begin{vmatrix} 1-\lambda & 2 & 1 \\ 6 & -1-\lambda & 0 \\ -1 & -2 & -1-\lambda \end{vmatrix}=0\text{이다.}$$

셋째 열을 이용하여 전개하면,

$$\begin{vmatrix} 6 & -1-\lambda \\ -1 & -2 \end{vmatrix}+(-1-\lambda)\begin{vmatrix} --\lambda & 2 \\ 6 & -1-\lambda \end{vmatrix}=0\text{이다.}$$

정리하면, $-\lambda(\lambda+4)(\lambda-3)=0$

따라서 A의 고유값은 0, -4, 3이다.

이제 고유벡터를 구해보자.

1) $\lambda=0$인 경우

관련된 고유벡터는 연립방정식 $AX=O$로 주어진다.

다시쓰면, $\begin{cases} x+2y+z=0 \\ 6x-y=0 \\ -x-2y-z=0 \end{cases}$

이 식을 정리하면 $y=6x$, $z=-13x$이다.

따라서, 미지수 벡터 X는

$$X=\begin{pmatrix} x \\ y \\ z \end{pmatrix} = \begin{pmatrix} x \\ 6x \\ -13x \end{pmatrix} = x\begin{pmatrix} 1 \\ 6 \\ -13 \end{pmatrix}$$ 이다.

고유값 0과 관련된 A의 고유벡터는 $X=c\begin{pmatrix} 1 \\ 6 \\ -13 \end{pmatrix}$ 이다.(c는 임의의 상수)

2) $\lambda=-4$인 경우

관련된 고유벡터들은 연립방정식 $AX=-4X$ 또는 $(A+4I_3)X=O$로 주어진다.

다시쓰면, $\begin{cases} 5x+2y+z=0 \\ 6x+3y=0 \\ -x-2y+3z=0 \end{cases}$ 이다.

이것을 풀기 위해 기본연산을 이용하자. 우선 증가행렬 $[A+4I_3 \mid O]$를 알아보자.

즉, $\left(\begin{array}{ccc|c} 5 & 2 & 1 & 0 \\ 6 & 3 & 0 & 0 \\ -1 & -2 & 3 & 0 \end{array}\right)$

이것을 상-삼각행렬로 고치기 위해 기본행 연산을 이용하자.

우선 행을 바꾸면, $\left(\begin{array}{ccc|c} -1 & -2 & 3 & 0 \\ 5 & 2 & 1 & 0 \\ 6 & 3 & 0 & 0 \end{array}\right)$이 되고

첫째행을 이용하여 첫열의 5, 6을 제거하면,

$\left(\begin{array}{ccc|c} -1 & -2 & 3 & 0 \\ 0 & -8 & 16 & 0 \\ 0 & -9 & 18 & 0 \end{array}\right)$을 얻는다.

둘째, 셋째 행에서 -8, -9를 없애면 $\left(\begin{array}{ccc|c} -1 & -2 & 3 & 0 \\ 0 & -1 & 2 & 0 \\ 0 & -1 & 1 & 0 \end{array}\right)$이 된다.

마지막으로 셋째행에서 둘째행을 빼면 $\left(\begin{array}{ccc|c} -1 & -2 & 3 & 0 \\ 0 & -1 & 2 & 0 \\ 0 & 0 & 0 & 0 \end{array}\right)$이 된다.

$z=c$라면 $y=2z=2c$, $x=-2y+3z=-c$

따라서, $X=\begin{pmatrix} x \\ y \\ z \end{pmatrix}=\begin{pmatrix} -c \\ 2c \\ c \end{pmatrix}=c\begin{pmatrix} -1 \\ 2 \\ 1 \end{pmatrix}$

그러므로 고유값 -4에 관련된 A의 임의의 고유벡터 X는

$X=c\begin{pmatrix} -1 \\ 2 \\ 1 \end{pmatrix}$로 주어진다(c는 임의의 상수).

3) $\lambda=3$인 경우

같은 방법으로 고유값 3에 관련된 A의 임의의 고유벡터를 구하면,

$X=c\begin{pmatrix} 2 \\ 3 \\ -2 \end{pmatrix}$이 됨을 각자 알아보아라(c는 임의의 상수)

참고 일반으로 행렬의 고유값은 서로 다르지 않다.

다음 두 예에서 이 문제를 알아보자.

예 행렬 $A=\begin{pmatrix} 3 & 2 & 4 \\ 2 & 0 & 2 \\ 4 & 2 & 3 \end{pmatrix}$에서

A의 특성방정식은 $\begin{vmatrix} 3-\lambda & 2 & 4 \\ 2 & 0-\lambda & 2 \\ 4 & 2 & 3-\lambda \end{vmatrix}=-(\lambda+1)^2(\lambda-8)=0$이다.

따라서, A의 고유값은 -1과 8이다.

고유값 8에 대한 고유벡터 X는 $X=c\begin{pmatrix} 2 \\ 1 \\ 2 \end{pmatrix}$로 주어진다(c는 임의의 상수).

고유값 -1에 대해 고유벡터를 구하려면

$AX=(-1)X$ 또는 $(A+I_3)X=O$를 푼다.

다시쓰면, $\begin{cases} 4x+2y+4z=0 \\ 2x+y+2z=0 \\ 4x+2y+4z=0 \end{cases}$ 이다.

분명히 셋째 방정식은 첫 번째 것과 같고 두 번째 것의 2배와 같다.

다른 말로 하면, 이 연립방정식은 $2x+y+2z=0$으로 고쳐진다.

이것을 풀기 위해 미지수 2개를 고정할 필요가 있다. 예를들면 $x=\alpha$이고 $z=\beta$라면, $y=-2\alpha-2\beta$를 얻는다. 따라서 고유값 -1에 관련한 A의 고유벡터는 $X=\begin{pmatrix} x \\ y \\ z \end{pmatrix}=\begin{pmatrix} \alpha \\ -2\alpha-2\beta \\ \beta \end{pmatrix}=\alpha\begin{pmatrix} 1 \\ -2 \\ 0 \end{pmatrix}+\beta\begin{pmatrix} 0 \\ -2 \\ 1 \end{pmatrix}$로 주어진다.

다른 말로 하면 A의 고유벡터는 두 고유벡터 $\begin{pmatrix} -1 \\ 2 \\ 0 \end{pmatrix}$과 $\begin{pmatrix} 0 \\ -2 \\ 1 \end{pmatrix}$의 일차결합이다.

예 행렬 $\begin{pmatrix} 1 & -4 \\ 4 & -7 \end{pmatrix}$의 고유벡터를 구하여라.

풀이 특성방정식이 $\begin{vmatrix} 1-\lambda & -4 \\ 4 & -7-\lambda \end{vmatrix}=(\lambda+3)^2=0$으로 주어진다.

따라서 A는 고유값 -3 하나를 갖는다.

관련된 고유벡터를 구하자.

$AX=(-3)X$ 또는 $(A+3I_2)X=O$에서

$$\begin{cases} 4x-4y=0 \\ 4x-4y=0 \end{cases}$$

이 연립방정식은 $x-y=0$과 동치이다.

$x = c$라면, -3에 관련된 A의 고유벡터는 $X = \begin{pmatrix} x \\ y \end{pmatrix} = c\begin{pmatrix} 1 \\ 1 \end{pmatrix}$이다.

위의 예에서 무엇을 했는가 요약해 보자.

요약 A가 정사각행렬이고 λ가 A의 고유값이다. 관련된 고유벡터를 구하기 위해 다음과 같이 한다.

1. 관련된 방정식 $AX = \lambda X$ 또는 $(A - \lambda I_n)X = O$를 만든다.
2. 연립방정식을 푼다.
3. 미지수벡터 X를 미지수벡터의 일차결합으로 나타낸다.

위의 예제는 고유값 λ가 실수인 경우만 알아보았다.
대칭행렬의 경우 고유값은 항상 실수이다. 2차 대칭행렬에 대해 알아보자.

$A = \begin{pmatrix} a & b \\ b & c \end{pmatrix}$라면

특성방정식은 $det(A - \lambda I_2) = \begin{vmatrix} a-\lambda & b \\ b & c-\lambda \end{vmatrix} = \lambda^2 - (a+c)\lambda + ac - b^2 = 0$

판별식 $\triangle = (a+c)^2 - 4(ac - b^2)$

$= (a-c)^2 + 4b^2 \geqq 0$이므로

A의 고유값은 실수이다.

[예제 1] (고유값과 고유벡터 구하기)

$A = \begin{pmatrix} 1 & 6 \\ 2 & 2 \end{pmatrix}$일 때 다음을 구하여라.

1) 행렬 A와 관련된 고유값　　2) 행렬 A와 관련된 고유벡터

풀이 1) λ를 구하기 위해 $det(A - \lambda I) = 0$을 이용한다.

$$A-\lambda I=\begin{pmatrix}1&6\\2&2\end{pmatrix}-\begin{pmatrix}\lambda&0\\0&\lambda\end{pmatrix}=\begin{pmatrix}1-\lambda&6\\2&2\lambda\end{pmatrix}$$

따라서 $\begin{vmatrix}1-\lambda&6\\2&2-\lambda\end{vmatrix}=0$, $(1-\lambda)(2-\lambda)-12=0$, $\lambda^2-3\lambda-10=0$

$(\lambda-5)(\lambda+2)=0$ 따라서 고유값은 5와 -2이다.

2) $AX=\lambda X$에서

$AX=5X$ 또는 $AX=-2X$

$X=\begin{pmatrix}a\\b\end{pmatrix}$라면 $\lambda=5$에서 $\begin{pmatrix}1&6\\2&2\end{pmatrix}\begin{pmatrix}a\\b\end{pmatrix}=5\begin{pmatrix}a\\b\end{pmatrix}$

$a+6b=5a$, $6b=4a$에서 $b=\frac{2}{3}a$

X는 $\begin{pmatrix}a\\\frac{2a}{3}\end{pmatrix}$ 꼴의 벡터이다.

$\lambda=-2$에서 $\begin{pmatrix}1&6\\2&2\end{pmatrix}\begin{pmatrix}a\\b\end{pmatrix}=-2\begin{pmatrix}a\\b\end{pmatrix}$

$a+6b=-2a$, $6b=-3a$, $b=-\frac{a}{2}$

X는 $\begin{pmatrix}a\\-\frac{a}{2}\end{pmatrix}$꼴의 벡터이다. 따라서 A에 대한 고유벡터

$\begin{pmatrix}a\\\frac{2a}{3}\end{pmatrix}$, $\begin{pmatrix}a\\\frac{-a}{2}\end{pmatrix}$꼴이다. ▣

□ 복소수 고유값

복소수 고유값을 갖는 행렬에 대해 알아보자.

[예제 2] (복소수 고유값 구하기)

행렬 $A=\begin{pmatrix}3&-2\\4&-1\end{pmatrix}$와 관련된 고유값과 고유벡터를 구하여라.

풀이 특성방정식 $\begin{vmatrix} 3-\lambda & -2 \\ 1 & -1-\lambda \end{vmatrix} = \lambda^2 - 2\lambda + 5 = 0$으로 주어지고,

해는 $\lambda = \dfrac{2 \pm i\sqrt{16}}{2} = 1 \pm 2i$이다.

고유벡터를 구하는 경우 실수 고유값의 경우와 같은 방법으로 한다.

$\lambda = 1 + 2i$에 대해 구하면,

$AX = (1+2i)X$에서

$$\begin{cases} (2-2i)x - 2y = 0 \\ 4x - (2+2i)y = 0 \end{cases}$$

이 두 방정식은 $(2+2i)(2-2i) = 8$이므로 같다.

$(1-i)x - y = 0$

$x = c$라 놓으면, $y = (1-i)c$

따라서 $X = \begin{pmatrix} x \\ y \end{pmatrix} = \begin{pmatrix} c \\ c(1-i) \end{pmatrix} = c\begin{pmatrix} 1 \\ 1-i \end{pmatrix}$이다.(c는 임의의 상수) ▣

참고 고유벡터에 복소수 성분이 있음을 기대해야 한다.

위의 행렬에서 $1-2i$도 고유값이다. λ가 복소수 고유값이면 $\bar{\lambda}$(켤레 복소수)도 고유값이다.

더욱이 X가 λ에 관련된 A의 고유벡터이면 $\bar{X}$(X로부터 만들어짐)도 $\bar{\lambda}$에 관련된 A의 고유벡터이다($\bar{X}$의 모든 성분은 X의 모든 성분의 켤레복소수이다)

따라서, $\bar{X} = c\begin{pmatrix} 1 \\ 1+i \end{pmatrix}$이다(c는 임의의 상수)

□ 대각화

고유값과 고유벡터를 소개했을 때, 정사각행렬이 대각행렬에 similar 동등할까?

다른 말로 하면, 주어진 정사각행렬 A에 대해 $A=P^{-1}DP$인 역행렬이 존재하는 P에 대해 대각행렬 D가 존재한다.

일반으로, 어떤 행렬은 대각행렬에 similar 하지 않다.

예를 들면, 행렬 $A=\begin{pmatrix} 2 & 1 \\ 0 & 2 \end{pmatrix}$에 대해 $A=P^{-1}DP$인 대각행렬 D가 존재한다면,

$$A-\lambda I_n=P^{-1}DP-\lambda I_n=P^{-1}DP-\lambda P^{-1}P=P^{-1}(D-\lambda I_n)P$$

즉, $A-\lambda I_n$은 $D-\lambda I_n$에 similar하다. 따라서 이들은 똑같은 특성방정식을 갖는다.

A와 D는 같은 고유값을 갖는다.

D의 고유값이 대각선위의 수이므로 A의 유일한 고유값은 2이다.

따라서, $D=\begin{pmatrix} 2 & 0 \\ 0 & 2 \end{pmatrix}=2I_2$,

이 경우 $A=P^{-1}DP=2I_2$이 되어 모순이다. 따라서 A는 대각행렬에 similar하지 않다.

정의 행렬이 대각행렬에 similar하다면 행렬은 대각화(diagonalizable) 할 수 있다.

참고 앞에서 행렬 $A=\begin{pmatrix} 1 & 2 & 1 \\ 6 & -1 & 0 \\ -1 & -2 & -1 \end{pmatrix}$는 세 개의 서로 다른 고유값을 갖는다.

A가 대각화됨을 보였다. 일반적인 경우를 알아보자.

정리 행렬 A는 정사각행렬이고 A는 n개의 서로 다른 고유값을 갖는다.

이때, A는 대각화 된다. 더욱이, P가 열로 C_1, C_2, $\cdots$, C_n을 A의 n개의 고유벡터로 갖는 행렬이라면, $P^{-1}AP$는 대각행렬이다. 다른말로 A는 대각화된다.

문제 n차 정사각행렬이 고유값의 개수가 n보다 작다면 어떻게 될까?

이 문제에 대해 부분적인 대답을 해본다.

정리 A가 n차 정사각행렬이다. A를 대각화할 수 있는지 알기위해 다음과 같이

한다.

1) 특성다항식 $P(\lambda)=det(A-\lambda I_n)$을 쓴다.

2) $P(\lambda)$를 인수분해하여.

$P(\lambda)=(\lambda-\lambda_1)^{n_1}\cdot(\lambda-\lambda_2)^{n_2}\cdots(\lambda-\lambda_k)^{n_k}$($\lambda_i$는 실수 또는 복소수,

$i=1, 2, \cdots, k$)이다.

3) 모든 고유값에 대해, 관련된 고유벡터를 구하여라.

예를들면 고유값 λ_i에 대해 고유벡터는 $A\cdot X=\lambda_i X$ 또는 $(A-\lambda_i I_n)X=O$를 이용하여 구한다. 미지수벡터 X가 벡터들의 일차결합으로 나타난다. 즉, $X=\alpha_1 C_1+\alpha_2 C_2+\cdots+\alpha_{m_i}C_{m_i}$(α_j는 임의의 상수, $j=1, 2, \cdots, m_i$)이다.

4) 모든 고유값에 대해 $m_1+m_2+\cdots+m_k=n$

모든 고유값에 대해 3에서 얻은 고유벡터를 C_j라 놓으면 n개의 벡터를 얻는다. P를 열벡터를 고유벡터 C_j로 하는 n차 정사각행렬로 놓으면, P는 역행렬을 갖고 $P^{-1}A\cdot P$가 대각행렬로 대각선의 성분들이 A의 고유값과 같다. 따라서 A는 대각화된다.

[예제 3] (행렬의 대각화)

행렬 $A=\begin{pmatrix}-1 & -1 & 1\\ 0 & -2 & 1\\ 0 & 0 & -1\end{pmatrix}$를 대각화 하여라.

풀이 1) A의 특성다항식은

$$P(\lambda)=\begin{vmatrix}-1-\lambda & -1 & 1\\ 0 & -2-\lambda & 1\\ 0 & 0 & -1-\lambda\end{vmatrix}=(-1-\lambda)^2(-2-\lambda)$$

따라서, 고유값은 중근 -1과 -2를 갖는다.

2) 고유값 -1에 대한 고유벡터를 구하라.

$$(A+I_n)X=\begin{pmatrix} 0 & -1 & 1 \\ 0 & -1 & 1 \\ 0 & 0 & 0 \end{pmatrix}X=O$$

정리하면, $-y+z=0$, $x=\alpha$, $y=\beta$라 놓으면,

$$X=\begin{pmatrix} x \\ y \\ z \end{pmatrix}=\begin{pmatrix} \alpha \\ \beta \\ \beta \end{pmatrix}=\alpha\begin{pmatrix} 1 \\ 0 \\ 0 \end{pmatrix}+\beta\begin{pmatrix} 0 \\ 1 \\ 1 \end{pmatrix}$$

고유값 -2에 대한 고유벡터를 구하자.

$$(A+2I_n)X=\begin{pmatrix} 1 & -1 & 1 \\ 0 & 0 & 1 \\ 0 & 0 & 0 \end{pmatrix}X=O$$

정리하면, $\begin{cases} x-y=0 \\ z=0 \end{cases}$

$x=\alpha$라 놓으면, $X=\begin{pmatrix} x \\ y \\ z \end{pmatrix}=\begin{pmatrix} \alpha \\ \alpha \\ 0 \end{pmatrix}=\alpha\begin{pmatrix} 1 \\ 1 \\ 0 \end{pmatrix}$

$P=\begin{pmatrix} 1 & 0 & 1 \\ 0 & 1 & 1 \\ 0 & 1 & 0 \end{pmatrix}$로 놓으면, $P^{-1}AP=\begin{pmatrix} -1 & 0 & 0 \\ 0 & -1 & 0 \\ 0 & 0 & -2 \end{pmatrix}$이다.

그러나 $P=\begin{pmatrix} 1 & 0 & 1 \\ 1 & 1 & 0 \\ 0 & 1 & 0 \end{pmatrix}$로 놓으면, $P^{-1}AP=\begin{pmatrix} -2 & 0 & 0 \\ 0 & -1 & 0 \\ 0 & 0 & -1 \end{pmatrix}$이다. ▣

A와 B가 similar하다면, A^n은 쉽게 B^n의 항으로 나타낼 수 있다.

실제로 $A=P^{1}BP$라면 $A^n=P^{-1}B^nP$이다. D가 대각행렬이면 D^n을 쉽게 구할 수 있다. 이것이 대각화의 한 적용이다. 실제로 위의 준비는 행렬의 제곱근과 세제곱근을 구하는데 이용한다.

위의 행렬 A에 대해 알아보자.

$$A=\begin{pmatrix} -1 & -1 & 1 \\ 0 & -2 & 1 \\ 0 & 0 & -1 \end{pmatrix},$$

$$P=\begin{pmatrix} 1 & 0 & 1 \\ 1 & 1 & 0 \\ 0 & 1 & 0 \end{pmatrix}\text{라 놓으면, } P^{-1}AP=\begin{pmatrix} -2 & 0 & 0 \\ 0 & -1 & 0 \\ 0 & 0 & -1 \end{pmatrix}=D\text{이다.}$$

따라서 $A=PDP^{-1}$

$$B=P=\begin{pmatrix} \sqrt[3]{-2} & 0 & 0 \\ 0 & -1 & 0 \\ 0 & 0 & -1 \end{pmatrix}P^{-1}\text{라 놓으면,}$$

$B^3=A$, B는 A의 세제급근이다.

□ 행렬의 거듭제곱

행렬의 거듭제곱은 연립 선형 미분방정식의 풀이에 중요한 역할을 한다.

여기서 정의를 하고 중요한 성질을 보이려고 한다. 행렬의 거듭제곱을 정의하는 자연스런 방법을 지수함수 e^x를 참고하여 행렬을 쉽게 전개하는 정의를 찾는 것이다.

실제로 테일러 다항식

$$T_{n(x)}=1+\frac{x}{1!}+\frac{x^2}{2!}+\frac{x^3}{3!}+\cdots+\frac{x^n}{n!}$$

이 e^x에 점별수렴하고, x가 유계일때는 언제나 평등수렴하고 있음을 알고 있다.

이 대수적 다항식이 행렬의 거듭제곱을 정의하는에 도움을 줄 것이다.

실제로 정사각행렬 A에 대해 행렬의 수열

$$A_n=I_n+\frac{1}{1!}A+\frac{1}{2!}A^2+\frac{1}{3!}A^3+\cdots+\frac{1}{n!}A^n\text{을 정의한다.}$$

n이 커짐에 따라 행렬의 수열은 어떤 행렬에 점점 가까와지고 있다.

이것을 보이는 것은 쉽지 않다. 위의 e^x에 대한 결론에 달려있다.

이 극한 행렬을 e^A로 나타낸다. 이 기호는 자연스럽게 이 행렬의 성질에 따른다.

따라서 공식 $e^A = I_n + \frac{1}{1!}A + \frac{1}{2!}A^2 + \frac{1}{3!}A^3 + \cdots + \frac{1}{n!}A^n + \cdots$을 얻는다.

이것을 다음과 같이 $\sum$를 이용하여 나타내면 다음과 같다.

$$e^A = \sum_{n=0}^{\infty} \frac{1}{n!} A^n$$

여기서 위의 정의를 잊고 간단한 대각행렬을 통해 분명히 해보자

예 대각행렬 $A = \begin{pmatrix} 2 & 0 \\ 0 & -1 \end{pmatrix}$에 대해

$A^n = \begin{pmatrix} 2^n & 0 \\ 0 & (-1)^n \end{pmatrix}$ $(n=1, 2, \cdots)$을 알아보는 것은 쉽다.

$$I_n + \frac{1}{1!}A + \frac{1}{2!}A^2 + \frac{1}{3!}A^3 + \cdots + \frac{1}{n!}A^n$$

$$= \begin{pmatrix} 1 + \frac{2}{1!} + \cdots + \frac{2^n}{n!} & 0 \\ 0 & 1 + \frac{(-1)}{1!} + \cdots + \frac{(-1)}{n!} \end{pmatrix}$$

지수함수에 대한 위의 성질을 이용하면, $e^A = \begin{pmatrix} e^2 & 0 \\ 0 & e^{-1} \end{pmatrix}$을 얻는다.

실제로 대각행렬 A에 대해, e^A는 A의 대각선 원소를 지수에 대입하여 얻을 수 있다.

이제 B를 A의 similar 한 행렬이라 하자. 앞에서 설명한 것처럼

$B = P^{-1}AP$인 P의 역행렬이 존재하여

더욱이 $B^n = P^{-1}A^nP(n=1, 2, \cdots)$이다.

이것은 $I_n + \frac{1}{1!}B + \frac{1}{2!}B + \cdots + \frac{1}{n!}B^n$

$$=P^{-1}\left(I_n+\frac{1}{1!}A+\frac{1}{2!}A^2+\cdots+\frac{1}{n!}A^n\right)P$$를 의미한다.

이것은 분명히 $e^B=P^{-1}\begin{pmatrix} e^2 & 0 \\ 0 & e^{-1} \end{pmatrix}P$를 의미한다.

실제로 더 일반적인 결론에 도달한다.

두행렬 A, B를 정사각행렬이라 하자. $A\sim B$이면 $e^A\sim e^B$이고 더욱이

$B=P^{-1}AP$이면 $e^B=P^{-1}e^AP$이다.

예 행렬 $A=\begin{pmatrix} 0 & 1 & 2 \\ 0 & 0 & -1 \\ 0 & 0 & 0 \end{pmatrix}$에 대해 알아보자.

이 행렬은 상-삼각행렬이다. 대각선의 모든 성분이 0임을 주시하라.

이러한 종류의 행렬은 멋진 성질을 갖는다.

우선 $A^2=\begin{pmatrix} 0 & 0 & -1 \\ 0 & 0 & 0 \\ 0 & 0 & 0 \end{pmatrix}$이고 $A^3=\begin{pmatrix} 0 & 0 & 0 \\ 0 & 0 & 0 \\ 0 & 0 & 0 \end{pmatrix}=O$ 이다.

이 경우에 $e^A=I+A+\frac{1}{2!}A^2=\begin{pmatrix} 1 & 1 & \frac{3}{2} \\ 0 & 1 & -1 \\ 0 & 0 & 1 \end{pmatrix}$이다.

일반으로 행렬 A가 n차의 상-삼각행렬이라 하자. 대각선의 성분이 모두 0이라면

$A^n=O$이다.

이러한 행렬을 nilpotent 행렬이라고 한다.

이 경우에 $e^A=I_n+\frac{1}{1!}A+\frac{1}{2!}A^2+\frac{1}{3!}A^3+\cdots+\frac{1}{(n-1)!}A^{n-1}$이다.

전에 언급했던 것처럼 행렬에 대해 지수기호를 이용하는 이유는 다음 성질에 있다.

정리 다음 성질이 성립한다.

1) $e^{O}=I_n$

2) A, B가 $AB=BA$이면 $e^{A+B}=e^{A}e^{B}$이다.

3) 임의의 행렬 A에 대해, e^{A}가 invertible 하면 $(e^{A})^{-1}=e^{-A}$

연습문제 2-4

1. 행렬 $S=\begin{pmatrix} 2 & 2 \\ 1 & 2 \end{pmatrix}$이라 하자.

   1) S의 특성방정식을 구하여라.
   2) S의 고유값을 구하여라.
   3) 고유값에 대응하는 고유벡터를 구하여라.
   4) 직교행렬 P를 구하여라.

2. 다음 대칭행렬로부터 대각행렬을 구하여라.

   1) $\begin{pmatrix} 4 & 1 \\ 1 & 4 \end{pmatrix}$ 2) $\begin{pmatrix} 4 & 2 \\ 2 & 4 \end{pmatrix}$

   3) $\begin{pmatrix} 0 & 1 \\ 1 & 0 \end{pmatrix}$ 4) $\begin{pmatrix} 1 & 2 \\ 2 & 3 \end{pmatrix}$

   5) $\begin{pmatrix} 2 & 3 \\ 3 & -2 \end{pmatrix}$

3. 행렬 $S=\begin{pmatrix} 1 & 1 & 1 \\ 1 & 2 & 0 \\ 1 & 0 & 2 \end{pmatrix}$에서

   1) S의 특성방정식을 구하여라.
   2) S의 고유값을 구하여라.
   3) 고유값에 대응하는 고유벡터를 구하여라.
   4) 직교행렬 P를 구하여라.
   5) 대각행렬을 구하여라.

해 답

1.

1) $\lambda^2-4\lambda+3=0$
2) 3, 1
3) (1, 1)과 (-1, 1)
4) $\begin{pmatrix} \frac{1}{\sqrt{2}} & -\frac{1}{\sqrt{2}} \\ \frac{1}{\sqrt{2}} & \frac{1}{\sqrt{2}} \end{pmatrix}$

2.

1) $\begin{pmatrix} 5 & 0 \\ 0 & 3 \end{pmatrix}$
2) $\begin{pmatrix} 1 & 0 \\ 0 & -1 \end{pmatrix}$
5) $\begin{pmatrix} \sqrt{13} & 0 \\ 0 & -\sqrt{13} \end{pmatrix}$

3.

1) $\lambda^3-5\lambda^2+6\lambda=0$
2) 3, 2, 0
3) (1, 1, 1),
   (0, 1, -1),
   (2, -1, -1)
4)
$$\begin{pmatrix} \frac{1}{\sqrt{3}} & 0 & \frac{2}{\sqrt{6}} \\ \frac{1}{\sqrt{3}} & \frac{1}{\sqrt{2}} & -\frac{1}{\sqrt{6}} \\ \frac{1}{\sqrt{3}} & -\frac{1}{\sqrt{2}} & -\frac{1}{\sqrt{6}} \end{pmatrix}$$

4. 다음 대칭행렬로부터 대각행렬을 구하여라.

1) $\begin{pmatrix} 0 & 0 & 2 \\ 0 & 1 & 0 \\ 2 & 0 & 0 \end{pmatrix}$ 2) $\begin{pmatrix} 4 & 1 & 0 \\ 1 & 4 & 0 \\ 0 & 0 & 2 \end{pmatrix}$

3) $\begin{pmatrix} 2 & 0 & 1 \\ 0 & 1 & 0 \\ 1 & 0 & 2 \end{pmatrix}$ 4) $\begin{pmatrix} 0 & 1 & 0 \\ 1 & 0 & 1 \\ 0 & 0 & 0 \end{pmatrix}$

5) $\begin{pmatrix} 5 & -1 & -1 \\ -1 & 3 & 1 \\ -1 & 1 & 3 \end{pmatrix}$

4.

1) $\begin{pmatrix} 2 & 0 & 0 \\ 0 & 1 & 0 \\ 0 & 0 & -2 \end{pmatrix}$

3) $\begin{pmatrix} 3 & 0 & 0 \\ 0 & 1 & 0 \\ 0 & 0 & 1 \end{pmatrix}$

5) $\begin{pmatrix} 6 & 0 & 0 \\ 0 & 3 & 0 \\ 0 & 0 & 2 \end{pmatrix}$

Home Work

1. 다음 연립방정식을 풀어라.

1) $\begin{cases} \frac{1}{2}x-\frac{2}{3}y+z=\frac{8}{3} \\ 2x-y+z=6 \\ 3x+2y=4 \end{cases}$

2) $\begin{cases} x-6y+2z=5 \\ 2x-3y+z=4 \\ 3x+4y-z=-2 \end{cases}$

2. 다음 행렬의 역행렬을 구하여라.

1) $\begin{pmatrix} 2 & 1 \\ 1 & 1 \end{pmatrix}$

2) $\begin{pmatrix} 2 & 1 & 2 \\ 2 & -4 & 1 \\ 1 & 1 & 1 \end{pmatrix}$

3. 다음 행렬식의 값을 구하여라.

1) $\begin{vmatrix} 7 & 2 \\ 1 & -3 \end{vmatrix}$

2) $\begin{vmatrix} 1 & 2 & 0 \\ 3 & -2 & 1 \\ -4 & 3 & 2 \end{vmatrix}$

3) $\begin{vmatrix} 1 & 2 & 0 \\ 3 & 0 & 0 \\ -1 & 5 & 2 \end{vmatrix}$

4) $\begin{vmatrix} 2 & 1 & 0 \\ -1 & 1 & 2 \\ 3 & 6 & -2 \end{vmatrix}$

4. 대칭행렬 $\begin{pmatrix} 1 & 1 & 1 \\ 1 & 1 & 1 \\ 1 & 1 & 1 \end{pmatrix}$을 대각화하여라.

5. 다음 비대칭행렬의 고유값과 고유벡터를 구하여라.

1) $\begin{pmatrix} 0 & 1 \\ -1 & 0 \end{pmatrix}$

2) $\begin{pmatrix} 5 & 1 \\ 0 & 5 \end{pmatrix}$

3) $\begin{pmatrix} 0 & 2 & 1 \\ -2 & 0 & 2 \\ -1 & -2 & 0 \end{pmatrix}$

제3장

벡터

학습내용

3.1. 벡터
3.2. 벡터 외적
3.3. 세 벡터의 곱과 벡터의 이용

3.1 벡터

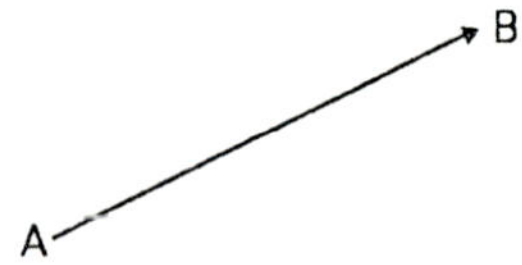

(그림 3-1)

물리학은 현재 알고 있는 세상을 창조하기 위해 에너지, 원자와 다른 분자가 어떻게 상호작용하는가 설명하려고 시도하는 과목이다. 물리학자들은 왜 사과는 떨어지고 위로 오르지 않나, 왜 하늘은 파란가, 왜 자석은 서로를 끌려는가?를 설명하는 이론을 개발하려고 한다. 이들 현상을 설명하는 이론을 개발하는데 물리학자들은 수학의 언어를 이용한다. 힘과 운동이 생각될 때는 언제나 벡터가 이용된다.

이미 알고 있는 벡터와 관련된 여러 가지 개념을 다시 확인하여 본다.

벡터는 크기와 방향을 가지고 있는 양이다.

화살은 벡터의 방향을 가리키고 선의 길이는 벡터의 크기를 나타낸다. 이것이 벡터를 힘, 운동, 속도와 가속도를 포함한 상황을 조사하는데 이상적인 도구로 만든다.

벡터는 흔히 $\boldsymbol{a}$와 같이 진한 고딕의 한 문자로 쓴다. 기호는 여러 가지로 나타낼 수 있지만 여기서는 진한 고딕으로 벡터를 쓴다.

시작과 끝 점(예를 들면 A와 B)을 갖는 벡터는 $\overrightarrow{AB}$로 나타낸다(그림 3-1). 벡터는 더하고 빼고 스칼라로 곱할 수 있다. 스칼라는 단지 실수이다.

[예제 1] (벡터의 그림 표현)

벡터 $\boldsymbol{a}, \boldsymbol{b}$에 대해 (그림) 다음을 나타내는 도표를 그려라.

1) $3\boldsymbol{a}$ 2) $\boldsymbol{a}+\boldsymbol{b}$ 3) $2\boldsymbol{a}-\boldsymbol{b}$

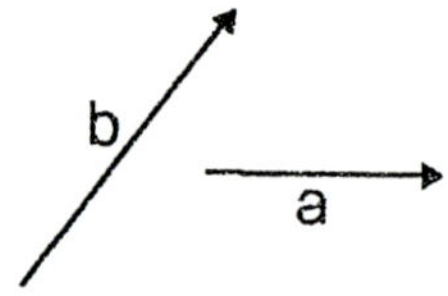

풀이 1) 스칼라 곱은 벡터의 길이를 변화시킨다. 3배 길게 그리면 된다(그림 3-2).

2) 벡터를 더할 때는 머리에 꼬리를 갖도 놓는다(그림 3-3).

3) $2\boldsymbol{a}-\boldsymbol{b}=2\boldsymbol{a}+(-\boldsymbol{b})$에서 벡터 $2\boldsymbol{a}$의 머리 $-\boldsymbol{b}$의 꼬리를 갖다 놓는다

(그림 3-4).

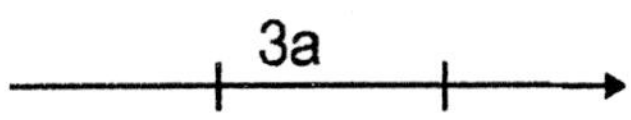

(그림 3-2)

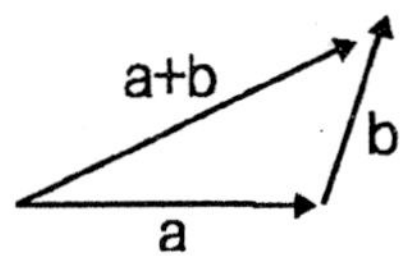

(그림 3-3)

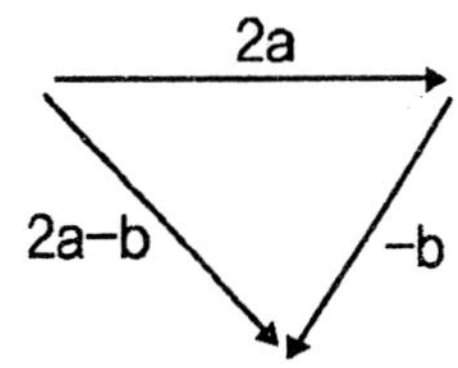

(그림 3-4)

벡터를 성분의 식으로 나타내는 것이 편리한 경우가 있다.

단위벡터(unit vector)는 크기 1인 벡터이다. x, y, z축에 평행한 세 개의 특별한 단위벡터는 $\boldsymbol{i}$, $\boldsymbol{j}$, $\boldsymbol{k}$이다. 따라서 이차원에서 임의의 벡터 $\boldsymbol{a}$는 $\boldsymbol{i}$와 $\boldsymbol{j}$의 성분의 합으로 나타낸다.

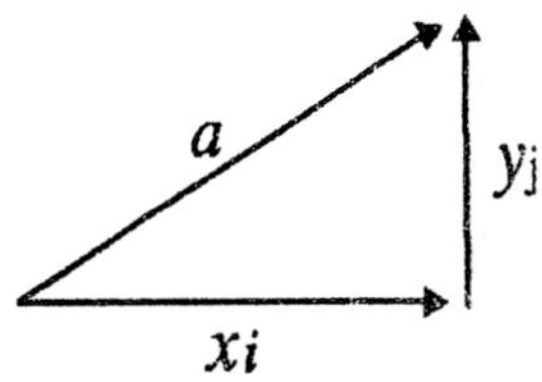

(그림 3-5)

$\boldsymbol{a}=x\boldsymbol{i}+y\boldsymbol{j}$(그림 3-5)

삼각형이 직각 삼각형이므로

$\cos\theta=\dfrac{x}{|\boldsymbol{a}|}$, $x=|\boldsymbol{a}|\cos\theta$이고

$\sin\theta=\dfrac{y}{|\boldsymbol{a}|}$, $y=|\boldsymbol{a}|\sin\theta$이다. $|\boldsymbol{a}|$는 벡터 $\boldsymbol{a}$의 크기이다.

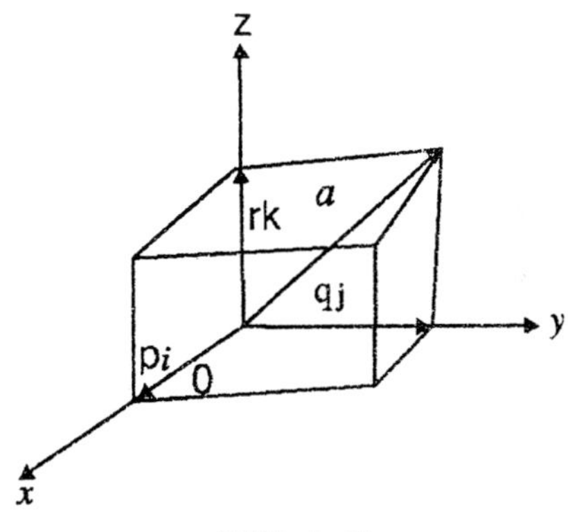

(그림 3-6)

따라서 $\boldsymbol{a}=x\boldsymbol{i}+y\boldsymbol{j}$

$=|\boldsymbol{a}|\cos\theta\boldsymbol{i}+|a|\sin\theta\boldsymbol{j}$이다.

삼차원에서 임의의 벡터 $\boldsymbol{a}$는 $\boldsymbol{i}$, $\boldsymbol{j}$, $\boldsymbol{k}$성분의 합으로 써도 좋다.

$\boldsymbol{a}=p\boldsymbol{i}+q\boldsymbol{j}+r\boldsymbol{k}$(그림 3-6)

[예제 2] ―――――(벡터의 표현)―――――

벡터 $\boldsymbol{a}$를 $\boldsymbol{i}$와 $\boldsymbol{j}$의 식으로 나타내어라.

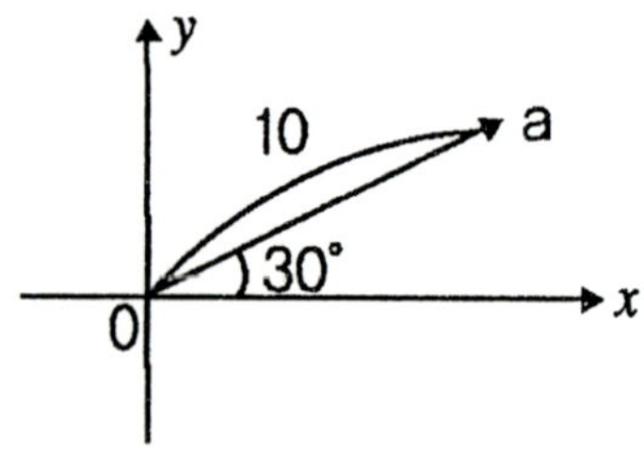

풀이 $\boldsymbol{a}=x\,\boldsymbol{i}+y\boldsymbol{j}$에서

$x=|\boldsymbol{a}|\cos\theta=10\cos30^\circ=5\sqrt{3}$

$y=|\boldsymbol{a}|\sin\theta=10\sin30^\circ=5$

따라서, $\boldsymbol{a}=5\sqrt{3}\,\boldsymbol{i}+5\boldsymbol{j}$ 이다. ▣

벡터 $\boldsymbol{a}=x\boldsymbol{i}+y\boldsymbol{j}$꼴(그림 3-7), 성분형으로 주어지면, 벡터의 크기와 방향을 다음과 같이 구할 수 있다.

크기 $|\boldsymbol{a}|=\sqrt{x^2+y^2}$, 방향 θ는 $\tan\theta=\dfrac{y}{x}$

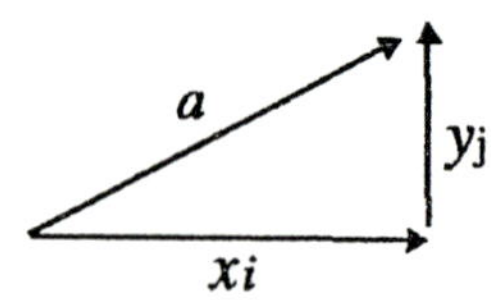

(그림 3-7)

삼차원에서 벡터 $\boldsymbol{a}=x\,\boldsymbol{i}+y\boldsymbol{j}+z\boldsymbol{k}$라면 크기 $|\boldsymbol{a}|=\sqrt{x^2+y^2+z^2}$이다.

두 벡터 $\boldsymbol{a}=x\,\boldsymbol{i}+y\boldsymbol{j}$, $\boldsymbol{b}=u\boldsymbol{i}+v\boldsymbol{j}$에서

$$\boldsymbol{a}+\boldsymbol{b}=(x+u)\,\boldsymbol{i}+(y+v)\,\boldsymbol{j}\text{이다.}$$

ΔABC에서(그림 3-8) 다음 법칙이 벡터의 크기와 방향을 구하는데 도움이 된다.

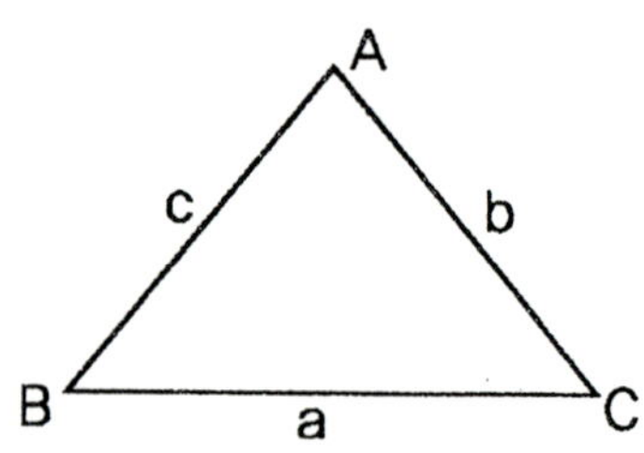

(그림 3-8)

코사인 법칙: $a^2=b^2+c^2-2bc\cos A$

사인 법칙: $\dfrac{\sin A}{a}=\dfrac{\sin B}{b}=\dfrac{\sin C}{c}$

[예제 3] (벡터의 성분 표현)

두 벡터 $\boldsymbol{a}$, $\boldsymbol{b}$에 대해 벡터 $\boldsymbol{a}+\boldsymbol{b}$의 크기와 방향을 구하여라.

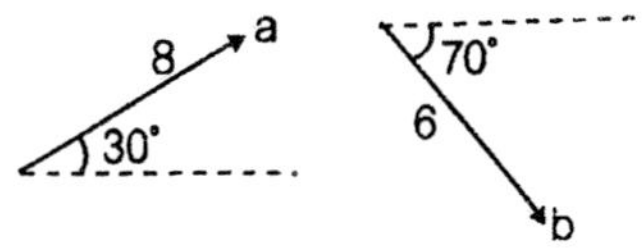

풀이 (방법 1) $\boldsymbol{a}+\boldsymbol{b}$를 그림으로 나타내면 (그림 3-9)와 같다.

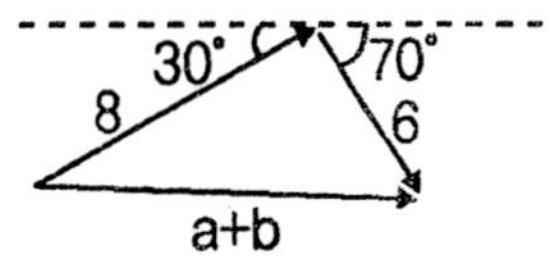

(그림 3-9)

$\boldsymbol{a}=8\cos 30° i+8\sin 30° j$

$=4\sqrt{3}\,\boldsymbol{i}+4\boldsymbol{j}=6.93\boldsymbol{i}+4\boldsymbol{j}$

$\boldsymbol{b}=6\cos(-70°)\,\boldsymbol{i}+6\sin(-70°)\,\boldsymbol{j}=2.05i-5.64\boldsymbol{j}$

$\boldsymbol{a}+\boldsymbol{b}=6.93i+4j+2.05i-5.64j=8.98i-1.64j$

$|\,\boldsymbol{a}+\boldsymbol{b}\,|=\sqrt{8.98^2+(-1.64)^2}=9.13$, $\tan\theta=\dfrac{-1.64}{8.98}$, $\theta=-10.3°$

크기는 9.13이고 방향은 $E10.3°N$이다. ■

(방법 2) (그림 3-10)에서 $|\,\boldsymbol{a}+\boldsymbol{b}\,|=8^2+6^2-2\times8\times6\cos 80°$

$=83.33$

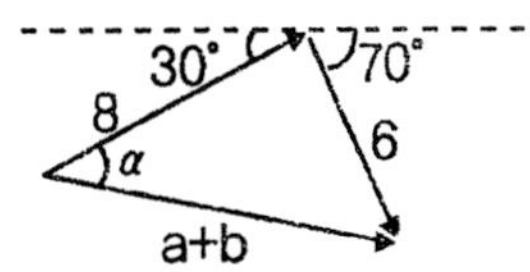

(그림 3-10)

$|\,\boldsymbol{a}+\boldsymbol{b}\,|=9.13$

$\dfrac{\sin\alpha}{6}=\dfrac{\sin 80°}{9.13}$에서

$\sin\alpha=0.647$, $\alpha=40.3°$

따라서 크기는 9.13이고, 방향은 $E10.3°N$이다. ■

[예제 4] (벡터의 크기)

두 사람이 한 사람을 (그림)과 같이 줄로 잡아당기고 있다.
작용한 힘의 벡터의 크기를 구하여라.

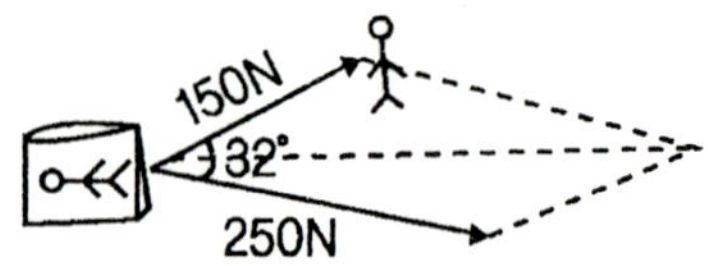

풀이 작용한 힘의 합은 (그림 3-11)과 같다.

$$|R|^2 = 150^2 + 250^2 - 2 \times 150 \times 250 \cos 148°$$
$$= 148603$$
$$\therefore |R| = 385.5\,N$$

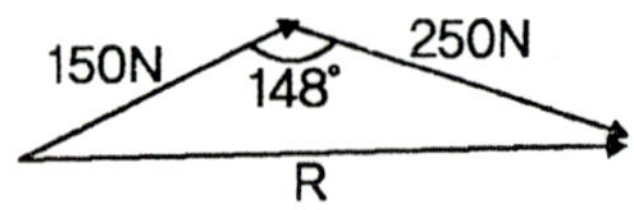

(그림 3-11)

■

□ 내적(Scalar Product)

(그림 3-12)에서 힘 F의 $\boldsymbol{d}$ 방향으로 성분은 $|\boldsymbol{F}|\cos\theta$이다.

따라서 에너지의 증가는 $|\boldsymbol{F}|\cos\theta \times |\boldsymbol{d}|$이다.

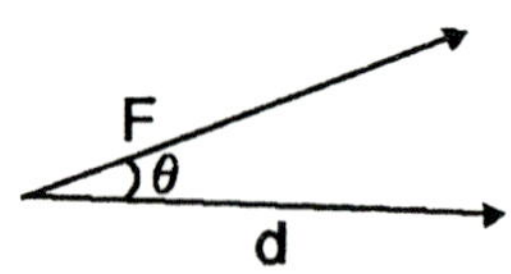

(그림 3-12)

이것이 벡터를 다루는데 스칼라 곱 또는 내적(dot product)이라 하는 두 벡터 $\boldsymbol{a}$, $\boldsymbol{b}$에 대한 스칼라 곱은 스칼라이다.

$\boldsymbol{a} \cdot \boldsymbol{b} = |\boldsymbol{a}|\,|\boldsymbol{b}|\cos\theta$, θ는 두 벡터 $\boldsymbol{a}$와 $\boldsymbol{b}$가 이루는 각이다.

벡터가 수직이면 $\cos 90° = 0$이므로 내적의 값은 $\boldsymbol{a} \cdot \boldsymbol{b} = 0$이다.

따라서, 에너지 E, 운동 d, 힘 F 사이에 힘 F가 운동 d에 적용될 때 $E = \boldsymbol{F} \cdot d$이다.

벡터가 $\boldsymbol{i}$와 $\boldsymbol{j}$ 성분의 식으로 주어지면 내적의 계산은 간단하다.

$\boldsymbol{i} \cdot \boldsymbol{i} = |\boldsymbol{i}|\,|i|\cos o° = 1 \times 1 \times 1 = 1$, 같은 방법으로 $\boldsymbol{j} \cdot \boldsymbol{j} = 1$, $\boldsymbol{k} \cdot \boldsymbol{k} = 1$이다.

또, $\boldsymbol{i} \cdot \boldsymbol{j} = \boldsymbol{j} \cdot \boldsymbol{k} = \boldsymbol{i} \cdot \boldsymbol{k} = 0$이다.

따라서, $\boldsymbol{a} = a_1\boldsymbol{i} + a_2\boldsymbol{j} + a_3 k$, $\boldsymbol{b} = b_1\boldsymbol{i} + b_2\boldsymbol{j} + b_3\boldsymbol{k}$이면, $a \cdot b = a_1 b_1 + a_2 b_2 + a_3 b_3$이다.

[예제 5] (벡터의 내적)

다음 벡터의 내적을 구하여라.

1)

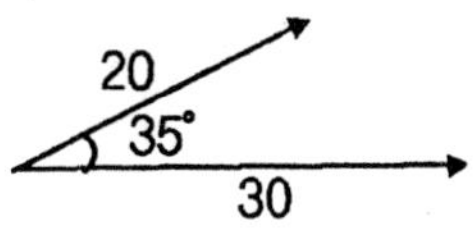

2) $\boldsymbol{a}=2\boldsymbol{i}-\boldsymbol{j}+2\boldsymbol{k}$, $\boldsymbol{b}=-\boldsymbol{i}+2\boldsymbol{j}+\boldsymbol{k}$

풀이 1) 두 벡터는 $\boldsymbol{a}$, $\boldsymbol{b}$라 하자.

$$\boldsymbol{a}\cdot\boldsymbol{b}=|\boldsymbol{a}||\boldsymbol{b}|\cos\theta=20\times30\times\cos35°=491.5$$

2) $\boldsymbol{a}\cdot\boldsymbol{b}=(2\boldsymbol{i}-\boldsymbol{j}+2\boldsymbol{k})\cdot(-\boldsymbol{i}+2\boldsymbol{j}+\boldsymbol{k})=(-2\boldsymbol{i})\cdot(-\boldsymbol{i})+(-\boldsymbol{j})\cdot2\boldsymbol{j}+2\boldsymbol{k}\cdot\boldsymbol{k}$

$=-2-2+2=-2$ ▣

연습문제 3-1

1. 벡터 $\boldsymbol{a}$, $\boldsymbol{b}$에 대해 다음을 도표로 나타내어라.

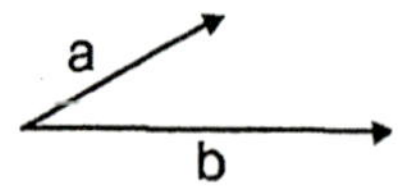

1) $-2\boldsymbol{a}$ 2) $\boldsymbol{a}+2\boldsymbol{b}$ 3) $3\boldsymbol{a}-2\boldsymbol{b}$
4) $3\boldsymbol{a}$ 5) $-3\boldsymbol{b}$ 6) $-\boldsymbol{a}-\boldsymbol{b}$

2. 다음 벡터를 $\boldsymbol{i}$와 $\boldsymbol{j}$의 식으로 나타내어라.

1)
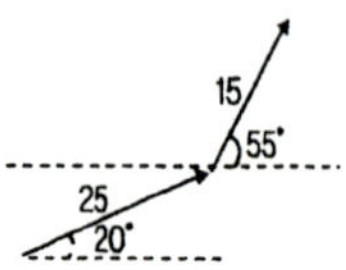

2)
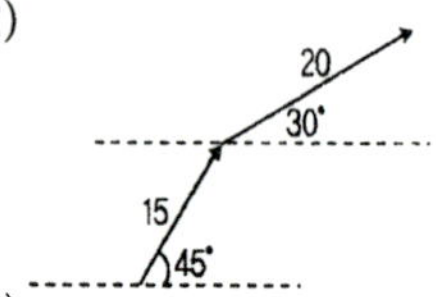

3)
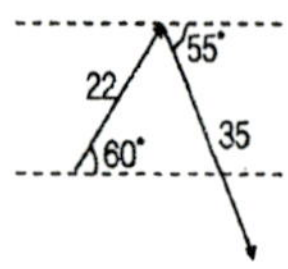

4)
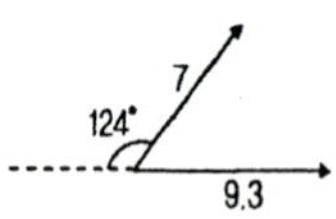

5)
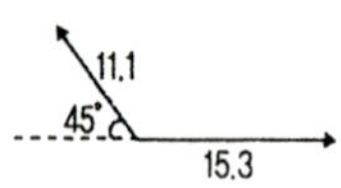

6)
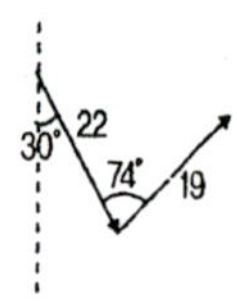

7)
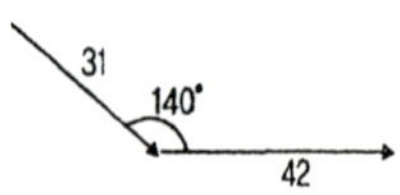

8)

3. 각 벡터의 합을 구하고 그 크기와 방향을 구하여라.

1)
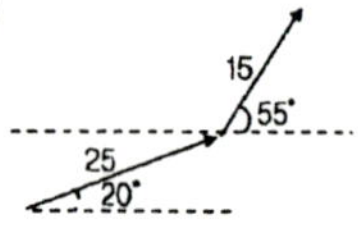

2)
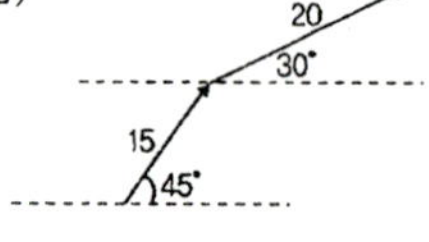

3)
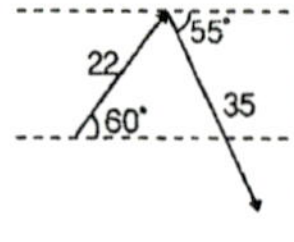

4)
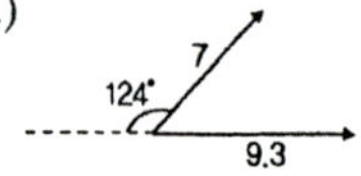

5)
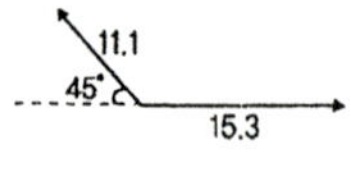

6)
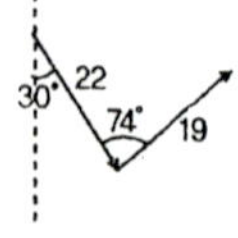

7)
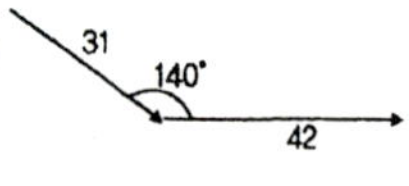

해 답

1. 생략

2.

1) $-6\boldsymbol{i}$ 2) $5\boldsymbol{i}$
3) $7.7\boldsymbol{i}+6.4\boldsymbol{j}$
4) $-4.5\boldsymbol{i}+7.8\boldsymbol{j}$
5) $-12.4\boldsymbol{i}-10.1\boldsymbol{j}$
6) $13.6\boldsymbol{i}-6.3\boldsymbol{j}$
7) $13.5\boldsymbol{i}+6.6\boldsymbol{j}$
8) $22.6\boldsymbol{i}-22.6\boldsymbol{j}$

3.

1) 38.3, $E33°N$
2) 34.7, $E36.4°N$
3) 32.5, $E17.2°S$
4) 14.4, $E23.7°N$
5) 10.4, $E46.5°N$
6) 24.8, $E12.5°S$
7) 68.7, $E16.9°S$

4. 나무뿌리를 뽑으려고 (그림)과 같이 두 줄로 묶어 잡아당기는 힘의 크기는?

4.

4316N

5. 다음 각 경우에 벡터 $\boldsymbol{a}+\boldsymbol{b}$의 크기를 구하여라.

1) $\boldsymbol{a}=4\boldsymbol{i}-\boldsymbol{j},\ \boldsymbol{b}=2\boldsymbol{i}+3\boldsymbol{j}$
2) $\boldsymbol{a}=4\boldsymbol{i}-\boldsymbol{j},\ \boldsymbol{b}=2\boldsymbol{i}-3\boldsymbol{j}$
3) $\boldsymbol{a}=\boldsymbol{i}+\boldsymbol{j}+2\boldsymbol{k},\ \boldsymbol{b}=2\boldsymbol{i}+3\boldsymbol{j}$
4) $\boldsymbol{a}=4\boldsymbol{i}-\boldsymbol{j},\ \boldsymbol{b}=2\boldsymbol{i}+\boldsymbol{j}$
5) $\boldsymbol{a}=2\boldsymbol{i}-4\boldsymbol{j}+2\boldsymbol{k},\ \boldsymbol{b}=2\boldsymbol{i}+3\boldsymbol{j}+3\boldsymbol{k}$

5.

1) 6.32 2) 7.2
3) 5.4 4) 6
5) 6.5

6. 아이가 강한 바람에 연을 잡고 있다. 연줄의 강도는 400N이고 소년의 무게는 600N 수직으로 작용한다. 소년에 대한 결과 힘의 크기를 구하여라.

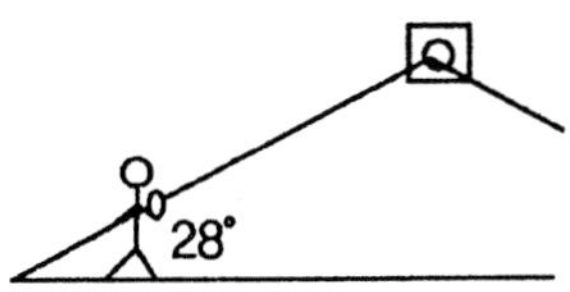

6.

543N

7. 두 개의 줄로 깃대를 (그림)과 같이 고정시키고 있다.

1) 큰 줄과 작은 줄의 강도를 비교하여라.
2) 작은 줄의 강도가 600N 일 때 큰 줄의 강도를 구하여라.

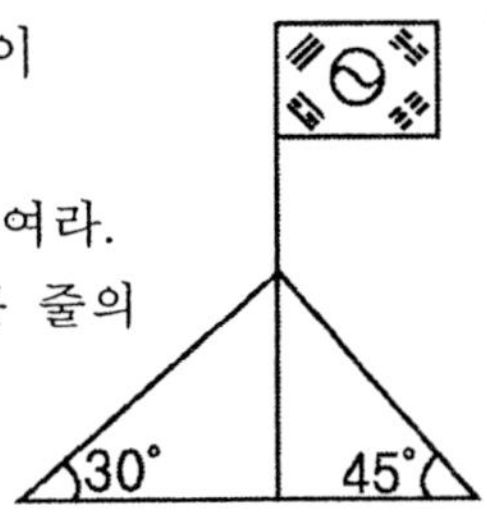

7.

1) 1.22 2) 490N

8. 다음 각 벡터에 대해 내적을 구하여라.

1) 2) 3)

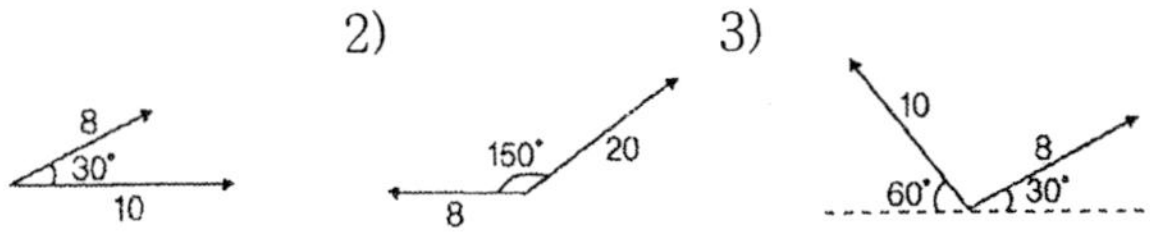

8.

1) 69.3 2) −138.6
3) 0

9. 다음에서 $\boldsymbol{a}\cdot\boldsymbol{b}$를 구하여라.

1) $\boldsymbol{a}=\boldsymbol{i}+2\boldsymbol{j},\ \ \boldsymbol{b}=2\boldsymbol{i}-3\boldsymbol{j}$
2) $\boldsymbol{a}=2\boldsymbol{i}+3\boldsymbol{j},\ \ \boldsymbol{b}=2\boldsymbol{i}+3\boldsymbol{j}$
3) $\boldsymbol{a}=3\boldsymbol{i}+2\boldsymbol{j},\ \ \boldsymbol{b}=-2\boldsymbol{i}+3\boldsymbol{j}$
4) $\boldsymbol{a}=3\boldsymbol{i}+2\boldsymbol{j}+2\boldsymbol{k},\ \ \boldsymbol{b}=-2\boldsymbol{i}+3\boldsymbol{j}$
5) $\boldsymbol{a}=3\boldsymbol{i}+3\boldsymbol{j}+\boldsymbol{k},\ \ \boldsymbol{b}=-2\boldsymbol{i}+3\boldsymbol{j}+3\boldsymbol{k}$
6) $\boldsymbol{a}=\boldsymbol{i}+2\boldsymbol{j}-2\boldsymbol{k},\ \ \boldsymbol{b}=-2\boldsymbol{i}+3\boldsymbol{j}+3\boldsymbol{k}$
7) $\boldsymbol{a}=2\boldsymbol{j}+2\boldsymbol{k},\ \ \boldsymbol{b}=-2\boldsymbol{i}+3\boldsymbol{j}$
8) $\boldsymbol{a}=-4\boldsymbol{i}+2\boldsymbol{j}+\boldsymbol{k},\ \ \boldsymbol{b}=2\boldsymbol{i}-3\boldsymbol{k}$

9.

1) -4　　2) 13
3) 0　　4) 0
5) 6　　6) -2
7) 6　　8) -11

3.2. 벡터외적(Vector Product)

평행하지 않은 두 벡터는 평면을 정의한다(그림 3-13). 평면은 모든 방향으로 무한히 확장한 평평한 면이다.

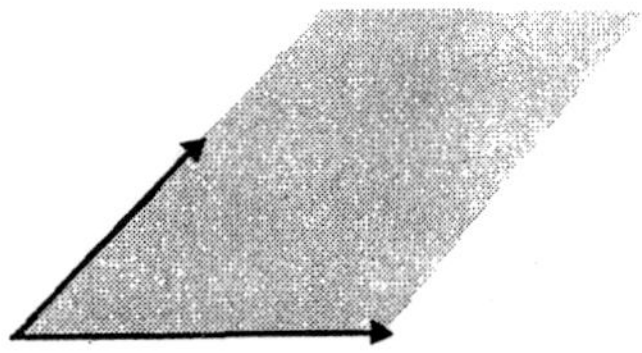

(그림 3-13)

벡터가 평면에 수직인 것이 알려지면 평면의 방향이 기술될 수 있다(그림 3-14).

삼차원에서 직선과 평면사이의 관계를 기술하는 것은 어렵다.

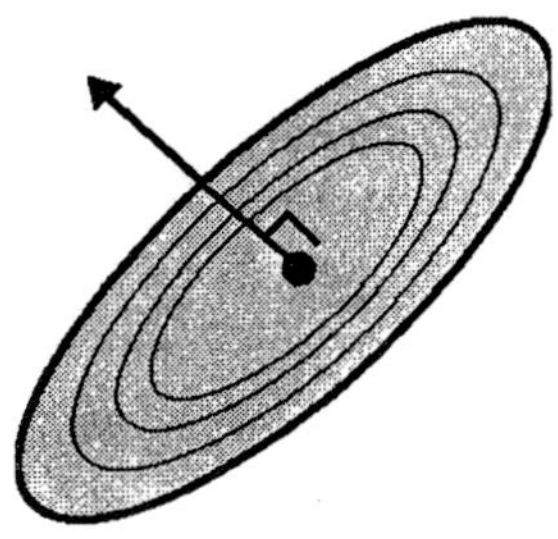

(그림 3-14)

평면기하(이차원기하)는 종이에 쉽게 쓰고 분석될 수 있다. 종이 위에서 삼차원으로 확장하는 것은 문제를 만들 수 있다. 그러나 삼차원 벡터는 삼차원에서 직선과 평면사이의 관계를 기술하는 데 매우 유용하다. 평면의 기술에 주요 요소인 법선벡터가 주어지면 두 벡터의 법선벡터를 구하는 것이 당연한 것처럼 보인다.

이것인 벡터외적(vector product)의 정의로 이끈다.

두 벡터 $\boldsymbol{a}$와 $\boldsymbol{b}$의 벡터외적은 $\boldsymbol{a} \times \boldsymbol{b} = |\boldsymbol{a}|\,|\boldsymbol{b}| \sin\theta \boldsymbol{n}$으로 정의한다.

θ는 두 벡터 $\boldsymbol{a}$와 $\boldsymbol{b}$ 사이의 각이고 $\boldsymbol{n}$은 $\boldsymbol{a}$와 $\boldsymbol{b}$에 수직인(오른손 의미) 단위벡터이다.

오른손 의미라는 귀절은 설명이 필요하다. nut(or a tap or screw)를 돌리는데 시계바늘과 같은 방향으로 돌리면 thread를 따라 nut이 안으로 들어가고 반대 방향으로 돌리면 nut이 위로 움직인다(그림 3-15).

이 현상이 벡터외적에 적용된다.

$\boldsymbol{a}$와 $\boldsymbol{b}$가 임의의 두 벡터이고 같은

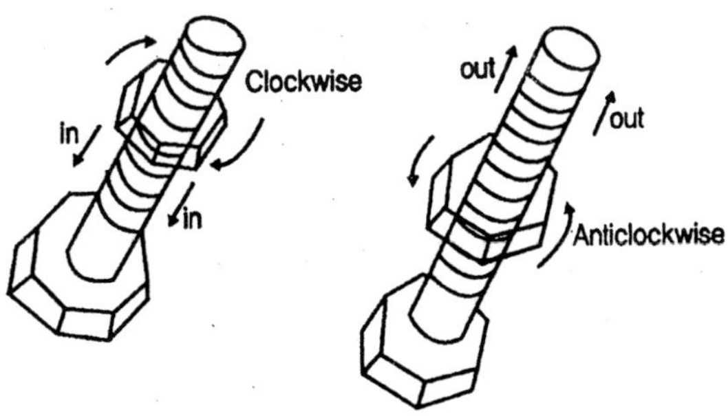

(그림 3-15)

방향이 아니라면 $\boldsymbol{a}$와 $\boldsymbol{b}$ 모두에 수직인 두 단위벡터를 구할 수 있다.

이들 두 벡터 $\boldsymbol{n}_1$, $\boldsymbol{n}_2$ 중 어느 것이 벡터 외적에 이용되는가?

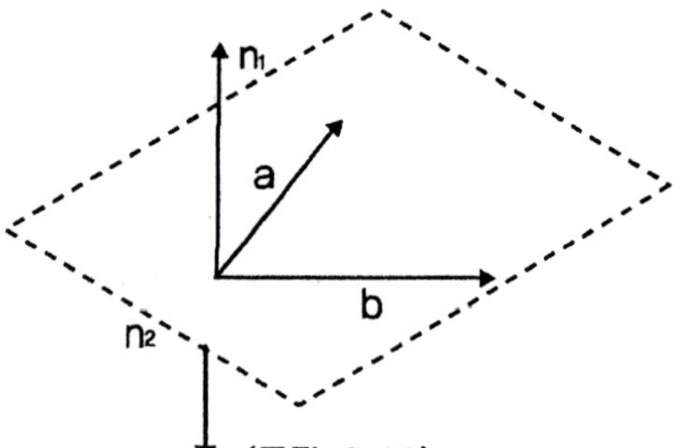

(그림 3-16)

벡터외적이 $\boldsymbol{a}\times\boldsymbol{b}$이면 $\boldsymbol{a}$의 $\boldsymbol{b}$에 대한 움직임이 시계바늘이 도는 방향 운동이고(nut이 안쪽으로 돈다) 결과는 $\boldsymbol{n}_2$로 향하는 벡터이다(그림 3-16).

벡터외적 $\boldsymbol{b}\times\boldsymbol{a}$이면 $\boldsymbol{b}$의 $\boldsymbol{a}$에 대한 운동은 시계바늘과 반대방향의 운동이고(nut이 바깥쪽으로 돈다) 결과는 $\boldsymbol{n}_1$으로 향하는 벡터이다.

$\boldsymbol{a}\times\boldsymbol{b}=-\boldsymbol{b}\times\boldsymbol{a}$임을 유의한다.

[예제 1] (벡터의 외적)

벡터 $\boldsymbol{p}$, $\boldsymbol{q}$가 수평면에 (그림)과 같다.
다음을 계산하여라.

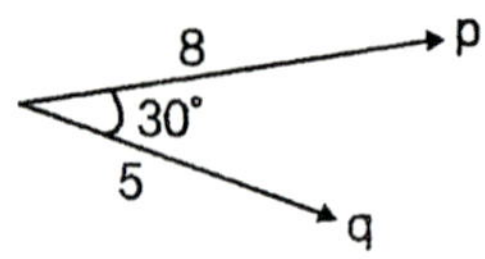

1) $\boldsymbol{p}\times\boldsymbol{q}$ 2) $\boldsymbol{q}\times\boldsymbol{p}$

풀이 1) $\boldsymbol{p}\times\boldsymbol{q}=|\boldsymbol{p}||\boldsymbol{q}|\sin\theta\boldsymbol{n}=8\times5\times\sin30°\boldsymbol{n}=20\boldsymbol{n}$

따라서 $\boldsymbol{p}\times\boldsymbol{q}=20$ 아랫방향으로

2) $\boldsymbol{q}\times\boldsymbol{p}=-\boldsymbol{p}\times\boldsymbol{q}$에서

20 위쪽 방향으로 ▣

□ i, j 와 k 끌의 벡터외적

$\boldsymbol{i}$, $\boldsymbol{j}$, $\boldsymbol{k}$는 서로 수직인 단위벡터이고(그림 3-17) 삼차원공간을 기술하는데 이용될 수 있다. x, y, z 방향은 그들이 서로 수직이라도 임의 순서로 배열 될 수 없다.

형태는 오른손 triad이다. 이것은 z의 방향이 x에서 y로 돌려서 얻어져야 함을 의미한다.

$\boldsymbol{a}\times\boldsymbol{b}=|\boldsymbol{a}||\boldsymbol{b}|\sin\theta\boldsymbol{n}$ (오른손의 $\boldsymbol{a}$, $\boldsymbol{b}$에 수직인 단위벡터 $\boldsymbol{n}$)

$\boldsymbol{i}\times\boldsymbol{i}=1\times1\times\sin0°\,\boldsymbol{n}=1\times1\times0\times\boldsymbol{n}=\boldsymbol{O}$

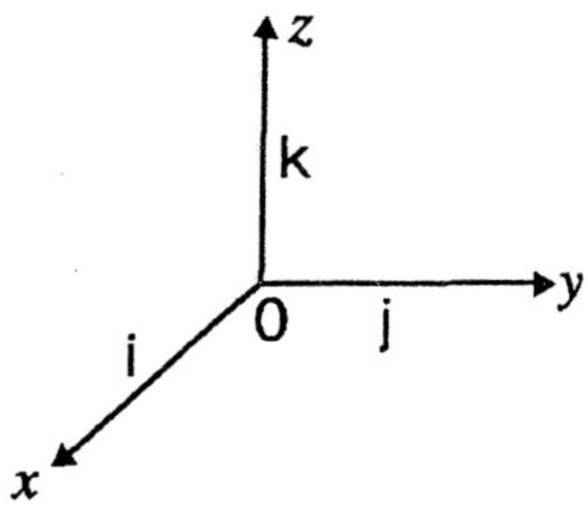

(그림 3-17)

이와 같은 방향으로, $\boldsymbol{i}\times\boldsymbol{i}=\boldsymbol{j}\times\boldsymbol{j}=\boldsymbol{k}\times\boldsymbol{k}=\boldsymbol{O}$이고,

$\boldsymbol{i}\times\boldsymbol{j}=\boldsymbol{k}$, $\boldsymbol{j}\times\boldsymbol{k}=\boldsymbol{i}$, $\boldsymbol{k}\times\boldsymbol{i}=\boldsymbol{j}$이다.

두 벡터의 외적은 $\boldsymbol{i}$, $\boldsymbol{j}$, $\boldsymbol{k}$의 식으로 구하기 위해 분배법칙을 이용할 수 있다. 다음 예제에서 알아보자.

[예제 2] (벡터외적)

$\boldsymbol{a}=2\boldsymbol{i}-2\boldsymbol{j}+\boldsymbol{k}$, $\boldsymbol{b}=\boldsymbol{i}+2\boldsymbol{j}+3\boldsymbol{k}$일 때 벡터외적 $\boldsymbol{a}\times\boldsymbol{b}$를 계산하는데 벡터의 분배법칙을 이용하여라.

풀이 $\boldsymbol{a}\times\boldsymbol{b}=(2\boldsymbol{i}-2\boldsymbol{j}+\boldsymbol{k})\times(\boldsymbol{i}+2\boldsymbol{j}+3\boldsymbol{k})$

$=2\boldsymbol{i}\times\boldsymbol{i}+2\boldsymbol{i}\times2\boldsymbol{j}+2\boldsymbol{i}\times3\boldsymbol{k}-2\boldsymbol{j}\times\boldsymbol{i}-2\boldsymbol{j}\times2\boldsymbol{j}-2\boldsymbol{j}\times3\boldsymbol{k}+\boldsymbol{k}\times\boldsymbol{i}+\boldsymbol{k}\times2\boldsymbol{j}+\boldsymbol{k}\times3\boldsymbol{k}$

$=0+4\boldsymbol{k}-6\boldsymbol{j}+2\boldsymbol{k}+0-6\boldsymbol{i}+\boldsymbol{j}-2\boldsymbol{i}+0$

$-8\boldsymbol{i}-5\boldsymbol{j}+6\boldsymbol{k}$ ▣

분명히 벡터외적을 계산하는 이 방법은 꽤 복잡하다.

더 간단한 계산은 3×3 행렬식의 이용에 달려있다.

$A=\begin{pmatrix} p & q \\ r & s \end{pmatrix}$이면 A의 행렬식 $\begin{vmatrix} p & q \\ r & s \end{vmatrix}=ps-qr$이다.

3×3 행렬의 행렬식은 $\begin{vmatrix} a & b & c \\ d & e & f \\ g & h & i \end{vmatrix}=a\begin{vmatrix} e & f \\ h & i \end{vmatrix}-b\begin{vmatrix} d & f \\ g & i \end{vmatrix}+c\begin{vmatrix} d & e \\ g & h \end{vmatrix}$이다.

$\boldsymbol{a}=a_1\boldsymbol{i}+a_2\boldsymbol{j}+a_3\boldsymbol{k}$이고 $\boldsymbol{b}=b_1\boldsymbol{i}+b_2\boldsymbol{j}+b_3\boldsymbol{k}$이면

$$\boldsymbol{a}\times\boldsymbol{b}=\begin{vmatrix}\boldsymbol{i} & \boldsymbol{j} & \boldsymbol{k}\\ a_1 & a_2 & a_3\\ b_1 & b_2 & b_3\end{vmatrix}=\boldsymbol{i}\begin{vmatrix}a_2 & a_3\\ b_2 & b_3\end{vmatrix}-\boldsymbol{j}\begin{vmatrix}a_1 & a_3\\ b_1 & b_3\end{vmatrix}+\boldsymbol{k}\begin{vmatrix}a_1 & a_2\\ b_1 & b_2\end{vmatrix}\text{이다.}$$

[예제 3] (행렬식이용 외적전개)

$\boldsymbol{a}=2\boldsymbol{i}-2\boldsymbol{j}+\boldsymbol{k}$, $\boldsymbol{b}=\boldsymbol{i}+2\boldsymbol{j}+3\boldsymbol{k}$일 때 벡터외적 $\boldsymbol{a}\times\boldsymbol{b}$를 행렬식 전개를 이용하여 구하여라.

풀이

$$\boldsymbol{a}\times\boldsymbol{b}=\begin{vmatrix}\boldsymbol{i} & \boldsymbol{j} & \boldsymbol{k}\\ 2 & -1 & 1\\ 1 & 2 & 3\end{vmatrix}=\boldsymbol{i}\begin{vmatrix}-2 & 1\\ 2 & 3\end{vmatrix}-\boldsymbol{j}\begin{vmatrix}2 & 1\\ 1 & 3\end{vmatrix}+\boldsymbol{k}\begin{vmatrix}2 & -2\\ 1 & 2\end{vmatrix}$$

$$=-8\boldsymbol{i}-5\boldsymbol{j}+6\boldsymbol{k}$$

▣

□ 삼각형의 넓이

삼각형의 넓이 A는 $\frac{1}{2}\times$밑변$\times$높이로 주어진다.

벡터 $\boldsymbol{a}$와 $\boldsymbol{b}$로 만들어진 삼각형에서 밑변은 $|\boldsymbol{b}|$이고 높이 h이다(그림 3-18).

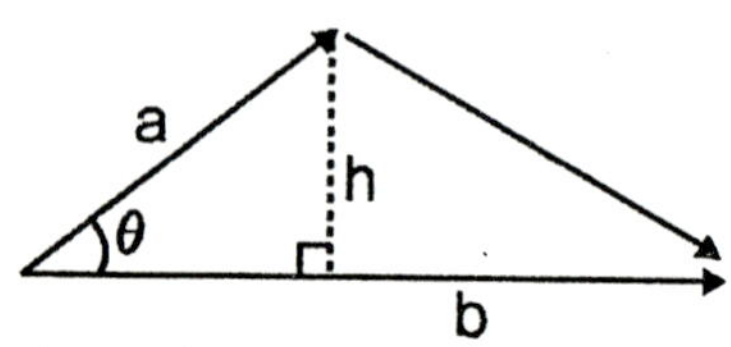

(그림 3-18)

$$\sin\theta=\frac{h}{|\boldsymbol{a}|},\quad h=|\boldsymbol{a}|\sin\theta$$

즉, 삼각형의 넓이

$$A=\frac{1}{2}|\boldsymbol{b}|\times h=\frac{1}{2}|\boldsymbol{b}|\times|\boldsymbol{a}|\times\sin\theta=\frac{1}{2}|\boldsymbol{a}||\boldsymbol{b}|\sin\theta\text{이다.}$$

이것은 $\boldsymbol{a}$와 $\boldsymbol{b}$의 벡터외적과 관계를 지을 수 있다. 즉, $A=\frac{1}{2}|\boldsymbol{a}\times\boldsymbol{b}|$이다.

[예제 4] (삼각형의 넓이)

두 점 $A(2, 1, -1)$, $B(3, 0, 2)$에 대해 ΔOAB의 넓이를 구하여라.

풀이 $\overrightarrow{OA}=2\boldsymbol{i}+\boldsymbol{j}-\boldsymbol{k}$, $\overrightarrow{OB}=3\boldsymbol{i}+2\boldsymbol{k}$

ΔOAB의 넓이는 $\frac{1}{2}\,|\,\overrightarrow{OA}\times\overrightarrow{OB}\,|$ 이다.

$$\overrightarrow{OA}\times\overrightarrow{OB}=\begin{vmatrix}\boldsymbol{i} & \boldsymbol{j} & \boldsymbol{k}\\ 2 & 1 & -1\\ 3 & 0 & 2\end{vmatrix}=\boldsymbol{i}\begin{vmatrix}1 & -1\\ 0 & 2\end{vmatrix}-\boldsymbol{j}\begin{vmatrix}2 & -1\\ 3 & 2\end{vmatrix}+\boldsymbol{k}\begin{vmatrix}2 & 1\\ 3 & 0\end{vmatrix}$$

$$=2\boldsymbol{i}-7\boldsymbol{j}-3\boldsymbol{k}$$

따라서, 넓이는 $\frac{1}{2}\,|\,2\boldsymbol{i}-7\boldsymbol{j}-3\boldsymbol{k}\,|=\frac{1}{2}\sqrt{4+49+9}=\frac{1}{2}\sqrt{62}\approx 3.9$ ▣

□ Torque

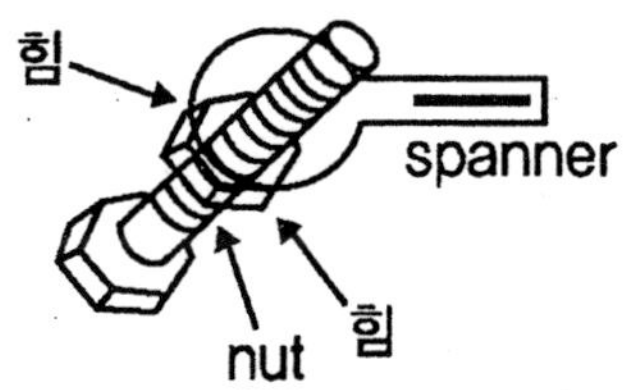

(그림 3-19)

(그림 3-19)에서 thread 위의 nut을 돌리려고 할 때 움직이기 힘들면 짧은 spanner 또는 큰 spanner를 이용하는가?

긴 spanner가 nut를 돌리는 것을 쉽게 한다. 돌리는 힘의 효과는 힘이 작용점으로부터 거리에 달려있다.

이 원리는 다음과 같은 많은 적용에서 관찰된다.

1) 문 손잡이는 중심점으로부터 가능한 한 실용적이도록 멀리 위치한다.

2) 기어가 달린 자전거로 언덕을 오를 때 긴 톱니바퀴가 선택된다.

이 돌리는 힘을 torque라 하고, 그 크기는 Torque $=\,|\,\boldsymbol{\gamma}\times\boldsymbol{F}\,|$ 로 주어진다.

$\boldsymbol{F}$는 힘이고 $\boldsymbol{\gamma}$는 힘의 작용점에서 돌리는 점까지 벡터이다.

이 방정식에서 보는 것처럼 torque의 크기는 힘과 작용점거리, 이루는 각에 달려있다.

$\boldsymbol{F}$와 $\boldsymbol{\gamma}$이 이루는 각이 90°일 때 최대 torque가 된다. F는 Newton(N)으로 측정되고 $\boldsymbol{\gamma}$은 거리(m)로 측정되면, torque는 Newton meter(Nm)로 측정된다.

[예제 5] (torque 구하기)

힘 $\boldsymbol{F}$가 점 $\boldsymbol{P}$에 있는 대상에 작용한다. $\boldsymbol{F}=2\boldsymbol{i}-3\boldsymbol{j}$이고 $\overrightarrow{OP}=2\boldsymbol{i}+5\boldsymbol{k}$이면 점 O에 대한 torque는 ?

풀이 Torque $= |\boldsymbol{\gamma}\times \boldsymbol{F}| = |(2\boldsymbol{i}+5\boldsymbol{k})\times(2\boldsymbol{i}-3\boldsymbol{j})|$

$$(2\boldsymbol{i}+5\boldsymbol{k})\times(2\boldsymbol{i}-3\boldsymbol{j})=\begin{vmatrix} \boldsymbol{i} & \boldsymbol{j} & \boldsymbol{k} \\ 2 & 0 & 5 \\ 2 & -3 & 0 \end{vmatrix}=\boldsymbol{i}\begin{vmatrix} 0 & 5 \\ -3 & 0 \end{vmatrix}-\boldsymbol{j}\begin{vmatrix} 2 & 5 \\ 2 & 0 \end{vmatrix}+\boldsymbol{k}\begin{vmatrix} 2 & 0 \\ 2 & -3 \end{vmatrix}$$

$$=15\boldsymbol{i}+10\boldsymbol{j}-6\boldsymbol{k}$$

따라서, Toque $= |15\boldsymbol{i}+10\boldsymbol{j}-6\boldsymbol{k}| = \sqrt{15^2+10^2+(-6)^2}=\sqrt{361}=19$

토크는 $19Nm$이다. ▣

[예제 6] (torque 계산)

(그림)에서 $40N$의 힘이 직육면체 crate에 점 A에 작용한다. O(원점)에 대한 힘의 torque를 계산하여라.

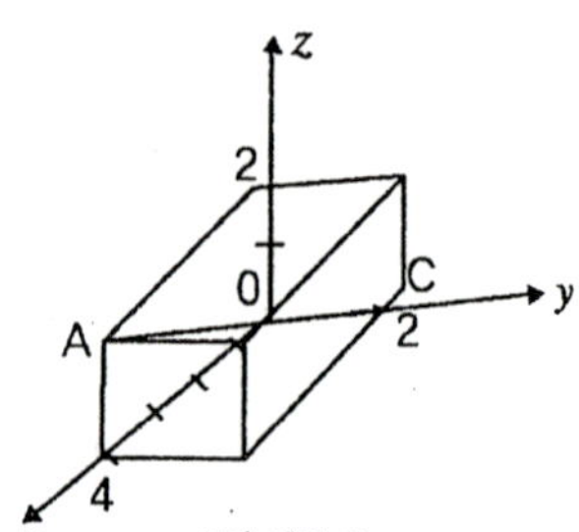

3장 예제 6

풀이 우선 $\boldsymbol{\gamma}=\overrightarrow{OA}=4\boldsymbol{i}+2\boldsymbol{k}$

$\overrightarrow{AC}=-4\boldsymbol{i}+2\boldsymbol{j}-2\boldsymbol{k}$

$$|\overrightarrow{AC}| = \sqrt{(-4)^2+2^2+(-2)^2} = \sqrt{24}$$

$$F = 40 \times \frac{1}{\sqrt{24}}(-4\boldsymbol{i}+2\boldsymbol{j}-2\boldsymbol{k})$$

$$\text{Torque} = |\boldsymbol{\gamma} \times \mathbf{F}| = |(4\mathbf{i}+2\mathbf{k}) \times 40\frac{1}{\sqrt{24}}(-4\mathbf{i}+2\mathbf{j}-2\mathbf{k})|$$

$$= \frac{40}{\sqrt{24}}|-4\boldsymbol{i}+8\boldsymbol{k}| = \frac{40}{\sqrt{24}} \times \sqrt{(-4)^2+8^2} = \frac{40}{\sqrt{24}} \times \sqrt{80} \approx 73$$

따라서 torque는 73 Nm ▣

연습문제 3-2

해 답

1. 벡터 $\boldsymbol{a}$, $\boldsymbol{b}$가 수평면에 있다. 다음 각각에 대해 $\boldsymbol{a}\times \boldsymbol{b}$, $\boldsymbol{b}\times \boldsymbol{a}$를 계산하여라.

1) 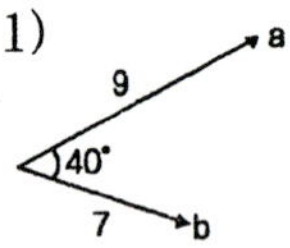

2) 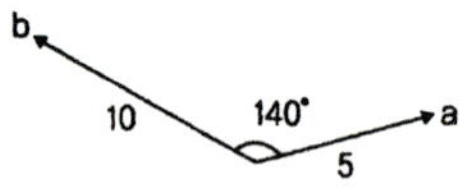

3) 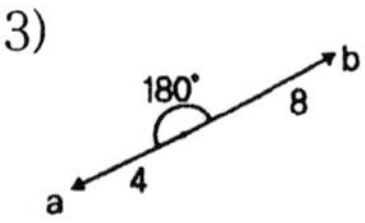

해답 1.

1) 40.5 아랫방향, 40.5이고 위방향
2) 32.1 위방향, 32.1 아랫방향
3) 0, 0

2. 벡터의 분배법칙을 이용하여 다음 벡터 외적을 구하여라.

1) $\boldsymbol{i}\times(2\boldsymbol{i}+2\boldsymbol{j}+3\boldsymbol{k})$
2) $\boldsymbol{j}\times(-2\boldsymbol{i}-3\boldsymbol{j}+2\boldsymbol{k})$
3) $(\boldsymbol{i}+2\boldsymbol{j})\times(2\boldsymbol{i}-3\boldsymbol{k})$

해답 2.

1) $-3\boldsymbol{j}+2\boldsymbol{k}$
2) $2\boldsymbol{i}+2\boldsymbol{k}$
3) $-6\boldsymbol{i}+3\boldsymbol{j}-4\boldsymbol{k}$

3. 행렬식을 이용하여 다음 벡터외적을 구하여라.

1) $(2\boldsymbol{i}-3\boldsymbol{j}+2\boldsymbol{k})\times(-3\boldsymbol{i}+2\boldsymbol{j}-2\boldsymbol{k})$
2) $(-2\boldsymbol{i}+3\boldsymbol{j}+\boldsymbol{k})\times(-3\boldsymbol{i}-2\boldsymbol{j}-\boldsymbol{k})$
3) $(3\boldsymbol{i}-\boldsymbol{j}+3\boldsymbol{k})\times(3\boldsymbol{i}+4\boldsymbol{j}-2\boldsymbol{k})$

해답 3.

1) $2\boldsymbol{i}-2\boldsymbol{j}-5\boldsymbol{k}$
2) $-\boldsymbol{i}-5\boldsymbol{j}+13\boldsymbol{k}$
3) $-10\boldsymbol{i}+15\boldsymbol{j}+15\boldsymbol{k}$

4. 점 A, B의 좌표가 다음과 같을 때 ΔOAB의 넓이를 구하여라.

1) (2, 1, 2)와 (0, 3, 0)
2) (−2, 3, −1)과 (2, 0, 2)

해답 4.

1) 4.24
2) 4.36

5. 힘 F가 점 P에 있는 대상에 작용한다. $F=3i+2j$이고 $\overrightarrow{OP}=2\boldsymbol{i}+2\boldsymbol{j}-3\boldsymbol{k}$일 때 O에 대한 Torque를 구하여라.

해답 5.

1) $11Nm$

6. O에 대한 점 P에 작용하는 힘 F의 torque를 계산하여라.

1)

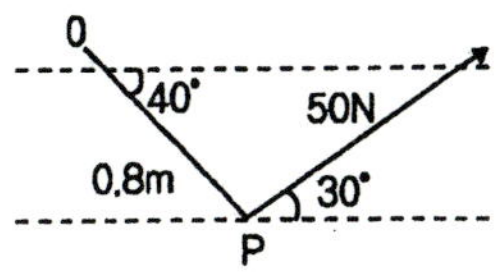

2)

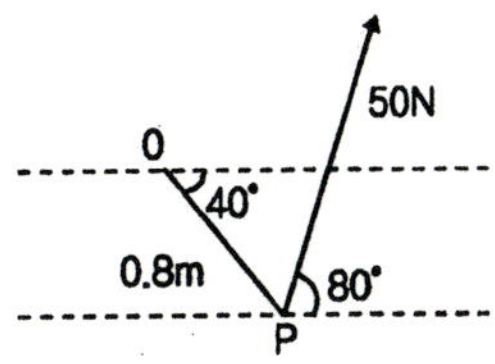

7. 다음을 계산하여라.

1) $\mathbf{i}\times(\mathbf{i}\times\mathbf{j})$ 2) $\mathbf{j}\times(\mathbf{i}\times\mathbf{j})$

3) $\mathbf{i}\times(\mathbf{j}\times\mathbf{k})$ 4) $(\mathbf{i}\times\mathbf{j})\times(\mathbf{j}\times\mathbf{k})$

8. 다음의 경우 $\mathbf{a}$와 $\mathbf{b}$에 수직인 단위벡터를 구하여라.

1) $\mathbf{a}=\mathbf{i}+\mathbf{j},\ \ \mathbf{b}=\mathbf{j}+\mathbf{k}$

2) $\mathbf{a}=2\mathbf{i},\ \ \mathbf{b}=\mathbf{j}+\mathbf{k}$

9. 세 벡터 $\mathbf{a}$, $\mathbf{b}$, $\mathbf{c}$에 대해(그림)

1) 벡터외적 $\mathbf{a}\times(\mathbf{b}\times\mathbf{c})$를 계산하여라.

2) $\mathbf{a}\times(\mathbf{b}\times\mathbf{c})$의 결과가 $\mathbf{b}$와 $\mathbf{c}$가 이루는 평면에 있음을 보여라. 즉, 결과 벡터가 $n\mathbf{b}+m\mathbf{c}$꼴로 나타낼 수 있음을 보이면 된다.

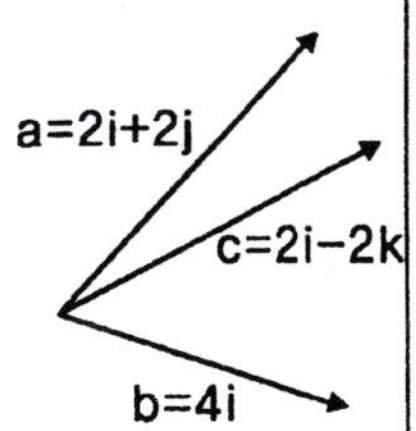

6.

1) $37.6Nm$

2) $34.6Nm$

7.

1) $-\mathbf{j}$ 2) $\mathbf{i}$

3) $\mathbf{o}$ 4) $\mathbf{j}$

8.

1) $0.577(\mathbf{i}-\mathbf{j}+\mathbf{k})$

2) $0.707(-\mathbf{j}+\mathbf{k})$

9.

1) $16\mathbf{k}$

2) $4\mathbf{b}-8\mathbf{c}$

3.3 세 벡터의 곱

동일 평면위에 있지 않은 임의의 세 벡터는 평행육면체(parallele piped)를 형성할 수 있다(그림 3-20)

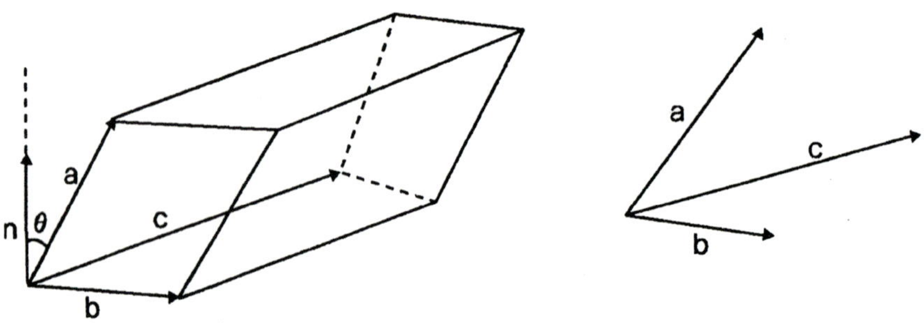

(그림 3-20)

이 입체의 부피는 밑넓이에 높이를 곱하여 구할 수 있다.

벡터 $\boldsymbol{p}$와 $\boldsymbol{q}$로 이루어지는 삼각형의 넓이는 $\frac{1}{2}\,|\,\boldsymbol{p}\times\boldsymbol{q}\,|$ 이다.

따라서 밑면의 넓이는 $2\times\frac{1}{2}\,|\,\boldsymbol{b}\times\boldsymbol{c}\,| = |\,\boldsymbol{b}\times\boldsymbol{c}\,|$ 이다.

평행육면체의 수직인 높이는 $|\,\boldsymbol{a}\,|\cos\theta$이다(그림 3-21).

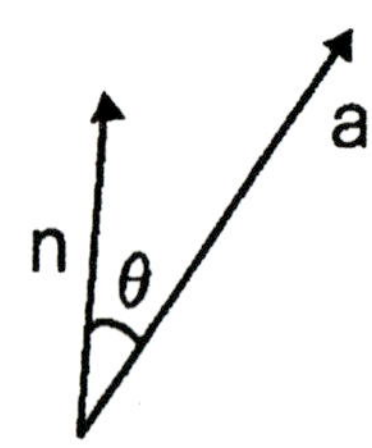

(그림 3-21)

$|\,\boldsymbol{a}\,|\cos\theta$는 $\boldsymbol{a}\cdot\boldsymbol{n}$을 계산하여 얻을 수 있다.

두 계산을 합치면 평행육면체의 부피 V를 구한다.

$V = |\,\boldsymbol{a}\cdot(\boldsymbol{b}\times\boldsymbol{c})\,|$ 이다.

이것은 세 벡터 $\boldsymbol{a}$, $\boldsymbol{b}$, $\boldsymbol{c}$의 곱(Scaler triple product)이라 하는 양 $\boldsymbol{a}\cdot(\boldsymbol{b}\times\boldsymbol{c})$를 이끌어 낸다. 결과는 스칼라이고, $\boldsymbol{b}\times\boldsymbol{c}$는 벡터이다.

$\boldsymbol{a}\cdot\boldsymbol{b}\times\boldsymbol{c} = \boldsymbol{a}\cdot(\boldsymbol{b}\times\boldsymbol{c}) \neq (\boldsymbol{a}\cdot\boldsymbol{b})\times\boldsymbol{c}$ 에 유의한다.

$\boldsymbol{a}= a_1 \boldsymbol{i}+ a_2 \boldsymbol{j}+ a_3 \boldsymbol{k},\quad \boldsymbol{b}= b_1 \boldsymbol{i}+ b_2 \boldsymbol{j}+ b_3 \boldsymbol{k},\quad \boldsymbol{c}= c_1 \boldsymbol{i}+ c_2 \boldsymbol{j}+ c_3 \boldsymbol{k}$이면

$$\boldsymbol{a}\cdot(\boldsymbol{b}\times \boldsymbol{c})=\begin{vmatrix} a_1 & b_2 & c_3 \\ b_1 & b_2 & b_3 \\ c_1 & c_2 & c_3 \end{vmatrix}$$ 이다.

[예제 1] (세벡터의 곱)

$\boldsymbol{a}= \boldsymbol{i}+ \boldsymbol{j}+2 \boldsymbol{k},\quad \boldsymbol{b}=2 \boldsymbol{i}- \boldsymbol{j}+ \boldsymbol{k},\quad \boldsymbol{c}= \boldsymbol{i}+2 \boldsymbol{j}- \boldsymbol{k}$일 때 $\boldsymbol{a}\cdot(\boldsymbol{b}\times \boldsymbol{c})$를 계산하여라.

풀이

$$\boldsymbol{a}\cdot \boldsymbol{b}\times \boldsymbol{c}=\begin{vmatrix} a_1 & a_2 & a_3 \\ b_1 & b_2 & b_3 \\ c_1 & c_2 & c_3 \end{vmatrix}=\begin{vmatrix} 1 & 1 & 2 \\ 2 & -1 & 1 \\ 1 & 2 & -1 \end{vmatrix}$$

$$=1\begin{vmatrix} -1 & 1 \\ 2 & -1 \end{vmatrix}-1\begin{vmatrix} 2 & 1 \\ 1 & -1 \end{vmatrix}+2\begin{vmatrix} 2 & -1 \\ 1 & 2 \end{vmatrix}$$

$=-1+3+10=1$이다. ▣

[예제 2] (평행육면체의 부피)

$\boldsymbol{a}= \boldsymbol{i}+ \boldsymbol{j}+2 \boldsymbol{k},\quad \boldsymbol{b}=3 \boldsymbol{j},\quad \boldsymbol{c}=2 \boldsymbol{i}- \boldsymbol{j}+2 \boldsymbol{k}$일 때 벡터 $\boldsymbol{a},\ \boldsymbol{b},\ \boldsymbol{c}$로 만들어지는 평행육면체의 부피를 구하여라.

풀이 부피 $= |\, \boldsymbol{a}\cdot \boldsymbol{b}\times \boldsymbol{c}\,|$

$$\boldsymbol{a}\cdot(\boldsymbol{b}\times \boldsymbol{c})=\begin{vmatrix} 1 & 1 & 2 \\ 0 & 3 & -1 \\ 2 & -1 & 2 \end{vmatrix}=-9 \quad \therefore |\, \boldsymbol{a}\cdot(\boldsymbol{b}\times \boldsymbol{c})\,| =9$$ ▣

□ 삼차원의 평면

이차원에서 xy평면의 직선의 방정식은 $ax+by=c$, 기울기 $-\frac{a}{b}$, y 절편 $\frac{c}{b}$로 주어진다. 이 방정식은 삼차원으로 확장하여 $ax+by+cz=d$를 얻으면 이 결과는 평

면의 방정식이다.

즉, 평평한 이차원면을 무한히 확장한 것이다.

다음에 변수 a, b, c, d가 얻어진 평면의 종류와 어떤 관계인지 알아볼 것이다. 평면 위의 점 P와 평면에 수직인 벡터 $\boldsymbol{n}$이 알려지면, 평면의 방정식을 구할 수 있다.

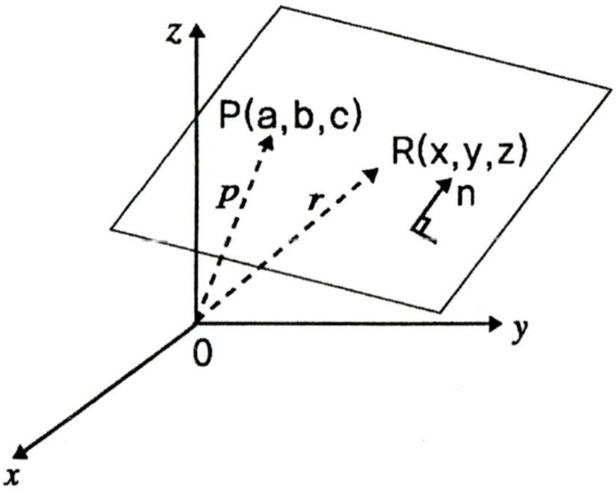

(그림 3-22)

P의 좌표 (a, b, c)이고 $\boldsymbol{n}$의 성분은 $\boldsymbol{n}=n_1\boldsymbol{i}+n_2\boldsymbol{j}+n_3\boldsymbol{k}$라고 하자.

R은 좌표 (x, y, z)인 평면 위의 임의의 점이다.

(그림 3-22)의 벡터 $\boldsymbol{p}$, $\boldsymbol{r}$에 대해 $\overrightarrow{PR}=\boldsymbol{r}-\boldsymbol{p}=(x-a)\boldsymbol{i}+(y-b)\boldsymbol{j}+(z-c)\boldsymbol{k}$이다.

$\boldsymbol{n}$이 $\overrightarrow{PR}$에 수직이므로 $\boldsymbol{n}\cdot(\boldsymbol{r}-\boldsymbol{p})=0$

성분으로 내적을 쓰면 $n_1(x-a)+n_2(y-b)+n_3(z-c)=0$이다.

[예제 3] (평면의 방정식)

세점 $P(1,\ 2,\ 1)$, $Q(-1,\ 1,\ 0)$, $R(1,\ 0,\ 2)$를 포함하는 평면의 방정식을 구하여라.

풀이 $\overrightarrow{PQ}=(-1-1)\boldsymbol{i}+(1-2)\boldsymbol{j}+(0-1)\boldsymbol{k}=-2\boldsymbol{i}-\boldsymbol{j}-\boldsymbol{k}$

$\overrightarrow{QR}=\{1-(-1)\}\boldsymbol{i}+(0-1)\boldsymbol{j}+(2-0)\boldsymbol{k}=2\boldsymbol{i}-\boldsymbol{j}+2\boldsymbol{k}$

$$\boldsymbol{n}=\overrightarrow{PQ}\times\overrightarrow{QR}=\begin{vmatrix}\boldsymbol{i} & \boldsymbol{j} & \boldsymbol{k}\\ -2 & -1 & -1\\ 2 & -1 & 2\end{vmatrix}$$

$$=\boldsymbol{i}\begin{vmatrix}-1 & -1\\ -1 & 2\end{vmatrix}-\boldsymbol{j}\begin{vmatrix}-2 & -1\\ 2 & -2\end{vmatrix}+\boldsymbol{k}\begin{vmatrix}-2 & -1\\ 2 & -1\end{vmatrix}$$

$=-3\,\boldsymbol{i}+2\,\boldsymbol{j}+4\,\boldsymbol{k}$

점 (1, 2, 1)과 $\boldsymbol{n}$의 성분을 대입하면 평면의 방정식은

$-3(x-1)+2(y-2)+4(z-1)=0$에서

$\therefore -3x+2y+4z=5$이다. ▣

□ Angular momentum

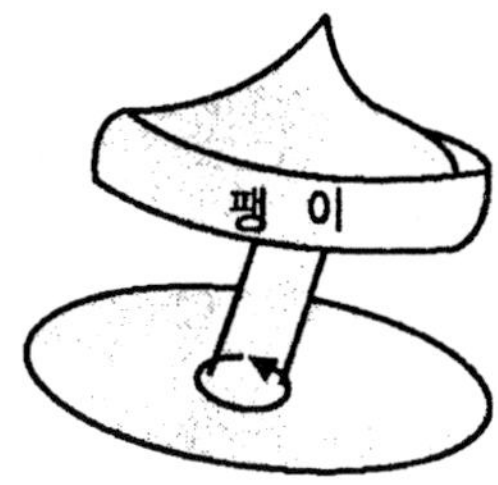

(그림 3-23)

움직이는 물체와 관련된 성질 momentum을 알아보자.

물체(abject)의 momentum P는 질량(mass)과 속도(velocity)의 산물이다. 따라서 벡터양 $P=mV$이다.

이 양은 입자의 시스템의 운동을 분석하는데 유용하다. 두 물체 사이의 충돌에서, 예를들면 momentum은 conserved이다. 즉, 충돌전의 시스템의 momentum은 충돌후의 momentum과 같다.

돌고 있는 팽이의 끝의 momentum은 어떻게 측정하나?

분명히 그것은 momentum을 갖지만 공식 $P=mV$는 끝이 속도가 없으므로 유용하지 않다. 그것은 선형운동으로 움직이지 않는다. 끝(top)의 회전운동이나 angular momentum을 생각할 필요가 있다. 점 O에 대해 속도 v로 움직이는 물체의 질량 m인 Angular momentum L은 $L=\boldsymbol{r}\times mV$이다.

$\boldsymbol{\gamma}$은 O에서 물체의 위치벡터이다. 단지 angular momentum의 일반적인 성질만 관심이 있으므로 특별한 단위는 이용되지 않을 것이다.

[예제 4] (angular momentum 구하기)

> 질량 1.5kg의 물체가 속도 $V=2\,\boldsymbol{i}-2\,\boldsymbol{j}$로 움직이고 있다. 위치가 $\boldsymbol{\gamma}=\boldsymbol{i}+2\,\boldsymbol{j}$로 주어질 때 O에 대한 이 물체의 angular momentum을 구하여라.

풀이 $L=\boldsymbol{\gamma}\times mV$

$$=(\boldsymbol{i}+2\boldsymbol{j})\times 1.5(2\boldsymbol{i}-2\boldsymbol{j})=(\boldsymbol{i}+2\boldsymbol{j})\times(3\boldsymbol{i}-3\boldsymbol{j})$$

$$=\begin{vmatrix} \boldsymbol{i} & \boldsymbol{j} & \boldsymbol{k} \\ 1 & 2 & 0 \\ 3 & -3 & 0 \end{vmatrix}=\boldsymbol{i}\begin{vmatrix} 2 & 0 \\ -3 & 0 \end{vmatrix}-\boldsymbol{j}\begin{vmatrix} 1 & 0 \\ 3 & 0 \end{vmatrix}+\boldsymbol{k}\begin{vmatrix} 1 & 2 \\ 3 & -3 \end{vmatrix}=0-0-9\boldsymbol{k}=-9\boldsymbol{k}$$

따라서, angular momentum은 $-9\boldsymbol{k}$이다. ▣

연습문제 3-3

1. 다음 각각에 대해 $\boldsymbol{a}\cdot(\boldsymbol{b}\times \boldsymbol{c})$를 구하여라.

   1) $\boldsymbol{a}=2\boldsymbol{i}+\boldsymbol{j}+2\boldsymbol{k},\ \boldsymbol{b}=2\boldsymbol{j}-\boldsymbol{k},\ \boldsymbol{c}=-\boldsymbol{i}+3\boldsymbol{j}+4\boldsymbol{k}$
   2) $\boldsymbol{a}=\boldsymbol{j}-2\boldsymbol{k},\ \boldsymbol{b}=\boldsymbol{i}+2\boldsymbol{j}-\boldsymbol{k},\ \boldsymbol{c}=2\boldsymbol{i}+\boldsymbol{j}+3\boldsymbol{k}$
   3) $\boldsymbol{a}=2\boldsymbol{i}+2\boldsymbol{j},\ \boldsymbol{b}=3\boldsymbol{i}+2\boldsymbol{j}+\boldsymbol{k},\ \boldsymbol{c}=\boldsymbol{i}+2\boldsymbol{j}-2\boldsymbol{k}$
   4) $\boldsymbol{a}=2\boldsymbol{i}+\boldsymbol{j}+2\boldsymbol{k},\ \boldsymbol{b}=2\boldsymbol{j}-\boldsymbol{k},\ \boldsymbol{c}=2\boldsymbol{i}+3\boldsymbol{j}+\boldsymbol{k}$
   5) $\boldsymbol{a}=4\boldsymbol{i}+2\boldsymbol{j}+\boldsymbol{k},\ \boldsymbol{b}=2\boldsymbol{i}-2\boldsymbol{j}-\boldsymbol{k},\ \boldsymbol{c}=\boldsymbol{i}+2\boldsymbol{j}+\boldsymbol{k}$
   6) $\boldsymbol{a}=2\boldsymbol{i}+2\boldsymbol{j}+\boldsymbol{k},\ \boldsymbol{b}=\boldsymbol{i}-2\boldsymbol{j}-2\boldsymbol{k},\ \boldsymbol{c}=3\boldsymbol{i}+3\boldsymbol{j}+\boldsymbol{k}$
   7) $\boldsymbol{a}=2\boldsymbol{i}+3\boldsymbol{j}+2\boldsymbol{k},\ \boldsymbol{b}=-2\boldsymbol{i}+2\boldsymbol{j}-\boldsymbol{k},\ \boldsymbol{c}=2\boldsymbol{i}+\boldsymbol{j}+\boldsymbol{k}$

2. 다음 세 벡터 $\boldsymbol{a},\ \boldsymbol{b},\ \boldsymbol{c}$로 만들어 지는 평행육면체의 부피를 구하여라.

   1) $\boldsymbol{a}=\boldsymbol{i}+\boldsymbol{j}-\boldsymbol{k},\ \boldsymbol{b}=3\boldsymbol{j},\ \boldsymbol{c}=2\boldsymbol{i}-\boldsymbol{j}+2\boldsymbol{k}$
   2) $\boldsymbol{a}=2\boldsymbol{i}+3\boldsymbol{j}-2\boldsymbol{k},\ \boldsymbol{b}=2\boldsymbol{i}-2\boldsymbol{j}+\boldsymbol{k},\ \boldsymbol{c}=\boldsymbol{i}+3\boldsymbol{i}$
   3) $\boldsymbol{a}=2\boldsymbol{i}-3\boldsymbol{j}+2\boldsymbol{k},\ \boldsymbol{b}=\boldsymbol{i}+2\boldsymbol{j}+\boldsymbol{k},\ \boldsymbol{c}=3\boldsymbol{i}+3\boldsymbol{j}+3\boldsymbol{k}$
   4) $\boldsymbol{a}=-2\boldsymbol{i}-2\boldsymbol{j}-2\boldsymbol{k},\ \boldsymbol{b}=2\boldsymbol{i}+\boldsymbol{j}+2\boldsymbol{k},\ \boldsymbol{c}=2\boldsymbol{i}+3\boldsymbol{j}$

3. $\boldsymbol{a}\cdot(\boldsymbol{b}\times \boldsymbol{c})=0$이 되는 $\boldsymbol{n}$을 구하여라.

   1) $\boldsymbol{a}=\boldsymbol{i}+\boldsymbol{j}-\boldsymbol{k},\ \boldsymbol{b}=3\boldsymbol{i}+\boldsymbol{k},\ \boldsymbol{c}=\boldsymbol{n}\boldsymbol{i}+3\boldsymbol{j}+4\boldsymbol{k}$
   2) $\boldsymbol{a}=\boldsymbol{i}+\boldsymbol{n}\boldsymbol{j}+\boldsymbol{k},\ \boldsymbol{b}=2\boldsymbol{i}+\boldsymbol{j}+\boldsymbol{k},\ \boldsymbol{c}=2\boldsymbol{i}=3\boldsymbol{j}+2\boldsymbol{k}$
   3) $\boldsymbol{a}=3\boldsymbol{i}+2\boldsymbol{j}-\boldsymbol{k},\ \boldsymbol{b}=3\boldsymbol{i}+\boldsymbol{n}\boldsymbol{j}-3\boldsymbol{k},\ \boldsymbol{c}=\boldsymbol{i}+\boldsymbol{j}-4\boldsymbol{k}$

4. 1) $\boldsymbol{a}\times \boldsymbol{b}=\boldsymbol{p}$일 때 $\boldsymbol{b}\times \boldsymbol{a}$의 값은?
   2) $\boldsymbol{a}\cdot \boldsymbol{b}\times \boldsymbol{c}=4$일 때 $\boldsymbol{a}\cdot \boldsymbol{c}\times \boldsymbol{b}$의 값은?
   3) $\boldsymbol{a}\cdot \boldsymbol{b}\times \boldsymbol{c},\ \boldsymbol{a}\cdot \boldsymbol{c}\times \boldsymbol{b},\ \boldsymbol{c}\cdot \boldsymbol{a}\times \boldsymbol{b},\ \boldsymbol{c}\cdot \boldsymbol{b}\times \boldsymbol{a},$
   $\boldsymbol{b}\cdot \boldsymbol{a}\times \boldsymbol{c},\ \boldsymbol{b}\cdot \boldsymbol{c}\times \boldsymbol{a}$의 관계를 기술하여라.

해 답

1. 생략

   1) 27 2) 1 3) 2
   4) 0 5) 0 6) 3
   7) -6

2.

   1) 12 2) 19
   3) 0 4) 4

3.

   1) 24 2) -1.5
   3) $\frac{24}{11}$

4.

   1) $-\boldsymbol{p}$
   2) -4
   3) $\boldsymbol{a},\ \boldsymbol{b},\ \boldsymbol{c}$의 순서가 시계바늘 도는 방향과 같으면 같은 값이다. 시계바늘이 도는 방향과 반대이면 $\boldsymbol{a}\cdot \boldsymbol{b}\times \boldsymbol{c}$의 음수 값이다.

5. 다음 각 점을 포함하는 평면의 방정식을 구하여라.
   1) $P(2, 1, 1)$, $Q(1, 0, 1)$, $R(-3, 2, 0)$
   2) $P(1, 0, 0)$, $Q(0, 1, 0)$, $R(0, 0, 1)$
   3) $P(3, 1, 1)$, $Q(1, 1, 1)$, $R(-3, 2, 1)$
   4) $P(1, -1, 1)$, $Q(4, -2\ 0)$, $R(-3, 1, 3)$
   5) $P(2, 0, 1)$, $Q(3, 3, 1)$, $R(3, 2, 2)$
   6) $P(3, 2, 1)$, $Q(2, 2, 2)$, $R(-1, 3, 1)$

6. 다음 각 경우에 평면의 방정식을 구하여라.
   1) 점 (2, 1, 1)을 포함하고 $\boldsymbol{n}=\boldsymbol{i}+2\boldsymbol{k}$에 수직
   2) 점 (0, 1, 2)를 포함하고 $\boldsymbol{n}=2\boldsymbol{i}+\boldsymbol{j}+2\boldsymbol{k}$에 수직
   3) 점 (-2, 1, 0)을 포함하고 $\boldsymbol{n}=-\boldsymbol{i}+2\boldsymbol{j}-\boldsymbol{k}$에 수직
   4) 점 (1, 3, 1)을 포함하고 $\boldsymbol{n}=3\boldsymbol{i}-\boldsymbol{j}+2\boldsymbol{k}$에 수직

7. 원점을 지니고 $n=2j-k$에 수직인 평면의 방정식을 구하여라.

8. 다음 그림에 대해 알아보자.
   1) $\overrightarrow{AB}$를 $\boldsymbol{i}$, $\boldsymbol{j}$, $\boldsymbol{k}$로 나타내어라.
   2) $\overrightarrow{AC}$를 $\boldsymbol{i}$, $\boldsymbol{j}$, $\boldsymbol{k}$로 나타내어라.
   3) 세점 A, B, C를 품는 평면에 수직인 벡터를 구하여라.
   4) 세점 A, B, C를 지나는 평면의 식을 구하여라.

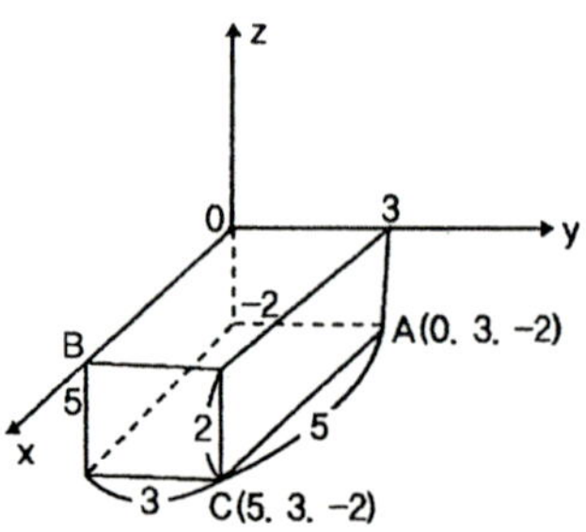

9. 점 (2, 1, 3)을 지나고 y축에 수직인 평면의 방정식을 구하여라.

5.
1) $x-y-6z=-5$
2) $x+y+z=1$
3) $z=1$
4) $-y+z=2$
5) $-3x+y+z=-5$
6) $x+4y+z=12$

6.
1) $x+2z=4$
2) $2x+y+2z=5$
3) $-x+2y-z=4$
4) $3x-y+2z=z$

7.
1) $2y-z=0$

8.
1) $5\boldsymbol{i}-3\boldsymbol{j}+2\boldsymbol{k}$
2) $5\boldsymbol{i}$
3) $2\boldsymbol{j}+3\boldsymbol{k}$
4) $2y+3z=0$

9.
$y=1$

10. 1) 방정식 $2x+3=6$인 직선의 x, y 절편 P, Q의 좌표를 구하여라.
   2) 점 (0, 0, 1)과 직선 $2x+3y=6$을 포함하는 평면의 방정식을 구하여라.

11. 평면 $3x+4y+12z=6$에 수직인 단위벡터를 구하여라.

12. 평면 $z=3x+2y$에 수직인 단위 벡터를 구하여라.

13. 질량 2kg의 물체가 속도 $\boldsymbol{V}=3\,\boldsymbol{i}+3\,\boldsymbol{j}$로 움직이고 있다. 위치벡터가 $\boldsymbol{\gamma}=4\,\boldsymbol{i}+2\boldsymbol{j}$로 주어질 때 점 O에 대한 물체의 angular momentum을 계산하여라.

14. 그림에서
   1) P에 있는 물체의 momentum을 구하여라.
   2) O 주위에서 움직이는 P에 있는 물체의 angular momentum을 구하여라.

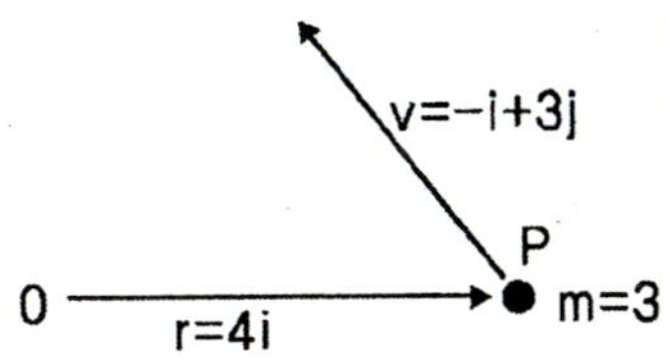

10.
1) $P=13.01$, $Q=(0,\ 2)$
2) $2x+3y+6z=6$

11.
$\frac{1}{13}(3\boldsymbol{i}+4\boldsymbol{j}+12\boldsymbol{k})$

12.
$\frac{1}{\sqrt{14}}(3\boldsymbol{i}+2\boldsymbol{j}-\boldsymbol{k})$

13.
$12\boldsymbol{k}$

14.
1) $-3\,\boldsymbol{i}+9\,\boldsymbol{j}$
2) $36\,\boldsymbol{k}$

Home Work

1. 다음 벡터를 $\boldsymbol{i}$와 $\boldsymbol{j}$로 나타내어라.

1) 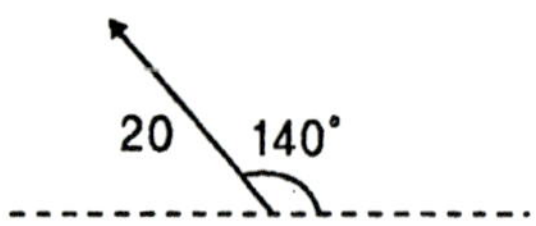

2) 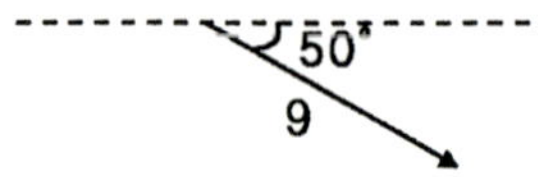

2. 벡터 합의 크기와 방향을 구하여라.

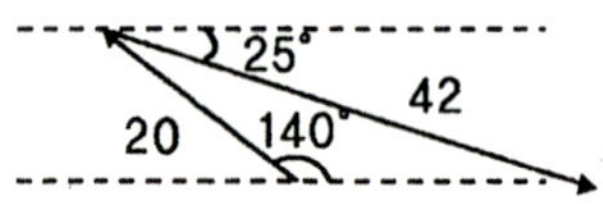

3. $\boldsymbol{a} = \boldsymbol{i} - 3\boldsymbol{j} + 2\boldsymbol{k}$, $\boldsymbol{b} = 4\boldsymbol{i} + 3\boldsymbol{j} - 2\boldsymbol{k}$일 때 $\boldsymbol{a} \cdot \boldsymbol{b}$를구하여라.

4. 벡터 $3\boldsymbol{i} + 3\boldsymbol{j} + \boldsymbol{k}$와 $n\boldsymbol{i} + \boldsymbol{j} - 3\boldsymbol{k}$가 수직일 때 $\boldsymbol{n}$을 구하여라.

5. 그림과 같이 세 힘이 작용한다. 결과로 이루어진 힘의 크기와 방향을 구하여라.

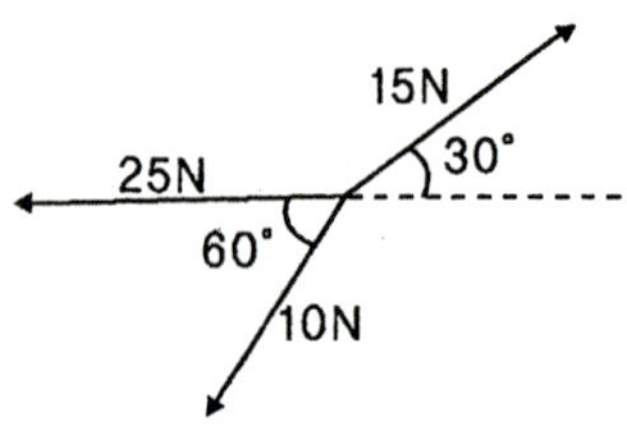

6. 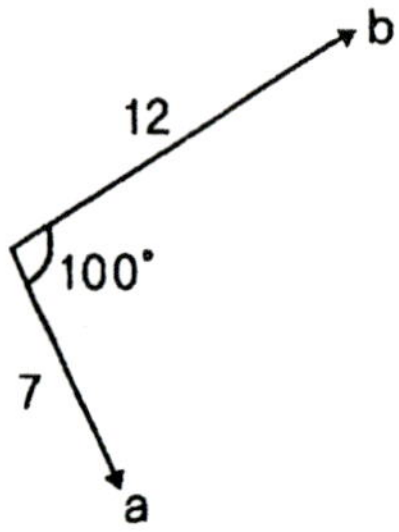

두 쌍의 벡터 $\boldsymbol{a}$, $\boldsymbol{b}$에 대해 벡터외적 $\boldsymbol{a} \times \boldsymbol{b}$를 구하여라.

7. 행렬식을 이용하여 다음 벡터외적을 구하여라.

1) $(\boldsymbol{i} + \boldsymbol{j} + 2\boldsymbol{k}) \times (3\boldsymbol{i} + 4\boldsymbol{j} - 3\boldsymbol{k})$

2) $(2\boldsymbol{i} + 3\boldsymbol{j} + 2\boldsymbol{k}) \times (3\boldsymbol{i} + 2\boldsymbol{j} + 4\boldsymbol{k})$

8. 세 점의 좌표가 $A(2, 1, 0)$, $B(3, 2, 1)$, $C(4, -2, 2)$일 때 ΔABC의 넓이를 구하여라.

9. 점 P에 있는 물체에 힘 F가 작용한다. $F = \boldsymbol{i} + 2\boldsymbol{j} + 3\boldsymbol{k}$이고 $\overrightarrow{OP} = 2\boldsymbol{i} + 2\boldsymbol{j}$일 때 O에 대한 torque를 계산하여라.

10. 그림에서 점 O에 대하여 P에 작용하는 힘 F의 torque를 구하여라.

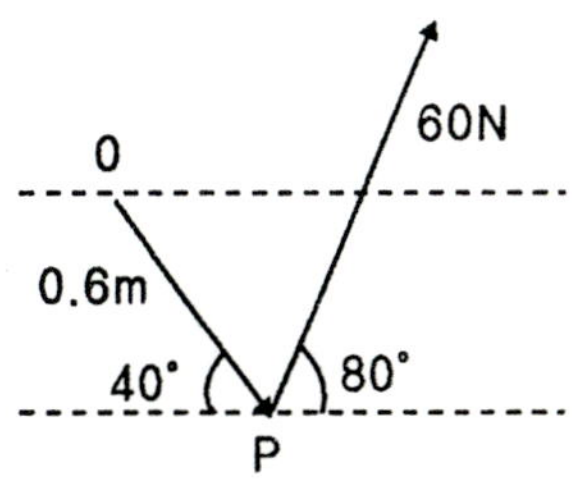

11. 벡터 $\boldsymbol{a} = \boldsymbol{i} + 2\boldsymbol{j} - \boldsymbol{k}$와 $\boldsymbol{b} = 3\boldsymbol{i} + \boldsymbol{j} + \boldsymbol{k}$에 수직인 단위 벡터를 구하여라.

12. 벡터 $\boldsymbol{a}, \boldsymbol{b}, \boldsymbol{c}$에 대하여
$\boldsymbol{a} \times (\boldsymbol{b} \times \boldsymbol{c}) = (\boldsymbol{a} \cdot \boldsymbol{c})\boldsymbol{b} - (\boldsymbol{a} \cdot \boldsymbol{b})\boldsymbol{c}$임을 보여라.

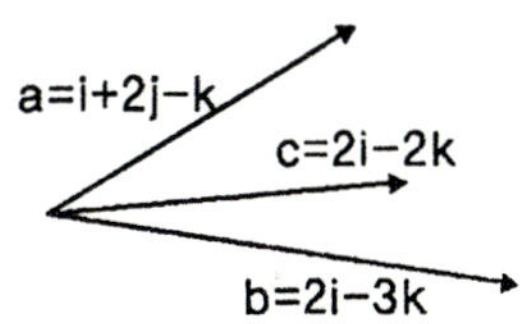

13. 다음 벡터에 의해 $\boldsymbol{a} \cdot \boldsymbol{b} \times \boldsymbol{c}$를 계산하여라.

1) $\boldsymbol{a} = 2\boldsymbol{i} + \boldsymbol{j} + 2\boldsymbol{k}$, $\boldsymbol{b} = \boldsymbol{i} + 2\boldsymbol{j} - \boldsymbol{k}$, $\boldsymbol{c} = \boldsymbol{i} + 3\boldsymbol{j} + 4\boldsymbol{k}$

2) $\boldsymbol{a} \equiv \boldsymbol{i} + \boldsymbol{j} - 2\boldsymbol{k}$, $\boldsymbol{b} = 2\boldsymbol{j} - \boldsymbol{k}$, $\boldsymbol{c} = 2\boldsymbol{i} + \boldsymbol{j} + 3\boldsymbol{k}$

14. $\boldsymbol{a} = 2\boldsymbol{i} + \boldsymbol{j} + 2\boldsymbol{k}$, $\boldsymbol{b} = 3\boldsymbol{i} + 2\boldsymbol{j}$, $\boldsymbol{c} = 3\boldsymbol{i} + n\boldsymbol{j} + 4\boldsymbol{k}$이고 $\boldsymbol{a} \cdot \boldsymbol{b} \times \boldsymbol{c} = 0$일 때 $\boldsymbol{n}$의 값을 구하여라.

15. 다음 그림에서 평행육면체의 부피를 구하여라.

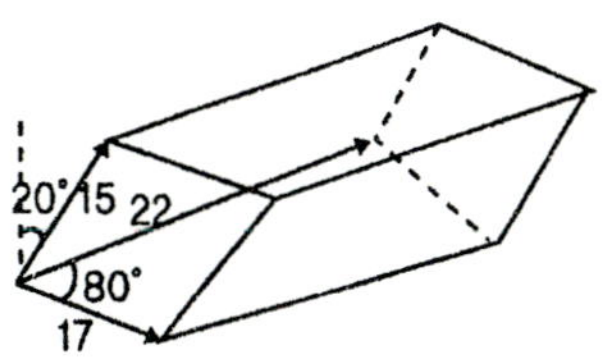

16. 세점 (2, 0, 2), (-3, -1, 3), (2, 4, 0)을 포함하는 평면의 방정식을 구하여라.

17. 점 (0, 3, 2)를 포함하고 $\boldsymbol{n}=2\boldsymbol{i}+\boldsymbol{j}+\boldsymbol{k}$에 수직인 평면의 방정식을 구하여라.

18. 평면 $x-y+2z=6$에 수직인 단위벡터를 구하여라.

19. 질량 $3kg$의 물체가 속도 $V=\boldsymbol{i}+2\boldsymbol{j}$로 움직이고 있다. 위치벡터가 $\boldsymbol{\gamma}=2\boldsymbol{i}-3\boldsymbol{j}$로 주어질 때 0에 대해 이 물체의 angular momentum을 구하여라.

20. ΔABC에서 D는 AC를, E는 CB를 F는 BA를 각각 2:1로 나눈다. $\Delta GHI=\frac{1}{7}\Delta ABC$ 임을 보여라.

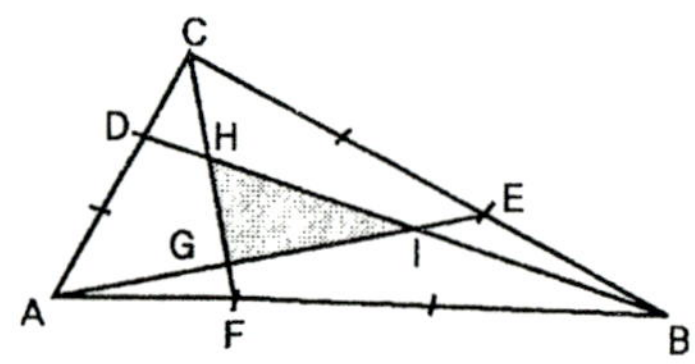

제4장

수열과 수학적 귀납법

학습내용

4.1 등차수열과 등비수열

두가지 중요한 수열은 등차수열과 등비수열이다. 모든 수열이 이 두 범주로 들어오는 것은 아니다. 여기서는 이 두 수열을 자세하게 다룰 것이다.

□ 등차수열

3, 7, 11, 15, 19 … 와 같은 수열을 연속하는 항 사이의 차이가 일정하므로 등차수열(arithmetic sequence)이라고 한다. 이 경우 공차(constant difference)는 4이다.

일반으로 등차수열을 다음과 같이 나타낸다.

$$a,\ a+d,\ a+2d,\ a+3d,\ \cdots$$

여기서 a는 첫째항(first term)이고 a_1, $a+d$는 두 번째 항 a_2, 이고 각 항은 공차 d만큼씩 증가한다.

등차수열에서 일반항(general term), n째항은 $a_n=a+(n-1)d$로 주어진다.

등차수열의 제 n째항까지의 합은

$$S_n=a+(a+d)+(a+2d)+\cdots+\{a+(n-1)d\}=\frac{n}{2}[2a+(n-1)d]$$이다.

[예제 1] (등차수열의 일반항과 합)

수열 3, 4.5, 6, 7.5, 9, 10.5, 12, …에 대해
1) n째항 a_n을 구하여라.
2) a_{100}을 구하여라.
3) S_{100}을 구하여라.

풀이 1) $a_n=a+(n-1)d$에서 $a=3$, $d=1.5$

따라서, $a_n=3+(n-1)\times1.5=1.5n+1.5$

2) $a_n = 1.5n + 1.5$에서

$a_{100} = 1.5 \times 100 + 1.5 = 151.5$

3) $S_n = \frac{n}{2}\{2a + (n-1)d\}$에서

$S_{100} = \frac{100}{2}\{2 \times 3 + 99 \times 1.5\} = 772.5$ ■

□ 등비수열

연속한 항 사이에 일정한 수, 공비(constant ratio)를 곱한 3, 6, 12, 24, 48, …과 같은 수열을 등비수열(geometric sequence)이라고 한다. 이 경우 공비는 2이다. 등비수열은 일반으로 다음과 같이 나타낸다. $a,\ ar,\ ar^2,\ \cdots$ a는 첫째항, a_1이고 ar은 둘째항 a_2이고 연속된 항은 r씩 곱하여 얻는다.

등비수열의 일반항, n째항 $a_n = a\gamma^{n-1}$이다.

등비수열의 제 n항 까지의 합 $S_n = a + a\gamma + a\gamma^2 + \cdots + a\gamma^{n-1} = \frac{a(\gamma^n - 1)}{\gamma - 1}$이다.

$|\gamma| < 1$인 경우 $S_n = \frac{a(1-\gamma^n)}{1-\gamma}$을 이용해도 좋다.

[예제 2] (등비수열의 일반항과 합)

수열 3, 6, 12, 24, 48, …에 대해

1) n째항 a_n을 구하여라.

2) a_{10}을 구하여라.

3) S_{10}을 구하여라.

풀이 1) $a_n = a\gamma^{n-1}$에서 $a = 3,\ \gamma = 2$

따라서, $a_n = 3 \cdot 2^{n-1}$

2) $a_{10}=3\cdot 2^9=1536$

3) $S_n=\dfrac{a(\gamma^n-1)}{\gamma-1}$ 에서 $S_{10}=\dfrac{3(2^{10}-1)}{2-1}=3069$ ▣

[예제 3] (등비수열의 응용)

심리학자가 20단어로 된 문장을 검사하였다. 연속적으로 검사하여 기억하는 문장의 단어수는 다음과 같다.

수열이 이런 방식으로 계속된다면 7번째날 기억할 수 있는 단어의 수는?

검사일	1	2	3	4
기억단어수	16	12	9	6.75

풀이 $a_2-a_1=12-16=-4$, $a_3-a_2=9-12=-3$이 되어 등차수열은 아니다.

$\dfrac{a_2}{a_1}=\dfrac{12}{16}=0.75$, $\dfrac{a_3}{a_2}=\dfrac{9}{12}=0.75$, $\dfrac{a_4}{a_3}=\dfrac{6.75}{9}=0.75$가 되어 이 수열은

공비 $\gamma=0.75$이고 첫째항 $a=16$인 등비수열이다.

따라서, $a_7=a\cdot\gamma^{7-1}=16\cdot(0.75)^{7-1}=2.85$이다. ▣

□ 반복정의

앞에서 등차수열과 등비수열에 대한 일반항 a_n을 구하는 공식은 각 경우에 알아보았다. 등차수열에서 $a_n=a+(n-1)d$이다. a, d, n이 주어질 때 a_n을 직접 구할 수 있다.

수열을 기술하는데 이용되는 또 다른 방법은 반복정의(recursive definition)이다.

수열 2, 5, 11, 23, 47, …에서 패턴을 찾을 수 있는가? 이 수열은 공차가 없어 등차수열이 아니다. 또 공비가 없어 등비수열도 아니다. 그러나 쉽게 패턴을 찾을 수 있다.

수열은 다음과 같은 규칙으로 만들어 졌다. 처음에 2로 시작하고 두배하여 1을 더

하면 다음이 되는 $a_{n+1}=2a_n+1$이고, $a_1=2$라고 쓸 수 있다.

다음 항이 앞의 항을 이용하여 만들어지는 정의를 반복정의(recursive definition)라고 한다.

[예제 4] (수열의 반복정의)

1) $a_{n+1}=2(a_n-1)$, $a_1=3$으로 정의된 수열의 처음 5개의 항을 써라.

2) 수열 3, 5, 7, 9, …에 대해 a_n을 반복공식으로 나타내어라.

풀이 1) $a_1=3$, $a_2=2(a_1-1)=2(3-1)=4$, $a_3=2(a_2-1)=6$

$a_4=2(a_3-1)=10$, $a_5=2(a_4-1)=18$

처음 5개의 항은 3, 4, 6, 10, 18이다.

2) $a_n=a_{n-1}+2$, $(a_1=3)$이다. ▣

수열의 합을 나타내는데 광범위하게 이용되는 또다른 수학적 제안은 $\sum$기호이다. 그리스 문자 $\sum$(sigma)는 수열의 합을 나타내는데 이용된다.

예를 들면, $\sum_{n=1}^{20} a_n=a_1+a_2+a_3+\cdots+a_{20}$을 의미한다. n을 혼동하지 않으면 $\sum_1^{20} a_n$이라고 쓴다.

[예제 5] ($\sum$의 이용)

$\sum_3^5 \gamma^2$으로 표현된 합을 자세하게 써라.

풀이 $\sum_3^5 \gamma^2=3^2+4^2+5^2$ ▣

[예제 6] ($\sum$ 이용 일반항과 합구하기)

1) 수열 3, 5.5, 8, …에서 a_{100}과 S_{30}을 구하여라.

2) 수열이 $a_{n+1}=2a_n-1$, $a_0=3$으로 정의될 때, a_9과 S_{19}를 구하여라.

풀이 1) $a=3$이고 $d=2.5$인 등차수열이므로

$a_n=3+(n-1)\times 2.5$에서 $a_{100}=250.5$

$$S_{30}=\sum_{n=1}^{30}a_n=\sum_{n=1}^{30}(2.5n+0.5)=2.5\times\frac{30(30+1)}{2}+0.5\times 30=1177.5$$

2) $a_{n+1}=2a_n-1$ $\quad a_1=2a_0-1=5$, $a_1-a_0=5-3=2$

$-\underline{|\ a_n=2a_{n-1}-1}$

$a_{n+1}-a_n=2(a_n-a_{n-1})$에서 $\{a_{n+1}-a_n\}$은 첫째항 a_1-a_0, $\gamma=2$인 등비수열이므로

$b_n=a_{n+1}-a_n=(a_1-a_0)2^{n-1}=2^n$에서

$$a_9=a_0+\sum_{k=1}^{9}2^k=+\frac{2(2^9-1)}{2-1}$$

$=3+2(511)=1025$이다.

$$S_{19}=a_0+a_1+a_2+\cdots+a_{19}$$

$$=\sum_{k=1}^{20}\left(3+\frac{2(2^n-1)}{2-1}\right)=\sum_{k=1}^{20}(3+2^{n+1}-2)=\sum_{n=1}^{20}(2^{n+1}+1)$$

$$=\frac{4(2^{20}-1)}{2-1}+20=2097167$$ ■

연습문제 4-1

1. 다음 등차수열에서 a_n과 a_{50}, S_{20}을 구하여라.

   1) 2, 5, 8, ⋯
   2) 3, 5, 7, ⋯
   3) 2, -4, -10, ⋯
   4) 16, 13, 10, ⋯
   5) 1, 1.75, 2.5, ⋯
   6) 8, 6.2, 4.4, ⋯
   7) 1000, 930, 860, ⋯
   8) 220, 240, 260, ⋯
   9) $100,\ 100-d,\ 100-2d,\ \cdots$
   10) $N,\ N+2.5, N+5, \cdots$

2. 다음 등비수열에서 a_n, a_{20}, S_n을 구하여라.

   1) 3, 6, 12, ⋯
   2) 2, 6, 18, ⋯
   3) 2, -4, 8, ⋯
   4) -4, -2, -1, ⋯
   5) 3, 1.5, 0.75, ⋯
   6) 256, -128, 64, ⋯
   7) 100, 110, 121, ⋯
   8) 240, -180, 135, ⋯
   9) $N,\ \frac{3}{4}N,\ \left(\frac{3}{4}\right)^2 N,\ \cdots$
   10) $100,\ -\frac{100}{d},\ \frac{100}{d^2},\ \cdots$

해 답

1.

1) $2+3(n-1), 149, 610$
2) $3+2(n-1), 101, 440$
3) $2-6(n-1)$, -292, -110
4) $16-3(n-1)$, -131, -250
5) $1+0.75(n-1)$, $37, 75, 162.5$
6) $8-1, 8(n-1)$, -80.2, -182
7) $1000-70(n-1)$, $-2430, 6700$
8) $220+20(n-1)$, $1200, 8200$
9) $100-d(n-1)$, $100-49d, 2000+190d$
10) $N+2.5(n-1)$, $N+122.5, 20N+475$

2.

1) $3\times 2^{n-1}$, 3×2^{19}, $3(2^n-1)$
2) $2\times 3^{n-1}$, 2×3^{19}, 3^n-1
3) $2\times(-2)^{n-1}$, -2^{20}, $\frac{-2[(-2)^n-1]}{3}$

4) $-4\times 2^{1-n}$, -2^{-17}, $8(2^{-n}-1)$

5) $3\times 2^{1-n}$, 3×2^{-19}, $-6(2^{-n}-1)$

6) $256\times(-0.5)^{n-1}$, $(-2)^{-11}$, $\dfrac{-512[(-2)^{-1}-1]}{3}$

7) $100\times 1.1^{n-1}$, 100×1.1^{19}, $100(1.1^{n}-1)$

8) $240\times(-0.75)^{n-1}$, $240\times(-0.75)^{19}$, $\dfrac{960[1-(-0.75)^{n}]}{7}$

9) $N\times 0.75^{n-1}$, $N\times 0.75^{19}$, $4N\left[1-\left(\frac{3}{4}\right)^{n}\right]$

10) $100\times\left(-\frac{1}{d}\right)^{n-1}$, $100\times\left(-\frac{1}{d}\right)^{10}$, $\dfrac{100d}{d+1}\{1-(-d)^{-n}\}$

3. 다음 수열에 대해 a_n, a_{20}, S_{20}을 구하여라.

1) 2, 1, 0.5, ⋯　　2) 2, 1, 0, ⋯
3) 4, 4, 4, ⋯　　5) 5, 2, -1, ⋯
5) 0.25, 0.5, 1, ⋯　　6) 17.1, 5.7, 1.9, ⋯
7) 54.1, 86.3, 118.5, ⋯　　8) 3, 3.5, 5.7, 7, ⋯
9) 3, 3, 6, 6, 12, 12, ⋯　　10) $4a$, $2a$, 0, ⋯

3.

1) 2^{2-n}, 2^{-18}, $4(1-2^{20})$

2) $3-n$, -17, -150

3) 4, 4, 80

4) $8-3n$, -52, -470

4. 다음과 같이 정의된 수열에서 처음 5항을 써라.

1) $a_{n+1}=2a_n, a_1=2$

2) $a_{n+1}=a_n-2,\ a_1=0$

3) $a_{n+1}=-2a_n,\ a_1=1$

4) $a_{n+1}=3-2a_n,\ a_1=2$

5) $a_{n+1}=2a_n+3,\ a_1=2$

5. 다음 수열에 대해 a^n을 반복 정의하여라.

1) 3, 5, 7, ⋯ 2) 4, 5, 6.25, ⋯

3) 8, 5, 2, ⋯ 4) 5, 7.5, 11.25, ⋯

5) 4, -2, 1, ⋯

5) 2^{n-3}, 2^{17}, $0.25(2^{20}-1)$

6) $17.1\left(\frac{1}{3}\right)^{n-1}$, $17.1\left(\frac{1}{3}\right)^{19}$, 25.65

7) $21.9+32.2n$, 665.9, 7200

8) $n+1.5+0.5\times(-1)^{n+1}$, 21, 240

9) $3\times2^{\frac{n}{2}-1}$, (n이 짝수), 3×2^9, $6(2^{10}-1)$

10) $6a-2an$, $-34a$, $-300a$

4.

1) 2, 4, 8, 16, 32
2) 0, -2, -4, -6, -8
3) 1, -2, 4, -8, 16
4) 2, -1, 5, -7, 17
5) 2, 7, 17, 37, 77

5.

1) $a_{n+1}=a_n+2$, $a_1=3$

2) $a_{n+1}=\frac{5}{4}a_n$, $a_1=4$

3) $a_{n+1}=a_n-3$, $a_1=8$

4) $a_{n+1}=1.5a_n$, $a_1=5$

5) $a_{n+1} = -0.5a_n$, $a_1 = 4$

6. 다음 합을 나타내어라.

1) $\sum_{1}^{5} 2\gamma$ 2) $\sum_{2}^{5} (\gamma^2 + 2)$

3) $\sum_{1}^{4} \frac{2}{\gamma}$ 4) $\sum_{1}^{5} (1+\gamma)^2$

5) $\sum_{1}^{5} \left(\frac{1}{\gamma} - \frac{1}{\gamma+1}\right)$

6.

1) $2+4+6+8+10$

2) $6+11+18+27$

3) $2+1+\frac{2}{3}+\frac{1}{2}$

4) $4+9+16+25+36$

5)

$1-\frac{1}{2}+\frac{1}{2}-\frac{1}{3}+\frac{1}{3}-\frac{1}{4}+\frac{1}{4}-\frac{1}{5}+\frac{1}{5}-\frac{1}{6}$

7. 다음 수열 2, 5, 8, …에 대해 a_{100}, S_{100}을 구하여라.

7.

299, 15050

8. 수열 2, 2.2, 2.42, …에 대해 a_{30}, S_{30}을 구하여라.

8.

31.73, 329

9. $a_{n+1} = 1.5a_n + 1$, $a_0 = 2$로 정의된 수열에서 30번째항과 30번째항 까지의 합을 구하여라.

9.

767002, 2.30×10^6

4.2 수학적 귀납법

등비수열의 합에 대한 공식처럼 수학에서 '사실(fact)'과 중력의 법칙과 같은 과학에서 '사실'을 유도하는 것 사이의 철학적 차이가 있다.

수학은 연역적(deductive)이라고 말한다. 즉 큰 건물을 지을 때 한층 한층 쌓아 올리듯이 새로운 생각은 이전의 결과에 의해 쌓아진다. 기초가 강하면 전체구조가 강해진다. 대표적으로 과학은 귀납적이라고 한다. 과거에 여러번 중력의 법칙은 작용해 왔으므로 미래에도 다시 작용할 것이다. 보통 이와 같은 증명 방법은 수학에서는 적절하다고 생각되지 않을 수 있다. $\cos^2 x + \sin^2 x = 1$을 증명하여라와 같은 질문에 의해 야기된 당혹함을 예전 수학학습에서 기억할 수 있다.

문제에 대한 공통된 반응은 $x = 60°$이면 $\cos x = 0.5$이고 $\sin x = \frac{\sqrt{3}}{2}$ 따라서 $\cos^2 x + \sin^2 x = 0.25 + 0.75 = 1$ 분명하다. 그러나 이와 같은 확인을 방정식에 대해 여러번 시도했더라도 여전히 증명을 한 것은 아니다. 수많은 예가 일반적인 결과를 증명할 수 없다. 한편, 단 하나의 반례가 결과가 옳지 않음을 보이는데 충분할 것이다. 특별한 경우에 명제(propostion)를 증명하는데 이용될 수 있는 수학적 귀납법의 원리(principle of mathematical induction)라 부르는 형식적 절차가 있다.

다음과 같은 명제 $\sum_{n}^{n} \gamma = \frac{n}{2}(n+1)$에 적용된다. 이 방정식을 $P(n)$이라 하자.

즉, 이것은 명제이고 n에 달려 있다. 예를 들면 $P(5)$는 $\sum_{1}^{5} \gamma = \frac{5}{2}(5+1)$이다.

$\sum_{1}^{5} \gamma = 1+2+3+4+5 = 15$이고 $\frac{5}{2}(5+1) = \frac{5}{2} \times 6 = 15$이다.

따라서, 명제는 $n=5$에 대해 참이다. 또는 $P(5)$는 참이다.

수학적 귀납법의 원리는 다음과 같다.

1) $P(1)$이 참이고 2) $P(k)$가 참일 때는 언제나 $P(k+1)$이 참이면 명제 $P(n)$은 모든 자연수에 대해 항상 참이다.

명제는 자연수와 관련됨을 명심하라. 수학적 귀납법의 원리는 사다리를 오르는 것과 비유될 수 있다.

사다리의 n번째 단은 명제가 n의 값에 대해 참임을 나타낸다.

step 1은 사다리에 오를 수 있음을 말한다.

step 2는 사다리의 단에서 단으로 옮길 수 있음을 말한다.

따라서, 아무리 멀더라도 사다리 위의 임의의 단에 도달하기 위한 절차가 있다.

[예제 1] (명제의 표현과 수학적 귀납법)

명제 $P(n)$: $\sum_{1}^{n}\frac{1}{2^{\gamma}}=\frac{2^{n}-1}{2^{n}}$을 알아보자.

1) $P(1)$은 무엇인가?

2) $P(k)$는 무엇인가?

3) $P(k+1)$은 무엇인가?

4) $\sum_{1}^{k}\frac{1}{2^{\gamma}}$이 $\sum_{1}^{k+1}\frac{1}{2^{\gamma}}$이 어떻게 변할 수 있는가?

5) 수학적 귀납법의 원리를 이용하여 $\sum_{1}^{n}\frac{1}{2^{\gamma}}=\frac{2^{n}-1}{2^{n}}$을 증명하여라.

풀이 1) $P(n)$: $\sum_{1}^{n}\frac{1}{2^{\gamma}}=\frac{2^{n}-1}{2^{n}}$에서

$$P(1):\ \sum_{1}^{1}\frac{1}{2^{\gamma}}=\frac{2^{1}-1}{2^{1}}$$

2) $n=k$를 $P(n)$에 대입하면

$$P(k):\ \sum_{1}^{k}\frac{1}{2^{\gamma}}=\frac{2^{k}-1}{2^{k}}$$

3) $n=k+1$를 $P(n)$에 대입하면

$$P(k+1):\ \sum_{1}^{k+1}\frac{1}{2^{\gamma}}=\frac{2^{k+1}-1}{2^{k+1}}$$

4) $\gamma=k+1$항을 더하면

$\sum_{1}^{k}\frac{1}{2^{r}}+\frac{1}{2^{k+1}}=\sum_{1}^{k+1}\frac{1}{2^{r}}$ 이 된다.

5) $P(1)$: $\sum_{1}^{1}\frac{1}{2^{r}}=\frac{2^{1}-1}{2^{1}}$

$\sum_{1}^{1}\frac{1}{2^{r}}=\frac{1}{2}$ 이고 $\frac{2^{1}-1}{2^{1}}=\frac{1}{2}$ 이다. 따라서, $P(1)$은 참이다.

$P(k)$가 참이라고 하면 $\sum_{1}^{k}\frac{1}{2^{r}}=\frac{2^{k}-1}{2^{k}}$ 이다.

$\sum_{1}^{k}\frac{1}{2^{r}}+\frac{1}{2^{k+1}}=\frac{2^{k}-1}{2^{k}}+\frac{1}{2^{k+1}}=\frac{2(2^{k}-1)+1}{2^{k+1}}=\frac{2\cdot 2^{k}-1}{2^{k+1}}$

따라서 $\sum_{1}^{k+1}\frac{1}{2^{r}}=\frac{2^{k+1}-1}{2^{k+1}}$ 이 되어

$P(k)$가 참일때는 언제나 $P(k+1)$도 참이다.

수학적 귀납법의 원리에 의해 모든 n에 대해 $P(n)$은 참이다.

즉, 모든 n에 대해 $\sum_{1}^{n}\frac{1}{2^{r}}=\frac{2^{n}-1}{2^{n}}$ 이다. ▣

연습문제 4-2

다음 각 명제 $P(n)$에 대해, 다음 물음에 답하여라.

i) $P(1)$을 써라.

ii) $n=5$일 때 명제가 참임을 보여라.

iii) $P(k)$를 써라.

iv) $P(k+1)$을 써라.

v) $P(k)$를 $P(k+1)$로 바꾸는 필요성은 무엇인가?

vi) 수학적 귀납법의 원리를 이용하여 명제 $P(n)$을 증명하여라.

1. $\sum_{1}^{n}\gamma=\frac{n}{2}(n+1)$

2. $\sum_{1}^{n}2\gamma=n(n+1)$

3. $\sum_{1}^{n}(2\gamma-1)=n^2$

4. $\sum_{1}^{n}2^{\gamma}=2^{n+1}-2$

5. $\sum_{1}^{n}\gamma^2=\frac{1}{3}n^3+\frac{1}{2}n^2+\frac{1}{6}n$

6. $\sum_{1}^{n}\gamma^3=\frac{1}{4}n^4+\frac{1}{2}n^3+\frac{1}{4}n^2$

7. $a+(a+d)+(a+2d)+\cdots+\{a+(n-1)d\}=\frac{n}{2}\{2a+(n-1)d\}$

8. $a+ar+ar^2+\cdots+ar^{n-1}=\frac{a(r^n-1)}{r-1}$

9. $3+6+9+\cdots+3n=\frac{3n(1+n)}{r-1}$

10. $2+4+8+\cdots+2^n=2^{n+1}-2$

11. $-2+4-8+\cdots+(-2)^n=\frac{2}{3}\{(-2)^n-1\}$

해답

1.

1)~13) 생략

14.

i)

$$1=\frac{1}{5}+\frac{1}{2}+\frac{1}{3}-\frac{1}{30}$$

ii)

$$1^4+2^4+3^4+4^4+5^4=\frac{1}{5}\times5^5+\frac{1}{2}\times5^4+\frac{1}{3}\times5^3-\frac{1}{30}\times5$$

iii)

$$\sum_{1}^{k}r^4=\frac{1}{5}k^5+\frac{1}{2}k^4+\frac{1}{3}k^3\frac{-1}{30}k$$

iv)

$$\sum_{1}^{k+1}r^4=\frac{1}{5}(k+1)^5+\frac{1}{2}(k+1)^4+\frac{1}{3}(k+1)^3-\frac{1}{30}(k+1)$$

v) $(k+1)^4$를 양변에 더한다.

15.

i) 1) $4!>2$

ii) $8!>2^5$

iii) $(k+3)!>2^k$

iv) $(k+4)!>2^{k+1}$

v) 양변에 $k+4$를 곱한다.

12. $\sum_{1}^{n}\frac{1}{r(r+1)}=1-\frac{1}{n+1}$

13. $1^2+3^2+5^2+\cdots+(2n-1)^2=\frac{1}{3}n(2n-1)(2n+1)$

14. $\sum_{1}^{n}r^4=\frac{1}{5}n^5+\frac{1}{2}n^4+\frac{1}{3}n^3-\frac{1}{30}n$

15. $(n+3)!>2^n$

16. $3^{4n}-1$은 80으로 나누어진다.

17. $5^n+2\times 11^n$은 3으로 나누어진다.

18. Fibonacci의 수열은 점화식

$F_{n+1}=F_n+F_{n-1}(F_0=F_1=1)$로 주어진다.

이 수열의 n번째항은

$F_n=\frac{1}{\sqrt{5}}\left(\frac{1+\sqrt{5}}{2}\right)^n-\frac{1}{\sqrt{5}}\left(\frac{1-\sqrt{5}}{2}\right)^n$이다.

귀납법의 원리를 이용하여 이 결과를 증명하여라.

Hint: Step 2에서 $P(n)$이 k와 $k-1$에 대해 참임을 가정할 필요가 있다. 그리고 그때 $k+1$에 대해 참임을 보이는 것이다.

16.

i) 3^4-1은 80으로 나누어진다.

ii) $3^{20}-1$은 80으로 나누어진다.

iii) $3^{4k}-1$은 80으로 나누어진다.

iv) $3^{4k+3}-1$은 80으로 나누어진다.

v) 1을 더하고 3^3으로 나누고 1을 취한다.

17.

i) $5^1+2\times 11^1$은 3으로 나누어진다.

ii) $5^5+2\times 11^5$는 3으로 나누어진다.

iii) $5^k+2\times 11^k$는 3으로 나누어진다.

iv) $5^{k+1}+2\times 11^{k+1}$은 3으로 나누어진다.

v) $5^{k+1}+2\times 11^{k+1}$

$=5\times 5^k+22\times 11^k$

$=5(5^k+2\times 11^k)$

$+(2\times 11^k)$

18. 생략

Home Work

1. 수열 20, 32, 44, …에 대해 다음을 구하여라.

   1) n째항 a_n　　2) a_{100}　　3) S_{30}

2. 수열 16, -8, 4, … 에 대해 다음을 구하여라.

   1) a_n　　2) a_{15}　　3) S_{30}

3. $\sum_{r=3}^{7} 2r$에 대해 합을 구하여라.

4. $\sum_{r=1}^{100}(2r-1)$을 구하여라.

5. $\sum_{r=1}^{20} 3\times(1.5)^r$을 구하여라.

6. $a_1=100$, $a_{n+1}=4-\frac{1}{2}a_n$으로 정의된 수열에 대해

   1) 수열의 처음 5항을 구하여라.　　2) S_{25}는?

7. $a_1=100$, $a_{n+1}=4+0.1a_n$으로 정의된 수열에 대해

   1) 수열의 처음 5항을 구하여라.　　2) S_{25}는?

8. 수학적 귀납법을 이용하여 다음을 증명하여라.

   1) $\sum_{r=1}^{n}(r+1)=\frac{n}{2}(n+3)$　　2) $\sum_{i=1}^{n}1.5^{i-1}=2\times1.5^n$

   3) $\sum_{r=1}^{n}(3r-2)=\frac{n}{2}(3n-1)$　　4) $2+4+6+\cdots+2n=n(n+1)$

9. 귀납법을 이용하여 F_i가 Fibonacci 수열의 i째항 일 때 $\sum_{i=1}^{n}F_i=F_{n+2}-1$임을

증명하여라.

10. Fibonacci-type 수열로 정의된 $F_{n+1}=F_n+F_{n-1}$, $F_0=3$, $F_1=4$에 대해 다음을 구하여라.

1) F_{21} 2) $\sum_{0}^{20} F_n$ 3) $\frac{F_{n+1}}{F_n}$

제5장

주기함수

학습내용

5.1 원함수

각의 함수처럼 점의 수평, 수직 위치를 기술하는 함수를 원함수(circular function)라고 한다. 사인과 코사인으로 알려진 원함수의 그래프와 성질에 대해 익숙할 것이다. 임의의 각 θ에 대해 탄젠트 함수는 $\cos\theta\neq 0$일 때 $\tan\theta=\dfrac{\sin\theta}{\cos\theta}$인 사인과 코사인 사이의 관계이다.

$\cos\theta$, $\sin\theta$, $\tan\theta$를 분모로 바꾸어 역수인 함수를 얻는다. 이들 함수를 각각 세컨트(secant), 코세컨트(cosecant), 코탄젠트(cotangent)로 쓰고 다음과 같이 정의한다. $\sec\theta=\dfrac{1}{\cos\theta}$, $\operatorname{cosec}\theta=\dfrac{1}{\sin\theta}$, $\cot\theta=\dfrac{1}{\tan\theta}=\dfrac{\cos\theta}{\sin\theta}$

원함수와 그들의 역을 삼각함수(trigonometric function)라고 하고, 이들의 연구를 삼각법(trigonometry)라고 한다. 삼각함수의 다음 관계를 이미 배워 익숙할 것이다.

$$\sin\left(\frac{\pi}{2}-\theta\right)=\cos\theta \qquad \cos\left(\frac{\pi}{2}-\theta\right)=\sin\theta \qquad \tan\left(\frac{\pi}{2}-\theta\right)=\cot\theta$$

$$\sin(\pi-\theta)=\sin\theta \qquad \cos(\pi-\theta)=-\cos\theta \qquad \tan(\pi-\theta)=-\tan\theta$$

$$\sin(\pi+\theta)=-\sin\theta \qquad \cos(\pi+\theta)=-\cos\theta \qquad \tan(\pi+\theta)=\tan\theta$$

$$\sin(2\pi-\theta)=-\sin\theta \qquad \cos(2\pi-\theta)=\cos\theta \qquad \tan(2\pi-\theta)=-\tan\theta$$

$$\sin(2\pi+\theta)=\sin\theta \qquad \cos(2\pi+\theta)=\cos\theta \qquad \tan(2\pi+\theta)=\tan\theta$$

$$\sin(-\theta)=-\sin\theta \qquad \cos(-\theta)=\cos\theta \qquad \tan(-\theta)=\tan\theta$$

다음 예제는 삼각함수가 어떻게 이용될 수 있는지 보여준다.

[예제 1] (삼각함수의 관계)

$\tan\left(\frac{\pi}{2}-\theta\right)=\cot\theta$임을 보여라.

풀이 $\tan\left(\frac{\pi}{2}-\theta\right)=\dfrac{\sin\left(\frac{\pi}{2}-\theta\right)}{\cos\left(\frac{\pi}{2}-\theta\right)}=\dfrac{\cos\theta}{\sin\theta}=\cot\theta$

따라서, $\tan\left(\frac{\pi}{2}-\theta\right)=\cot\theta$이다. ▣

$\frac{\pi}{2}+\theta$ 또는 $\frac{3}{2}\pi\pm\theta$를 포함하는 관계는 $\frac{\pi}{2}$, π 또는 2π를 더하고 빼어 적당한 삼각함수 공식을 다시써서 간단히 할 수 있다. 유용한 경우 이들 특별한 관계는 기억할 필요는 없으나 유도하는 과정을 확실히 하는 것은 중요하다.

[예제 2] (삼각함수의 관계)

다음을 보여라.

1) $\cos\left(\frac{\pi}{2}+\theta\right)=-\sin\theta$

2) $\sin\left(\frac{3}{2}\pi+\theta\right)=-\cos\theta$

3) $\cos\left(\frac{3}{2}\pi-\theta\right)=-\sin\theta$

풀이 1) $\cos\left(\frac{\pi}{2}+\theta\right)=\cos\left[\pi-\left(\frac{\pi}{2}-\theta\right)\right]=-\cos\left(\frac{\pi}{2}-\theta\right)=-\sin\theta$

따라서, $\cos\left(\frac{\pi}{2}+\theta\right)=-\sin\theta$

2) $\sin\left(\frac{3}{2}\pi+\theta\right)=\sin\left[2\pi-\left(\frac{\pi}{2}-\theta\right)\right]=-\sin\left(\frac{\pi}{2}-\theta\right)=-\cos\theta$

따라서, $\sin\left(\frac{3}{2}\pi+\theta\right)=-\cos\theta$

3) $\cos\left(\frac{3}{2}\pi-\theta\right)=\cos\left[\pi+\left(\frac{\pi}{2}-\theta\right)\right]=-\cos\left(\frac{\pi}{2}-\theta\right)=-\sin\theta$

따라서, $\cos\left(\frac{3}{2}\pi-\theta\right)=-\sin\theta$ ▣

[예제 3] (삼각함수의 관계)

$\dfrac{\sin\left(\frac{\pi}{2}-\theta\right)}{\sec(\pi+\theta)}$를 간단히 하여라.

풀이 $\sin\left(\frac{\pi}{2}-\theta\right)=\cos\theta$,

$\sec(\pi+\theta)=\dfrac{1}{\cos(\pi+\theta)}=\dfrac{1}{-\cos\theta}$

따라서, $\dfrac{\sin\left(\frac{\pi}{2}-\theta\right)}{\sec(\pi+\theta)}=\dfrac{\cos\theta}{\frac{1}{-\cos\theta}}=-\cos^2\theta$ ▣

연습문제 5-1

해 답

1. 삼각함수 관계를 이용하여 다음을 구하여라.

1) $\sin\left(\frac{\pi}{2}+\theta\right)=\cos\theta$

2) $\tan\left(\frac{\pi}{2}+\theta\right)=-\cot\theta$

3) $\sec\left(\frac{\pi}{2}-\theta\right)=\operatorname{cosec}\theta$

4) $\sin\left(\frac{3}{2}\pi-\theta\right)=-\cos\theta$

5) $\operatorname{cosec}\left(\frac{3}{2}\pi+\theta\right)=-\sec\theta$

6) $\cos\left(\frac{3}{2}\pi+\theta\right)=\sin\theta$

7) $\sec\left(\frac{3}{2}\pi-\theta\right)=-\operatorname{cosec}\theta$

8) $\tan\left(\frac{3}{2}\pi-\theta\right)=\cot\theta$

9) $\cot\left(\frac{3}{2}\pi+\theta\right)=-\tan\theta$

10) $\dfrac{\cos\left(\frac{\pi}{2}+\theta\right)}{\sin\left(\theta-\frac{\pi}{2}\right)}=\tan\theta$

1. 생략

2. 다음을 간단히 하여라.

1) $\cos\left(\frac{\pi}{2}-\theta\right)+\sin(-\theta)$

2) $\sin\left(\frac{\pi}{2}+\theta\right)\times\sec(\pi+\theta)$

3) $\operatorname{cosec}\left(\frac{3\pi}{2}-\theta\right)\times\cot(2\pi-\theta)$

4) $\dfrac{\sin(\pi+\theta)}{\cos(2\pi+\theta)}+\dfrac{\cos\left(\frac{\pi}{2}-\theta\right)}{\sec\left(\frac{\pi}{2}+\theta\right)}$

2.

1) 0

2) -1

3) $\operatorname{cosec}\theta$

4) $-2\tan\theta$

5) 1

6) $-\cos\theta$

$(\cos\theta+\sin\theta)$

5) $$\frac{\cot\left(\frac{\pi}{2}+\theta\right)\times\sec\left(\frac{3}{2}\pi-\theta\right)}{\operatorname{cosec}\left(\frac{\pi}{2}+\theta\right)}$$

6) $$\frac{\sin\left(\frac{\pi}{2}+\theta\right)-\cos\left(\frac{\pi}{2}+\theta\right)}{\mathrm{scc}\,(\pi-\theta)}$$

5.2 삼각함수 값

□ 피타고라스 등식

(그림 5-1)에서 점 $P(x, y)$는 원점 O를 중심으로 하는 원위의 점이다. OP의 길이는 a이므로 $x^2+y^2=a^2$이다.

P에서 x축에 내린 수신의 반을 A라 하면 $OA=x=a\cos\theta$이고

$AP=y=a\sin\theta$이다.

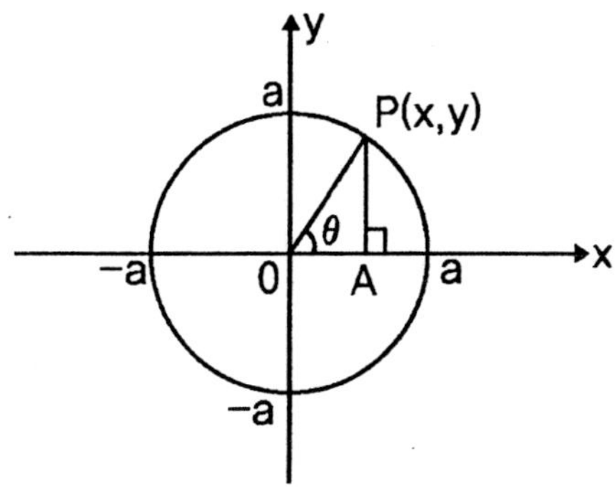

(그림 5-1)

따라서, $x^2+y^2=a^2$이므로

$a^2\cos^2\theta+a^2\sin^2\theta=a^2$

$a^2(\cos^2\theta+\sin^2\theta)a^2$ $\quad\therefore \cos^2\theta+\sin^2\theta=1$

> 따라서, 피타코라스 등식은 $\cos^2\theta+\sin^2\theta=1$이다.

피타코라스 등식에서 유용한 공식을 얻을 수 있다.

우선 양변을 $\cos^2\theta$로 나누면, $\dfrac{\cos^2\theta+\sin^2\theta}{\cos^2\theta}=\dfrac{1}{\cos^2\theta}$에서

$$\frac{\cos^2\theta}{\cos^2\theta}+\frac{\sin^2\theta}{\cos^2\theta}=\frac{1}{\cos^2\theta}$$ 이고,

$1+\tan^2\theta=\sec^2\theta$이다.

또, 양변을 $\sin^2\theta$로 나누면, $\dfrac{\cos^2\theta+\sin^2\theta}{\sin^2\theta}=\dfrac{1}{\sin^2\theta}$에서

$$\frac{\cos^2\theta}{\sin^2\theta}+\frac{\sin^2\theta}{\sin^2\theta}=\frac{1}{\sin^2\theta}$$ 이고

$\cot^2\theta + 1 = \text{cosec}^2\theta$이다.

따라서, $1+\tan^2\theta = \sec^2\theta,\quad \cot^2 + 1 = \text{cosec}^2\theta$

□ 특별한 삼각함수 값

(그림 5-2)에서 삼각함수값의 특별한 경우를 알아보자.

$\sin\frac{\pi}{4} = \cos\frac{\pi}{4} = \frac{1}{\sqrt{2}} \rightarrow \tan\frac{\pi}{4} = 1$이고,

$$\left.\begin{aligned}\sin\frac{\pi}{3} &= \cos\frac{\pi}{6} = \frac{\sqrt{3}}{2}\\ \sin\frac{\pi}{6} &= \cos\frac{\pi}{3} = \frac{1}{2}\end{aligned}\right\} \Rightarrow \tan\frac{\pi}{6} = \frac{1}{\sqrt{3}},$$

$\tan\frac{\pi}{3} = \sqrt{3}$이다.

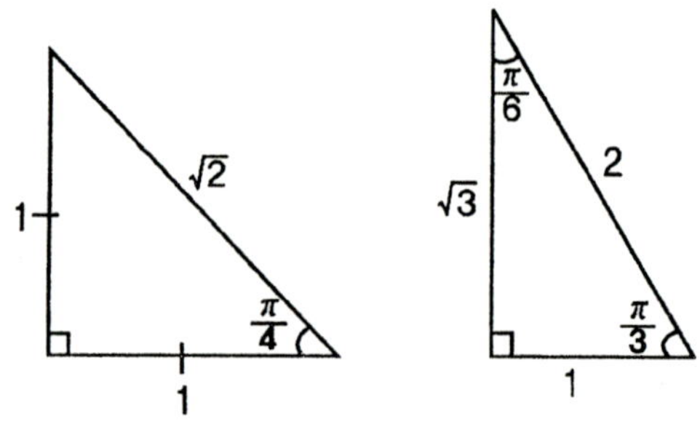

(그림 5-2)

[예제 1] (삼각함수 값)

$\text{cosec}\frac{2}{3}\pi$의 값을 구하여라.

풀이 $\text{cosec}\frac{2}{3}\pi = \dfrac{1}{\sin\frac{2}{3}\pi} = \dfrac{1}{\sin\left(\pi - \frac{\pi}{3}\right)} = \dfrac{1}{\sin\frac{\pi}{3}} = \dfrac{1}{\frac{\sqrt{3}}{2}} = \dfrac{2}{\sqrt{3}} = \dfrac{2\sqrt{3}}{3}$

■

[예제 2] (삼각함수 값의 계산)

$\sec\frac{\pi}{6} \times \text{cosec}\frac{5\pi}{4} + \cot\left(-\frac{2\pi}{3}\right)$를 계산하여라.

풀이 $\sec\frac{\pi}{6}=\frac{1}{\cos\frac{\pi}{6}}=\frac{1}{\frac{\sqrt{3}}{2}}=\frac{2}{\sqrt{3}}$

$$\operatorname{cosec}\frac{5\pi}{4}=\frac{1}{\sin\frac{5}{4}\pi}=\frac{1}{\sin\left(\pi+\frac{\pi}{4}\right)}=\frac{1}{-\sin\frac{\pi}{4}}=\frac{1}{-\frac{1}{\sqrt{2}}}=-\sqrt{2}$$

$$\cot\left(-\frac{2\pi}{3}\right)=\frac{1}{\tan\left(-\frac{2}{3}\pi\right)}=\frac{1}{-\tan\frac{2}{3}\pi}=\frac{1}{-\tan\left(\pi-\frac{\pi}{3}\right)}$$

$$=\frac{1}{\tan\frac{\pi}{3}}=\frac{1}{\sqrt{3}}$$

따라서, $\sec\frac{\pi}{6}\times\operatorname{cosec}\frac{5}{4}\pi+\cot\left(-\frac{2\pi}{3}\right)$

$$=\frac{2}{\sqrt{3}}\times(-\sqrt{2})+\frac{1}{\sqrt{3}}=\frac{-2\sqrt{2}}{\sqrt{3}}+\frac{1}{\sqrt{3}}=\frac{1-2\sqrt{2}}{\sqrt{3}}=\frac{\sqrt{3}(1-2\sqrt{2})}{3}$$

■

[예제 3] (삼각함수 관계식의 이용)

$\sec x=\sqrt{5}$ $(270°<x<360°)$일 때 다음을 구하여라.

1) $\cot x$ 2) $\operatorname{cosec} x$

풀이 1) $1+\tan^2 x=\sec^2 x$에서

$1+\tan^2 x=5$, $\tan^2 x=4$, $\tan x=\pm 2$

x는 4사분면의 각이므로 $\tan x-=2$이고 따라서, $\cot x=-\frac{1}{2}$이다.

2) $\cot^2 x+1=\operatorname{cosec}^2 x$에서

$\frac{1}{4}+1=\operatorname{cosec}^2 x$, $\operatorname{cosec}^2 x=\frac{5}{4}$,

$\operatorname{cosec} x=\pm\frac{\sqrt{5}}{2}$이고

4사분면에서 $\operatorname{cosec} x$는 $\sin x$의 부호(-)와 같으므로

$\operatorname{cosec} x = -\dfrac{\sqrt{5}}{2}$ 이다. ▣

[예제 4] (삼각함수 관계식 이용)

$\dfrac{\sin(90°+\alpha)}{1-\sec\alpha} + \dfrac{\sin(90°-\alpha)}{1+\sec\alpha} = -2\cos\alpha\cot^2\alpha$임을 보여라.

풀이

$$\frac{\sin(90°+\alpha)}{1-\sec\alpha} + \frac{\sin(90°-\alpha)}{1+\sec\alpha} = \frac{\cos\alpha}{1-\sec\alpha} + \frac{\cos\alpha}{1+\sec\alpha}$$

$$= \frac{\cos\alpha(1+\sec\alpha)+\cos\alpha(1-\sec\alpha)}{(1-\sec\alpha)(1+\sec\alpha)}$$

$$= \frac{2\cos\alpha}{1-\sec^2\alpha} = \frac{2\cos\alpha}{-\tan^2\alpha} = -2\cos\alpha\cot^2\alpha$$ ▣

□ 삼각함수의 그래프

삼각함수의 그래프는 이미 알고 있으므로 다음 예제를 통해 몇 개의 그래프만 알아보자.

[예제 5]

다음 삼각함수의 그래프를 그려라.

1) $y = 2\sec(x+\pi),\quad -2\pi \leqq x \leqq 2\pi$

2) $y = \dfrac{1}{2}\operatorname{cosec}\left(2x - \dfrac{\pi}{3}\right), -2\pi \leqq x \leqq 2\pi$

3) $y = -\sec(\pi x) + 1,\quad 0 \leqq x \leqq 2\pi$

풀이 (그림 5-3)에서

1) $y = 2\cos(\pi + \pi)$의 그래프(점선)를 우선 그린다.

2) $y=\frac{1}{2}\sin\left(2x-\frac{\pi}{3}\right)$의 그래프(점선)을 우선 그린다.

3) $y=-\cos(\pi x)+1$의 그래프를 우선 그린다. ▣

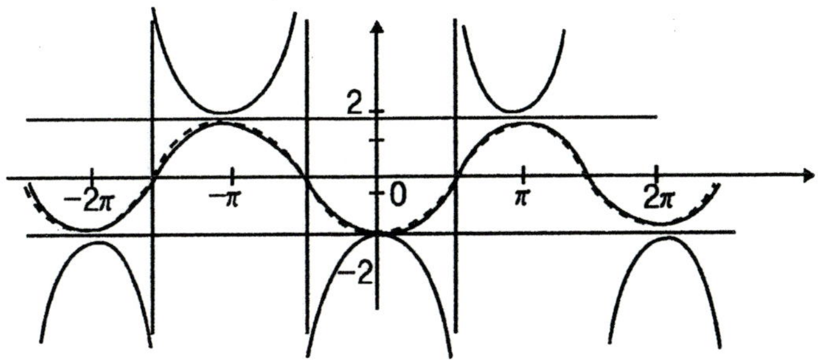

(그림 5-3)

연습문제 5-2

1. 다음 값을 구하여라.

1) $\sin\frac{5}{6}\pi$ 2) $\text{cosec}\frac{5}{6}\pi$ 3) $\cos\frac{3}{4}\pi$

4) $\sec\frac{3}{4}\pi$ 5) $\tan\frac{4}{3}\pi$ 6) $\cot\frac{4}{3}\pi$

7) $\text{cosec}\left(-\frac{\pi}{3}\right)$ 8) $\cot\frac{3}{4}\pi\times\sec\frac{\pi}{6}$

9) $\sec 315° + \text{cosec}(-240°)$

10) $\text{cosec}^2(-330°)+\cot^2(-330°)+1$

2. $\sin x=\frac{3}{5}$이고 $\cos x<0$일 때 다음 값을 구하여라.

1) $\cot x$ 2) $\sec x$

3) $(\text{cosec}\,x-\sec x)^2$ 4) $\frac{\cot x+\sec x}{\cos x}$

3. $\sin\theta=\frac{5}{13}\left(\frac{\pi}{2}<\theta<\pi\right)$일 때, 다음 값을 구하여라.

1) $\cot\theta-\tan\theta$ 2) $\text{cosec}\,\theta-\sec\theta$

3) $\frac{\cos\theta+\sin\theta}{\cos\theta-\sin\theta}$

4. $\cos\theta=\frac{1}{\sqrt{3}}\left(0<\theta<\frac{\pi}{2}\right)$일 때, $\frac{\cot\theta}{1-\text{cosec}\,\theta}$의 값을 구하여라.

5. $\sin y=0.8\left(0<y<\frac{\pi}{2}\right)$일 때, 다음 값을 구하여라.

1) $\sec\left(\frac{\pi}{2}+y\right)$ 2) $\text{cosec}\left(\frac{\pi}{2}-y\right)$

해답

1.

1) $\frac{1}{2}$ 2) 2

3) $-\frac{1}{\sqrt{2}}$ 4) $-\sqrt{2}$

5) $\sqrt{3}$ 6) $\frac{1}{\sqrt{3}}$

7) $-\frac{2}{\sqrt{3}}$ 8) $-\frac{2}{\sqrt{3}}$

9) $\sqrt{2}+\frac{2}{\sqrt{3}}$ 10) 8

2.

1) $-\frac{4}{3}$ 2) $-\frac{5}{4}$

3) $8\frac{73}{144}$ 4) $3\frac{11}{48}$

3.

1) $-1\frac{59}{60}$ 2) $3\frac{41}{60}$

3) $\frac{7}{17}$

4.

$-(\sqrt{2}+\sqrt{3})$

5.

1) $-\frac{5}{4}$ 2) $\frac{5}{3}$

3) $\sin\left(\frac{3}{2}\pi+y\right)$ 4) $\cot\left(\frac{\pi}{2}-y\right)$

5) $\sec(2\pi-y)$ 6) $\operatorname{cosec}\left(\frac{3}{2}\pi-y\right)$

6. 다음을 간단히 하여라.

1) $\cot^2 x-\operatorname{cosec}^2 x$ 2) $(1-\sin^2 x)\sec^2 x$

3) $\dfrac{1}{\sec\theta-1}+\dfrac{1}{\sec\theta+1}$

4) $\dfrac{\cot\theta}{\operatorname{cosec}\theta-1}+\dfrac{\cot\theta}{\operatorname{cosec}\theta+1}$

5) $\sqrt{(1-\cos^2 x)(1+\tan^2 x)}$

6) $\dfrac{\tan x+\cot x}{\operatorname{cosec}x\sec x}$

7) $\dfrac{\sin(-\theta)\tan\left(\frac{\pi}{2}-\theta\right)}{\cot(\pi+\theta)\sin\left(\frac{\pi}{2}+\theta\right)}$

8) $\dfrac{\cos(-\theta)\cot\left(\frac{3}{2}\pi-\theta\right)}{\tan(\pi-\theta)\cos\left(\frac{\pi}{2}-\theta\right)}$

7. 다음을 보여라.

1) $\dfrac{1}{1+\sin x}+\dfrac{1}{1-\sin x}=2\sec^2 x$

2) $\dfrac{1+\cos x}{1-\cos x}=(\operatorname{cosec}x+\cot x)^2$

3) $\dfrac{\tan x+\cot y}{\cot x+\tan y}=\dfrac{\tan x}{\tan y}$

4) $\dfrac{1}{\sec y-\tan y}=\sec y+\tan y$

8. $\dfrac{\sin x}{1-\cos x}-\dfrac{\sin x}{1+\cos x}=y^2\cot x$이면 $y(\in R)$를 구하여라.

3) $-\frac{3}{5}$ 4) $\frac{4}{3}$

5) $\frac{5}{3}$ 6) $-\frac{5}{3}$

6.

1) -1 2) 1

3) $2\cot\theta\operatorname{cosec}\theta$

4) $2\sec\theta$

5) $|\tan x|$ 6) 1

7) $-\tan\theta$ 8) $-\cot\theta$

7. 생략

8.

$\pm\sqrt{2}$

9. 다음 삼각함수의 그래프를 $-2\pi \leqq x \leqq 2\pi$에서 그려라.

1) $y=\sec\left(x+\frac{\pi}{4}\right)$ 2) $y=\operatorname{cosec}\left(x-\frac{\pi}{3}\right)$

3) $y=\cot\left(x+\frac{\pi}{2}\right)$ 4) $y=2\sec 2\left(x-\frac{\pi}{4}\right)$

5) $y=\frac{1}{2}\operatorname{cosec}\left(3x+\frac{\pi}{2}\right)$

6) $y=-\sec(4x+\pi)$

7) $y=\cot 2x$ 8) $y=\operatorname{cosec}(\pi x)+2$

9) $y=1-\operatorname{cosec}\left(\frac{1}{2}x+\pi\right)$

10) $y=2\sec\left(\frac{1}{2}\pi x\right)-1$

9. 생략

10. 다음 삼각방정식을 풀어라.

1) $\sec 3x=2(0\leqq x\leqq \pi)$

2) $\frac{1}{2}\operatorname{cosec} 2x=x(-\pi\leqq x\leqq \pi)$

3) $\cot 2x=\tan x\left(-\frac{\pi}{2}\leqq x\leqq \frac{\pi}{2}\right)$

4) $\operatorname{cosec} 3x=\sec x(0° < x < 180°)$

10. 생략

5.3 덧셈정리와 여러 가지 공식

□ 덧셈정리

덧셈정리의 유도는 생략하고 공식만 소개한다.

$$\cos(x+y) = \cos x\cos y - \sin x\sin y$$

$$\sin(x+y) = \sin x\cos y + \cos x\sin y$$

$$\cos(x-y) = \cos x\cos y + \sin x\sin y$$

$$\sin(x-y) = \sin x\cos y - \cos x\sin y$$

이들 공식을 이용하여 2배각, 반각에 대한 공식을 유도하고 삼각함수 값을 구하는 연습을 예제를 통해 알아본다.

[예제 1] (사인 덧셈정리)

$\sin\left(x+\frac{\pi}{6}\right)$를 간단히 하여라.

풀이

$$\sin\left(x+\frac{\pi}{6}\right) = \sin x\cos\frac{\pi}{6} + \cos x\sin\frac{\pi}{6}$$

$$= \frac{\sqrt{3}}{2}\sin x + \frac{1}{2}\cos x = \frac{1}{2}(\sqrt{3}\sin x + \cos x)$$ ▣

[예제 2] (2배각의 공식 유도)

$\cos 2A = \cos^2 A - \sin^2 A = 2\cos^2 A - 1 = 1 - 2\sin^2 A$임을 보여라.

풀이

$$\cos^2 A = \cos(A+A) = \cos A\cos A = \sin A\sin A = \cos^2 A - \sin^2 A$$

$$= \cos^2 A - (1-\cos^2 A) = 2\cos^2 A - 1$$

$$=(1-\sin^2 A)-\sin^2 A=1-2\sin^2 A$$ ▣

[예제 3] (사인 덧셈정리 이용)

$\sin\frac{\pi}{12}$ 의 값을 구하여라.

풀이 $\frac{\pi}{3}-\frac{\pi}{4}=\frac{\pi}{12}$ 에서

$$\sin\frac{\pi}{12}=\sin\left(\frac{\pi}{3}-\frac{\pi}{4}\right)=\sin\frac{\pi}{3}\cos\frac{\pi}{4}-\cos\frac{\pi}{3}\sin\frac{\pi}{4}$$

$$=\frac{\sqrt{3}}{2}\times\frac{1}{2}-\frac{1}{2}\times\frac{1}{\sqrt{2}}=\frac{\sqrt{3}-1}{2\sqrt{2}}=\frac{1}{4}(\sqrt{6}-\sqrt{2})$$ ▣

[예제 4] (반각의 공식 이용)

$\sin\frac{\pi}{8}$ 의 값을 구하여라.

풀이 $\frac{\pi}{4}=2\times\frac{\pi}{8}$ 에서

$$\cos\left(2\times\frac{\pi}{8}\right)=1-2\sin^2\frac{\pi}{8}$$

$$\cos\frac{\pi}{4}=1-2\sin^2\frac{\pi}{8},\qquad 2\sin^2\frac{\pi}{8}=1-\frac{1}{\sqrt{2}}=\frac{\sqrt{2}-1}{\sqrt{2}}$$

$$\sin^2\frac{\pi}{8}=\frac{\sqrt{2}-1}{2\sqrt{2}}=\frac{2-\sqrt{2}}{4},\qquad \sin\frac{\pi}{8}=\pm\frac{\sqrt{2-\sqrt{2}}}{2}$$

$$\therefore \sin\frac{\pi}{8}=\frac{\sqrt{2-\sqrt{2}}}{2}$$ ▣

$$\tan(x+y)=\frac{\sin(x+y)}{\cos(x+y)}=\frac{\sin x\cos y+\cos x\sin y}{\cos x\cos y-\sin x\sin y}=\frac{\tan x+\tan y}{1-\tan x\tan y}$$

같은 방법으로 $\tan(x-y)=\dfrac{\tan x-\tan y}{1+\tan x\tan y}$ ▣

[예제 5] ———— (탄젠트 2배각의 공식 유도) ————

tan2θ를 전개하여라.

풀이 $\tan 2\theta=\tan(\theta+\theta)=\dfrac{\tan\theta+\tan\theta}{1-\tan\theta\cdot\tan\theta}=\dfrac{2\tan\theta}{1-\tan^2\theta}$ ▣

[예제 6] ———— (탄젠트 덧셈정리) ————

$\tan(A-45°)$를 간단히 하여라.

풀이 $\tan(A-45°)=\dfrac{\tan A-\tan 45°}{1+\tan A\tan 45°}=\dfrac{\tan A-1}{1+\tan A}$ ▣

[예제 7] ———— (탄젠트 덧셈정리 이용 값 구하기) ————

$\tan 75°$의 값을 구하여라.

풀이 $30°+45°=75°$에서

$$\tan 75°=\tan(30°+45°)=\frac{\tan 30°+\tan 45°}{1-\tan 30°\tan 45°}=\frac{\frac{1}{\sqrt{3}}+1}{1-\frac{1}{\sqrt{3}}}=\frac{1+\sqrt{3}}{\sqrt{3}-1}$$

$$=\frac{(\sqrt{3}+1)^2}{2}=2+\sqrt{3}$$ ▣

[예제 8] ———— (삼각함수의 관계) ————

$\dfrac{1}{1-\tan x}-\dfrac{1}{1+\tan x}=\tan 2x$ 임을 보여라.

풀이 $\dfrac{1}{1-\tan x}-\dfrac{1}{1+\tan x}=\dfrac{1+\tan x-(1-\tan x)}{(1-\tan x)(1+\tan x)}=\dfrac{\tan x+\tan x}{1-\tan x\tan x}$

$=\tan(x+x)$

$=\tan 2x$ ▣

□ 합 · 차 곱의 관계

$$\sin(x+y)+\sin(x-y)=2\sin x\cos y$$

$$\sin(x+y)-\sin(x-y)=2\cos x\sin y$$

$$\cos(x+y)+\cos(x-y)=2\cos x\cos y$$

$$\cos(x+y)-\cos(x-y)=-2\sin x\sin y$$

[예제 9] (합 · 차 곱의 관계 이용)

다음을 합 또는 차로 나타내어라.

1) $2\sin 5x\cos 2x$ 2) $\cos 3x\cos x$

3) $5\cos 4x\sin 2x$ 4) $\sin 3x\sin x$

풀이 1) $2\sin 5x\cos 2x=\sin(5x+2x)+\sin(5x-2x)$

$=\sin 7x+\sin 3x$

2) $2\cos 3x\cos x=\cos(3x+x)+\cos(3x-x)$

$=\cos 4x+\cos 2x$

따라서, $\cos 3x\cos x=\dfrac{1}{2}(\cos 4x+\cos 2x)$

3) $2\cos 4x\sin 2x=\sin(4x+2x)-\sin(4x-2x)$

$=\sin 6x+\sin 2x$

$5\cos 4x\sin 2x=\dfrac{5}{2}(\sin 6x+\sin 2x)$

4) $-2\sin 3x \sin x = \cos(3x+x) - \cos(3x-x)$

$= \cos 4x - \cos 2x$

따라서, $\sin 3x \sin x = -\frac{1}{2}(\cos 4x - \cos 2x)$ ▣

□ 합 · 차를 곱으로 나타내기

$$\sin x + \sin y = 2\sin\frac{x+y}{2}\cos\frac{x-y}{2}$$

$$\sin x - \sin y = 2\cos\frac{x+y}{2}\sin\frac{x-y}{2}$$

$$\cos x + \cos y = 2\cos\frac{x+y}{2}\cos\frac{x-y}{2}$$

$$\cos x - \cos y = 2\sin\frac{x+y}{2}\sin\frac{x-y}{2}$$

[예제 10] (합 · 차를 곱으로 나타내기)

다음을 곱으로 나타내어라.

1) $\sin 3x + \sin x$　　2) $\cos(2x+30^\circ) - \cos 30^\circ$

풀이 1) $\sin 3x + \sin x = 2\sin\frac{3x+x}{2}\cos\frac{3x-x}{2} = 2\sin 2x \cos x$

2) $\cos(2x+30^\circ) - \cos 30^\circ$

$= -2\sin\frac{2x+30^\circ+30^\circ}{2}\sin\frac{2x+30^\circ-30^\circ}{2}$

$= -2\sin\frac{2x+60^\circ}{\sin}\sin\frac{2x}{2}$

$= -2\sin(x+30^\circ)\sin x$ ▣

[예제 11] (삼각함수의 관계 이용)

$\dfrac{\sin 4x - \sin 2x}{\cos 4x - \cos 2x}$ 를 간단히 하여라.

풀이 $\sin 4x - \sin 2x = 2\cos\dfrac{4x+2x}{2}\sin\dfrac{4x-2x}{2} = 2\cos 3x\sin x$

$\cos 4x - \cos 2x = -2\sin\dfrac{4x+2x}{2}\sin\dfrac{4x-2x}{2} = -2\sin 3x\sin x$

따라서, $\dfrac{\sin 4x - \sin 2x}{\cos 4x - \cos 2x} = \dfrac{2\cos 3x\sin x}{-2\sin 3x\sin x} = -\dfrac{\cos 3x}{\sin 3x} = -\cot 3x$ ▣

[예제 12] (삼각방정식)

$\cos\theta + \cos 2\theta + \cos 3\theta = 0$을 풀어라.

풀이 $(\cos\theta + \cos 3\theta) + \cos 2\theta = 0$

$2\cos\dfrac{\theta+3\theta}{2}\cos\dfrac{\theta-3\theta}{2} + \cos 2\theta = 0$

$2\cos 2\theta\cos(-\theta) + \cos 2\theta = 0$

$\cos 2\theta(2\cos\theta + 1) = 0$

$\cos 2\theta = 0$ 또는 $2\cos\theta = -1$

$2\theta = 2n\pi \pm \dfrac{\pi}{2}$ 또는 $\cos\theta = -\dfrac{1}{2}$

$\theta = n\pi \pm \dfrac{\pi}{4}$ 또는 $\theta = 2n\pi \pm \dfrac{2}{3}\pi$ (n은 정수) ▣

□ $y = a\sin x + b\cos x$ 꼴 고치기

함수 $y = a\sin x + b\cos x$는 α를 적절히 제한하고 $A > 0$을 취하여 $y = A\sin(x+\alpha)$ 또는 $y = A\cos(x+\alpha)$두 가지중의 하나로 편리하게 표현할 수 있다.

$y = a\sin x + b\cos x$와 $y = A\cos\alpha\sin x + A\sin\alpha\cos x$를 비교하면,

$A\cos\alpha = a$, $A\sin\alpha = b$이다.

따라서, $A^2\cos^2\alpha + A^2\sin^2\alpha = a^2 + b^2$

$A^2(\cos^2\alpha + \sin^2\alpha) = a^2 + b^2$

$A^2 = a^2 + b^2$이고 $A>0$, $A = \sqrt{a^2 + b^2}$

또, $\dfrac{A\sin\alpha}{A\cos\alpha} = \dfrac{b}{a} \Rightarrow \tan\alpha = \dfrac{b}{a}$, $\alpha = \tan^{-1}\dfrac{b}{a}$이다.

[예제 13] ($A\sin(x+\alpha)$, $A\cos(x-\alpha)$로 나타내기)

다음은 $A\sin(x+\alpha)$ 또는 $A\cos(x-\alpha)$로 나타내어라. $A>0$, $0<\alpha<360°$

1) $2\cos x - 3\sin x$ 2) $\sqrt{3}\cos x + \sin x$

풀이 1) $A\cos(x-\alpha) = A\cos x\cos\alpha + A\sin x\sin\alpha$에서

$A\cos\alpha = 2$, $A\sin\alpha = -3$

$A^2\cos^2\alpha + A^2\sin^2\alpha = (-3)^2 + 2^2$ $A^2 = 13$

$A>0$, $A = \sqrt{13}$

$\tan\alpha = \dfrac{-3}{2}$, $\alpha = \tan^{-1}\left(\dfrac{-3}{2}\right) \approx 303°41'$

따라서, $\sqrt{13}\cos(x - 303°41')$이다.

2) $A\sin(x+\alpha) = A\sin x\cos\alpha + A\cos x\sin\alpha$

$A\sin\alpha = \sqrt{3}$, $A\cos\alpha = 1$

$A^2\sin^2\alpha + A^2\cos^2\alpha = 3 + 1 = 4$, $A^2 = 4$ $A>0$, $A = 2$

$\tan\alpha = \sqrt{3}$, $\alpha = \dfrac{\pi}{3}$

따라서, $2\sin\left(x + \dfrac{\pi}{3}\right)$이다. ▣

연습문제 5-3

1. 다음을 간단히 하여라.

1) $\sin\left(\theta+\frac{\pi}{4}\right)$ 2) $\cos\left(x-\frac{\pi}{6}\right)$

3) $2\sin\left(2x-\frac{\pi}{3}\right)$ 4) $\cos\left(\frac{\pi+x}{2}\right)$

5) $\sin\alpha\cos 2\beta-\sin 2\beta\cos\alpha$

6) $\cos 25°\cos 30°+\sin 25°\sin 30°$

7) $\cos\left(\frac{\pi}{4}+\theta\right)\cos\theta-\sin\left(\frac{\pi}{4}+\theta\right)\sin\theta$

8) $\dfrac{\sin\left(\theta+\frac{\pi}{6}\right)}{\cos\left(\theta-\frac{\pi}{6}\right)}$

2. 다음을 보여라.

1) $(\sin A+\cos A)(\sin B+\cos B)$
$=\sin(A+B)+\cos(A-B)$

2) $\cot A+\cot\beta=\dfrac{\sin(A+B)}{\sin A\sin\beta}$

3) $2\sin\left(x+\frac{\pi}{4}\right)\sin\left(x-\frac{\pi}{4}\right)=\sin^2 x-\cos^2 x$

3. 다음 값을 구하여라.

1) $\sin\frac{7\pi}{12}$ 2) $\cos\frac{5\pi}{12}$

3) $\cos\frac{\pi}{8}$ 4) $\sin\frac{3\pi}{8}$

4. 다음을 증명하여라.

1) $\cos\left(\frac{\pi}{3}-x\right)+\sin\left(\frac{\pi}{6}-x\right)=\cos x$

해 답

1.

1) $\frac{1}{\sqrt{2}}(\sin\theta+\cos\theta)$

2) $\frac{1}{2}(\sqrt{3}\cos x+\sin x)$

3) $\sin 2x-\sqrt{3}\cos 2x$

4) $-\sin\frac{x}{2}$

5) $\sin(\alpha-2\beta)$

6) $\cos 5°$

7) $\cos\left(2\theta+\frac{\pi}{4}\right)$

8) $\dfrac{\sqrt{3}\sin\theta+\cos\theta}{\sqrt{3}\cos\theta+\sin\theta}$

2. 생략

3.

1) $\dfrac{1+\sqrt{3}}{2\sqrt{2}}$ 2) $\dfrac{\sqrt{3}-1}{2\sqrt{2}}$

3) $\frac{1}{2}\sqrt{\sqrt{2}+2}$

4) $\frac{1}{2}\sqrt{\sqrt{2}+2}$

4. 생략

2) $\sin 3x = 2\sin x - 4\sin^3 x$

5. 다음을 전개하고 간단히 하여라.

1) $\tan(x+a)$ 2) $\tan(45° - x)$

3) $\dfrac{\tan 27° + \tan 18°}{1 - \tan 27° \tan 18°}$

4) $\dfrac{\tan(A+3B) + \tan(B-A)}{1 - \tan(A+3B)\tan(B-A)}$

6. 다음 값을 구하여라.

1) $\tan 105°$ 2) $\tan \dfrac{5}{12}\pi$ 3) $\tan \dfrac{\pi}{8}$

7. 1) α, β는 예각이고, $\tan\alpha = \dfrac{1}{4}$, $\tan\beta = \dfrac{3}{5}$일 때 $\tan(\alpha - \beta)$를 구하여라.

2) $A \times B + C = \pi$일 때 $\dfrac{\tan A + \tan B}{1 - \tan A \tan B} = -\tan C$임을 보여라.

3) $\alpha + \beta = \dfrac{\pi}{4}$일 때 $\cot\alpha = 1 + \cot\alpha\tan\beta + \tan\beta$ 임을 보여라.

8. 다음을 간단히 하여라(합 또는 차로)

1) $2\sin 3x\cos x$ 2) $2\cos 4x\sin x$

3) $2\cos 2x\cos x$ 4) $-2\sin 3x\sin 2x$

5) $4\cos 4x\sin 3x$ 6) $\cos(x+30°)\cos 30°$

7) $-\sin 5x\sin 3x$ 8) $2\sin(a+b)\cos(a-b)$

9) $a\cos 3b\cos 3b$ 10) $5\cos(2x-y)\sin(x+2y)$

11) $\sin\dfrac{x+y}{2}\cos\dfrac{x-y}{2}$

12) $\sin(x-y)\sin(x+y)$

5.

1) $\dfrac{\tan x + \tan a}{1 - \tan x \tan a}$

2) $\dfrac{1 - \tan x}{1 + \tan x}$

3) 1 4) $\tan 4B$

6.

1) $-(2+\sqrt{3})$

2) $2+\sqrt{3}$ 3) $\sqrt{2}-1$

7.

1) $-\dfrac{7}{23}$

8.

1) $\sin 4x + \sin 2x$

2) $\sin 5x - \sin 3x$

3) $\cos 3x + \cos x$

4) $\cos 5x - \cos x$

5) $2(\sin 7x - \sin x)$

6) $\dfrac{1}{2}[\cos(x+60°) + \cos x]$

7) $\dfrac{1}{2}(\cos 8x - \cos 2x)$

9. 다음을 곱으로 고쳐라.

1) $\sin 4x+\sin 2x$ 2) $\sin 4x-\sin 2x$

3) $\cos 3y+\cos y$ 4) $\cos 3\theta-\cos\theta$

5) $\sin 5\alpha+\sin 3\alpha$ 6) $\sin 4\beta-\sin\beta$

7) $\cos 3x+\cos 4x$ 8) $\cos 3x-\cos 4x$

9) $\frac{1}{2}(\sin 3x+\sin 4x)$ 10) $\frac{1}{2}(\sin 2x-\sin 6x)$

11) $-\frac{1}{2}(\cos 2\theta-\cos 2\alpha)$

12) $4[\cos(x+y)+\cos(x-y)]$

13) $\sin\alpha+\sin 2\alpha+\sin 3\alpha$

14) $\cos y+\cos 3y+\cos 5y$

10. 다음을 풀어라.

1) $\sin 2x+\sin x=0(0\leqq x\leqq 2\pi)$

2) $\cos 2x+\cos x=0(0\leqq x\leqq 2\pi)$

3) $\sin x+\sin 2x\sin 3x=0$

4) $\cos x+\cos 3x+\cos 5x=0$

8) $\sin 2a+\sin 2b$

9) $\frac{a}{2}(\cos 6b+1)$

10) $\frac{5}{2}[\sin(3x+y)$
$-\sin(x-3y)]$

11) $\frac{1}{2}(\sin x+\sin y)$

12)
$-\frac{1}{2}(\cos 2x-\cos 2y)$

9

1) $2\sin 3x\cos x$

2) $2\cos 3x\sin x$

3) $2\cos 2y\cos y$

4) $-2\sin 2\theta\sin\theta$

5) $2\sin 4\alpha\cos\alpha$

6) $2\cos\frac{5\beta}{2}\sin\frac{3\beta}{2}$

7) $2\cos\frac{7x}{2}\cos\frac{x}{2}$

8) $2\sin\frac{7x}{2}\sin\frac{x}{2}$

9) $\sin\frac{7x}{2}\cos\frac{x}{2}$

10) $-\cos 4x\sin 2x$

11) $\sin(\theta+\alpha)\sin(\theta-\alpha)$

12) $8\cos x\cos y$

13) $\sin 2\alpha(2\cos\alpha+1)$

14) $\cos 3y(2\cos 2y+1)$

10.

1) $\left\{0, \frac{2}{3}\pi, \pi, \frac{4}{3}\pi, 2\pi\right\}$

2) $\left\{\frac{\pi}{3}, \pi, \frac{5}{3}\pi\right\}$

11. 다음을 요구하는 대로 고쳐라.

1) $\cos x - \sin x$를 $A\cos(x-\alpha)$ $A>0$, $0°<\alpha<360°$

2) $\sin x + \cos x$를 $A\sin(x+\alpha)$ $A>0$, $0°<\alpha<90°$

3) $4\sin x - 3\cos x$를 $A\sin(x-\alpha)$ $A>0$, $0<\alpha<\frac{\pi}{2}$

4) $\cos x - 2\sin x$를 $A\cos(x+\alpha)$, $A>0$, $0<\alpha<\frac{\pi}{2}$

3) $\frac{1}{2}n\pi, 2n\pi \pm \frac{2}{3}\pi$

(n은 정수)

4) $\frac{2}{3}n\pi \pm \frac{\pi}{6}$, $n\pi \pm \frac{\pi}{3}$

(n은 정수)

11.

1) $\sqrt{2}\cos(x-315°)$

2) $\sqrt{2}\sin(x+45°)$

3) $5\sin(x-0.644)$

4) $\sqrt{5}\cos(x+1.107)$

Home Work

1. $\sin(90° - x)$를 간단하게 고쳐라.

   1) $-\sin x$　　2) $\cos x$　　3) $-\cos x$　　4) $\sin x$　　5) $\sec x$

2. $\dfrac{1}{\cos x}$은?

   1) $\sec x$　　2) $\operatorname{cosec} x$　　3) $\cot x$
   4) $\cos^{-1} x$　　5) $\sin x$

3. $\operatorname{cosec}(90° - \theta)$를 간단히 하여라.

4. $\dfrac{\cot(\pi - \theta)\operatorname{cosec}\left(\dfrac{\pi}{2_{\theta}} r\right)}{\sin\theta} = -\operatorname{cosec}^2\theta$ 임을 증명하여라.

5. $\cos^2 x = \sin^2 x$는 ?

   1) x　　2) $\cos 2x$　　3) $\sec^2 x$
   4) 1　　5) -1

6. $\sec 30°$의 값은?

   1) $\dfrac{1}{2}$　　2) $\dfrac{1}{\sqrt{3}}$　　3) $\dfrac{2}{\sqrt{3}}$　　4) $\sqrt{3}$　　5) 2

7. $\sqrt{1 - \cos^2 x}$를 간단히 하면?

   1) $\cos x$　　2) $\sin x$　　3) $\sec x$　　4) $|\sin x|$　　5) 답없음

8. $\cos\theta = -\dfrac{5}{13}\,(0 < \theta < 180°)$일 때 다음 값을 구하여라.

   1) $\dfrac{\cos\theta - \sin\theta}{\cos\theta + \sin\theta}$　　2) $\cot\theta + \tan\theta$

9. $\dfrac{\cos x}{1 - \sin x} + \dfrac{\cos x}{1 + \sin x} = 2\sec x$임을 증명하여라.

10. $y = 2\sec 2(x + 45°)$의 그래프를 그려라.

11. $2\sec 2(x+45°)=\cot(x-45°)(-45°<x<45°)$를 풀어라.

12. $\cos\theta\cos\alpha-\sin\theta\sin\alpha=?$

1) $\cos(\theta+\alpha)$ 2) $\cos(\theta-\alpha)$ 3) $\sin(\theta-\alpha)$
4) $\sin(\theta+\alpha)$ 5) $\cos\theta-\cos\alpha$

13. $2\sin y\cos y=?$

1) $\sin y+\cos y$ 2) $\cos(2y)$ 3) $\sin y-\cos y$
4) $2\sin(2y)$ 5) $\sin(2y)$

14. x가 예각일 때, $\sin x=t$라면 $\sin 2x$는?

1) $2t$ 2) $2t\sqrt{1-t^2}$ 3) $\frac{t}{\sqrt{1-t^2}}$
4) $\frac{2t}{\sqrt{1-t^2}}$ 5) 답없음

15. 다음 값을 구하여라.

1) $\cos\frac{\pi}{12}$ 2) $\cos\frac{13\pi}{12}$
3) $\tan\frac{\pi}{12}$ 4) $\tan\frac{11}{12}\pi$

16. 다음 식을 합 또는 차로 고쳐라.

1) $2\sin 4x\cos 2y$ 2) $a\sin^2\pi x\cos\pi x$

17. 다음을 간단히 하여라.

1) $\frac{\sin 4x+\sin 2x}{\cos 4x+\cos 2x}$ 2) $\frac{\cos 5x-\cos x}{\sin 5x+\sin x}$

제6장

도형과 방정식

학습내용

6.1. 직선과 원의 방정식
6.2. 포물선의 방정식
6.3. 타원의 방정식
6.4. 쌍곡선의 방정식
6.5. 복소평면 위의 도형

6.1 직선과 원의 방정식

□ 직선

직선은 두 점 $A(x_1, y_1)$와 $B(x_2, y_2)$에서 같은 거리에 있는 변수 또는 움직이는 점 $P(x, y)$의 자취로서 정의될 수 있다.

참고 직선은 또한 선분의 수직이등분으로서 기술될 수 있다.

> 직교좌표 평면 위의 직선은 $Dx+Ey+F=0$이다.

[예제 1] (직선의 식)

점 $A(-2, 3)$, $B(3, -1)$에서 항상 같은 거리에 있는 점 $P(x, y)$의 자취의 방정식을 구하여라.

풀이 (그림 6-1)에서 $PA=PB$

$$\sqrt{(x+2)^2+(y-3)^2}=\sqrt{(x-3)^2+(y+1)^2}$$

양변을 제곱하면,

$$(x+2)^2+(y-3)^2=(x-3)^2+(y+1)^2$$

$$x^2+4x+4+y^2-6y+9$$

$$=x^2-6x+9+y^2+2y+1$$

$$\therefore 10x-8y+3=0$$

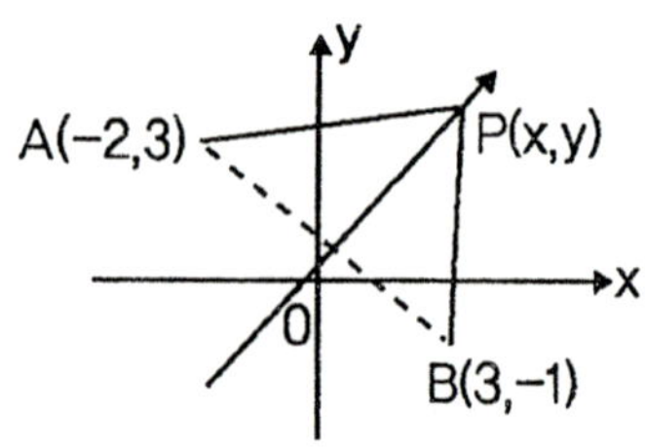

(그림 6-1)

■

결과가 $Dx+Ey+F=0$이므로 이 방정식은 직선을 나타낸다.

□ 원의 방정식

원은 주어진 점 $C(h, k)$에서 같은 거리에 있는 점 $P(x, y)$의 자취로서 정의될 수 있다.

원의 방정식은 모두 $x^2+y^2+Dx+Ey+F=0$꼴로 고쳐질 수 있다.

정리하여 완전제곱식으로 나타내면,

$$x^2+Dx+\frac{D^2}{4}+y^2+Ey+\frac{E^2}{4}=\frac{D^2}{4}+\frac{E^2}{4}-F$$

$$\left(x+\frac{D}{2}\right)^2+\left(y+\frac{E}{2}\right)^2=\frac{D^2+E^2-4F}{4}$$

중심이 $\left(-\frac{D}{2}, -\frac{E}{2}\right)$이고 반지름의 길이 $\gamma=\frac{1}{2}\sqrt{D^2+E^2-4F}$이다.

1) $D^2+E^2-4F>0$이면 실원이다.

2) $D^2+E^2-4F<0$이면 허원이다.

3) $D^2+E^2-4F=0$이면 반지름의 길이 0 이고 점 $\left(-\frac{D}{2}, -\frac{E}{2}\right)$를 나타내는 점원이다.

직교좌표 평면에서 원은 $Ax^2+Ay^2+Dx+Ey+F=0$이다.

정의에 의해 (그림 6-2) 원의 반지름의 길이 γ인 $PC=\gamma$에서

$\sqrt{(x-h)^2+(y-k)^2}=\gamma$

양변을 제곱하면

$(x-h)^2+(y-k)^2=\gamma^2$이다.

중심 $C(h, k)$이고 반지름의 길이 γ인 원의

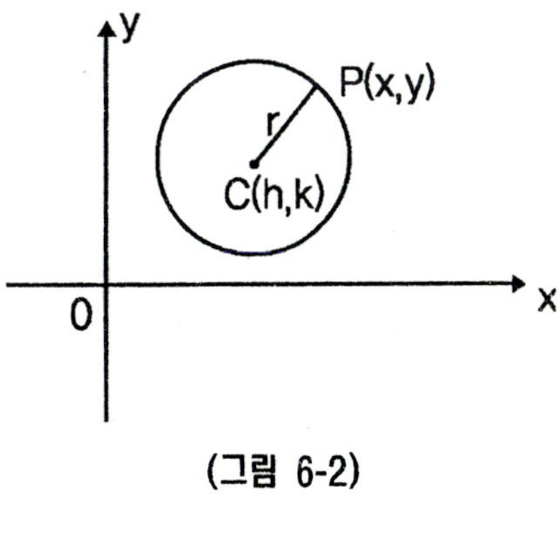

(그림 6-2)

방정식이다.

[예제 2] (원의 방정식)

중심 $(-1, 5)$, 반지름의 길이 5인 원의 방정식을 구하여라.

풀이 $(x-h)^2+(y-k)^2=\gamma^2$에서

$\gamma=5$, $(h, k)=(-1, 5)$를 대입하면

$(x+1)^2+(y-5)^2=5^2$

$\therefore (x+1)^2+(y-5)^2=25$ ▣

다음 예제에서 보여지는 것처럼 기하학적 조건이 비의식으로 거리를 기술할 수 있다. 이렇게 만들어진 원을 아포로니우스의 원(Circle of Apollonius)이라고 한다. 원뿔곡선에 대한 그의 연구의 기여 때문에 그리스의 위대한 수학자 Apollonius(260-170BC)의 이름을 붙인 것이다.

아포로니우스의 원은 두 고정점에서 거리의 비가 일정한 점의 자취이다.

[예제 3] (아포로니우스의 원)

점 $B(-2, 3)$에서 거리가 $A(5, -2)$에서 거리의 2배가 되는 평면 위를 움직이는 점 $P(x, y)$의 자취를 구하여라.

풀이 (그림 6-3)에서 $2PA=PB$

$2\sqrt{(x-5)^2+(y+2)^2}$

$=\sqrt{(x+2)^2+(y-3)^2}$

양변을 제곱하면,

$4\{(x-5)^2+(y+2)^2\}$

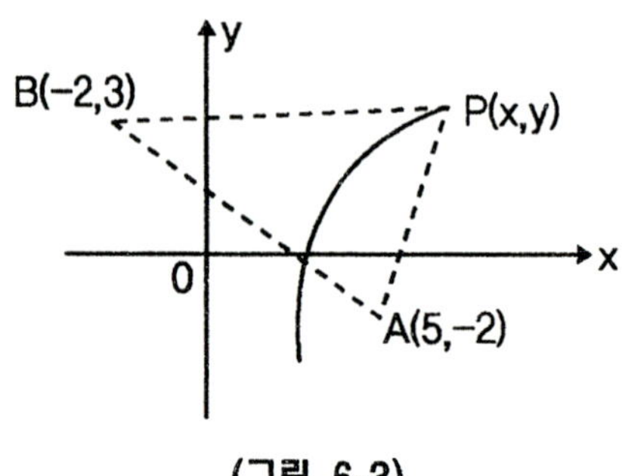

(그림 6-3)

$=(x+2)^2+(y-3)^2$

$4(x^2-10x+25+y^2+4y+4)=x^2+4x+4+y^2-6y+9$

$3x^2+3y^2-44x+22y+103=0$ ▣

결과가 $Ax^2+Ay^2+Dx+Ey+F=0$ 꼴이므로 이 방정식은 원을 나타낸다.

[예제 4] (세 점을 지나는 원의 방정식)

점 $A(5,3)$, $B(6,2)$와 $C(3,-1)$을 지나는 원의 방정식을 구하여라.

풀이 원의 방정식의 일반형 $x^2+y^2+Dx+Ey+F=0$에서

$A(5,3): 25+9+5D+3E+F=0$

$B(6,2): 36+4+6D+2E+F=0$

$C(3,-1): 9+1+3D-E+F=0$

정리하면, $5D+3E+F=-34 \cdots ①$

$6D+2E+F=-40 \cdots ②$

$3D-E+F=-10 \cdots ③$

①-②에서, $-D+E=6 \cdots ④$

①-③에서, $2D+4E=-24 \cdots ⑤$

$2\times④+⑤$에서 $6E=-12$, $E=-2$

$E=-2$를 ④에 대입하면 $D=-8$, ③에서 $F=12$

따라서, 세점을 지나는 원의 방정식은 $x^2+y^2-8x-2y+12=0$이다. ▣

연습문제 6-1

해 답

1. 다음 두 점 A, B에서 같은 거리에 있는 점 $P(x, y)$의 자취를 구하여라.
   1) $A(0, 3)$, $B(0, 7)$ 2) $A(2, 4)$, $B(2, -6)$
   3) $A(-2, 3)$, $B(4, 5)$ 4) $A(1, 7)$, $B(4, -2)$
   5) $A(5, 7)$, $b(10, 7)$ 6) $A(-4, 0)$, $B(0, -4)$

2. 다음 조건을 만족시키는 점 $P(x, y)$의 자취의 방정식을 구하여라.
   1) y축에서 점의 거리가 x축에서 거리의 3배이다.
   2) 직선 $y=-5$에서 거리가 직선 $x=2$에서 거리의 $\frac{3}{4}$이다.

3. $A(1, 4)$, $B(-2, -1)$일 때 $PA^2-PB^2=6$을 만족하여 움직이는 점 $P(x, y)$의 자취를 구하여라.

4. 다음 원의 방정식을 구하여라.
   1) 중심 (-1, -4), 반지름의 길이 3
   2) 중심 (3, -3), 반지름의 길이 4
   3) 중심 (3, 3)이고 점 (5, -5)를 지난다.
   4) 중심 (-1, 4) 이고 원점을 지난다.

5. 다음 원의 중심과 반지름의 길이를 구하여라.
   1) $x^2+y^2-5x+3y-1=0$
   2) $(x+3)^2+y^2=3$
   3) $2x^2+2y^2-8x+5y+3=0$
   4) $x^2+y^2+4x+2y-5=0$
   5) $3x^2+3y^2+9x-4y-24=0$

해답

1.
   1) $y=5$ 2) $y=-1$
   3) $3x+y-7=0$
   4) $3y-x-5=0$
   5) $2x-15=0$
   6) $x-y=0$

2.
   1) $x\pm3y=0$
   2) $3x-4y-26=0$

3. $3x+5y-3=0$

4.
   1) $x^2+y^2+2x+8y+8=0$
   2) $x^2+y^2-6x+6y+2=0$
   3) $x^2+y^2-6x-4y-40=0$
   4) $x^2+y^2+2x-8y=0$

5.
   1) $\left(\frac{5}{2}, -\frac{3}{2}\right)$, $\frac{\sqrt{38}}{2}$
   2) $(-3, 0)$, $\sqrt{3}$
   3) $\left(2, -\frac{5}{4}\right)$, $\frac{\sqrt{65}}{4}$
   4) $(-2, -1)$, $\sqrt{10}$

5) $\left(-\frac{3}{2}, \frac{2}{3}\right)$, $\frac{\sqrt{385}}{6}$

6. (4, 0), (0, 4), (0, 0)을 지나는 원의 방정식을 구하여라.

6. $x^2+y^2-4x-4y=0$

7. 원 $(x+3)^2+(y-1)^2=25$ 위에 점 (2, 1)이 있음을 보이고 (2, 1)을 지나는 지름의 반대쪽 끝의 좌표를 구하여라.

7. (-8, 1)

8. 원의 지름이 (6, -4)와 (-2, 6)에서 원과 만난다. 원의 중심과 반지름의 길이를 구하여라.

8. (2, 1), $\sqrt{41}$

9. $A(3, -1)$에서 거리가 $B(-1, -1)$에서 거리의 2배가 되는 평면위를 움직이는 점 $P(x, y)$의 자취를 구하여라.

9. $3x^2+3y^2+14x+6y-2=0$

10. 다음 세 점을 지나는 원의 방정식을 구하여라.
   1) (4, 5), (3, -2), (1, -4)
   2) (8, -2), (6, 2), (3, -7)
   3) (1, 1), (1, 3), (9, 2)
   4) (-4, -3), (-1, -7), (0, 0)

10.
1) $x^2+y^2+7x-5y-44=0$
2) $x^2+y^2-6x+4y-12=0$
3) $8x^2+8y^2-79x-32y=-95$
4) $x^2+y^2+x+7y=0$

6.2 포물선의 방정식

포물선은 고정된 점 F(초점)와 고정된 직선(준선)에서 같은 거리에 있는 점 $P(x,\ y)$의 자취이다.

방정식 $Ax^2+Dx+Ey+F=0$과

$Cy^2+Dx+Ey+F=0$ 꼴에 대해 다루려고 한다.

초점 $F(0,\ a)$가 y축 위에 있는 경우를 알아보자.

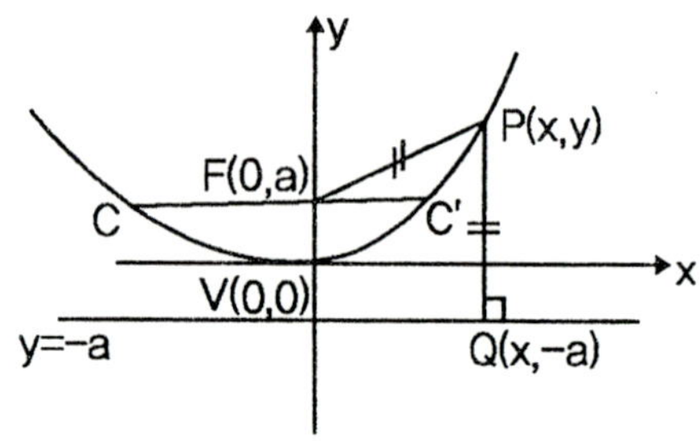

(그림 6-4)

준선 D는 방정식 $y=-a$이고

꼭지점 $V(0,\ 0)$는 원점이다.

정의에 의해 $PF=PQ$이다(그림 6-4).

$\sqrt{(x-0)^2+(y-a)^2}=\sqrt{(x-x)^2+(y+a)^2}$

양변을 제곱하면,

$x^2+(y-a)^2=(y+a)^2$

$x^2+y^2-2ay+a^2=y^2+2ay+a^2\quad x^2=4ay$이다.

초점을 지나는 현 CC'와 대칭축은 서로 수직이다.

$CC'=4a$(latus rectum)

초점 $F(a,\ 0)$이 x축 위에 있고 준선이 y축에 평행 $(x=-a)$하면 같은 방법으로 $y^2=4ax$가 유도된다.

원점을 옮겨 꼭지점 $V(h,\ k)$가 되도록 하면 초점은 $F(h,\ k+a)$이고 준선의 방정식은 $y=k-a$로 바뀐다. 정의에 의해 $PF=PQ$(그림 6-5)

$\sqrt{(x-h)^2+[y-(k+a)]^2}=\sqrt{(x-x)^2+[y-(k-a)]^2}$

양변을 제곱하면,

$(x-h)^2+(y-k-a)^2=(y-k+a)^2$

$(x-h)^2+(y-k)^2-2a(y-k)+a^2$

$=(y-k)^2+2a(y-k)+a^2$

$(x-h)^2=4a(y-k)$이다.

초점 $F(h+a,\ k)$이고 준선이 y축에 평행한 $x=h-a$이면, 방정식은 $(y-k)^2=4a(x-h)$로 유도된다.

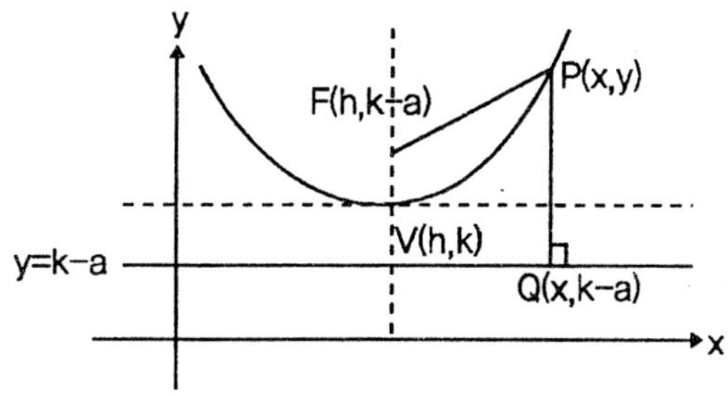

(그림 6-5)

지금까지 알아본 포물선을 정리하면 다음과 같다.

포물선	꼭지점	초점	준선
$(x-h)^2=4a(y-k)$	$(h,\ k)$	$(h,\ k+a)$	$y=k-a$
$(x-h)^2=-4a(y-k)$	$(h,\ k)$	$(h,\ k-a)$	$y=k+a$
$(y-k)^2=4a(x-h)$	$(h,\ k)$	$(h+a,\ k)$	$x=h-a$
$(y-k)^2=-4a(x-h)$	$(h,\ k)$	$(h-a,\ k)$	$x=h+a$

[예제 1] (포물선의 그래프)

포물선 y는 $16x$에서 꼭지점, 초점, 준선의 방정식을 구하고 포물선의 그래프를 그려라.

풀이 $(y-k)^2=4a(x-h)$에서

$h=0,\ k=0,\ a=4$

따라서, 꼭지점 $(0,\ 0)$, 초점 $(4,\ 0)$

준선 $x=-4$

포물선의 그래프는 (그림 6-6)과 같다.

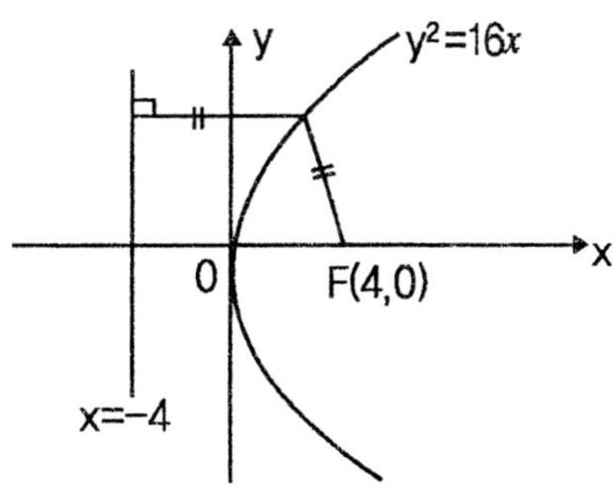

(그림 6-6)

■

[예제 2] (포물선의 방정식)

초점이 $(6,\ -2)$이고 준선이 $x-2=0$인 포물선의 방정식을 구하여라.

풀이 $(y-k)^2=4a(x-h)$에서

초점은 $(h+a,\ k)=(6,\ -2)$, $k=-2$, $h+a=6$

준선은 $x=h-a=2$, $h=4$, $a=2$

따라서, 포물선의 방정식은 $(y+2)^2=8(x-4)$ ▣

[예제 3] (포물선의 초점, 꼭지점, 준선)

포물선 $y^2+8y-6x+4=0$에서 초점, 꼭지점과 준선의 방정식을 구하여라.

풀이 $y^2+8y-6x+4=0$에서,

$y^2+8y+16=6x+12$

$(y+4)^2=6(x+2)$이다.

$(y-k)^2=4a(x-h)$에서

$h=-2,\ k=-4,\ a=\dfrac{3}{2}$,

꼭지점 $(h,\ k)$, 초점 $(h+a,\ k)$,

꼭지점 $(-2,\ -4)$, 초점 $\left(-\dfrac{1}{2},\ -4\right)$, 준선의 방정식은

준선 $x=h-a$에서 $x=-\dfrac{7}{2}$이다. ▣

연습문제 6-2

1. 다음 포물선에 대해 꼭지점, 초점, 준선의 방정식을 구하여라.
   1) $y^2=6x$ 2) $x^2=8y$ 3) $3y^2=-4x$

2. 다음 포물선을 그려라.
   1) $y=2x^2$ 2) $y=-2x^2+2$
   3) $x=3y^2+1$ 4) $8y+x^2=2$
   5) $(x-2)^2=8(y-1)$
   6) $(y-2)^2=6(x+3)$

3. 다음 포물선의 방정식을 구하여라.
   1) 초점 (3, 0)이고 준선의 방정식 $x+3=0$
   2) 초점 (0, 6)이고 준선의 방정식 $y=0$
   3) 꼭지점 (0, 0), 대칭축 x축, 점 (−3, 6)을 지난다.

해 답

1.
1) $\left(\frac{3}{2},\ 0\right)$, $x+\frac{3}{2}=0$
2) (0, 2), $y+2=0$
3) $\left(-\frac{1}{3},\ 0\right)$, $x-\frac{1}{3}=0$

2.
1) $V(0,\ 0)$, $x=0$, $\left(F10,\ \frac{1}{8}\right)$
2) $V(0,\ 2)$, $x=0$, $F\left(0,\ \frac{15}{8}\right)$
3) $V(1,\ 0)$, $y=0$, $F\left(\frac{13}{12},\ 0\right)$
4) $V\left(0,\ \frac{1}{4}\right)$, $y=0$, $F\left(0,\ -\frac{7}{4}\right)$
5) $V(2,\ 1)$, $x=2$, $F(2,\ 3)$
6) $V(-3,\ 2)$, $y=2$, $F\left(-\frac{3}{2},\ 2\right)$

3.
1) $y^2=12x$
2) $x^2=12(y-3)$
3) $y^2=-12x$

4. $(-2,\ 3)$에서 거리와 직선 $x+6=0$에서 거리가 같은 점의 자취의 방정식을 구하여라.

5. 꼭지점 $(-2,\ 3)$이고, 초점 $(1,\ 3)$인 포물선의 방정식을 구하여라.

6. 다음 포물선에 대해 꼭지점, 초점, 준선의 방정식을 구하여라.
   1) $y^2-4y+6x-8=0$
   2) $3x^2-9x-5y-2=0$
   3) $y^2-4y-6x+13=0$

7. 대칭축이 x축에 평행하고 점 $(3,\ 3)$, $(6,\ 5)$, $(6,\ -3)$을 지나는 포물선의 방정식을 구하여라.

8. 수직인 대칭축을 갖고 점 $(4,\ 5)$, $(-2,\ 11)$, $(-4,\ 21)$을 지나는 포물선의 방정식을 구하여라.

9. 꼭지점이 $2y-3x=0$ 위에 있고 대칭축이 x축에 평행하며 두 점 $(3,\ 5)$, $(6,\ -1)$을 지나는 포물선의 방정식을 구하여라.

4.
$y^2-6y-8x-23=0$

5.
$y^2-6y-12x-15=0$

6.
1) $V(2,\ 2)$, $F\left(\frac{1}{2},\ 2\right)$
$x-\frac{7}{2}=0$
2) $V\left(\frac{3}{2},\ -\frac{7}{4}\right)$,
$F\left(\frac{3}{2},\ \frac{4}{3}\right)$, $y+\frac{13}{6}=0$
3) $V\left(\frac{3}{2},\ 2\right)$,
$F(3,\ 2)$, $x=0$

7.
$y^2-2y-4x+9=0$

8.
$x^2-4x-2y+10=0$

9.
$y^2-6y-4x+17=0$,
$11y^2-98y-108x$
$+539=0$

6.3 타원의 방정식

타원은 주어진 두 점 F_1, F_2(초점)에서 거리의 합이 일정한 점 $P(x, y)$의 자취로 정의된다.

$Ax^2+Cy^2+Dx+Ey+F=0$ 꼴에 대해 다루려고 한다.

타원의 중심이 원점이고, 두 초점 $F_1(-c, 0)$, $F_2(c, 0)$ 각 초점에서 점 $P(x, y)$까지 거리의 합 $2a$, $a>c$라고 하자(그림 6-7).

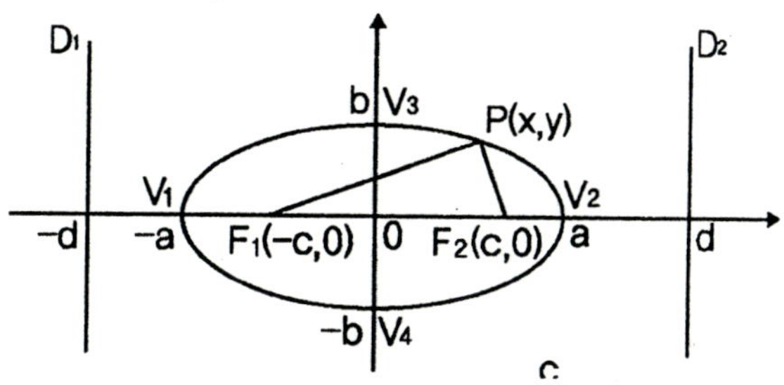

(그림 6-7)

꼭지점은 $(\pm a, 0)$, $(0, \pm b)$로 주어진다.

두 초점을 지나는 축은 장축(major axis)이라 하고 그 길이는 $2a$, 중심을 지나고 주축에 수직인 축을 단축(minor axis)이라 하고 그 길이는 2b이다.

정의에서 $PF_1+PF_2=2a$

$\sqrt{(x+c)^2+(y-0)^2}+\sqrt{(x-c)^2+(y-0)^2}=2a$에서

$\sqrt{(x+c)^2+y^2}=2a-\sqrt{(x-c)^2+y^2}$이다.

양변을 제곱하면,

$$x^2+2cx+c^2+y^2=4a^2-4a\sqrt{(x-c)^2+y^2}+x^2-2cx+c^2+y^2,$$

$$4cx=4a^2-4a\sqrt{(x-c)^2+y^2}$$

$cx=a^2-a\sqrt{(x-c)^2+y^2}$이고,

$cx-a^2=-a\sqrt{(x-c)^2+y^2}$의 양변을 다시 제곱하면

$$c^2x^2-2a^2cx+a^4=a^2(x^2-2cx+c^2+y^2),$$

$(a^2-c^2)x^2+a^2y^2=a^2(a^2-c^2)$이다.

양변을 $a^2(a^2-c^2)$으로 나누면, $\dfrac{x^2}{a^2}+\dfrac{y^2}{a^2-c^2}=1$이 된다.

$\triangle F_1V_3F_2$에서 $F_1V_3=F_2V_3$이고 $F_1V_3+F_2V_3=2a$에서 $F_2V_3=a$

$\triangle F_1V_3O$에 피타고라스의 정리를 적용하면 $a^2=b^2+c^2$, $b^2=a^2-c^2$이다.

따라서, $\dfrac{x^2}{a^2}+\dfrac{y^2}{a^2-c^2}=1$은 $\dfrac{x^2}{a^2}+\dfrac{y^2}{b^2}=1$이 된다.

두 꼭지점 $V_1(-a,\ 0)$, $V_2(a,\ 0)$를 분리하여 이심률(eccentricity) e를 조사한다.

이심률은 점 P에서 준선에 이르는 거리와 점 P에서 초점에 이르는 거리의 비이다.

즉, $e=\dfrac{P\text{에서 }F\text{까지의 거리}}{P\text{에서 }D\text{까지의 거리}}=\dfrac{PF_2}{PD_2}$

$P=V_2$인 경우 $e=\dfrac{V_2F_2}{V_2D_2}=\dfrac{a-c}{d-a}$ 따라서 $ed-ea=a-c$ ………… ①

$P=V_1$인 경우 $e=\dfrac{V_1F_2}{V_1D_2}=\dfrac{a+c}{a+d}$ 따라서 $ea+ed=a+c$ ………… ②

②-①에서, $2ea=2c$, $c=ae$

①에 이 결과를 대입하면, $ed-ea=a-ea$

$ed=a$ 또는 $d=\dfrac{a}{e}$

$c=ae$이므로 초점의 좌표는 $(\pm ae,\ 0)$라고 쓸 수 있다.

또한, $a^2=b^2+c^2$ 또는 $c=\sqrt{a^2-b^2}$이므로 $ae=\sqrt{a^2-b^2}$ 또는 $e=\dfrac{\sqrt{a^2-b^2}}{a}$

$d=\dfrac{a}{e}$를 이용하면, 준선 D_2의 방정식은 $x=\dfrac{a}{e}$, 준선 D_1의 방정식은 $x=-\dfrac{a}{e}$ 이다.

타원의 네가지 모양을 요약하면 다음과 같이 둘은 장축이 x축에 평행하고, 나머지 둘은 장축이 y축에 평행하다.

$a>b$	중점	꼭지점	주축의 길이	단축의 길이
$\frac{x^2}{a^2}+\frac{y^2}{b^2}=1$	(0, 0)	$(\pm a,\ 0)$, $(0,\ \pm b)$	2a	2b
$\frac{(x-h)^2}{a^2}+\frac{(y-k)^2}{b^2}=1$	(h, k)	$(h\pm a,\ k)$, $(h,\ k\pm b)$	2a	2b
$\frac{x^2}{b^2}+\frac{y^2}{a^2}=1$	(0, 0)	$(\pm b,\ 0)$, $(0,\ \pm a)$	2a	2b
$\frac{(x-h)^2}{b^2}+\frac{(y-k)^2}{a^2}=1$	(h, k)	$(h,\ k\pm a)$, $(h\pm b,\ k)$	2a	2b

이심률(e)	초점	준선의 방정식
$\frac{\sqrt{a^2-b^2}}{a}$	$(\pm ae,\ 0)$	$x=\pm\frac{a}{e}$
$\frac{\sqrt{a^2-b^2}}{a}$	$(h\pm ae,\ 0)$	$x=h\pm\frac{a}{e}$
$\frac{\sqrt{a^2-b^2}}{a}$	$(0,\ \pm ae)$	$y=\pm\frac{a}{e}$
$\frac{\sqrt{a^2-b^2}}{a}$	$(h,\ k\pm ae)$	$y=k\pm\frac{a}{e}$

[예제 1] (타원의 그래프)

타원 $\frac{(x-1)^2}{25}+\frac{(y-2)^2}{9}=1$에서 이심률, 중심, 꼭지점, 초점의 좌표와 준선의 방정식, 장축, 단축의 길이를 구하고 타원을 그려라.

풀이 $\frac{(x-h)^2}{a^2}+\frac{(y-k)^2}{b^2}=1$, $a>b$에서 $\frac{(x-1)^2}{25}+\frac{(y-2)^2}{9}=1$,

$h=1$, $k=2$, $a=5$, $b=3$이다.

이심률 $e=\frac{\sqrt{a^2-b^2}}{a}=\frac{\sqrt{29-9}}{5}=\frac{4}{5}$, 중심 $(h,\ k)$에서 $(1,\ 2)$

꼭지점 $(h\pm a,\ k)$와 $(h,\ k\pm b)$에서 $(-4,\ 2)$, $(6,\ 2)$, $(1,\ -1)$, $(1,\ 5)$

이다.

초점 $(h\pm ae,\ k)$에서 $(-3,\ 2)$, $(5,\ 2)$이다.

준선의 방정식 $x=h\pm\frac{a}{e}$에서

$x=-5\frac{1}{4}$, $x=7\frac{1}{4}$이다.

장축의 길이 $2a=10$,

단축의 길이 $2b=6$

타원의 그래프는 (그림 6-8)과 같다.

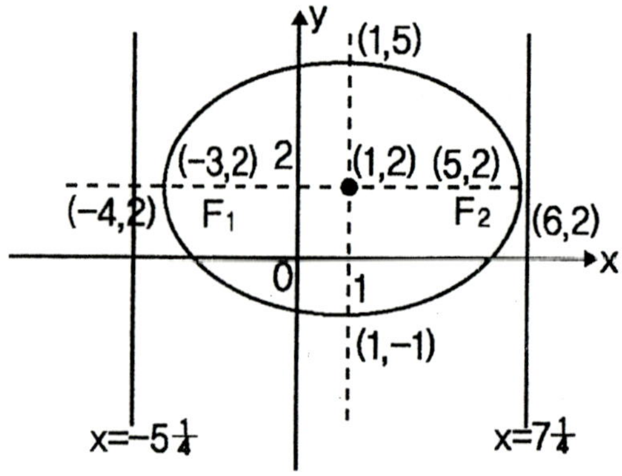

(그림 6-8)

■

[예제 2] (타원의 주요위치와 타원 그리기)

타원 $9x^2+5(y-2)^2=45$를 그리고 중요한 위치를 나타내어라.

풀이 $9x^2+5(y-2)^2=45$에서

$$\frac{x^2}{5}+\frac{(y-2)^2}{9}=1$$

$$\frac{(x-h)^2}{b^2}+\frac{(y-k)^2}{a^2}=1,\ a>b$$

꼴이므로

$h=0$, $k=2$, $a=3$, $b=\sqrt{5}$

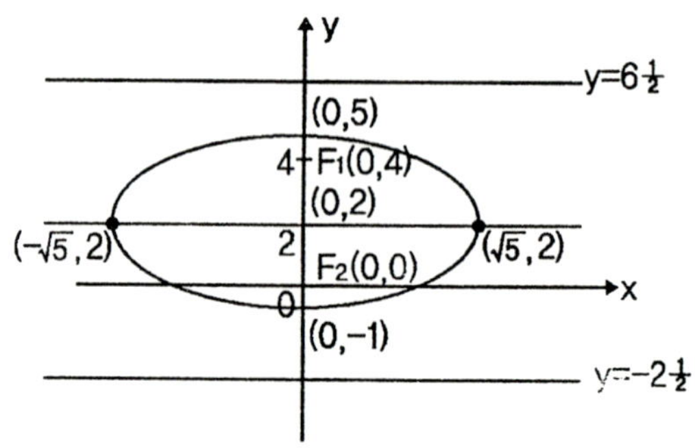

(그림 6-9)

이심률 $e=\frac{\sqrt{a^2-b^2}}{a}=\frac{\sqrt{9-5}}{3}=\frac{2}{3}$, 중심 $(h,\ k)$에서 $(0,\ 2)$

꼭지점 $(h,\ k\pm a)$, $(h\pm b,\ k)$에서 $(0,\ -1)$, $(0,\ 5)$, $(-\sqrt{5},\ 2)$, $(\sqrt{5},\ 2)$

초점 $(h,\ k\pm ae)$에서 $(0,\ 0)$, $(0,\ 4)$

준선 $y=k\pm\frac{a}{e}$에서 $y=-2\frac{1}{2}$, $y=6\frac{1}{2}$이다.

그래프를 그리면 (그림 6-9)와 같다. ■

[예제 3] (타원의 주요 위치 구하기)

타원 $4x^2+9y^2-48x+72y+144=0$에서 이심률, 중심, 꼭지점, 초점의 좌표와 준선의 방정식을 구하여라.

풀이 $4x^2+9y^2-48x+72y+144=0$에서,

$4(x^2-12x)+9(y^2+8y)=-144$

$4(x^2-12x+36)+9(y^2+8y+16)=-144+288$

$4(x-6)^2+9(y+4)^2=144$

$\dfrac{(x-6)^2}{36}+\dfrac{(y+4)^2}{16}=1$

$\dfrac{(x-h)^2}{a^2}+\dfrac{(y-k)^2}{b^2}=1$, $a>b$ 꼴이므로 $h=6$, $k=-4$, $a=6$, $b=4$

이심률 $e=\dfrac{\sqrt{a^2-b^2}}{a}=\dfrac{\sqrt{36-16}}{6}=\dfrac{2\sqrt{5}}{6}=\dfrac{\sqrt{5}}{3}$,

중심 (h, k)에서 $(6, -4)$

꼭지점 $(h\pm a, k)$, $(h, k\pm b)$에서

$(0, -4)$, $(12, -4)$, $(6, -8)$, $(6, 0)$

초점 $(h\pm ae, k)$에서 $(6-2\sqrt{5}, -4)$, $(6+2\sqrt{5}, -4)$

준선의 방정식 $x=h\pm\dfrac{a}{e}$에서 $x=\dfrac{30-18\sqrt{5}}{5}$, $x=\dfrac{30+18\sqrt{5}}{5}$이다. ▣

[예제 5] (타원의 방정식)

중심(1, 2), 초점(6, 2)이고 점 (4, 6)을 지나는 타원의 방정식을 구하여라.

풀이 초점과 중심이 장축 위에 있으므로 장축은 수평이다.

따라서 타원의 방정식은 $\dfrac{(x-h)^2}{a^2}+\dfrac{(y-k)^2}{b^2}=1$, $a>b$ 꼴이다.

중심(1, 2)에서 $h=1$, $k=2$

따라서, $\dfrac{(x-1)^2}{a^2}+\dfrac{(y-2)^2}{b^2}=1$

(4, 6)을 지나므로 $\dfrac{9}{a^2}+\dfrac{16}{b^2}=1$ ························ ①

초점의 하나가 (6, 2)이므로 $h+ae=6$, $1+ae=6$, $ae=5$, $e=\dfrac{5}{a}$

또, $e=\dfrac{\sqrt{a^2-b^2}}{a}$ 에서 $\dfrac{5}{a}=\dfrac{\sqrt{a^2-b^2}}{a}$, $5=\sqrt{a^2-b^2}$

$a^2=25+b^2$ ························ ②

①, ②에서 $\dfrac{9}{25+b^2}+\dfrac{16}{b^2}=1$

$9b^2+16(25+b^2)=b^2(25+b^2)$

$b^4=400$, $b^2=20$, $a^2=45$

따라서, 구하는 타원의 방정식은 $\dfrac{(x-1)^2}{45}+\dfrac{(y-2)^2}{20}=1$이다. ▣

참고로 태양을 한 초점으로 타원 궤도를 태양의 둘레로 도는 태양계의 위성의 이심률은 다음과 같다.

위성	지구	Jupita	Mars	Mercury	Neptune	Pluto	Saturn	Uranus	Venus
이심률	0.02	0.05	0.09	0.21	0.01	0.25	0.06	0.05	0.01

이심률에 의하면 거의 원 궤도를 돈다.

연습문제 6-3

해 답

1. 다음 타원에 대해 그래프를 그리고 이심률, 중심, 꼭지점과 초점의 좌표, 준선의 방정식, 장축, 단축의 길이를 구하여라.

   1) $\frac{x^2}{25}+\frac{y^2}{16}=1$ 2) $\frac{x^2}{169}+\frac{y^2}{144}=1$

   3) $\frac{x^2}{64}+\frac{y^2}{81}=1$ 4) $x^2+\frac{y^2}{25}=1$

   5) $\frac{(x-4)^2}{25}+\frac{(y-3)^2}{16}=1$

   6) $\frac{(x-1)^2}{169}+\frac{(y+2)^2}{144}=1$

   7) $\frac{(x+3)^2}{9}+\frac{(y-2)^2}{25}=1$

   8) $\frac{(x+5)^2}{4}+\frac{(y+1)^2}{9}=1$

   9) $225x^2+289y^2=65025$

   10) $9x^2+4y^2=36$

   11) $49(x-2)^2+64y^2=3136$

   12) $36(x+3)^2+25(y-6)^2=900$

   13) $9x^2+16y^2-36x+96y+36=0$

2. 타원의 중심이 원점이고 다음과 같은 타원의 방정식을 구하여라.

   1) 초점 $(\pm4.\ 0)$, 꼭지점 $(\pm5,\ 0)$

   2) 초점 $(0,\ \pm8)$, 꼭지점 $(0,\ \pm17)$

   3) latus rectum의 길이 5, 꼭지점 $(\pm10,\ 0)$

   4) 초점 $(0,\ \pm6)$, 단축의 길이 16

   5) 초점$(\pm5,\ 0)$, 이심률 $\frac{5}{8}$

해답

1. 생략

2.

   1) $\frac{x^2}{25}+\frac{y^2}{9}=1$

   2) $\frac{x^2}{225}+\frac{y^2}{289}=1$

   3) $\frac{x^2}{100}+\frac{y^2}{25}=1$

   4) $\frac{x^2}{64}+\frac{y^2}{100}=1$

   5) $\frac{x^2}{64}+\frac{y^2}{39}=1$

3. 다음 타원의 방정식을 구하여라.

1) 중심(4, -1), 초점(1, -1), 점(8, 0)을 지난다.

2) 중심(3, 1), 꼭지점(3, -2), 이심률 $=\frac{1}{3}$

3) 초점(-1, -1), 준선의 y축이고, 이심률 $=\frac{\sqrt{2}}{2}$

4) 초점 $(\pm 8,\ 0)$이고 점 $\left(8,\ \frac{18}{5}\right)$을 지난다.

3.

1) $\frac{(x-4)^2}{18}+\frac{(y-1)^2}{9}=1$

2) $\frac{(x-3)^2}{8}+\frac{(y-1)^2}{9}=1$

3) $\frac{(x+2)^2}{2}+\frac{(y+1)^2}{1}=1$

4) $\frac{x^2}{100}+\frac{y^2}{36}=1$

4. 중심이 원점이고, 초점이 x축 위에 있고, 점 $(-3,\ 2\sqrt{3})$, $\left(4,\ \frac{4\sqrt{5}}{3}\right)$를 지나는 타원의 방정식을 구하여라.

4.

$4x^2+9y^2=144$

5. 두 점 (3, 1)과 (-5, 1)에서 거리의 합이 10인 점 $P(x,\ y)$의 자취를 구하여라.

5.

$9x^2+25y^2+18x-50y-191=0$

6. 점 (3, 2)에서 거리가 직선 $x=-2$에서 거리의 $\frac{1}{2}$인 점 $P(x,\ y)$의 자취를 구하여라.

6.

$3x^2+4y^2-28x-16y+48=0$

6.4 쌍곡선의 방정식

쌍곡선은 주어진 두 점 F_1과 F_2(초점)에서 거리의 차이가 일정한 점 $P(x, y)$의 자취로 정의된다.

$Ax^2 - Cy^2 + Dx + Ey + F = 0$ 꼴의 방정식을 알아보려고 한다.

□ 주축을 수평축으로 갖는 쌍곡선

(그림 6-10)에서 쌍곡선의 중심이 원점, 꼭지점 $(\pm a,\ 0)$, 초점 $(\pm c,\ 0)$으로 주어진다.

꼭지점을 포함하는 축은 주축이라 하고 주축의 길이는 $2a$이다. 중심을 지나고 주축에 수직인 축을 켤레축 (conjugete axis)이라고 한다.

그 길이는 $2b$이다. 정의에서,

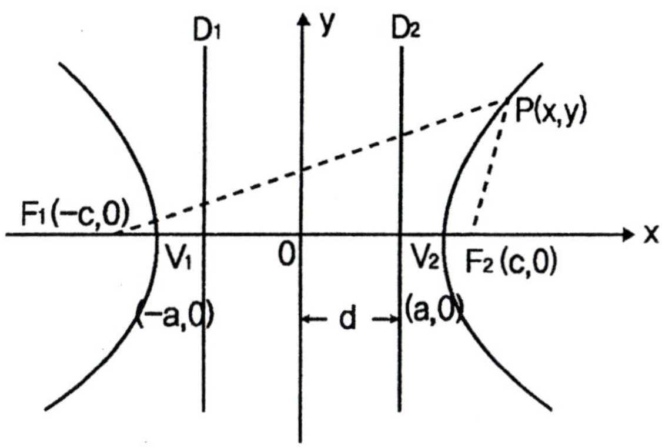

(그림 6-10)

$PF_1 - PF_2 = 2a$

$$\sqrt{(x+c)^2+(y-0)^2}-\sqrt{(x-c)^2+(y-0)^2}=2a$$

$$\sqrt{(x+c)^2+y^2}=2a+\sqrt{(x-c)^2+y^2}$$

양변을 제곱하여 정리하면

$cx - a^2 = a\sqrt{(x-c)^2+y^2}$

다시 양변을 제곱하여 정리하면,

$(c^2-a^2)x^2 - a^2y^2 = a^2(c^2-a^2)$이다.

$a^2(c^2-a^2)$으로 양변을 나누면,

$$\frac{x^2}{a^2} - \frac{y^2}{c^2 - a^2} = 1$$

$\triangle OV_2B$에서 피타고라스의 정리를 이용하면,

$c^2 = a^2 + b^2$, $b^2 = c^2 - a^2$이다(그림 6-11).

$$\frac{x^2}{a^2} - \frac{y^2}{c^2 - a^2} = 1\text{은}$$

$$\frac{x^2}{a^2} - \frac{y^2}{b^2} = 1\text{로 고쳐진다.}$$

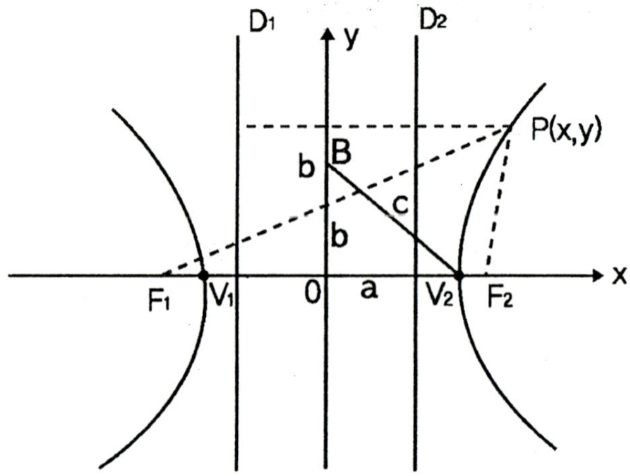

(그림 6-11)

두 꼭지점 $V_1(-a,\ 0)$, $V_2(a,\ 0)$를 분리하여 이심률 e를 알아보자.

$$e = \frac{P\text{에서 } F\text{까지의 거리}}{P\text{에서 } D\text{까지의 거리}}$$

F_2와 D_2를 이용하면, $e = \dfrac{PF_2}{PD_2}$

$P = V_2$인 경우 $e = \dfrac{V_2F_2}{V_2D_2} = \dfrac{c-a}{a-d}$, $ea - ed = c - a$ … ①

$P = V_1$인 경우 $e = \dfrac{V_1F_2}{V_1D_2} = \dfrac{c+a}{a+d}$, $ea + ed = a + c$ … ②

①, ②에서 $2ea = 2c$, $c = ae$

①에 이 결과를 대입하면 $ea - ed = ea - a$

즉 $ed = a$ 또는 $d = \dfrac{a}{e}$

$c = ae$이므로 초점의 좌표는 $(\pm ae,\ 0)$이므로 쓸수 있다.

또한, $c^2 = a^2 + b^2$ 또는 $c = \sqrt{a^2 + b^2}$이므로 $ae = \sqrt{a^2 + b^2}$ 또는 $e = \dfrac{\sqrt{a^2 + b^2}}{a}$

점근선은 $y=\pm\dfrac{b}{a}x$이다.

타원과 마찬가지로 중심을 $(h,\ k)$로 옮기면 다음과 같이 정리할 수 있다.

쌍곡선	중심	꼭지점	이심률	초점
$\dfrac{x^2}{a^2}-\dfrac{y^2}{b^2}=1$	(0, 0)	$(\pm a,\ 0)$	$e=\dfrac{\sqrt{a^2+b^2}}{a}$	$(\pm ae,\ 0)$
$\dfrac{(x-h)^2}{a^2}-\dfrac{(y-k)^2}{b^2}=1$	(h, k)	$(h\pm a,\ k)$	$e=\dfrac{\sqrt{a^2+b^2}}{a}$	$(h\pm ae,\ k)$

준선의 방정식	점근선
$x=\pm\dfrac{a}{e}$	$y=\pm\dfrac{b}{a}x$
$x=h\pm\dfrac{a}{e}$	$y-k=\pm\dfrac{b}{a}(x-h)$

[예제 1] (쌍곡선의 주요 위치)

쌍곡선 $\dfrac{(x-3)^2}{16}-\dfrac{(y-2)^2}{9}=1$에 대해 그래프를 그리고 이심률, 중심, 꼭지점과 초점의 좌표, 준선과 점근선의 방정식을 구하여라.

풀이 $\dfrac{(x-3)^2}{16}-\dfrac{(y-2)^2}{9}=1,\ \dfrac{(x-h)^2}{a^2}-\dfrac{(y-k)^2}{b^2}=1$에서

$h=3,\ k=2,\ a=4,\ b=3$이다.

이심률

$$e=\frac{\sqrt{a^2+b^2}}{a}=\frac{\sqrt{16+9}}{4}=\frac{5}{4}$$

중심 $(h,\ k)$에서 (3, 2),

꼭지점 $(h\pm a,\ k)$에서 $(-1,\ 2)$와

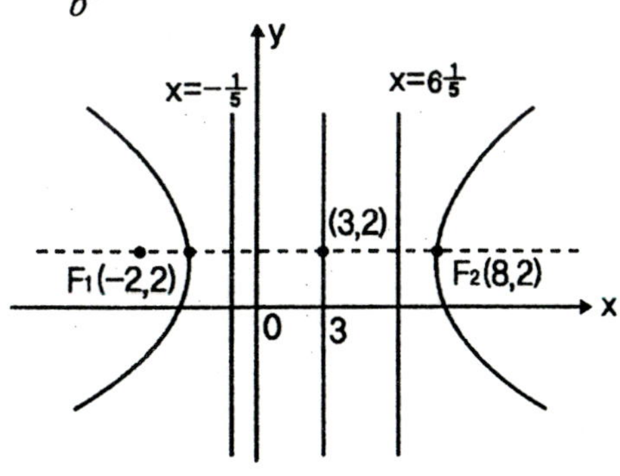

(그림 6-12)

(7, 2)이다.

초점 $(h\pm ae,\ k)$에서 $(-2,\ 2)$, $(8,\ 2)$이다.

준선의 방정식 $x=h\pm\frac{a}{e}$에서 $x=-\frac{1}{5}$, $x=6\frac{1}{5}$이다.

점근선의 방정식 $y-k=\pm\frac{b}{a}(x-h)$에서 $y=-\frac{3}{4}x+\frac{13}{4}$, $y=\frac{3}{4}x-\frac{5}{4}$이다. 그래프를 그리면 (그림 6-12)와 같다. ▣

쌍곡선을 그리는 또 다른 방법은 $\frac{(x-h)^2}{a^2}-\frac{(y-k)^2}{b^2}=1$의 그래프는 $\frac{x^2}{a^2}-\frac{y^2}{b^2}=1$의 그래프를 x축으로 h, y축으로 k만큼 평행이동하여 그릴 수 있다.

□ 주축을 수직축으로 갖는 쌍곡선

중심에 대하여 90°회전한 쌍곡선을 알아보자(그림 6-13). 이 쌍곡선은 주축이 수직축이다.
즉, 초점, 꼭지점, 중심이 수직축 위에 있다.
이 쌍곡선은 $\frac{y^2}{a^2}-\frac{x^2}{b^2}=1$꼴이 될 것이다.

앞에서와 같이 중심을 $(h,\ k)$로 옮기면 다음과 같이 정리할 수 있다.

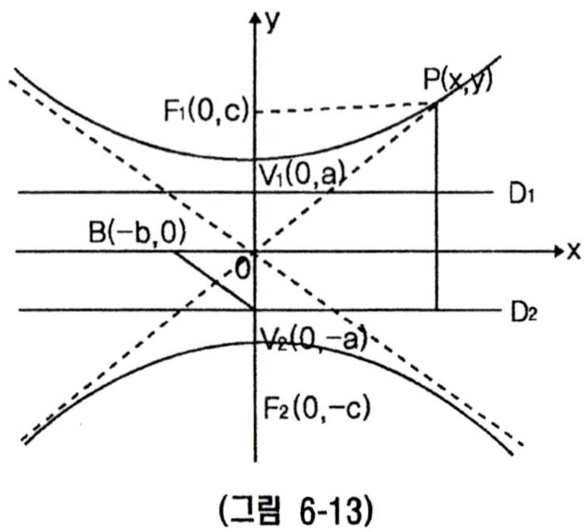

(그림 6-13)

쌍곡선	중심	꼭지점	이심률	초점
$\frac{y^2}{a^2}-\frac{x^2}{b^2}=1$	(0, 0)	$(0,\ \pm a)$	$e=\frac{\sqrt{a^2+b^2}}{a}$	$(0,\ \pm ae)$
$\frac{(y-k)^2}{a^2}-\frac{(x-h)^2}{b^2}=1$	(h, k)	$(h,\ k\pm a)$	$e=\frac{\sqrt{a^2+b^2}}{a}$	$(h,\ k\pm ae)$

준선의 방정식	점근선
$y=\pm\frac{a}{e}$	$y=\pm\frac{a}{b}x$
$y=k\pm\frac{a}{e}$	$y-k=\pm\frac{a}{b}(x-h)$

□ 직각 쌍곡선: $xy=c^2$

쌍곡선 $x^2-y^2=a^2$은 점근선이 $y=\pm x$이다. 점근선이 서로 수직인 쌍곡선은 직각 쌍곡선(rectangular hyperbola)라고 한다(그림 6-14).

이 쌍곡선은 중심(0, 0), 꼭지점 $(\pm a,\ 0)$, $e=\frac{\sqrt{a^2+a^2}}{a}=\sqrt{2}$, 초점 $(\pm\sqrt{2}a,\ 0)$, 점근선 $y=\pm x$, 준선 $x=\pm\frac{a}{\sqrt{2}}$이다.

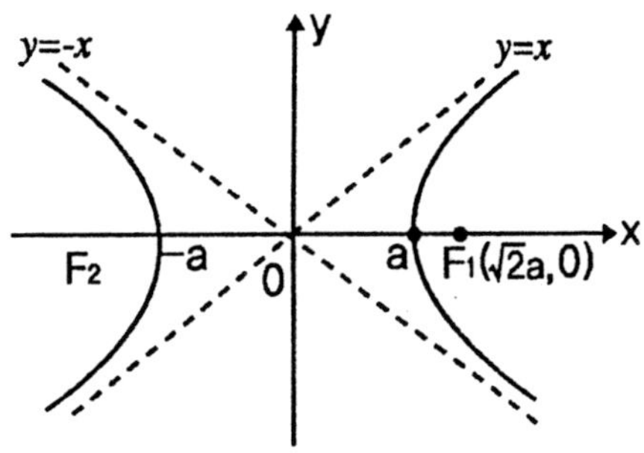

(그림 6-14)

이 쌍곡선은 원점을 중심으로 시계바늘이 도는 방향과 반대방향(anti clockwise)으로 45° 회전 이동하면 $xy=\frac{a^2}{2}$인 쌍곡선이 된다.

이 쌍곡선은 꼭지점 $\left(\frac{\pm a}{\sqrt{2}},\ \frac{\pm a}{\sqrt{2}}\right)$, 초점 $(\pm a,\ \pm a)$, 점근선 x축, y축, 이심률 $e=\sqrt{2}$이고 준선은 $x+y=\pm a$이다.

□ 켤레 쌍곡선

두 쌍곡선이 주축과 켤레축이 서로 바뀌면 켤레 쌍곡선(conjugate hyperbola)이라고 한다.

쌍곡선의 방정식이 $\frac{x^2}{a^2}-\frac{y^2}{b^2}=1$이면, 켤레 쌍곡선은 $-\frac{x^2}{a^2}+\frac{y^2}{b^2}=1$이다.

[예제 2] (켤레 쌍곡선)

쌍곡선 $\frac{x^2}{9}-\frac{y^2}{16}=1$의 켤레 쌍곡선의 방정식을 쓰고 각 쌍곡선의 초점과 점근선의 방정식을 구하여라.

풀이 $\frac{x^2}{9}-\frac{y^2}{16}=1$의 켤레 쌍곡선은 $-\frac{x^2}{9}+\frac{y^2}{16}=1$이다.

$e=\frac{\sqrt{a^2+b^2}}{a}$에서 $ae=\sqrt{a^2+b^2}=\sqrt{9+16}=5$

원래 쌍곡선의 초점은 $(\pm 5,\ 0)$, 켤레 쌍곡선의 초점은 $(0,\ \pm 5)$이다.

두 쌍곡선은 같은 점근선 $y=\pm\frac{4}{3}x$를 갖는다. ▣

[예제 3] (쌍곡선의 방정식)

점 $A(-2,\ -2)$와 $B(2,\ 2)$에서 거리의 차이가 4인 점 $P(x,\ y)$의 자취를 구하여라.

풀이 $PA-PB=4$에서

$\sqrt{(x+2)^2+(y+2)^2}-\sqrt{(x-2)^2+(y-2)^2}=4$

$\sqrt{(x+2)^2+(y+2)^2}=4+\sqrt{(x-2)^2+(y-2)^2}$

양변을 제곱하여 정리하면,

$$x+y-2=\sqrt{(x-2)^2+(y-2)^2}$$

다시 양변을 제곱하여 정리하면,

$$(x+y-2)^2=(x-2)^2+(y-2)^2\text{에서, } 2xy=4,\ xy=2$$

따라서, 구하는 자취의 방정식은 $xy=2$이다. ▣

연습문제 6-4

해 답

1. 다음 쌍곡선에 대해 이심률, 중심, 꼭지점과 초점의 좌표, 준선과 점근선의 방정식을 구하고 그래프를 그려라.

   1) $\frac{x^2}{9}-\frac{y^2}{4}=1$ 2) $\frac{(x+2)^2}{16}-\frac{(y-1)^2}{4}=1$

   3) $4x^2-45y^2=180$ 4) $\frac{y^2}{9}-\frac{x^2}{16}=1$

   5) $\frac{(y+1)^2}{16}-\frac{(x-3)^2}{25}=1$

   6) $49y^2-16x^2=784$

   7) $\frac{x^2}{9}-\frac{y^2}{9}=1$ 8) $x^2-y^2=25$

   해답: 1. 생략

2. 다음 조건에 대한 쌍곡선의 방정식을 구하여라.

   1) 주축의 길이는 8이고 초점 (±5, 0)
   2) 중심은 원점, 초점(8, 0), 꼭지점(6, 0)
   3) 결레축의 길이는 24, 초점은 (0, ±13)

   해답: 2.
   1) $9x^2-16y^2=144$
   2) $7x^2-9y^2=252$
   3) $144y^2-25x^2=3600$

3. 중심이 원점이고 축이 좌표축이고 점(3, 1), (9, 5)를 지나는 쌍곡선의 방정식을 구하여라.

   해답: 3. $x^2-3y^2=6$

4. 꼭지점이 (±6, 0), 점근선이 $y=\pm\frac{7}{6}x$인 쌍곡선의 방정식을 구하여라.

   해답: 4. $49x^2-36y^2=1764$

5. 쌍곡선 $9x^2-16y^2-36x-32y=124$에서 중심 초점과 꼭지점의 좌표, 점근선의 방정식을 구하여라.

   해답: 5. 생략

6. 쌍곡선 $\frac{x^2}{25}-\frac{y^2}{9}=1$의 결레 쌍곡선을 구하고 각

   해답: 6. 생략

쌍곡선에 대해 초점의 좌표와 점근선의 방정식을 구하여라.

7. 중심이 원점, 꼭지점이(3, 0), 점근선의 하나가 $y=\frac{2}{3}x$인 쌍곡선의 방정식을 구하고, 그 켤레 쌍곡선을 써라.

8. 점 $A(4,\ 4)$와 $B(-4,\ -4)$에서 거리의 차가 8인 점 $P(x,\ y)$의 자취의 방정식을 구하여라.

9. 점 (0, 3)과 (0, -3)에서 거리의 차이가 5인 점의 자취의 방정식을 구하여라.

10. 점 (-6, -4)와 (2, -4)에서 거리의 차이가 6인 점의 자취의 방정식을 구하여라.

7.

$4x^2-9y^2=36$,

$9y^2-4x^2=36$

8.

$xy=8$

9.

$44y^2-100x^2=275$

10.

$$\frac{(x+2)^2}{9}-\frac{(y+4)^2}{7}=1$$

6.5 복소평면 위의 도형

복소평면 위에서 직선, 원과 영역에 대해 알아보려고 한다.

□ 복소평면 위의 직선

복소평면(complex plane) 위의 두 점 z_1, z_2에서 같은 거리에 있는 점 z의 자취는 직선이다. 직선의 방정식은 $|z-z_1| = |z-z_2|$ 와 같이 나타낼 수 있다(그림 6-15). 복소평면은 Argand 평면으로 알려진다.

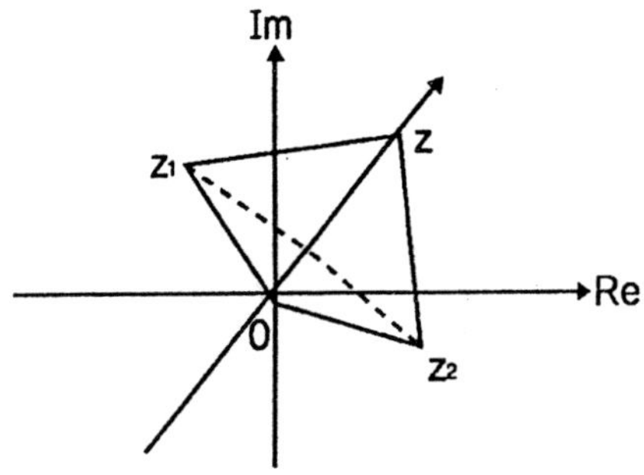

(그림 6-15)

[예제 1] (복소평면 위의 직선)

점 $z_1=-2+3i$와 $z_2=3-i$에서 항상 같은 거리에 있는 복소평면 위의 점 $z=x+iy$의 자취를 직교좌표 방정식으로 구하여라.

풀이 $|z-z_1| = |z-z_2|$ 에서

$|z-(-2+3i)| = |z-(3-i)|$

$z=x+yi$라 놓으면

$|(x+2)+i(y-3)| = |(x-3)+i(y+1)|$ 에서

$\sqrt{(x+2)^2+(y-3)^2}=\sqrt{(x-3)^2+(y+1)^2}$이다.

양변을 제곱하여 정리하면,

$10x-8y+3=0$이다.

따라서, 구하는 자취의 직교자표 방정식은 $10x-8y+3=0$이다. ▣

□ 복소평면 위의 원

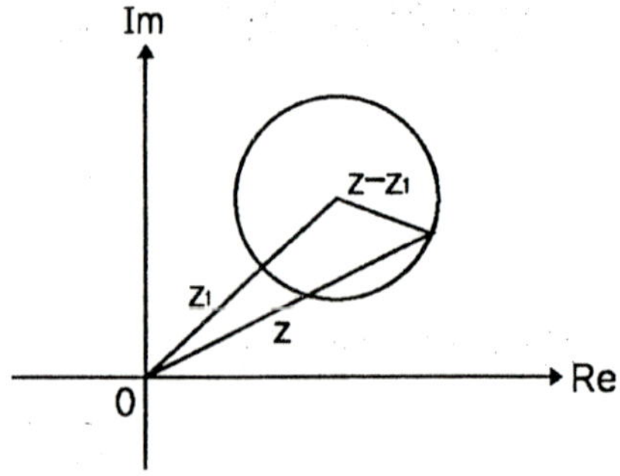

(그림 6-16)

복소평면 위의 다른 점 z_1에서 같은 거리에 있는 점 z의 자취는 원이다(그림 6-16).

중심 z_1이고 반지름의 길이 r인 복소평면 위의 원은 방정식 $|z-z_1|=r$로 나타내어 진다.

[예제 2] (복소평면 위의 원)

다음 방정식을 직교좌표 방정식으로 나타내고 복소평면 위에 그려라.

1) $|z+1|=3$　　2) $|z-2+3i|=4$

풀이 1) $|z+1|=3$에서 $|z-z_1|=r$ 꼴이므로 $z_1=-1$, $r=3$

즉, 중심 $-1+0i$이고 반지름의 길이 3이다.

$\therefore (x+1)^2+y^2=9$(그림 6-17).

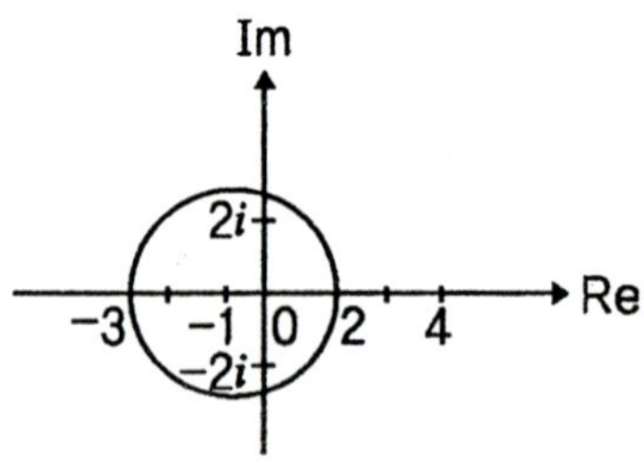

(그림 6-17)

2) $|z-2+3i|=4$에서 $z_1=2-3i$, $r=4$ 즉, 중심이 $2-3i$이고 반지름의 길이 4이다.

$\therefore (x-2)^2+(y+3)^2=16$(그림 6-18) ▣

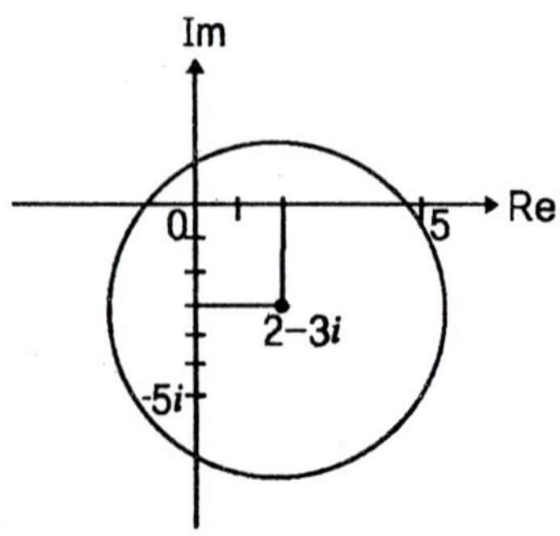

(그림 6-18)

□ 복소평면 위의 영역

원뿔곡선의 정의와 좌표축 위의 부등식의 표현의 개념을 이용하여 복소평면 위에 영역을 나타내는 것은 쉬운 일이다. 이들 생각을 잘 결합하여 복소평면위에 영역으로 하나 또는 결합된 관계를 나타낼 수 있다.

1) $|z-(1+5i)| \leq 5$ 또는 $-\frac{\pi}{2} < \arg(z-1) \leq 0$과 같은 복소 부등식으로 영역이 기술된다.
2) 경계에 대해 실선은 $\leq$ 과 $\geq$을 나타내는데, 점선은 $<$ 과 $>$을 나타내는데 이용된다.
3) 영역은 어두운 부분으로 나타낸다.

영역을 더 결합하고 공통부분을 조사한다. 이것은 보통 영역의 교집합으로 나타낸다. 이를테면, $\{|z-(1+i)| \leq 5\} \cap \{|z-2| < 10\}$에 대해 각 관계를 분리하여 나타내고 공통부분을 영역으로 그린다. 다른 말로하면 같은 복소평면 위에 각 관계의 그래프를 그리고 겹치는 영역을 어두운 부분으로 나타낸다.

[예제 3] (복소평면 위의 영역 나타내기)

Argand 평면 위에 다음을 나타내어라.

1) $|z| < 1$ 2) $|z-(2+i)| < 4$ 3) $0 < \arg(z) \leq \frac{\pi}{4}$

풀이 1) 경계는 $|z|=1$이다. 이것은 원점 $0+0i$가 중심이고 반지름의 길이가1이다. 경계는 포함하지 않으므로 점선으로 나타내고 (그림 6-19)와 같이 원의 내부는 어둡게 나타낸다.

2) 경계는 $|z-(2+i)|=4$이다.

이것은 중심 $2+i$이고 반지름의 길이 4인 원이다.

(그림 6-20)과 같이 포함하므로 실선으로 나타내고 내부는 어둡게 나타낸다.

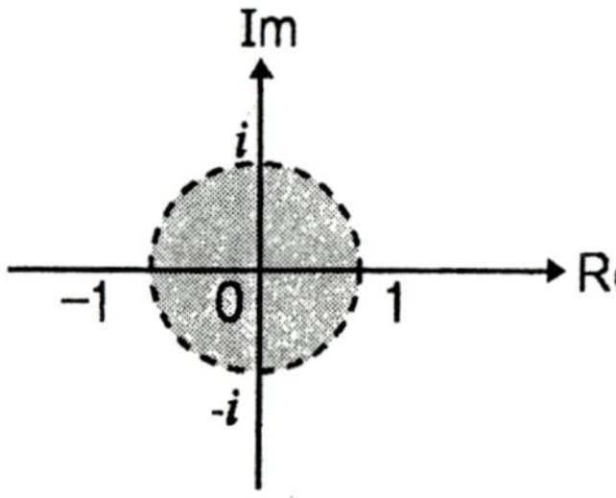

(그림 6-19)

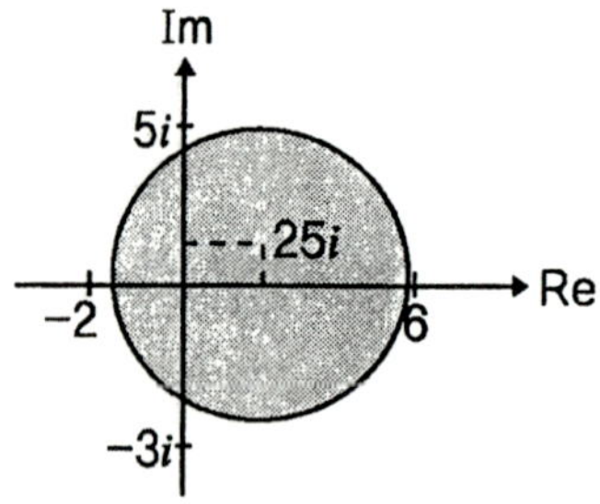

(그림 6-20)

3) $0 < \arg(z) \leq \frac{\pi}{4}$ 에서 (그림 6-21)과

같이 $\arg(z) > 0$과 $\arg(z) \leq \frac{\pi}{4}$ 의

공통부분을 나타낸다.

$\arg(z) = 0$은 Re축을 나타내고

$\arg(z) = \frac{\pi}{4}$ 은 Re축과 $\frac{\pi}{4}$ 각을 이룬다.

두 경우 출발점은 모두 $0 + 0i$이다. ▣

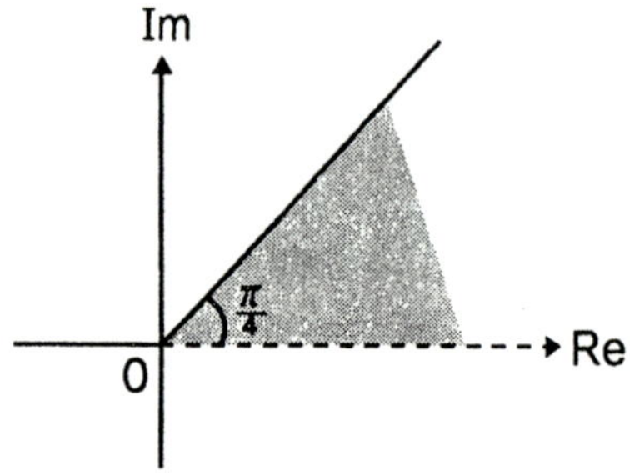

(그림 6-21)

□ 복소평면 위의 타원

(그림 6-22)와 같이 복소평면 위의 두 점 z_1과 z_2를 알아보자.

두 주어진 점에서 거리의 합이 일정한 점의 자취의 정의를 이용하여

$|z - z_1| + |z - z_2| = k$를 얻는다.

k는 장축의 길이이다. 즉, $k = 2a$

따라서 방정식은

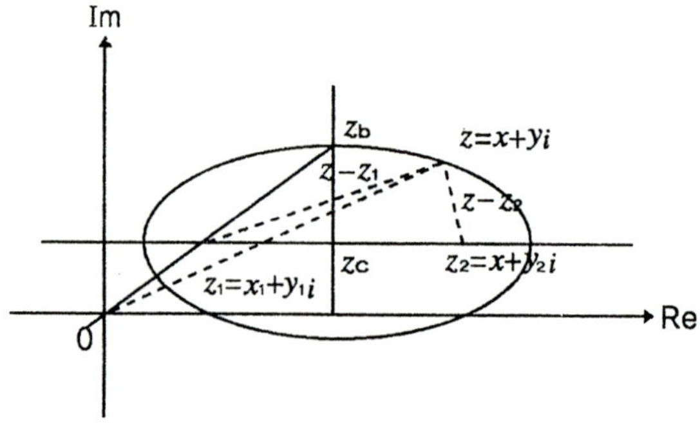

(그림 6-22)

$$|z - z_1| + |z - z_2| = 2a \Leftrightarrow |z_1 - z_2| < 2a$$

또는 $|z-z_1|+|z-z_2|=k \Leftrightarrow |z_1-z_2|<k$이다.

이 타원의 중심은 $z_c=\dfrac{z_1+z_2}{2}$로 주어지고 초점은 z_1과 z_2이다.

$\triangle z_1z_bz_c$를 알아보면, $|z_b-z_1|=a$, $|z_c-z_1|=\dfrac{1}{2}|z_2-z_1|=c$이고

$|z_b-z_c|=b$이다.

b에 대한 값을 얻기 위해 피타고라스의 정리를 적용하면 즉 $b^2=a^2-c^2$이다.

따라서, $b^2=\left(\dfrac{k}{2}\right)^2-\left(\dfrac{|z_2-z_1|}{2}\right)^2$

양변에 4를 곱하면 $(2b)^2=k^2-|z_2-z_1|^2$

근호를 취하면, $2b=\sqrt{k^2-|z_2-z_1|^2}$(단축의 길이)를 얻는다.

[예제 4] (복소평면 위의 타원)

타원 $|z-(1+i)|+|z-(5+i)|=6$을 그려라.

풀이 $|z-z_1|+|z-z_2|=k$에서

z_1과 z_2가 초점이고

$|z_1-z_2|<k$이다.

$z_1=1+i$, $z_2=5+i$이고 $k=6$

$|z_1-z_2|=|1+i-5-i|=|-4|=4$

$k=6$이므로 $|z_1-z_2|<k$

따라서 자취는 초점 z_1, z_2인 타원이다.

장축의 길이는 6, 단축의 길이는

$\sqrt{k^2-|z_2-z_1|^2}=\sqrt{36-4^2}=\sqrt{20}=2\sqrt{5}$

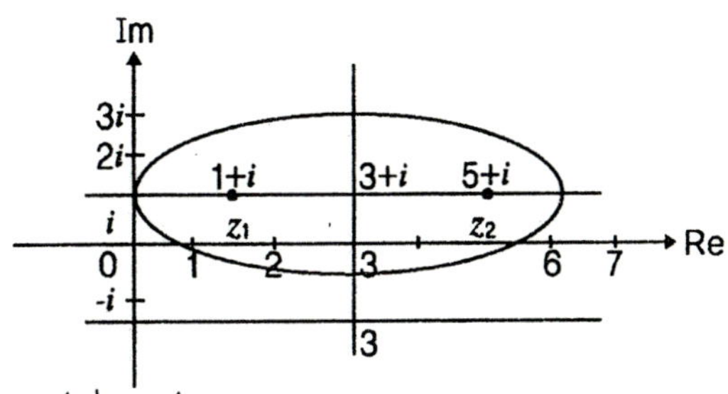

(그림 6-23)

타원의 중심은 $z_c=\frac{z_1+z_2}{2}=\frac{1+i+5+i}{2}=3+i$

초점은 $1+i$, $5+i$

따라서, 타원을 그리면 (그림 6-23)과 같다. ▣

[예제 5] ——(복소평면 위의 타원을 직교좌표형으로 고치기)

$|z-(1+3i)|+|z-(1+7i)|=6$으로 주어진 복소평면 위의 타원의 방정식을 직교좌표형으로 고쳐라.

풀이 $|z-(1+3i)|+|z-(1+7i)|=6$에서 $z=x+yi$라 놓으면

$|x+yi-1-3i|+|x+yi-1-7i|=6$이고

$|(x-1)+i(y-3)|+|(x-1)+i(y-7)|=6$에서

$\sqrt{(x-1)^2+(y-3)^2}+\sqrt{(x-1)^2+(y-7)^2}=6$

$\sqrt{(x-1)^2+(y-3)^2}=6-\sqrt{(x-1)^2+(y-7)^2}$

양변을 제곱하여 정리하면,

$3\sqrt{(x-1)^2+(y-7)^2}=19-2y$

다시 양변을제곱하여 정리하면,

$9(x-1)^2+5(y-5)^2=45$

따라서, $\frac{(x-1)^2}{5}+\frac{(y-5)^{22}}{9}=1$ ▣

□ 복소평면 위의 쌍곡선

타원에 적용한 것과 똑같은 방법을 이용하여 복소평면위의 두 복소수 z_1과 z_2를 알아보자.

주어진 두 점에서 거리사이의 차이가 일정한 점의 자취의 정의는

$|z-z_1|-|z-z_2|=|k|$ 이다.

$|k|$는 주축의 길이이므로 즉,

$|k|=2a$이다.

따라서, (그림 6-24)에서 방정식은

$|z-z_1|-|z-z_2|=|2a|$

$\Leftrightarrow |z_1-z_2|>|2a|$

$|z-z_1|-|z-z_2|=|k|$

$\Leftrightarrow |z_1-z_2|>|k|$ 이다.

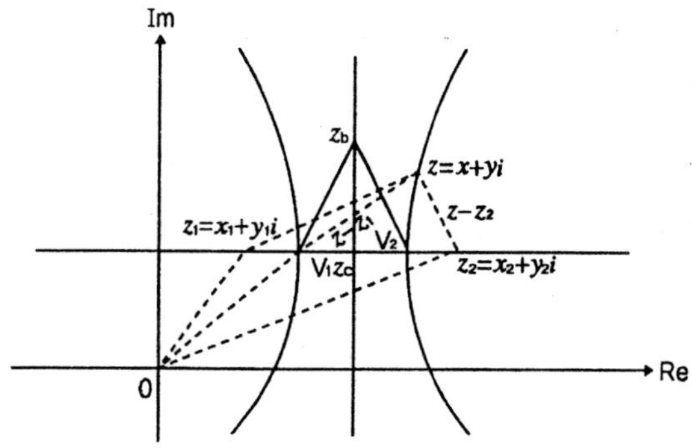

(그림 6-24)

이 쌍곡선의 중심은 $z_c=\dfrac{z_1+z_2}{2}$로 주어지고 초점은 z_1과 z_2이다.

$\triangle V_1 z_b z_c$에서,

$|z_c-V_1|=a,\quad |z_b-V_1|=\dfrac{1}{2}|z_2-z_1|=c,\quad |z_b-z_c|=b$

피타고라스의 정리를 이용하면 $b^2=c^2-a^2$

따라서, $b^2=\left(\dfrac{|z_2-z_1|}{2}\right)^2-\left(\dfrac{k}{2}\right)^2$

양변에 4를 곱하면 $(2b)^2=|z_2-z_1|^2-k^2$

따라서, 켤레축의 길이 $2b=\sqrt{|z_2-z_1|^2-k^2}$이다.

정리하면,

1) $|z-z_1|-|z-z^2|=k$는 초점 z_1, z_2인 쌍곡선의 한 쪽을 나타낸다.

2) $k<0$이면, 쌍곡선의 왼쪽 부분이다. ($\because |z-z_1|<|z-z_2|$)

3) 마찬가지로 $k>0$이면 쌍곡선의 오른쪽 부분이다. ($\because |z-z_1|>|z-z_2|$)

4) 쌍곡선 양쪽을 모두 생각하려면 $|k|$ 일 때이다.

[예제 6] (복소평면 위의 쌍곡선)

복소평면 위에 $|z-(1+i)| - |z-(5+i)| = -3$을 그려라.

풀이 쌍곡선은 초점이 z_1, z_2인

$|z-z_1| - |z-z_2| = |k|$로 나타내어지고 $|z_1-z_2| > |k|$이다.

$z_1 = 1+i$, $z_2 = 5+i$, $k=-3$에서

$|z_1-z_2| = |1+i-5-i| = |-4| = 4$

$|k| = |-3| = 3$ 따라서, $|z_1-z_2| > |k|$이다.

주축의 길이는 3이고 쌍곡선의 중심은

$$z_c = \frac{z_1+z_2}{2} = \frac{1+i+5+i}{2} = 3+i$$

초점은 z_1과 z_2에서 $1+i$와 $5+i$이다.

(그림 6-25)에서 쌍곡선의 왼쪽이 구하는 그래프이다. ▣

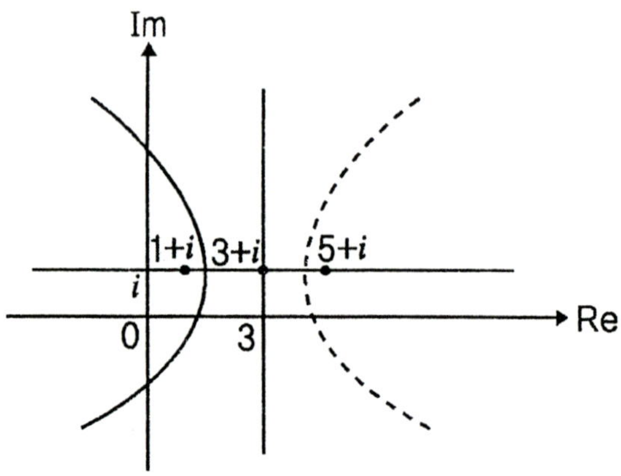

(그림 6-25)

연습문제 6-5

1. 다음 복소평면 위의 두 점 z_1, z_2에서 같은 거리에 있는 점 z의 자취를 직교좌표 방정식으로 구하여라.
   1) $z_1=2+3i,\ z_2=5-i$
   2) $z_1=-2+3i,\ z_2=5-i$
   3) $z_1=2+i,\ z_2=-5+i$

2. 복소평면 위에 다음을 그리고 직교좌표 방정식을 구하여라.
   1) $|z-3|=3$　　2) $|z+2|=2$
   3) $|z-4i|=3$　　4) $|z+i|=4$
   5) $|z-2-i|3$　　6) $|z+3-2i|=1$
   7) $|z+4+3i|=5$　　8) $|z-5+5i|=2$
   9) $|z-2+i|=|z+1-2i|$
   10) $|z-2|=|z-3-i|$
   11) $|z-3i|=|\overline{z+5-3i}|$

3. 다음을 Argand 평면위에 나타내어라.
   1) $|z|\leqq 2$　　2) $|z|>5$
   3) $|z-2|<3$　　4) $|z+3|\geqq 1$
   5) $|z-3+2i|\leqq 4$　　6) $|z+5-i|>3$
   7) $0<\arg(z)\leqq \frac{\pi}{6}$　　8) $-\frac{2}{3}\pi<\arg(z)\leqq \frac{\pi}{2}$

해 답

1.
1) $6x-8y-13=0$
2) $14x-8y-13=0$
3) $x=-1.5$

2.
1) $(x-3)^2+y^2=9$
2) $(x+2)^2+y^2=4$
3) $x^2+(y-4)^2=9$
4) $x^2+(y+1)^2=16$
5) $(x-2)^2+(y+1)^2=9$
6) $(x+3)^2+(y-2)^2=1$
7) $(x+4)^2+(y+3)^2=25$
8) $(x-5)^2+(y+5)^2=4$
9) $x=y$
10) $x+y-3=0$
11) $2x+5=0$

3. 생략

9) $-\frac{\pi}{2} \leqq \arg(z) < \pi$　10) $0 \leqq \arg(z+1) \leqq \frac{2}{3}\pi$

11) $-\frac{3}{4}\pi \leqq \arg(z-2i) \leqq -\frac{\pi}{2}$

12) $\frac{\pi}{6} < \arg(z-3+i) < \frac{5}{6}\pi$

13) $\left\{-\frac{\pi}{2} < \arg(z) \leqq \frac{3\pi}{4}\right\} \cap \{|z| \leqq 2\}$

14) $\{|z+3|>2\} \cap \left\{\frac{\pi}{6} < \arg(z+2) \leqq \frac{2}{3}\pi\right\}$

4. 복소평면 위에 다음 타원을 나타내어라.

1) $|z-(2+i)|+|z-(8+i)|=10$
2) $|z-(3-i)|+|z-(3+5i)|=8$
3) $|z+3+2i|+|z-3+2i|=8$
4) $|z-5+i|+|z-5+9i|=12$

4. 생략

5. 다음 타원을 직교좌표형으로 고쳐라.

1) $|z-i|+|z-7i|=10$
2) $|z+3|+|z-7|=14$
3) $|z-(3+4i)|+|z-(11+4i)|=16$
4) $|z+1-7i|+|z-11-7i|=14$

5.

1) $\frac{x^2}{16}+\frac{(y-4)^2}{25}=1$

2) $\frac{(x-2)^2}{49}+\frac{y^2}{24}=1$

3) $\frac{(x-7)^2}{64}+\frac{(y-4)^2}{48}=1$

4) $\frac{(x-5)^2}{49}+\frac{(y-7)^2}{13}=1$

6. 복소평면 위에 다음 쌍곡선을 나타내어라.

1) $|z-i|-|z-7i|=|4|$
2) $|z+3|-|z-7|=|8|$
3) $|z-(3+4i)|-|z-(11+4i)|=161$
4) $|z+1-7i|-|z-11-7i|=-10$

6. 생략

7. 다음 쌍곡선을 직교좌표형으로 나타내어라.

1) $|z-(2+i)|-|z-(8+i)|=|5|$

2) $|z-(3-i)|-|z-(3+5i)|=|5|$

3) $|z+3+2i|-|z-3+2i|=|4|$

4) $|z-5+i|-|z-5+9i|=|7|$

8. 다음 영역을 복소평면에 나타내어라.

1) $\{|z-1-2i|\leqq 4\}\cap\{|z+2|+|z-5|<10\}$

2) $\{|z+2|+|z-4|=8\}\cap\{|z+4|-|z-2|=2\}$

3) $\{|z+3-5i|=4\}\cap\{|z-6i|-|z+2i|=3\}$

7.

1)

$$\frac{4(x-5)^2}{25}-\frac{4(y-1)^2}{11}=1$$

2)

$$\frac{4(y-2)^2}{25}-\frac{4(x-3)^2}{11}=1$$

3) $\dfrac{x^2}{4}-\dfrac{(y+2)^2}{5}=1$

4)

$$\frac{4(y-5)^2}{49}-\frac{4(x-5)^2}{15}=1$$

8. 생략

Home Work

1. 방정식 $(x-2)^2+(y+4)^2=16$이 나타내는 원은?

2. 방정식 $x^2+y^2+Dx+Ey=F=0$이 실원이 되기 위한 조건은?

3. 방정식 $y^2=-8x$가 나타내는 도형은?

4. 방정식 $\frac{x^2}{9}+\frac{y^2}{4}=1$이 나타내는 도형은?

5. 점근선을 갖는 원뿔 곡선은?

6. 쌍곡선 $\frac{(x-4)^2}{25}-\frac{(y+1)^2}{9}=1$의 꼭지점과 점근선의 방정식을 구하여라.

7. $A(c,\ 0)$, $B(-c,\ 0)$ C는 다른 점일 때, $\triangle ABC$에서 $\angle A=2\angle B$인 점 C가 그리는 경로를 구하여라.

8. 복소 방정식 $|z-3+2i|=|z+3|$을 직교방정식으로 고쳐라.

9. $|z-2-2i|>4$와 $|z+1-2i|+|z-5-2i|\leqq 12$의 공통영역을 나타내어라.

◈ 찾 아 보 기 ◈
(제I부)

【ㄱ】

【ㄷ】

【ㅁ】

【ㅂ】

【ㅅ】

【ㅇ】

(제II부)

【ㄱ】

【ㄴ】

【ㄷ】

【ㅂ】

【ㅅ】

【ㅇ】

【ㅈ】

【ㅋ】

【ㅌ】

【ㅍ】

【ㅎ】

저자 : 김 병 무(金柄茂)

서울대학교 사범대학 수학교육학과 졸업,
단국대학교 이학석사, 이학박사.
서울대방여자중학교, 서울북공업고등학교,
경기고등학교, 서울광양고등학교 교사.
충주대학교 교양학부장.
한국수학교육학회 이사겸 전문대학 수학교육위원장, 편집위원,
충청수학회 사업이사.
University of Missouri, Columbia, U.S.A. 방문교수,
University of Sydney, Australia 방문교수.
〈현재〉 충주대학교 교수겸 중앙도서관장으로
〈순수수학과 대학수학교육에 대한 논문〉 80여편과
《대학수학》《미분적분학》《기초통계학》《Mathematica연습》《생활과 수학》
《기초미분적분학》《미분방정식기초》《유아수학교육》《공학수학》《공업수학》
《수학문제 해결의 다양한 접근》을 포함 20여권의 저서가 있다.

大學基礎一般數學

2010년 2월 25일 인쇄 (정가 20,000원)
2010년 3월 2일 발행

저 자 : 김 병 무
발행인 : 신 동 수
발행처 : 도서출판 신 성

주 소 : 서울시 동작구 흑석1동 207-6
전 화 : (02) 814-7655 FAX : (02) 812-7109
등록일자 : 1989년 10월 27일 등록번호 : 14-85호

ISBN 978-89-87708-57-8 93570